老虎工作室
李善锋 姜勇 谢卫标 编著

人 民 邮 电 出 版 社
北 京

图书在版编目（CIP）数据

AutoCAD 2012中文版建筑设计基础培训教程 / 李善锋，姜勇，谢卫标编著. -- 北京 : 人民邮电出版社，2014.1(2019.12重印)
（从零开始）
ISBN 978-7-115-33173-1

Ⅰ. ①A… Ⅱ. ①李… ②姜… ③谢… Ⅲ. ①建筑设计—计算机辅助设计—AutoCAD软件—教材 Ⅳ. ①TU201.4

中国版本图书馆CIP数据核字(2013)第238086号

内容提要

本书从初学者的角度出发，系统地介绍了 AutoCAD 的基本操作方法，绘制二维、三维图形的方法，以及作图的实用技巧等内容。

全书共 13 章，其中第 1 章至第 7 章主要介绍了 AutoCAD 的基本操作方法、参数化绘图、用 AutoCAD 绘制一般建筑图形及书写文字、标注尺寸的方法；第 8 章至第 11 章通过具体实例讲解了绘制建筑施工图、结构施工图、轴测图以及打印图形的方法与技巧；第 12 章至第 13 章详细介绍了绘制及编辑三维图形的方法。

本书颇具特色之处是将大部分练习题的绘制过程都录制成了动画，并配有全程语音讲解，收录在本书所附光盘中，可作为读者学习时的参考和向导。

本书内容系统、完整，实用性较强，可供各类建筑制图培训班作为教材使用，也可作为相关工程技术人员及高等院校相关专业学生的自学用书。

◆ 编　　著　老虎工作室　李善锋　姜　勇　谢卫标
责任编辑　李永涛
责任印制　程彦红　杨林杰

◆ 人民邮电出版社出版发行　北京市丰台区成寿寺路 11 号
邮编 100164　电子邮件 315@ptpress.com.cn
网址 http://www.ptpress.com.cn
固安县铭成印刷有限公司印刷

◆ 开本：787×1092　1/16
印张：14.5
字数：355 千字　2014 年 1 月第 1 版
印数：10 901－12 400册　2019 年 12 月河北第 16 次印刷

定价：32.00 元（附光盘）

读者服务热线：(010)81055410　印装质量热线：(010)81055316
反盗版热线：(010)81055315
广告经营许可证：京东工商广登字 20170147 号

老虎工作室

关于本书

随着计算机技术的进步，计算机辅助设计及绘图技术得到了前所未有的发展。目前，国内最大众化的 CAD 软件是 AutoCAD，其应用遍及机械、建筑、航天、轻工及军事等设计领域。AutoCAD 的广泛使用彻底改变了传统的绘图模式，极大地提高了设计效率，把设计人员真正从爬图板时代解放了出来，从而将更多精力投入到提高设计质量上。

内容和特点

AutoCAD 是一款优秀的计算机辅助设计软件，初学者应在掌握其基本功能的基础上学会如何使用该工具设计并绘制建筑图形。本书就是围绕着这个中心点来组织、安排内容的。

本书作者长期从事 CAD 的应用、开发及教学工作，并且一直在跟踪 CAD 技术的发展，对 AutoCAD 的功能、特点及应用均有较为深入的理解和体会。作者对本书的结构体系做了精心安排，力求系统、全面、清晰地介绍用 AutoCAD 绘制建筑图形的方法及技巧。

全书分为 13 章，主要内容简要介绍如下。

- 第 1 章：介绍 AutoCAD 2012 用户界面及一些基本操作方法，并简要介绍了图层、颜色、线型和线宽的设置、图层状态的控制方法和基本的画线方法。
- 第 2 章：介绍绘制平行线、垂线、延伸和剪断线条、画圆及圆弧连接的方法。
- 第 3 章：介绍绘制多线、多段线及移动、复制、阵列和镜像对象的方法。
- 第 4 章：介绍绘制矩形、正多边形、椭圆、波浪线及填充图案的方法。
- 第 5 章：介绍绘制图块、圆点，编辑及显示图形的方法与技巧。
- 第 6 章：介绍如何进行参数化绘图。
- 第 7 章：介绍如何书写及编辑文本，怎样标注、编辑各种类型的尺寸及如何控制尺寸标注的外观等。
- 第 8 章：通过实例说明绘制建筑总平面图、平面图、立面图、剖面图和施工详图的方法与技巧。
- 第 9 章：通过实例说明绘制基础平面图、结构平面图和钢筋混凝土构件图的方法与技巧。
- 第 10 章：通过实例说明如何绘制轴测图。
- 第 11 章：介绍怎样输出图形。
- 第 12 章：介绍怎样创建简单立体的表面和实心体模型。
- 第 13 章：介绍编辑三维模型的方法。

读者对象

本书将 AutoCAD 的基本命令与典型设计实例相结合，条理清晰，讲解透彻，易于掌握，可供各类建筑制图培训班作为教材使用，也可作为相关工程技术人员及高等院校相关学生的自学用书。

附盘内容及用法

本书所附光盘主要包括以下几部分内容。

1. “.dwg”图形文件

本书所有练习用到的及典型实例完成后的“.dwg”图形文件都收录在附盘中的“\dwg\第×章”文件夹下，读者可以随时调用和参考这些文件。

2. “.avi”动画文件

本书大部分练习的绘制过程都录制成了“.avi”动画文件，并收录在附盘中的“\avi\第×章”文件夹下。

注意：播放文件前要安装光盘根目录下的“tscc.exe”插件。

3. PPT 文件

本书提供了 PPT 课件，以供教师上课使用。

4. 习题答案

感谢您选择了本书，也欢迎您把对本书的意见和建议告诉我们。

老虎工作室网站 http://www.ttketang.com，电子邮件 ttketang@163.com。

老虎工作室

2013 年 9 月

目　录

第1章　AutoCAD 绘图环境及基本操作

【学习目标】

- 熟悉 AutoCAD 2012 用户界面的组成。
- 掌握调用 AutoCAD 命令的方法。
- 掌握选择对象的常用方法。
- 学习快速缩放和移动图形。
- 熟悉重复命令和取消已执行的操作。
- 了解图层、线型及线宽等。
- 通过输入点的坐标画线。

通过学习本章，读者可以熟悉 AutoCAD 2012 用户界面及掌握一些基本操作。

1.1　功能讲解——了解用户界面及学习基本操作

本节着重介绍 AutoCAD 2012 用户界面的组成，并讲解一些常用的基本操作。

1.1.1　AutoCAD 2012 的用户界面

启动 AutoCAD 2012 后，其用户界面如图 1-1 所示，主要由快速访问工具栏、功能区、绘图窗口、命令提示窗口和状态栏等部分组成。下面通过操作练习来熟悉 AutoCAD 2012 的用户界面。

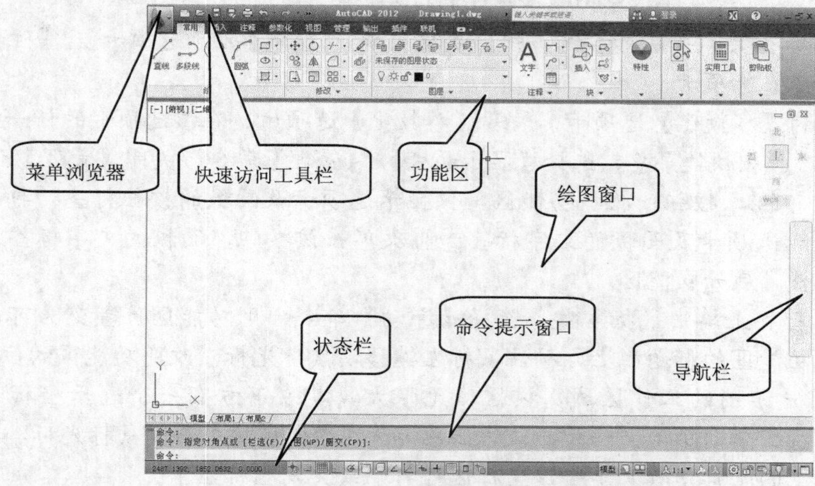

图1-1　AutoCAD 2012 的用户界面

【练习1-1】：　熟悉 AutoCAD 2012 的用户界面。

1. 单击程序窗口左上角的图标，弹出下拉菜单，该菜单包含【新建】、【打开】及【保存】等常用命令。单击按钮，显示已打开的所有图形文件；单击按钮，系统显示最近使用的文件。
2. 单击快速访问工具栏上的按钮，显示［草图与注释］，单击按钮，选择【显示菜单栏】命令，显示 AutoCAD 主菜单。选择菜单命令【工具】/【选项板】/【功能区】，关闭【功能区】。
3. 再次选择菜单命令【工具】/【选项板】/【功能区】，则又打开【功能区】。
4. 单击【常用】选项卡中【绘图】面板上的按钮，展开该面板。再单击按钮，固定面板。
5. 选择菜单命令【工具】/【工具栏】/【AutoCAD】/【绘图】，打开【绘图】工具栏，如图 1-2 所示。用户可移动工具栏或改变工具栏的形状。将鼠标光标移动到工具栏边缘处，按下鼠标左键并移动鼠标光标，工具栏就随鼠标光标移动。将鼠标光标放置在拖出的工具栏的边缘，当鼠标光标变成双面箭头时，按住鼠标左键，拖动鼠标光标，工具栏的形状就发生变化。

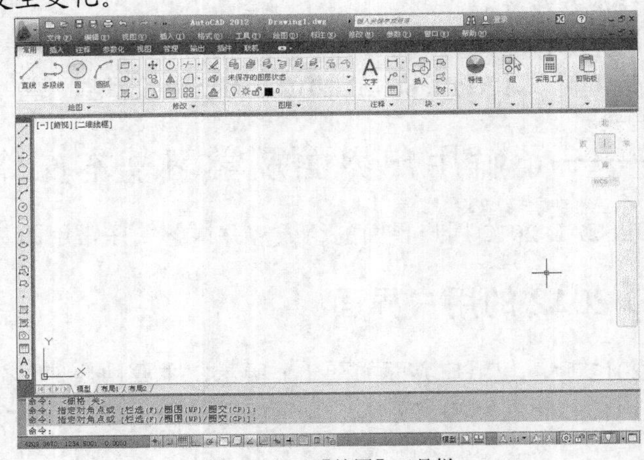

图1-2　打开【绘图】工具栏

6. 在任一选项卡标签上单击鼠标右键，弹出快捷菜单，选择【显示选项卡】/【注释】命令，关闭【注释】选项卡。
7. 单击功能区中的【参数化】选项卡，展开【参数化】选项卡。在该选项卡的任一面板上单击鼠标右键，弹出快捷菜单，选择【显示面板】/【管理】命令，关闭【管理】面板。
8. 单击功能区顶部的按钮，收拢功能区，仅显示选项卡及面板的按钮标签；再次单击该按钮，仅显示选项卡及面板的文字标签；再次单击该按钮，面板的文字标签消失；继续单击该按钮，展开功能区。
9. 在任一选项卡标签上单击鼠标右键，选择【浮动】命令，则功能区位置变为可动。将鼠标光标放在功能区的标题栏上，按住鼠标左键移动鼠标光标，改变功能区的位置。
10. 绘图窗口是用户绘图的工作区域，该区域无限大，其左下方有一个表示坐标系的图标，图标中的箭头分别指示 x 轴和 y 轴的正方向。在绘图区域中移动鼠标光标，状态栏上将显示光标点的坐标读数。单击该坐标区可打开或关闭坐标显示。
11. AutoCAD 提供了两种绘图环境：模型空间及图纸空间。单击绘图窗口下部的［布局1］按钮，切换到图纸空间。单击［模型］按钮，切换到模型空间。默认情况下，AutoCAD 的绘图环境是模型空间，用户在这里按实际尺寸绘制二维或三维图形。图纸空间提供了一张虚拟图纸（与手工绘图时的图纸类似），用户可在这张图纸上将模型空间的图样按不同缩放比例布置在图纸上。

12. AutoCAD 绘图环境的组成一般称为工作空间，单击状态栏上的图标，弹出快捷菜单，该菜单中的【草图与注释】命令被选中，表明现在处于“二维草图与注释”工作空间。选择该菜单上的【AutoCAD 经典】命令，切换至以前版本的默认工作空间。
13. 命令提示窗口位于 AutoCAD 程序窗口的底部，用户输入的命令、系统的提示信息等都反映在此窗口中。将鼠标光标放在窗口的上边缘，鼠标光标变成双面箭头，按住鼠标左键向上拖动鼠标光标，就可以增加命令窗口显示的行数。按 F2 键将打开命令提示窗口，再次按 F2 键可关闭此窗口。
14. 导航栏中主要包含导航工具。平移工具可以沿屏幕平移视图；缩放工具是用于增大或减小模型的当前视图比例的导航工具集；动态观察工具是用于旋转模型当前视图的导航工具集。

1.1.2 新建及保存图形

图形文件的管理一般包括创建新文件、保存文件、打开已有文件及浏览、搜索图形文件等，下面分别对其进行介绍。

一、 建立新图形文件

命令启动方法如下。

- 菜单命令：【文件】/【新建】。
- 工具栏：快速访问工具栏上的按钮。
- ：【新建】/【图形】。
- 命令：NEW。

执行新建图形命令，打开【选择样板】对话框，如图 1-3 所示。在该对话框中，用户可选择样板文件或基于公制、英制的测量系统，创建新图形。

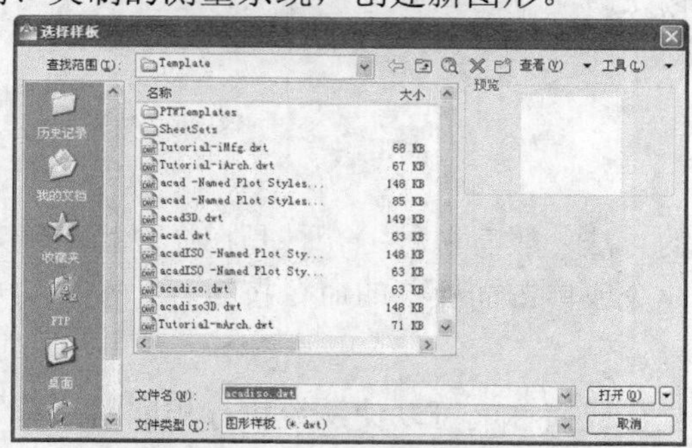

图1-3 【选择样板】对话框

二、 保存图形文件

将图形文件存入磁盘时，一般采取两种方式，一种是以当前文件名保存图形，另一种是指定新文件名保存图形。

(1) 快速保存。

命令启动方法如下。

- 菜单命令:【文件】/【保存】。
- 工具栏：快速访问工具栏上的按钮。
- :【保存】。
- 命令：QSAVE。

执行快速保存命令后，系统将当前图形文件以原文件名直接存入磁盘，而不会给用户任何提示。若当前图形文件名是默认名且是第一次存储文件时，则弹出【图形另存为】对话框，如图 1-4 所示，在该对话框中用户可指定文件的存储位置、输入新文件名及文件类型。

图1-4　【图形另存为】对话框

(2)　换名存盘。

命令启动方法如下。

- 菜单命令:【文件】/【另存为】。
- 工具栏：快速访问工具栏上的按钮。
- :【另存为】
- 命令：SAVEAS。

执行换名保存命令后，将弹出【图形另存为】对话框，如图 1-4 所示。用户可在该对话框的【文件名】文本框中输入新文件名，并可在【保存于】及【文件类型】下拉列表中分别设定文件的存储路径和类型。

1.1.3　调用命令

执行 AutoCAD 命令的方法一般有两种：一种是在命令行中输入命令全称或简称，另一种是用鼠标选择一个菜单命令或单击面板中的命令按钮。

一、　使用键盘执行命令

在命令行中输入命令全称或简称就可以使系统执行相应的命令。

要点提示　当使用某一命令时按 F1 键，系统将显示该命令的帮助信息。也可将鼠标光标在命令按钮上放置片刻，则 AutoCAD 在按钮附近显示该命令的简要提示信息。

二、　利用鼠标执行命令

用鼠标选择一个菜单命令或单击面板上的命令按钮，系统就执行相应的命令。利用 AutoCAD 绘图时，用户多数情况下是通过鼠标执行命令的。鼠标各按键的定义如下。

- 左键：拾取键，用于单击工具栏上的按钮及选取菜单选项以执行命令，也可在绘图过程中指定点和选择图形对象等。
- 右键：一般作为回车键使用，命令执行完成后，常单击鼠标右键来结束命令。在有些情况下，单击右键将弹出快捷菜单，该菜单上有【确认】命令。
- 滚轮：转动滚轮，将放大或缩小图形，默认情况下，缩放增量为 10%。按住滚轮并拖动鼠标，则平移图形。双击滚轮，全部缩放图形。

1.1.4 选择对象的常用方法

用户在使用编辑命令时，选择的多个对象将构成一个选择集。系统提供了多种构造选择集的方法。默认情况下，用户可以逐个地拾取对象或是利用矩形、交叉窗口一次选择多个对象。

一、 用矩形窗口选择对象

下面通过 ERASE 命令来演示这种选择方法。

【练习1-2】： 用矩形窗口选择对象。

打开附盘文件“dwg\第 1 章\1-2.dwg”，如图 1-5 左图所示，使用 ERASE 命令将左图修改为右图。

```
命令：_erase
选择对象：                    //在 A 点处单击一点，如图 1-5 左图所示
指定对角点：找到 6 个          //在 B 点处单击一点
选择对象：                    //按 Enter 键结束
```

结果如图 1-5 右图所示。

二、 用交叉窗口选择对象

下面通过 ERASE 命令来演示这种选择方法。

【练习1-3】： 用交叉窗口选择对象。

打开附盘文件“dwg\第 1 章\1-3.dwg”，如图 1-6 左图所示，使用 ERASE 命令将左图修改为右图。

```
命令：_erase
选择对象：                    //在 C 点处单击，如图 1-6 左图所示
指定对角点：找到 31 个         //在 D 点处单击
选择对象：                    //按 Enter 键结束
```

结果如图 1-6 右图所示。

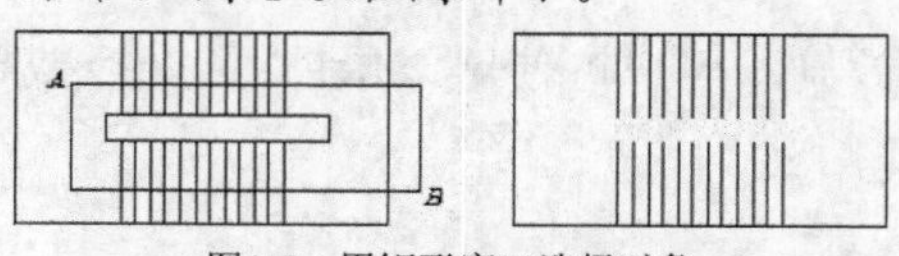

图1-5 用矩形窗口选择对象

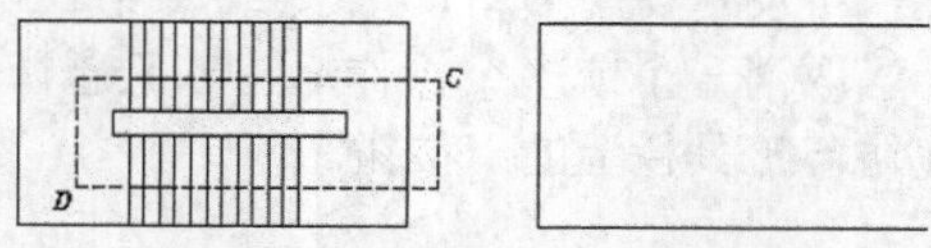

图1-6 用交叉窗口选择对象

三、 给选择集添加或去除对象

下面通过 ERASE 命令来演示修改选择集的方法。

【练习1-4】： 修改选择集。

打开附盘文件“dwg\第 1 章\1-4.dwg”，如图 1-7 左图所示，使用 ERASE 命令将左图修

改为右图。

```
命令: _erase                          //在A点处单击，如图1-7左图所示
选择对象:
指定对角点: 找到 25 个                //在B点处单击
选择对象: 找到 1 个，删除 1 个        //按住Shift键，选取线段C，该线段从选择集中去除
选择对象: 找到 1 个，删除 1 个        //按住Shift键，选取线段D，该线段从选择集中去除
选择对象: 找到 1 个，删除 1 个        //按住Shift键，选取线段E，该线段从选择集中去除
选择对象:                             //按Enter键结束
```

结果如图 1-7 右图所示。

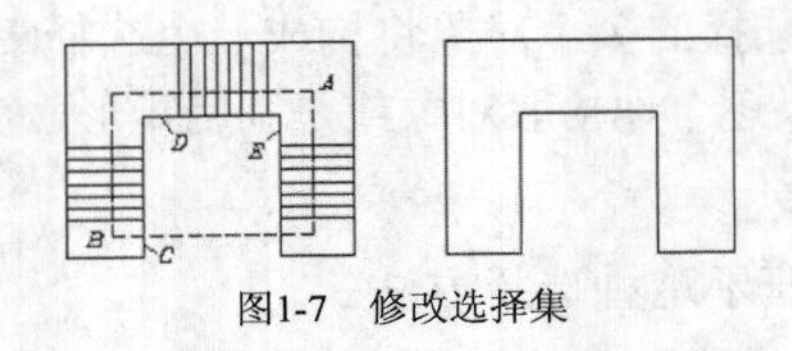

图1-7　修改选择集

1.1.5　删除对象

ERASE 命令用来删除图形对象，该命令没有任何选项。要删除一个对象，用户可以用鼠标先选择该对象，然后单击【修改】面板上的按钮，或键入命令 ERASE（简称 E）。也可先执行删除命令，再选择要删除的对象。

1.1.6　撤销和重复命令

执行某个命令后，用户可随时按 Esc 键终止该命令。此时，系统又返回到命令行。

用户经常遇到在图形区域内偶然选择了图形对象，该对象上出现了一些高亮的小框，这些小框被称为关键点，可用于编辑对象，要取消这些关键点的显示，按 Esc 键即可。

在绘图过程中，用户会经常重复使用某个命令，重复刚使用过的命令的方法是直接按 Enter 键。

1.1.7　取消已执行的操作

在使用 AutoCAD 绘图的过程中，不可避免地会出现各种各样的错误，用户要修正这些错误可使用 UNDO 命令或单击快速访问工具栏上的按钮。如果想要取消前面执行的多个操作，可反复使用 UNDO 命令或反复单击按钮。

当取消一个或多个操作后，若又想恢复原来的效果，用户可使用 MREDO 命令或单击快速访问工具栏上的按钮。

1.1.8　快速缩放及移动图形

AutoCAD 的图形缩放及移动功能是很完备的，使用起来也很方便。绘图时，经常通过导航栏上的、按钮来完成这两项功能。此外，不论 AutoCAD 命令是否运行，单击鼠标右键，弹出快捷菜单，该菜单上的【缩放】及【平移】命令也能实现同样的功能。

一、 缩放图形

单击导航栏上的按钮，选择【实时缩放】命令，或选择右键快捷菜单上的【缩放】命令，AutoCAD 进入实时缩放状态，鼠标光标变成放大镜形状，此时按住鼠标左键向上拖动鼠标光标，就可以放大视图，向下拖动鼠标光标就缩小视图。要退出实时缩放状态，可按Esc键、Enter键或单击鼠标右键打开快捷菜单，然后选择【退出】命令。

若使用的是滚轮鼠标，则向前转动滚轮，AutoCAD 将围绕鼠标光标所在的位置放大图形，向后转动滚轮，则缩小图形。

二、 平移图形

单击按钮，或选择右键快捷菜单上的【平移】命令，AutoCAD 进入实时平移状态，鼠标光标变成手的形状，此时按住鼠标左键并拖动鼠标光标，就可以平移视图。要退出实时平移状态，可按Esc键、Enter键或单击鼠标右键打开快捷菜单，然后选择【退出】命令。

若使用的是滚轮鼠标，按住滚轮移动鼠标光标，则移动图形。

1.1.9 利用矩形窗口放大视图及返回上一次的显示

在绘图过程中，用户经常要将图形的局部区域放大，以方便绘图。绘制完成后，又要返回上一次的显示状态，以观察绘图效果。利用右键快捷菜单的相关命令及【视图】选项卡中【二维导航】面板上的窗口及上一个按钮可实现这两项功能。

(1) 通过窗口按钮放大局部区域。

单击窗口按钮，AutoCAD 提示“指定第一个角点”，拾取 *A* 点，再根据 AutoCAD 的提示拾取 *B* 点，如图 1-8 左图所示。矩形框 *AB* 是设定的放大区域，其中心是新的显示中心，系统将尽可能地将该矩形内的图形放大以充满整个程序窗口，图 1-8 右图显示了放大后的效果。

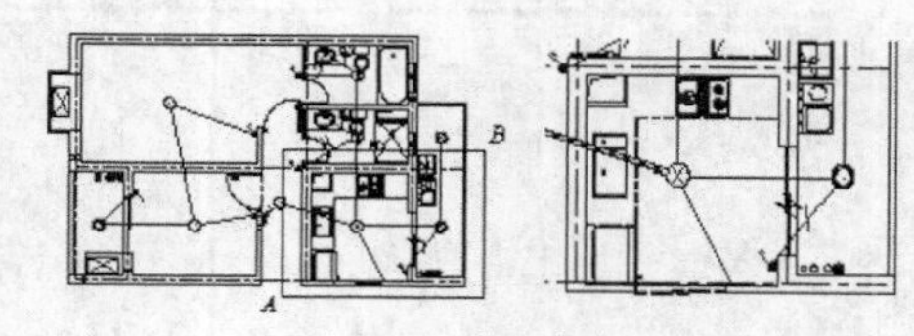

图1-8 窗口缩放

(2) 通过上一个按钮返回上一次的显示。

单击上一个按钮，AutoCAD 将显示上一次的视图。若用户连续单击此按钮，则系统将恢复前几次显示过的图形（最多 10 次）。绘图时，常利用此项功能返回到原来的某个视图。

1.1.10 将图形全部显示在窗口中

双击鼠标中键，将所有图形对象充满程序窗口显示出来。

单击导航栏上的按钮上的按钮，选择【范围缩放】命令，则全部图形以充满整个程序窗口的状态显示出来。

单击鼠标右键，选择【缩放】命令，再次单击鼠标右键，选择【范围缩放】命令，则全部图形充满整个程序窗口显示出来。

1.1.11 设定绘图区域的大小

AutoCAD 的绘图空间是无限大的，但用户可以设定程序窗口中显示出的绘图区域大小。作图时，事先对绘图区大小进行设定，将有助于用户了解图形分布的范围。当然，也可在绘图过程中随时缩放（使用工具）图形，以控制其在屏幕上显示的效果。

设定绘图区域大小有以下两种方法。

一、　依据圆的尺寸估计当前绘图区域的大小

将一个圆充满整个程序窗口显示出来，依据圆的尺寸就能轻易地估计出当前绘图区域的大小了。

【练习1-5】：　设定绘图区域的大小。

1. 单击【绘图】面板上的按钮，AutoCAD 提示如下。

```
命令: _circle 指定圆的圆心或 [三点(3P)/两点(2P)/ 切点、切点、半径(T)]:
                                              //在屏幕的适当位置单击一点
指定圆的半径或 [直径(D)]: 50                   //输入圆的半径
```

2. 选取菜单命令【视图】/【缩放】/【范围】，直径为 100 的圆充满整个绘图窗口显示出来，如图 1-9 所示。

二、　使用 LIMITS 命令设定绘图区域的大小

LIMITS 命令可以改变栅格的长宽尺寸及位置。所谓栅格是点在矩形区域中按行、列形式分布形成的图案，如图 1-10 所示。当栅格在程序窗口中显示出来后，用户就可根据栅格分布的范围估算出当前绘图区域的大小了。

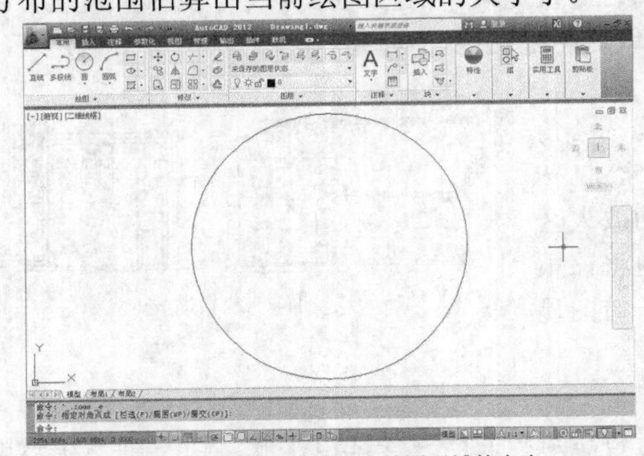

图1-9　依据圆的尺寸设定绘图区域的大小

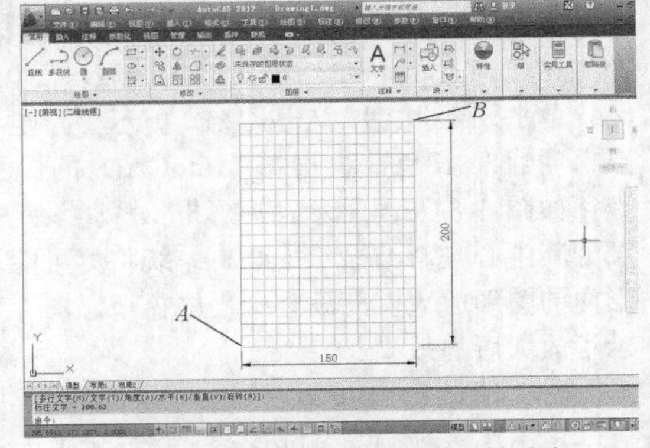

图1-10　使用 LIMITS 命令设定绘图区域的大小

【练习1-6】：　使用 LIMITS 命令设定绘图区域的大小。

1. 选取菜单命令【格式】/【图形界限】，AutoCAD 提示如下。

```
命令: '_limits
指定左下角点或 [开(ON)/关(OFF)] <0.0000,0.0000>:100,80
          //输入 A 点的 x、y 坐标值，或任意单击一点，如图 1-10 所示
指定右上角点 <420.0000,297.0000>: @150,200
          //输入 B 点相对于 A 点的坐标，按 Enter 键（在 1.5.1 小节中将介绍相对坐标）
```

2. 将鼠标光标移动到程序窗口下方的按钮上，单击鼠标右键，选择【设置】命令，打开【草图设置】对话框，取消对【显示超出界限的栅格】复选项的选择。
3. 关闭【草图设置】对话框，单击按钮，打开栅格显示，再选择菜单命令【视图】/【缩放】/【范围】，使矩形栅格充满整个程序窗口。
4. 选择菜单命令【视图】/【缩放】/【实时】，按住鼠标左键向下拖动鼠标光标，使矩形

栅格缩小，如图 1-10 所示。该栅格的长宽尺寸是“150×200”，且左下角点的 x、y 坐标为（100,80）。

1.2 范例解析——设定绘图区域的大小

【练习1-7】： 设定绘图区域的大小，练习 AutoCAD 的基本操作。

1. 利用 AutoCAD 提供的样板文件“acadiso.dwt”创建新文件。
2. 设定绘图区域的大小为 1500×1200。打开栅格显示，单击【视图】选项卡中【二维导航】面板上的按钮，使栅格充满整个图形窗口。
3. 单击【绘图】面板上的按钮，AutoCAD 提示如下。

```
命令: _circle 指定圆的圆心或 [三点(3P)/两点(2P)/切点、切点、半径(T)]:
                                                  //在屏幕上单击
指定圆的半径或 [直径(D)] <30.0000>: 1               //输入圆的半径
命令:                                             //按Enter键重复上一个命令
CIRCLE 指定圆的圆心或 [三点(3P)/两点(2P)/ 切点、切点、半径(T)]:
                                                  //在屏幕上单击
指定圆的半径或 [直径(D)] <1.0000>: 5                //输入圆的半径
命令:                                             //按Enter键重复上一个命令
CIRCLE 指定圆的圆心或 [三点(3P)/两点(2P)/ 切点、切点、半径(T)]: *取消*
                                                  //按Esc键取消该命令
```

4. 单击鼠标右键，选择【缩放】命令，再次单击鼠标右键，选择【范围缩放】命令，使圆充满整个绘图窗口。
5. 利用导航栏上的、按钮移动和缩放图形。
6. 以文件名“User.dwg”保存图形。

1.3 功能讲解——设置图层、线型、线宽及颜色

AutoCAD 图层是一张张透明的电子图纸，用户把各种类型的图形元素画在这些电子图纸上，AutoCAD 将它们叠加在一起显示出来。如图 1-11 所示，在图层 A 上绘制了建筑物的墙壁，在图层 B 上绘制了室内家具，在图层 C 上放置了建筑物内的电器设施，最终显示的结果是各层叠加的效果。

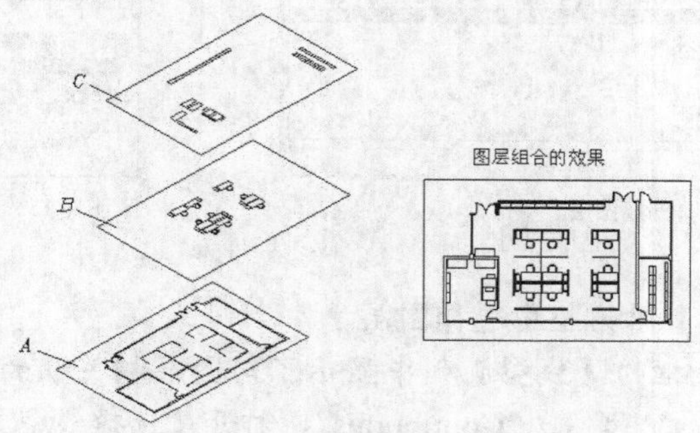

图1-11 图层

1.3.1　创建及设置建筑图的图层

用 AutoCAD 绘图时，图形元素处于某个图层上，默认情况下，当前层是 0 层，若没有切换至其他图层，则所画图形在 0 层上。每个图层都有与其相关联的颜色、线型及线宽等属性信息，用户可以对这些信息进行设定或修改。当在某一层上作图时，所生成的图形元素的颜色、线型、线宽会与当前层的设置完全相同（默认情况下）。对象的颜色将有助于辨别图样中的相似实体，而线型、线宽等特性可轻易地表示出不同类型的图形元素。

绘制建筑施工图时，常根据组成建筑物的结构元素划分图层，因而一般要创建以下几个图层。

- 建筑-轴线。
- 建筑-柱网。
- 建筑-墙线。
- 建筑-门窗。
- 建筑-楼梯。
- 建筑-阳台。
- 建筑-文字。
- 建筑-尺寸。

【练习1-8】： 如何创建及设置图层。

1. 创建图层。

单击【图层】面板上的按钮，打开【图层特性管理器】对话框，再单击按钮，列表框中将显示出名为“图层 1”的图层，直接输入“建筑-轴线”，按 Enter 键结束。再次按 Enter 键，则又开始创建新图层，结果如图 1-12 所示。

2. 指定图层颜色。

(1) 在【图层特性管理器】对话框中选择图层。

(2) 单击图层列表中与所选图层关联的图标■白，此时将打开【选择颜色】对话框，如图 1-13 所示，用户可在该对话框中选择所需的颜色。

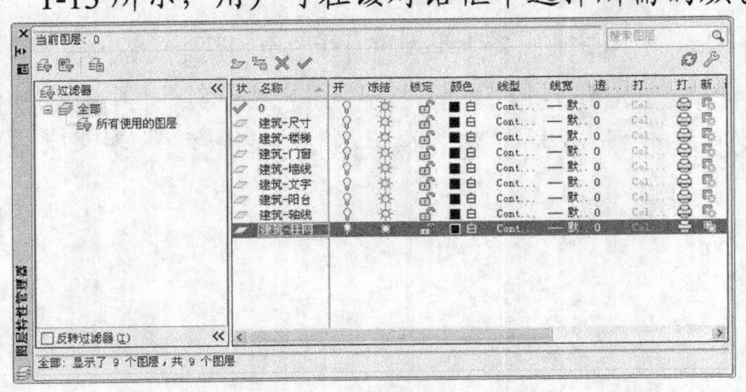

图1-12　创建图层

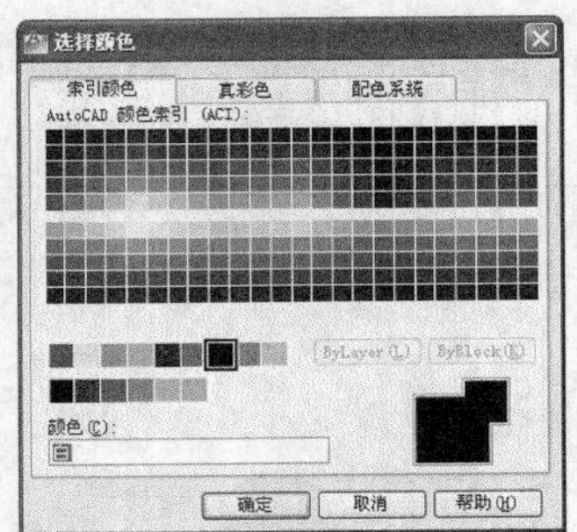

图1-13　【选择颜色】对话框

3. 给图层分配线型。

(1) 在【图层特性管理器】对话框中选择图层。

(2) 在该对话框图层列表框的【线型】列中显示了与图层相关联的线型，默认情况下，图层线型是“Continuous”。单击“Continuous”，打开【选择线型】对话框，如图 1-14 所示，通过该对话框用户可以选择一种线型或从线型库文件中加载更多线型。

(3) 单击 加载(L)... 按钮，打开【加载或重载线型】对话框，如图 1-15 所示。该对话框列出了线型文件中包含的所有线型，用户在列表框中选择一种或几种所需的线型，再单击 确定 按钮，这些线型就会被加载到 AutoCAD 中。当前线型文件是“acadiso.lin”，单击 文件(F)... 按钮，可选择其他的线型库文件。

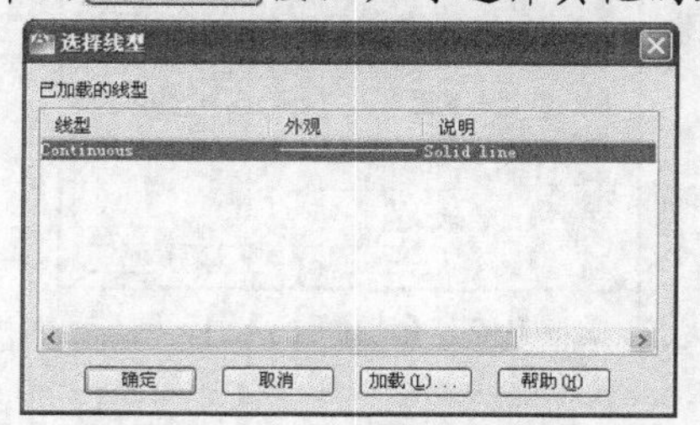
图1-14 【选择线型】对话框

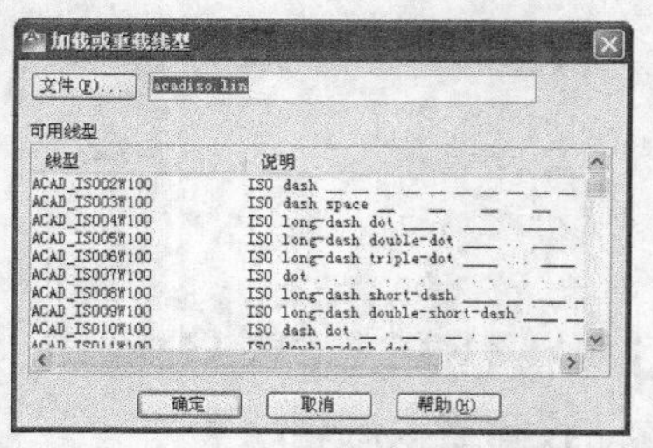
图1-15 【加载或重载线型】对话框

4. 设定线宽。

(1) 在【图层特性管理器】对话框中选中图层。

(2) 单击图层列表里【线宽】列中的图标 —— 默认，打开【线宽】对话框，如图 1-16 所示，通过该对话框用户可以设置线宽。

如果要使图形对象的线宽在模型空间中显示得更宽或更窄一些，可以调整线宽比例。在状态栏的 + 按钮上单击鼠标右键，弹出快捷菜单，然后选取【设置】命令，打开【线宽设置】对话框，如图 1-17 所示，在【调整显示比例】分组框中移动滑块来改变显示比例值。

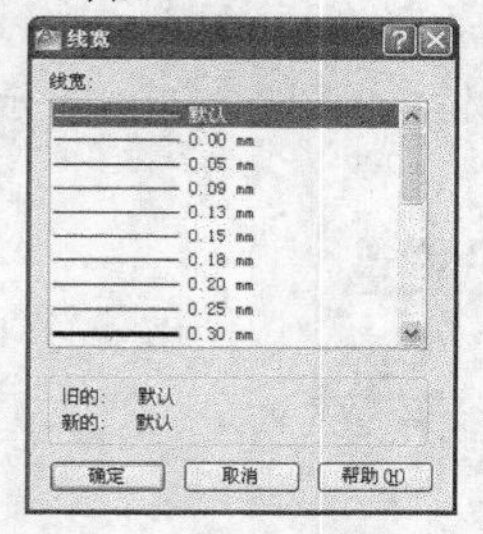
图1-16 【线宽】对话框

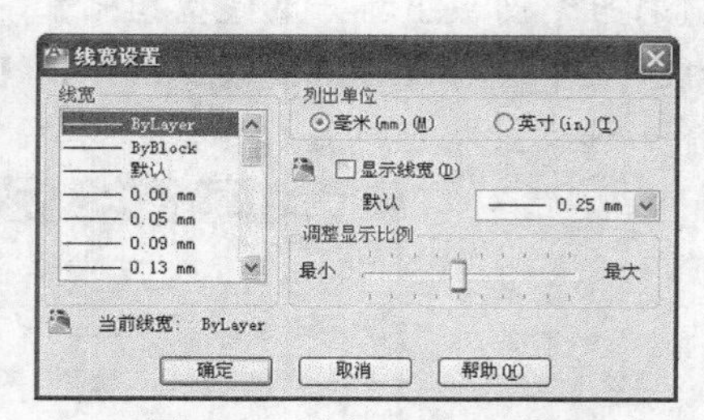
图1-17 【线宽设置】对话框

1.3.2 修改对象的颜色、线型及线宽

用户通过【特性】面板上的【颜色控制】、【线型控制】和【线宽控制】下拉列表（见图 1-18）可以方便地修改或设置对象的颜色、线型及线宽等属性，默认情况下，这 3 个列表框中显示“ByLayer”，“ByLayer”的意思是所绘对象的颜色、线型及线宽等属性与当前层所设定的完全相同。

一、 修改对象颜色

可通过【特性】面板上的【颜色控制】下拉列表改变已有对象的颜色，具体步骤如下。

1. 选择要改变颜色的图形对象。
2. 在【特性】面板上打开【颜色控制】下拉列表，然后从列表中选择所需颜色。
3. 如果选取【选择颜色】选项，则弹出【选择颜色】对话框，如图 1-19 所示，通过该对话框用户可以选择更多颜色。

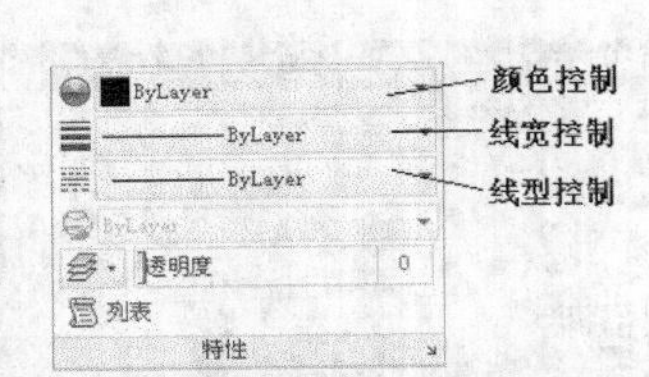

图1-18　【颜色控制】、【线宽控制】、【线型控制】下拉列表框

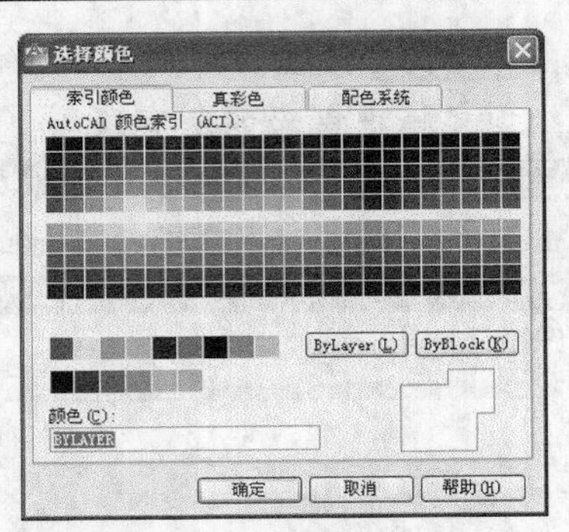

图1-19　【选择颜色】对话框

二、　设置当前颜色

默认情况下，在某一图层上创建的图形对象都将使用图层所设置的颜色。若想改变当前的颜色设置，可使用【特性】面板上的【颜色控制】下拉列表，具体步骤如下。

1. 打开【特性】面板上的【颜色控制】下拉列表，从列表中选择一种颜色。
2. 当选取【选择颜色】选项时，系统将打开【选择颜色】对话框，如图 1-19 所示，在该对话框中用户可做更多选择。

三、　修改已有对象的线型或线宽

修改已有对象的线型、线宽的方法与改变对象颜色的方法类似，具体步骤如下。

1. 选择要改变线型的图形对象。
2. 在【特性】面板上打开【线型控制】下拉列表，从列表中选择所需线型。
3. 在该列表中选取【其他】选项，弹出【线型管理器】对话框，如图 1-20 所示，用户可选择一种线型或加载更多类型的线型。

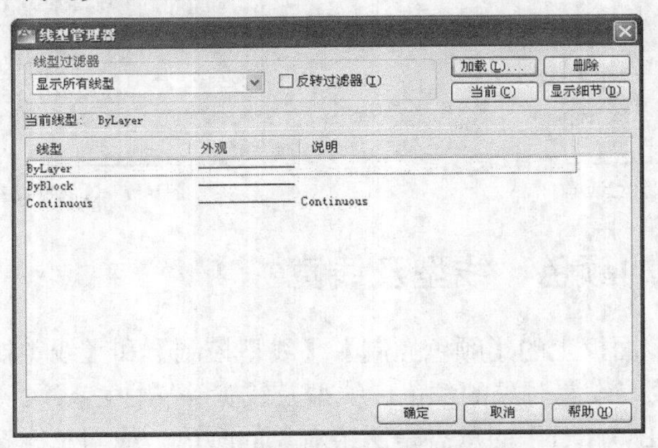

图1-20　【线型管理器】对话框

要点提示　用户可以利用【线型管理器】对话框中的 删除 按钮删除未被使用的线型。

4. 单击【线型管理器】对话框右上角的 加载(L)... 按钮，打开【加载或重载线型】对话框（见图 1-15），该对话框中列出了当前线型库文件中包含的所有线型，用户在列表框中选择所需的一种或几种线型，再单击 确定 按钮，这些线型就会被加载到系统中去。

修改线宽需要利用【线宽控制】下拉列表，具体步骤与上述类似，这里不再重复。

1.3.3 控制图层状态

如果工程图样包含大量信息且有很多图层，用户可通过控制图层状态使编辑、绘制和观察等工作变得更方便一些。图层状态主要包括打开与关闭、冻结与解冻、锁定与解锁、打印与不打印等，系统用不同形式的图标表示这些状态。用户可通过【图层特性管理器】对话框或【图层】面板上的【图层控制】下拉列表对图层状态进行控制，如图 1-21 所示。

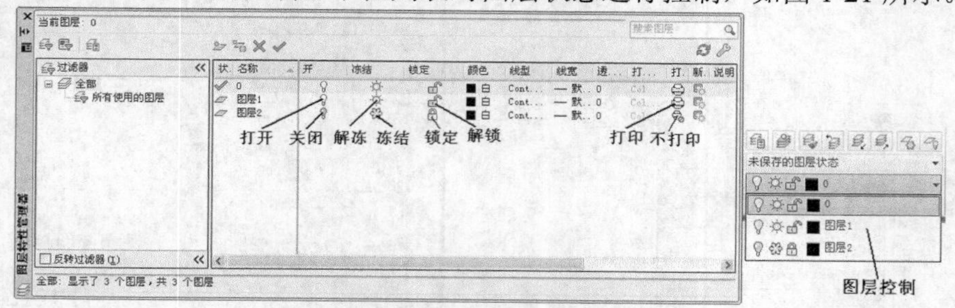

图1-21 控制图层状态

下面对图层状态做详细说明。

- 关闭/打开：单击[灯泡]图标，关闭或打开某一图层。打开的图层是可见的；而关闭的图层不可见，也不能被打印。当重新生成图形时，被关闭的层也将一起被生成。
- 冻结/解冻：单击[太阳]图标，将冻结或解冻某一图层。解冻的图层是可见的；若冻结某个图层，则该层变为不可见，也不能被打印出来。当重新生成图形时，系统不再重新生成该层上的对象，因而冻结一些图层后，可以加快 ZOOM、PAN 等命令和许多其他操作的运行速度。
- 锁定/解锁：单击[锁]图标，将锁定或解锁图层。被锁定的图层是可见的，但图层上的对象不能被编辑。用户可以将锁定的图层设置为当前层，并能向它添加图形对象。
- 打印/不打印：单击[打印机]图标，可设定图层是否被打印。指定某层不打印后，该图层上的对象仍会显示出来。图层的不打印设置只对图样中的可见图层（图层是打开的并且是解冻的）有效。若图层设为可打印但该层是冻结的或关闭的，此时 AutoCAD 同样不会打印该层。

1.3.4 修改非连续线型的外观

非连续线型是由短横线、空格等构成的重复图案，图案中的短线长度、空格大小是由线型比例来控制的。用户在绘图时常会遇到这样一种情况，本来想画虚线或点画线，但最终绘制出的线型看上去却和连续线一样，出现这种现象的原因是线型比例设置得太大或太小。

一、 改变全局线型比例因子以修改线型外观

LTSCALE 是控制线型的全局比例因子，它将影响图样中所有非连续线型的外观，其值增加时，将使非连续线型中的短横线及空格加长，反之，则会使它们缩短。当修改全局比例因子后，系统将重新生成图形，并使所有非连续线型发生变化。图 1-22 所示为使用不同比

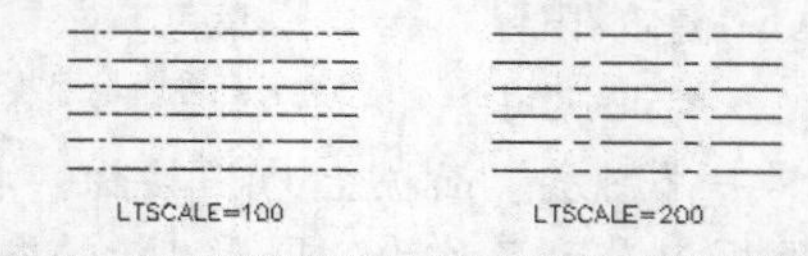

图1-22 全局线型比例因子对非连续线型外观的影响

例因子时点画线的外观。

改变全局比例因子的步骤如下。

1. 打开【特性】面板上的【线型控制】下拉列表，如图 1-23 所示。
2. 在该下拉列表中选取【其他】选项，打开【线型管理器】对话框，再单击显示细节(D)按钮，该对话框底部将出现【详细信息】分组框，如图 1-24 所示。

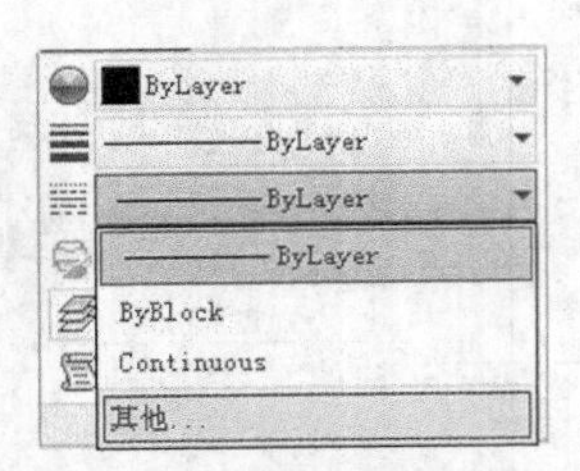

图1-23　【线型控制】下拉列表

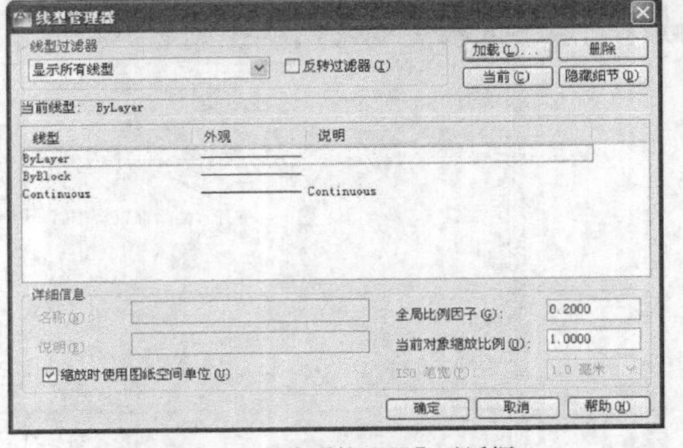

图1-24　【线型管理器】对话框

3. 在【详细信息】分组框的【全局比例因子】文本框中输入新的比例值。

二、　改变当前对象的线型比例

有时需要为不同对象设置不同的线型比例，此时，就需单独控制对象的比例因子。当前对象的线型比例是由系统变量 CELTSCALE 来设定的，调整该值后，所有新绘制的非连续线型均会受到影响。

默认情况下，CELTSCALE= 1，该因子与 LTSCALE 同时作用在线型对象上。例如，将 CELTSCALE 设置为 4，LTSCALE 设置为 0.5，则系统在最终显示线型时采用的缩放比例将为 2，即最终显示比例=CELTSCALE×LTSCALE。图 1-25 所示为 CELTSCALE 分别为 1 和 1.5 时的点画线外观。

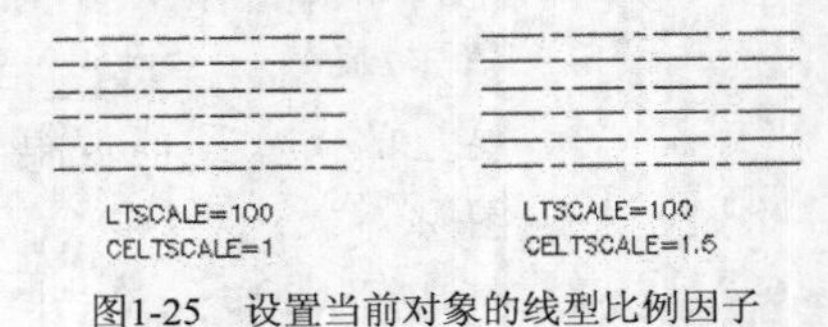

图1-25　设置当前对象的线型比例因子

设置当前线型比例因子的方法与设置全局比例因子的方法类似。该比例因子也需在【线型管理器】对话框中设定，如图 1-24 所示，用户可在该对话框的【当前对象缩放比例】文本框中输入新比例值。

1.4　范例解析——创建及设置图层

【练习1-9】：　创建以下图层并设置图层线型、线宽及颜色。

名称	颜色	线型	线宽
建筑-轴线	红色	Center	默认
建筑-墙线	白色	Continuous	0.7
建筑-门窗	黄色	Continuous	默认
建筑-阳台	蓝色	Continuous	默认
建筑-尺寸	绿色	Continuous	默认

1. 单击【图层】面板上的按钮，打开【图层特性管理器】对话框，再单击按钮，列表框中显示名称为“图层 1”的图层，直接输入“建筑-轴线”，按Enter键结束。

2. 再次按 Enter 键，又创建新图层。总共创建 5 个图层，结果如图 1-26 所示。
3. 指定图层颜色。选中“建筑-轴线”，单击与所选图层关联的图标■白，打开【选择颜色】对话框，选择红色，如图 1-27 所示。用同样的方法再设置其他图层的颜色。

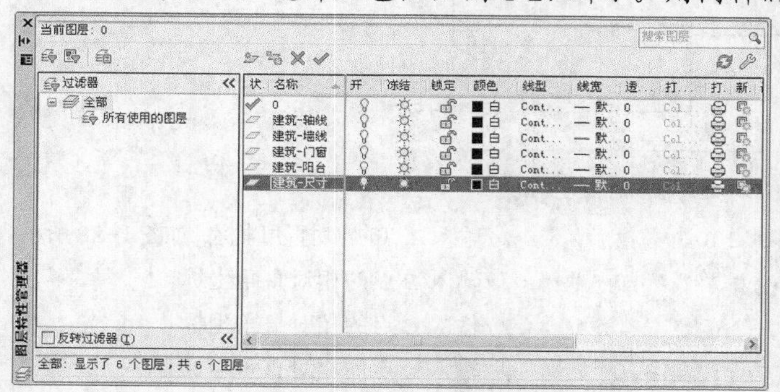

图1-26 【图层特性管理器】对话框

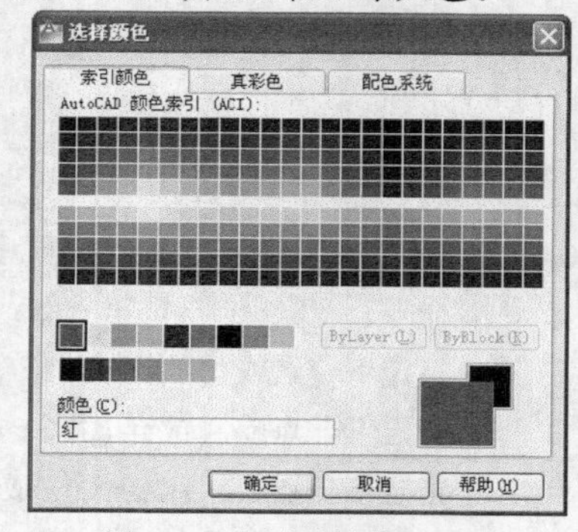

图1-27 【选择颜色】对话框

4. 指定图层线型。选中“建筑-轴线”，单击与所选图层关联的图标 Continuous ，打开【选择线型】对话框，选择【Center】，单击 确定 按钮。其他线型采用默认设置。
5. 指定图层线宽。选中“建筑-墙线”，单击与所选图层关联的图标 —— 默认 ，打开【线宽】对话框，选择 0.70mm，单击 确定 按钮，用同样的方法设置其他图层的线宽。

1.5 功能讲解——输入坐标及对象捕捉

本节的主要内容包括输入点的坐标画线、捕捉几何点画线及利用正交捕捉模式辅助画线等。

1.5.1 输入点的坐标画线

执行画线命令后，AutoCAD 提示用户指定线段的端点，方法之一是输入点的坐标值。

一、 输入点的绝对直角坐标、绝对极坐标

绝对直角坐标的输入格式为“*x,y*”，两坐标值之间用“,”号分隔开。例如，(-50,20)、(40,60) 分别表示图 1-28 所示的 *A*、*B* 点。

绝对极坐标的输入格式为“$R<\alpha$”。*R* 表示点到原点的距离，α表示极轴方向与 *x* 轴正向间的夹角。若从 *x* 轴正向逆时针旋转到极轴方向，则α角为正，反之，α角为负。例如，(60<120)、(45<-30) 分别表示图 1-28 所示的 *C*、*D* 点。

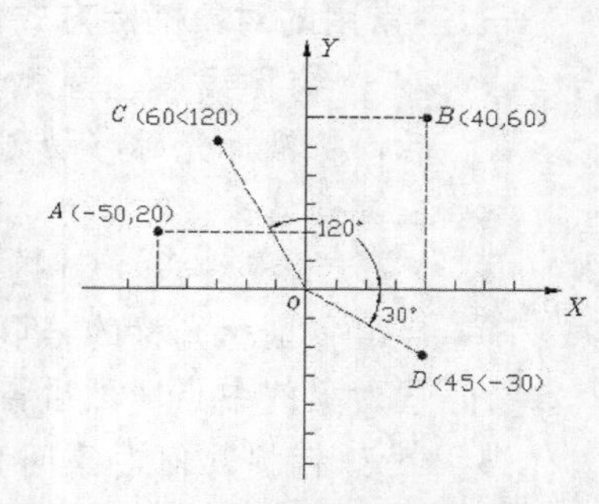

图1-28 点的绝对直角坐标和绝对极坐标

二、 输入点的相对直角坐标、相对极坐标

当知道某点与其他点的相对位置关系时可使用相对坐标。相对坐标与绝对坐标相比，仅仅是在坐标值前增加了一个符号“@”。

相对直角坐标的输入形式为“@*x,y*”，相对极坐标的输入形式为“@$R<\alpha$”。

【练习1-10】：已知点 *A* 的绝对坐标及图形尺寸，如图 1-29 所示，使用 LINE 命令绘制此图形。

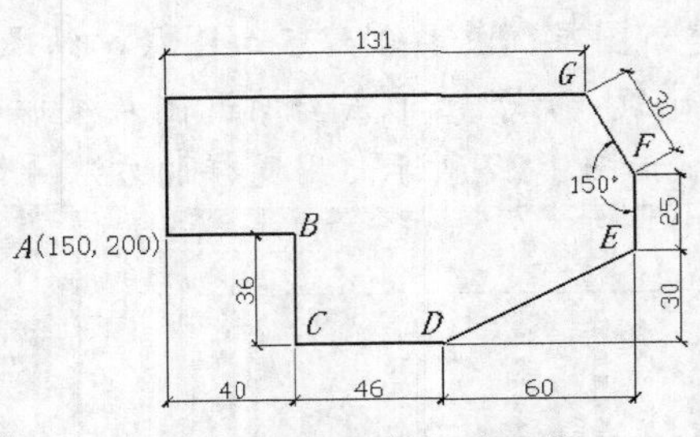

图1-29　通过输入点的坐标画线

```
命令: _line 指定第一点: 150,200                      //输入A点的绝对直角坐标，如图1-29所示
指定下一点或 [放弃(U)]: @40,0                        //输入B点的相对直角坐标
指定下一点或 [放弃(U)]: @0,-36                       //输入C点的相对直角坐标
指定下一点或 [闭合(C)/放弃(U)]: @46,0                //输入D点的相对直角坐标
指定下一点或 [闭合(C)/放弃(U)]: @60,30               //输入E点的相对直角坐标
指定下一点或 [闭合(C)/放弃(U)]: @0,25                //输入F点的相对直角坐标
指定下一点或 [闭合(C)/放弃(U)]: @30<120              //输入G点的相对极坐标
指定下一点或 [闭合(C)/放弃(U)]: @-131,0              //输入H点的相对直角坐标
指定下一点或 [闭合(C)/放弃(U)]: c                    //使线框闭合
```

1.5.2 使用对象捕捉精确画线

在绘图过程中，常常需要在一些特殊几何点间连线，为帮助用户快速、准确地拾取特殊几何点，系统提供了一系列的对象捕捉工具，这些工具包含在如图 1-30 所示的【对象捕捉】工具栏上。

图1-30　【对象捕捉】工具栏

一、 常用的对象捕捉方式

- ：捕捉线段、圆弧等几何对象的端点，捕捉代号为 END。启动端点捕捉后，将鼠标光标移动到目标点附近，系统就会自动捕捉该点，然后再单击鼠标左键确认。
- ：捕捉线段、圆弧等几何对象的中点，捕捉代号为 MID。启动中点捕捉后，将鼠标光标的拾取框与线段、圆弧等几何对象相交，系统就会自动捕捉这些对象的中点，然后再单击鼠标左键确认。
- ：捕捉几何对象间真实的或延伸的交点，捕捉代号为 INT。启动交点捕捉后，将鼠标光标移动到目标点附近，系统就会自动捕捉该点，单击鼠标左键确认。若两个对象没有直接相交，可先将鼠标光标的拾取框放在其中一个对象上，单击鼠标左键，然后再把拾取框移动到另一个对象上，再单击鼠标左键，系统就会自动捕捉到它们的交点。
-  ：在二维空间中与的功能相同。使用该捕捉方式还可以在三维空间中捕捉两个对象的视图交点（在投影视图中显示相交，但实际上并不一定相交），捕捉代号为 APP。

- ：捕捉延伸点，捕捉代号为 EXT。将鼠标光标由几何对象的端点开始移动，此时将沿该对象显示出捕捉辅助线及捕捉点的相对极坐标，如图 1-31 所示。输入捕捉距离后，系统会自动定位一个新点。
- ：正交偏移捕捉，该捕捉方式可以使用户根据一个已知点定位另一个点，捕捉代号为 FROM。下面通过实例来说明偏移捕捉的用法，已经绘制出了一个矩形，现在想从 *B* 点开始画线，*B* 点与 *A* 点的关系如图 1-32 所示。

```
命令: _line 指定第一点: _from 基点: _int 于      //执行画线命令，再单击按钮
                                                //单击按钮，移动鼠标光标到A点处，单击鼠标左键
<偏移>: @40,30                                  //输入B点相对于A点的坐标
指定下一点或 [放弃(U)]:                          //拾取下一个端点
指定下一点或 [放弃(U)]:                          //拾取下一个端点
指定下一点或 [闭合(C)/放弃(U)]:                   //拾取下一个端点
指定下一点或 [闭合(C)/放弃(U)]: C                 //闭合曲线
```

- ：捕捉圆、圆弧及椭圆的中心，捕捉代号为 CEN。启动中心点捕捉后，将鼠标光标的拾取框与圆弧、椭圆等几何对象相交，系统就会自动捕捉这些对象的中心点，单击鼠标左键确认。
- ：捕捉圆、圆弧和椭圆在 0°、90°、180° 或 270° 处的点（象限点），捕捉代号为 QUA。启动象限点捕捉后，将鼠标光标的拾取框与圆弧、椭圆等几何对象相交，系统就会自动显示出距拾取框最近的象限点，单击鼠标左键确认。
- ：在绘制相切的几何关系时，使用该捕捉方式可以捕捉切点，捕捉代号为 TAN。启动切点捕捉后，将鼠标光标的拾取框与圆弧、椭圆等几何对象相交，系统就会自动显示出相切点，单击鼠标左键确认。
- ：在绘制垂直的几何关系时，使用该捕捉方式可以捕捉垂足，捕捉代号为 PER。启动垂足捕捉后，将鼠标光标的拾取框与线段、圆弧等几何对象相交，系统将会自动捕捉垂足点，单击鼠标左键确认。
- ：平行捕捉，可用于绘制平行线，捕捉代号为 PAR。如图 1-33 所示，使用 LINE 命令绘制线段 *AB* 的平行线 *CD*。执行 LINE 命令后，首先指定线段起点 *C*，然后单击按钮，移动鼠标光标到线段 *AB* 上，此时该线段上将出现一个小的平行线符号，表示线段 *AB* 已被选择，再移动鼠标光标到即将创建平行线的位置，此时将显示出平行线，输入该线段长度或单击一点，即可绘制出平行线。

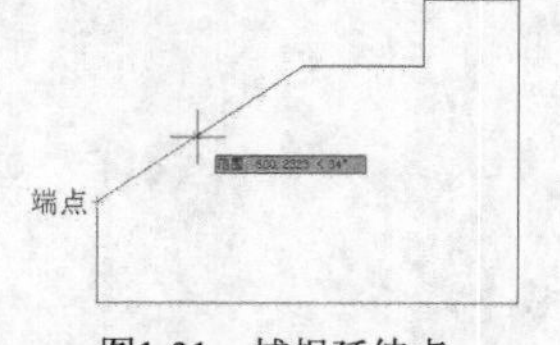

图1-31　捕捉延伸点

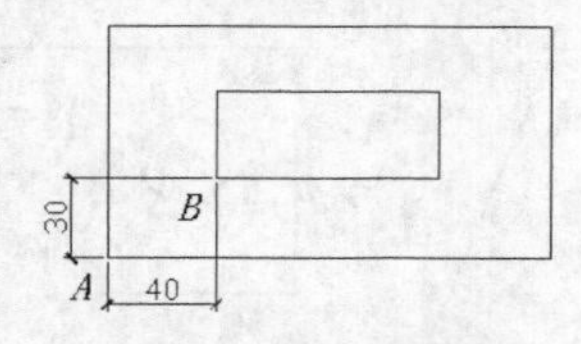

图1-32　正交偏移捕捉

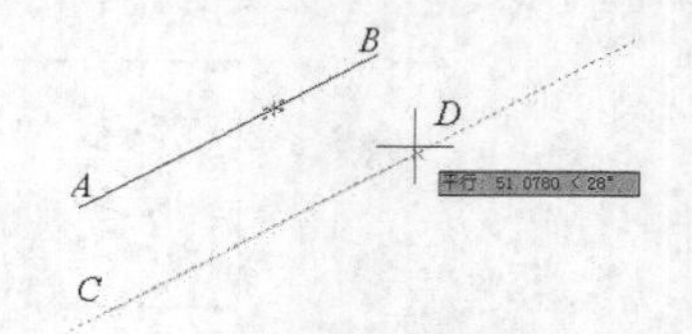

图1-33　平行捕捉

- ：捕捉由 POINT 命令创建的点对象，捕捉代号为 NOD，操作方法与端点捕捉类似。
- ：捕捉距离鼠标光标中心最近的几何对象上的点，捕捉代号为 NEA，操作方法与端点捕捉类似。

- 捕捉两点间连线的中点，捕捉代号为 M2P。使用这种捕捉方式时，先指定两个点，系统将会自动捕捉到这两点间连线的中点。

二、 3 种调用对象捕捉功能的方法

(1) 绘图过程中，当系统提示输入一个点时，可单击捕捉按钮或输入捕捉命令的简称来启动对象捕捉功能，然后将鼠标光标移动到要捕捉的特征点附近，系统就会自动捕捉该点。

(2) 启动对象捕捉功能的另一种方法是利用快捷菜单。执行捕捉命令后，按下 Shift 键并单击鼠标右键，弹出快捷菜单，如图 1-34 所示，通过此菜单可选择捕捉何种类型的点。

(3) 前面所述的捕捉方式仅对当前操作有效，命令结束后，捕捉模式自动关闭，这种捕捉方式称为覆盖捕捉方式。除此之外，用户还可以采用自动捕捉方式来定位点，当激活此方式时，系统将根据事先设定的捕捉类型自动寻找几何对象上相应的点。

【练习1-11】：设置自动捕捉方式。

1. 用鼠标右键单击状态栏上的□按钮，弹出快捷菜单，选取【设置】命令，打开【草图设置】对话框，在该对话框的【对象捕捉】选项卡中设置捕捉点的类型，如图 1-35 所示。

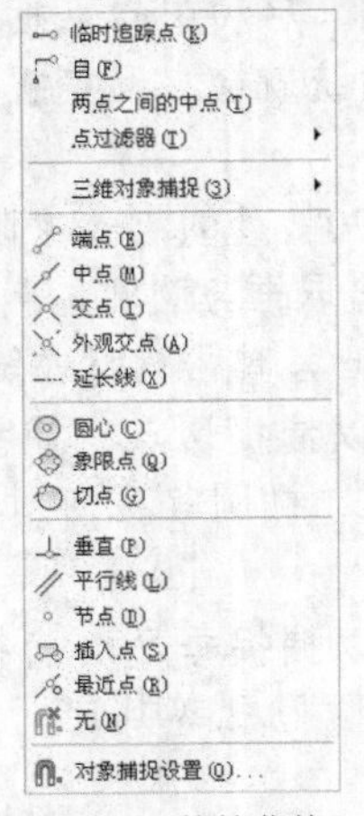

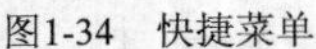

图1-34　快捷菜单

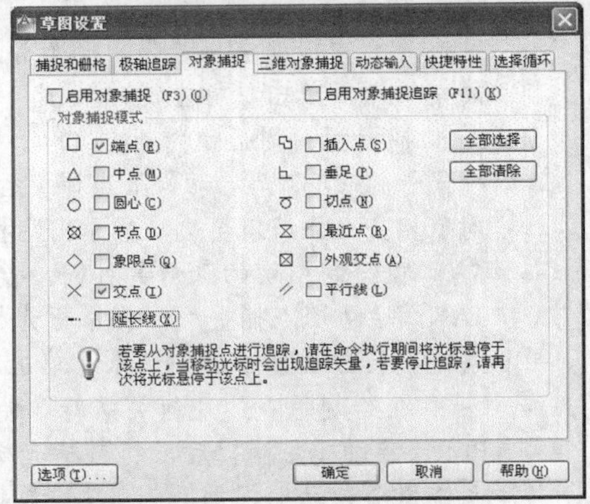

图1-35　设置捕捉点的类型

2. 单击 确定 按钮，关闭对话框，然后单击□按钮，激活自动捕捉方式。

【练习1-12】：打开附盘文件"dwg\第 1 章\1-12dwg"，如图 1-36 左图所示，使用 LINE 命令将左图修改为右图。本题练习对象捕捉功能的运用。

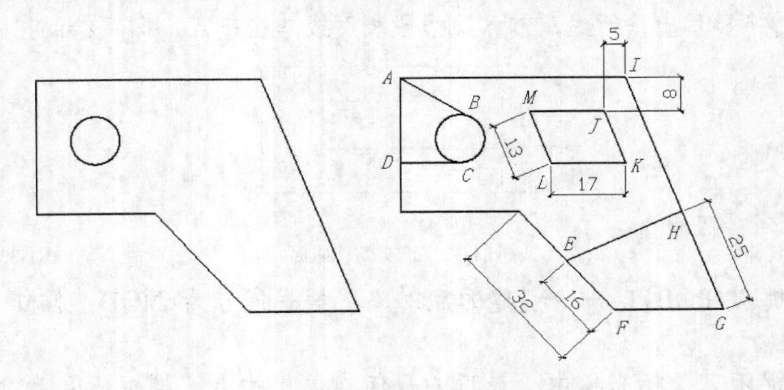

图1-36　利用对象捕捉精确画线

```
命令: _line 指定第一点: int 于          //输入交点代号"INT"并按[Enter]键
                                        //将鼠标光标移动到A点处单击鼠标左键
指定下一点或 [放弃(U)]: tan 到          //输入切点代号"TAN"并按[Enter]键
                                        //将鼠标光标移动到B点附近单击鼠标左键
指定下一点或 [放弃(U)]:                 //按[Enter]键结束命令
命令:                                   //重复命令
LINE 指定第一点: qua 于                 //输入象限点代号"QUA"并按[Enter]键
                                        //将鼠标光标移动到C点附近单击鼠标左键
指定下一点或 [放弃(U)]: per 到          //输入垂足代号"PER"并按[Enter]键
              //使鼠标光标拾取框与线段AD相交，系统显示垂足D，单击鼠标左键
指定下一点或 [放弃(U)]:                 //按[Enter]键结束命令
命令:                                   //重复命令
LINE 指定第一点: mid 于                 //输入中点代号"MID"并按[Enter]键
              //使鼠标光标拾取框与线段EF相交，系统显示中点E，单击鼠标左键
指定下一点或 [放弃(U)]: ext 于      //输入延伸点代号"EXT"并按[Enter]键
25                 //将鼠标光标移动到G点附近，系统自动沿线段进行追踪
                                    //输入H点与G点的距离并按[Enter]键
指定下一点或 [放弃(U)]:             //按[Enter]键结束命令
命令:                               //重复命令
LINE 指定第一点: from 基点:         //输入正交偏移捕捉代号"FROM"并按[Enter]键
end 于                              //输入端点代号"END"并按[Enter]键
                                    //将鼠标光标移动到I点处，单击鼠标左键
<偏移>: @-5,-8                      //输入J点相对于I点的坐标
指定下一点或 [放弃(U)]: par 到      //输入平行偏移捕捉代号"PAR"并按[Enter]键
13             //将鼠标光标从线段HG处移动到JK处，再输入JK线段的长度
指定下一点或 [放弃(U)]: par 到      //输入平行偏移捕捉代号"PAR"并按[Enter]键
17             //将鼠标光标从线段AI处移动到KL处，再输入KL线段的长度
指定下一点或或 [闭合(C)/放弃(U)]: par 到
                                    //输入平行偏移捕捉代号"PAR"并按[Enter]键
13             //将鼠标光标从线段JK处移动到LM处，再输入LM线段的长度
指定下一点或 [闭合(C)/放弃(U)]: c       //使线框闭合
```

1.5.3 利用正交模式辅助画线

单击状态栏上的⌞按钮激活正交模式，在正交模式下鼠标光标只能沿水平或竖直方向移动。画线时若同时激活该模式，则只需输入线段的长度值，系统就会自动画出水平或竖直的线段。

【练习1-13】：使用 LINE 命令并结合正交模式画线，如图 1-37 所示。

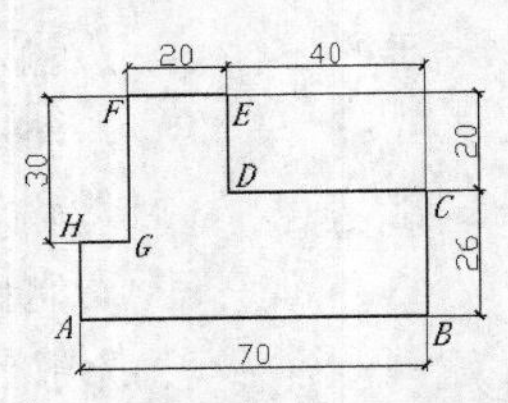

图1-37　激活正交模式画线

```
命令: _line 指定第一点:<正交 开>
                            //拾取点 A 并激活正交模式，将鼠标光标向右移动一定距离
指定下一点或 [放弃(U)]: 70                     //输入线段 AB 的长度
指定下一点或 [放弃(U)]: 26                     //输入线段 BC 的长度
指定下一点或 [闭合(C)/放弃(U)]: 40             //输入线段 CD 的长度
指定下一点或 [闭合(C)/放弃(U)]: 20             //输入线段 DE 的长度
指定下一点或 [闭合(C)/放弃(U)]: 20             //输入线段 EF 的长度
指定下一点或 [闭合(C)/放弃(U)]: 30             //输入线段 FG 的长度
指定下一点或 [闭合(C)/放弃(U)]: 10             //输入线段 GH 的长度
指定下一点或 [闭合(C)/放弃(U)]: C              //使线框闭合
```

1.6　范例解析——输入点的坐标及使用对象捕捉画线

【练习1-14】：绘制如图 1-38 所示的图形。

1. 激活对象捕捉功能，设定捕捉方式为“端点”、“交点”及“延伸点”等。

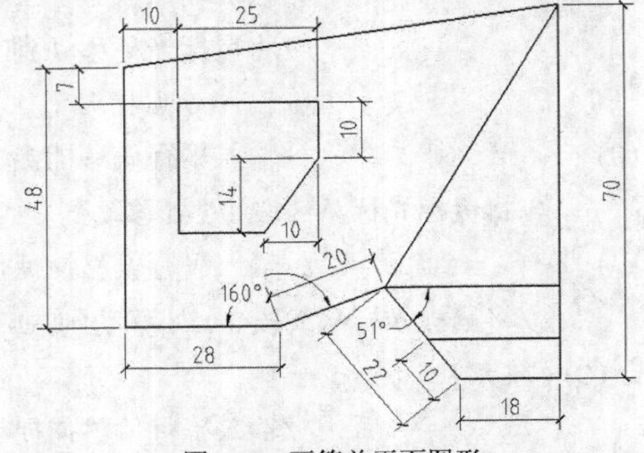

图1-38　画简单平面图形

2. 画线段 *AB*、*BC*、*CD* 等，如图 1-39 所示。
3. 画线段 *CF*、*CJ*、*HI*，如图 1-40 所示。
4. 画闭合线框 *K*，如图 1-41 所示。

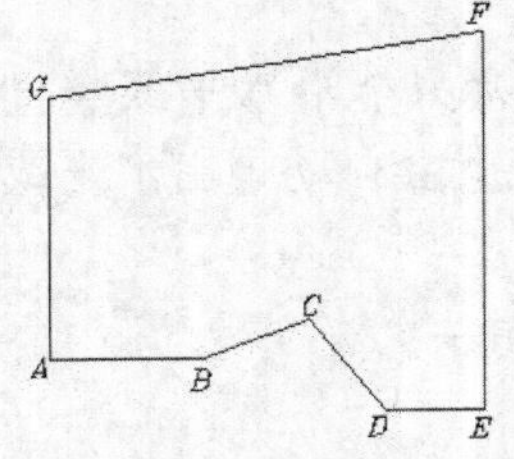

图1-39　画线段 *AB*、*BC* 等

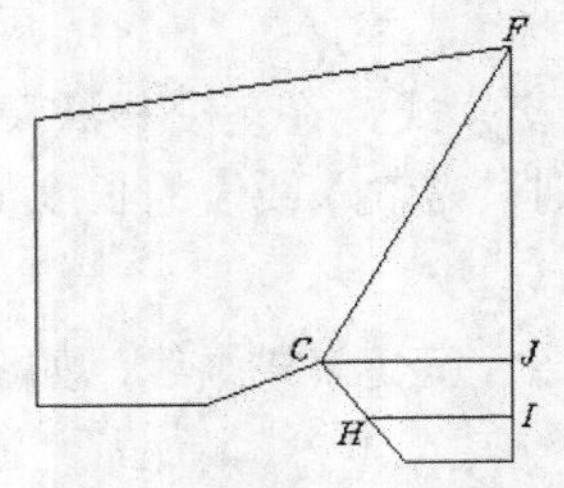

图1-40　画线段 *CF*、*CJ* 等

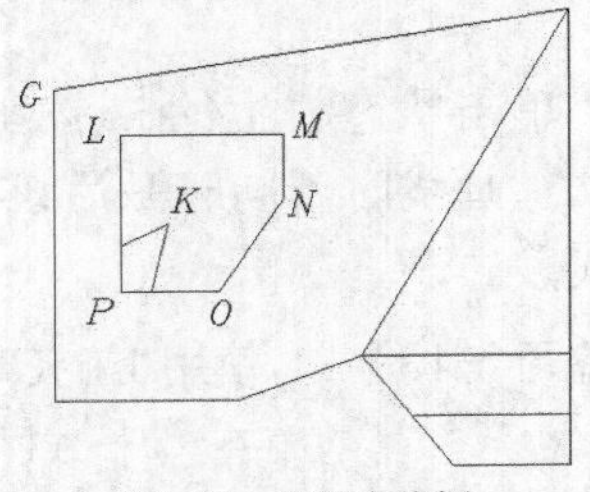

图1-41　画闭合线框

1.7 课堂实训——点的坐标及对象捕捉练习

【练习1-15】： 利用 LINE 命令及点的坐标、对象捕捉命令绘制平面图形，如图 1-42 所示。

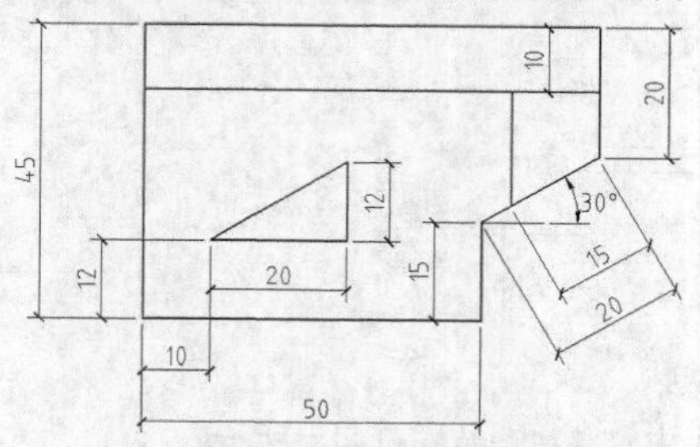

图1-42 画线段构成的平面图形

1.8 综合案例——设定绘图区域大小、创建图层及画线

【练习1-16】： 设定绘图区域的大小，创建以下图层并利用 LINE 命令及点的坐标、对象捕捉等命令绘制平面图形，如图 1-43 所示。

名称	颜色	线型	线宽
轮廓线层	白色	Continuous	0.5
虚线层	红色	Dashed	默认
中心线层	蓝色	Center	默认

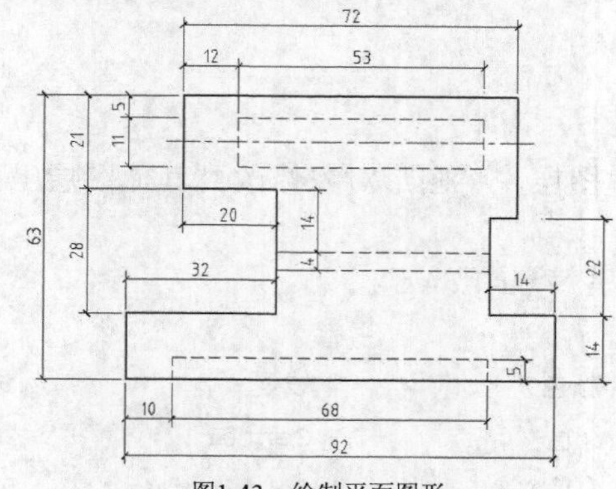

图1-43 绘制平面图形

1. 设定绘图区域的大小为 150 × 150。
2. 建立如上所述的图层，将线型的全局比例因子调整为 0.2。
3. 使用 LINE 命令绘制外轮廓线，如图 1-44 所示。
4. 使用 LINE 命令绘制矩形线框，如图 1-45 所示。

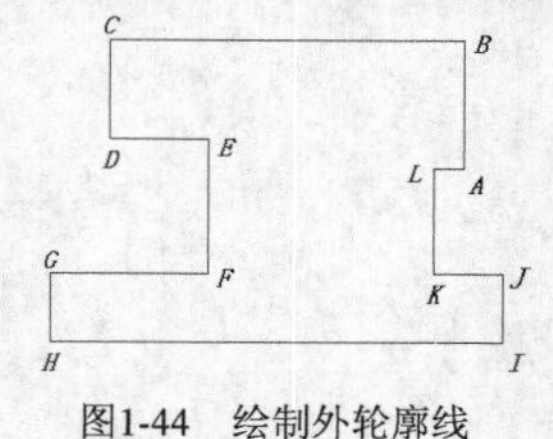

图1-44 绘制外轮廓线

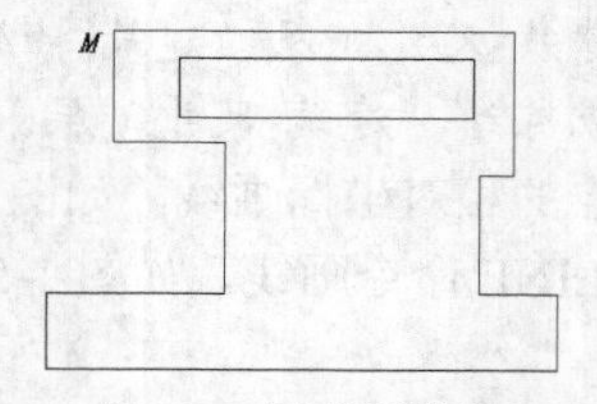

图1-45 绘制矩形线框

5. 使用 LINE 命令绘制中间线段，如图 1-46 所示。
6. 使用 LINE 命令绘制底边线框，如图 1-47 所示。

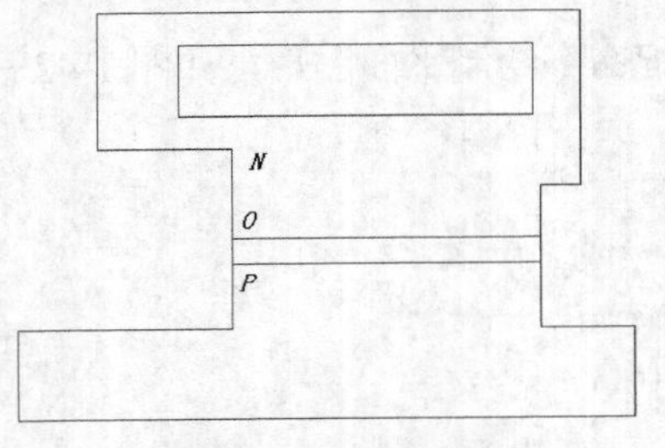

图1-46　绘制中间线段

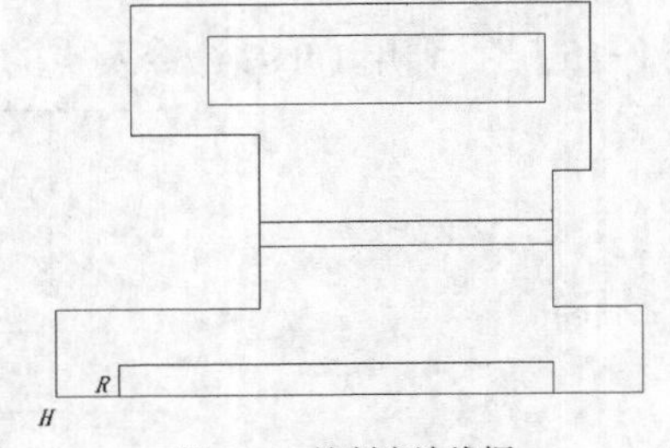

图1-47　绘制底边线框

7. 使用 LINE 命令绘制对称中心线，如图 1-48 所示。
8. 选择轮廓线，选择【图层控制】下拉列表中的【轮廓线层】，将轮廓线调整到轮廓线层。用同样的方法分别将中心线和虚线调整到中心线层和虚线层，结果如图 1-49 所示。

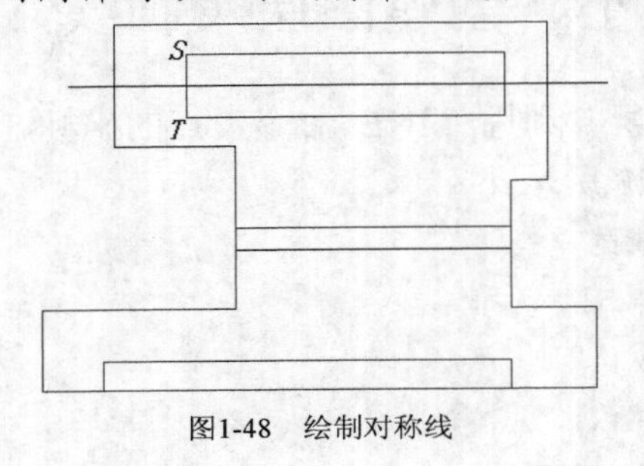

图1-48　绘制对称线

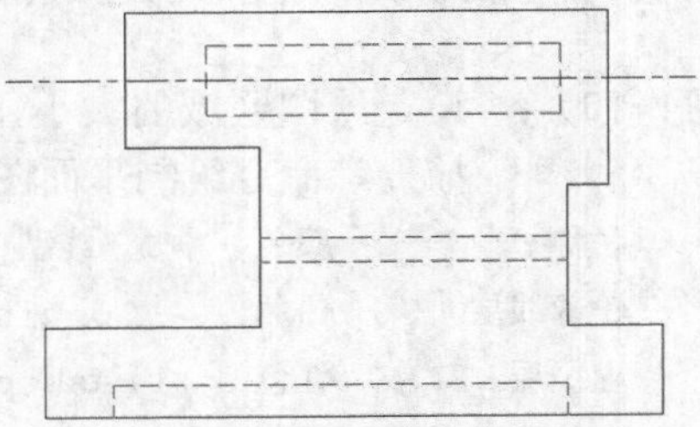

图1-49　调整图层

1.9 习题

1. 下面这个练习包括创建图层，将图形对象修改到其他图层上，改变对象的颜色和控制图层状态等内容。

(1) 打开附盘文件“dwg\第 1 章\xt-1.dwg”。

(2) 创建以下图层。

名称	颜色	线型	线宽
建筑-轴线	红色	Center	默认
建筑-墙线	白色	Continuous	0.7
建筑-门窗	黄色	Continuous	默认
建筑-阳台	黄色	Continuous	默认
建筑-尺寸	绿色	Continuous	默认

(3) 将建筑平面图中的墙体线、轴线、门窗线、阳台线及尺寸标注分别修改到对应的图层上。

(4) 将“建筑-尺寸”及“建筑-轴线”层修改为蓝色。

(5) 关闭或冻结“建筑-尺寸”层。

2. 利用点的相对坐标画线，如图 1-50 所示。
3. 使用 LINE 命令画线，如图 1-51 所示。

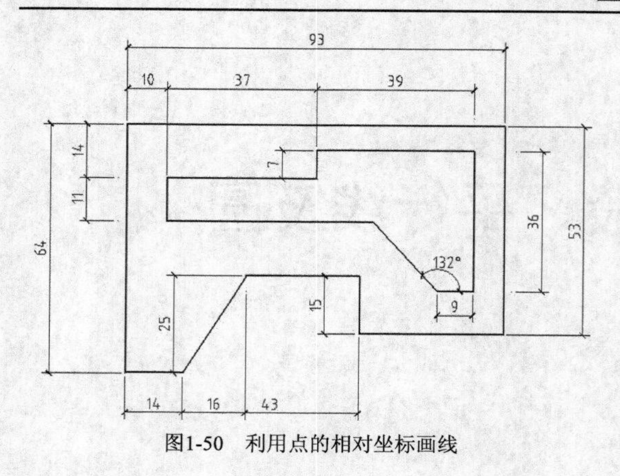

图1-50　利用点的相对坐标画线

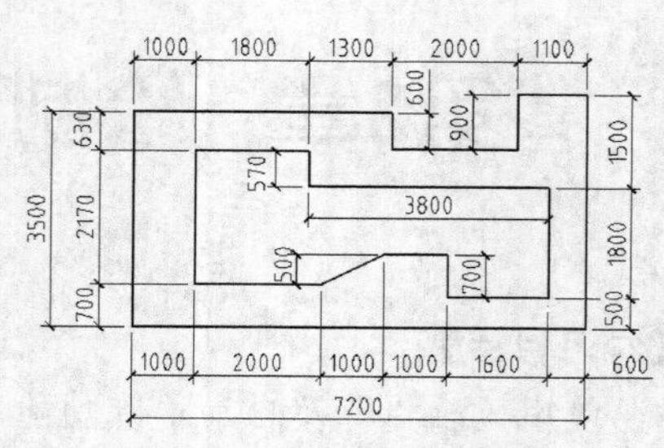

图1-51　使用 LINE 命令画线

第2章　绘制线段、平行线及圆

【学习目标】

- 使用极轴追踪及自动追踪功能画线。
- 画平行线、斜线及垂直线。
- 打断线条及调整线段长度。
- 画圆、圆弧连接及圆的切线。

通过学习本章，读者能够掌握绘制线段、斜线、平行线、圆和圆弧连接的方法，并能够灵活运用相应命令绘制简单图形。

2.1　功能讲解——画线辅助工具、平行线及编辑线条

本节主要介绍极轴追踪、自动追踪、绘制平行线、延伸及剪断线条、打断及改变线条的长度等操作方法。

2.1.1　结合极轴追踪、对象捕捉及自动追踪功能画线

首先简要说明 AutoCAD 极轴追踪及自动追踪功能，然后通过练习掌握其用法。

一、　极轴追踪

激活极轴追踪功能并执行 LINE 命令后，鼠标光标就沿用户设定的极轴方向移动，AutoCAD 在该方向上显示一条追踪辅助线及光标点的极坐标值，如图 2-1 所示。输入线段的长度值，按 Enter 键，就绘制出指定长度的线段。

二、　自动追踪

自动追踪是指 AutoCAD 从一点开始自动沿某一方向进行追踪，追踪方向上将显示一条追踪辅助线及光标点的极坐标值。输入追踪距离，按 Enter 键，就确定新的点。在使用自动追踪功能时，必须激活对象捕捉功能。AutoCAD 首先捕捉一个几何点作为追踪参考点，然后沿水平、竖直方向或设定的极轴方向进行追踪，如图 2-2 所示。

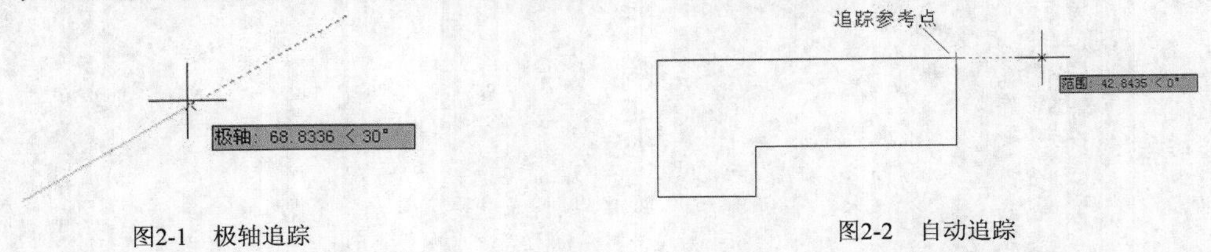

图2-1　极轴追踪　　　图2-2　自动追踪

【练习2-1】：　打开附盘文件“dwg\第 2 章\2-1.dwg”，如图 2-3 左图所示，使用 LINE 命令并结合极轴追踪、对象捕捉及自动追踪功能将左图修改为右图。

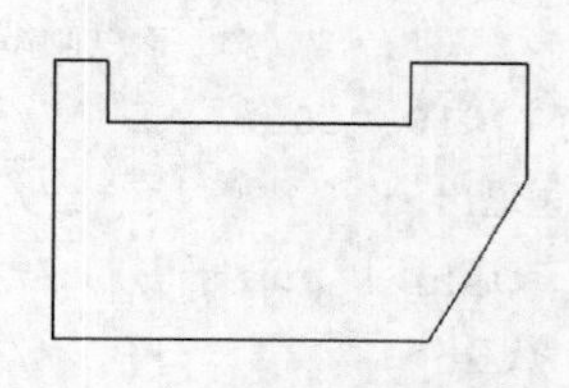

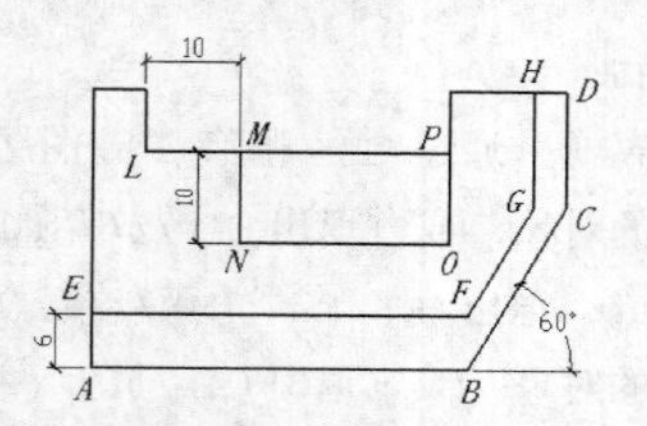

图2-3 结合极轴追踪、对象捕捉及自动追踪等功能画图

1. 激活极轴追踪、对象捕捉及自动追踪功能。设置极轴追踪角度增量为“30”，设定对象捕捉方式为“端点”、“交点”，设置沿所有极轴角进行自动追踪。
2. 输入 LINE 命令，AutoCAD 提示如下。

```
命令: line 指定第一点: 6
                    //以 A 点为追踪参考点向上追踪，输入追踪距离并按 Enter 键
指定下一点或 [放弃(U)]:      //从 E 点向右追踪，再在 B 点建立追踪参考点以确定 F 点
指定下一点或 [放弃(U)]:      //从 F 点沿 60° 方向追踪，再在 C 点建立参考点以确定 G 点
指定下一点或 [闭合(C)/放弃(U)]:      //从 G 点向上追踪并捕捉交点 H
指定下一点或 [闭合(C)/放弃(U)]:      //按 Enter 键结束命令
命令:                                //按 Enter 键重复命令
LINE 指定第一点: 10                  //从基点 L 向右追踪，输入追踪距离并按 Enter 键
指定下一点或 [放弃(U)]: 10           //从 M 点向下追踪，输入追踪距离并按 Enter 键
指定下一点或 [放弃(U)]:      //从 N 点向右追踪，再在 P 点建立追踪参考点以确定 O 点
指定下一点或 [闭合(C)/放弃(U)]:      //从 O 点向上追踪并捕捉交点 P
指定下一点或 [闭合(C)/放弃(U)]:      //按 Enter 键结束命令
```

结果如图 2-3 右图所示。

2.1.2 用 OFFSET 命令绘制平行线

使用 OFFSET 命令可以将对象偏移指定的距离，创建一个与原对象类似的新对象，其操作对象包括线段、圆、圆弧、多段线、椭圆、构造线和样条曲线等。

一、 命令启动方法

- 菜单命令：【修改】/【偏移】。
- 面板：【修改】面板上的按钮。
- 命令：OFFSET 或简写 O。

【练习2-2】： 练习使用 OFFSET 命令。

打开附盘文件“dwg\第 2 章\2-2.dwg”，如图 2-4 左图所示，使用 OFFSET 命令将左图修改为右图。

```
命令: _offset                              //绘制与 AB 平行的线段 CD，如图 2-4 所示
指定偏移距离或 [通过(T)/删除(E)/图层(L)] <通过>: 20        //输入平行线间的距离
选择要偏移的对象，或 [退出(E)/放弃(U)] <退出>:              //选择线段 AB
指定要偏移的那一侧上的点，或 [退出(E)/多个(M)/放弃(U)] <退出>:
                                                      //在线段 AB 的右边单击一点
选择要偏移的对象，或 [退出(E)/放弃(U)] <退出>:             //按 Enter 键结束命令
```

```
命令:OFFSET                                                //过 K 点画线段 EF 的平行线 GH
指定偏移距离或 [通过(T)/删除(E)/图层(L)] <10.0000>: t      //选取"通过(T)"选项
选择要偏移的对象，或 [退出(E)/放弃(U)] <退出>:             //选择线段 EF
指定通过点或 [退出(E)/多个(M)/放弃(U)] <退出>: end 于      //捕捉平行线通过的点 K
选择要偏移的对象，或 [退出(E)/放弃(U)] <退出>:             //按 Enter 键结束命令
```

结果如图 2-4 右图所示。

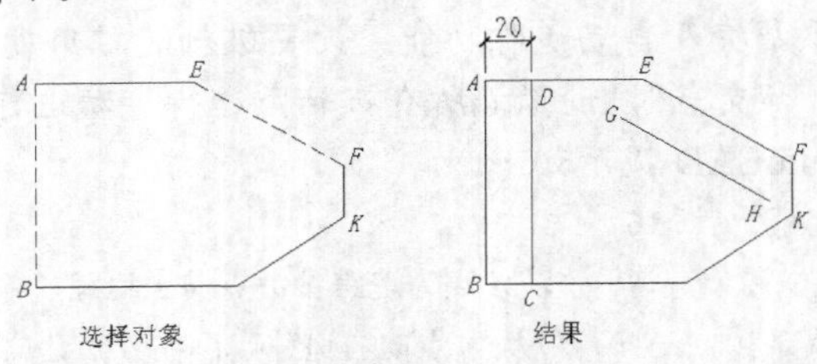

图2-4　绘制平行线

二、　命令选项

- 指定偏移距离：输入偏移距离值，系统将根据此数值偏移原始对象，产生新对象。
- 通过(T)：通过指定点创建新的偏移对象。
- 删除(E)：偏移源对象后将其删除。
- 图层(L)：指定将偏移后的新对象放置在当前图层或源对象所在的图层上。
- 多个(M)：在要偏移的一侧单击多次，即可创建出多个等距对象。

2.1.3　延伸线条及剪断线条

一、　延伸线条

利用 EXTEND 命令可以将线段、曲线等对象延伸到一个边界对象上，使其与边界对象相交。有时边界对象可能是隐含边界，即延伸对象而形成的边界，这时对象延伸后并不与实体直接相交，而是与边界的隐含部分（延长线）相交。

(1)　命令启动方法。

- 菜单命令：【修改】/【延伸】。
- 面板：【修改】面板上的按钮。
- 命令：EXTEND 或简写 EX。

【练习2-3】：　练习使用 EXTEND 命令。

打开附盘文件"dwg\第 2 章\2-3.dwg"，如图 2-5 左图所示，使用 EXTEND 命令将左图修改为右图。

```
命令: _extend
选择对象或 <全部选择>: 找到 1 个                          //选择边界线段 C，如图2-5 左图所示
选择对象:                                                //按 Enter 键
选择要延伸的对象，或按住 Shift 键选择要修剪的对象，或
[栏选(F)/窗交(C)/投影(P)/边(E)/放弃(U)]:                 //选择要延伸的线段 A
选择要延伸的对象，或按住 Shift 键选择要修剪的对象，或
```

[栏选(F)/窗交(C)/投影(P)/边(E)/放弃(U)]: e

//利用“边(E)”选项将线段 B 延伸到隐含边界

输入隐含边延伸模式 [延伸(E)/不延伸(N)] <不延伸>: e //选择“延伸(E)”选项

选择要延伸的对象，或按住 Shift 键选择要修剪的对象，或

[栏选(F)/窗交(C)/投影(P)/边(E)/放弃(U)]: //选择线段 B

选择要延伸的对象，或按住 Shift 键选择要修剪的对象，或

[栏选(F)/窗交(C)/投影(P)/边(E)/放弃(U)]: //按 Enter 键结束命令

结果如图 2-5 右图所示。

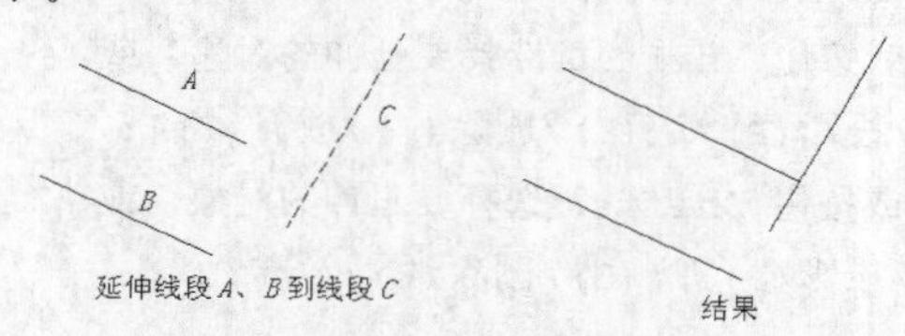

图2-5 延伸线段

(2) 命令选项。

- 按住 Shift 键选择要修剪的对象：将选择的对象修剪到边界而不是将其延伸。
- 栏选(F)：绘制连续折线，与折线相交的对象将被延伸。
- 窗交(C)：利用交叉窗口选择对象。
- 投影(P)：通过该选项指定延伸操作的空间。对于二维绘图来说，延伸操作是在当前用户坐标平面（*xy* 平面）内进行的。在三维空间作图时，可通过该选项将两个交叉对象投影到 *xy* 平面或当前视图平面内执行延伸操作。
- 边(E)：通过该选项控制是否把对象延伸到隐含边界。当边界边太短，延伸对象后不能与其直接相交（如图 2-5 中所示的边界边 *C*）时，选择该选项，此时系统假想将边界边延长，然后使延伸边伸长到与边界边相交的位置。
- 放弃(U)：取消上一次的操作。

二、 剪断线条

绘图过程中常有许多线条交织在一起，若想将线条的某一部分修剪掉，可使用 TRIM 命令。

(1) 命令启动方法。

- 菜单命令：【修改】/【修剪】。
- 面板：【修改】面板上的 按钮。
- 命令：TRIM 或简写 TR。

【练习2-4】： 练习使用 TRIM 命令。

打开附盘文件“dwg\第 2 章\2-4.dwg”，如图 2-6 左图所示，使用 TRIM 命令将左图修改为右图。

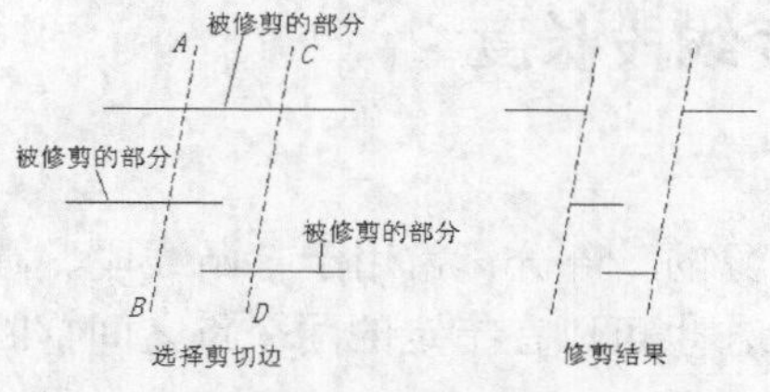

图2-6 修剪线段

```
命令: _trim
选择对象或 <全部选择>:  找到 1 个                    //选择剪切边 AB，如图 2-6 左图所示
选择对象: 找到 1 个，总计 2 个                        //选择剪切边 CD
选择对象:                                             //按 Enter 键确认
选择要修剪的对象，或按住 Shift 键选择要延伸的对象，或
[栏选(F)/窗交(C)/投影(P)/边(E)/删除(R)/放弃(U)]:     //选择被修剪的对象
选择要修剪的对象，或按住 Shift 键选择要延伸的对象，或
[栏选(F)/窗交(C)/投影(P)/边(E)/删除(R)/放弃(U)]:     //选择其他被修剪的对象
选择要修剪的对象，或按住 Shift 键选择要延伸的对象，或
[栏选(F)/窗交(C)/投影(P)/边(E)/删除(R)/放弃(U)]:     //选择其他被修剪的对象
选择要修剪的对象，或按住 Shift 键选择要延伸的对象，或
[栏选(F)/窗交(C)/投影(P)/边(E)/删除(R)/放弃(U)]:     //按 Enter 键结束命令
```

结果如图 2-6 右图所示。

(2) 命令选项。

- 按住 Shift 键选择要延伸的对象：将选定的对象延伸至剪切边。
- 栏选(F)：绘制连续折线，与折线相交的对象将被修剪掉。
- 窗交(C)：利用交叉窗口选择对象。
- 投影(P)：通过该选项指定执行修剪的空间。例如，如果三维空间中的两条线段呈交叉关系，那么可以利用该选项假想将其投影到某一平面上进行修剪操作。
- 边(E)：选取此选项，AutoCAD 提示如下。

  输入隐含边延伸模式 [延伸(E)/不延伸(N)] <不延伸>:

  延伸(E)：如果剪切边太短，没有与被修剪对象相交，那么系统会假想将剪切边延长，然后执行修剪操作，如图 2-7 所示。

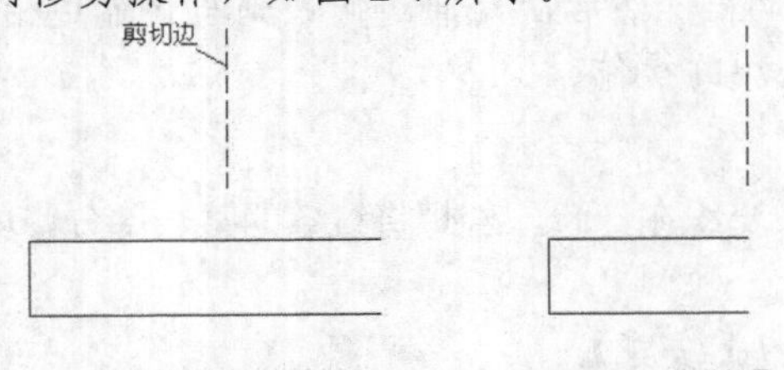

图2-7　使用“延伸（E）”选项完成修剪操作

  不延伸(N)：只有当剪切边与被剪切对象实际相交时才进行修剪。
- 删除(R)：不退出 TRIM 命令就能删除选定的对象。
- 放弃(U)：若修剪有误，可输入字母“U”撤销操作。

2.1.4 打断线段及改变线段长度

一、 打断线条

BREAK 命令可以删除对象的一部分，常用于打断线段、圆、圆弧和椭圆等，使用此命令既可以在一个点处打断对象，也可以在指定的两个点之间打断对象。

(1) 命令启动方法。

- 菜单命令:【修改】/【打断】。
- 面板:【修改】面板上的按钮。
- 命令: BREAK 或简写 BR。

【练习2-5】: 练习使用 BREAK 命令。

打开附盘文件“dwg\第 2 章\2-5.dwg”，如图 2-8 左图所示，使用 BREAK 命令将左图修改为右图。

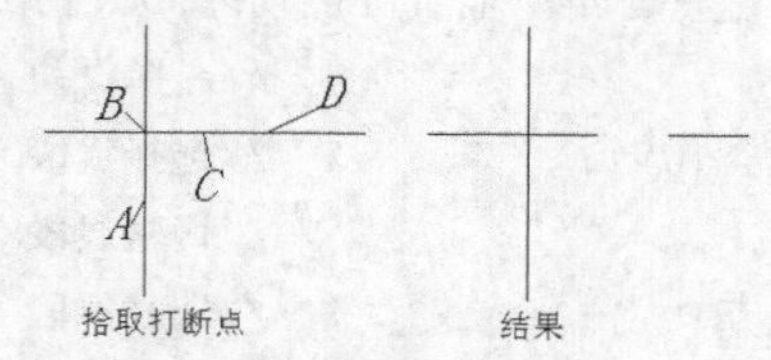

图2-8 打断线段

```
命令: _break 选择对象:
                //在 C 点处选择对象，如图 2-8 左图所示，AutoCAD 会将该点作为第一个打断点
指定第二个打断点或 [第一点(F)]:                    //在 D 点处选择对象
命令:                                              //重复命令
BREAK 选择对象:                                    //选择线段 A
指定第二个打断点或 [第一点(F)]: f                  //选择“第一点(F)”选项
指定第一个打断点: int 于                           //捕捉交点 B
指定第二个打断点: @        //第二个打断点与第一个打断点重合，线段 A 将在 B 点处断开
```

结果如图 2-8 右图所示。

(2) 命令选项。

- 指定第二个打断点: 在图形对象上选取第二个打断点后，系统会将第一个打断点与第二个打断点之间的部分删除。
- 第一点(F): 通过该选项可以重新指定第一个打断点。

BREAK 命令还有以下几种操作方式。

- 如果要删除线段或圆弧的一端，可在选择好被打断的对象后，将第二个打断点指定在要删除那端的外面。
- 当提示输入第二个打断点时键入“@”，系统会将第一个打断点和第二个打断点视为同一点，从而将一个对象拆分为两段而没有删除其中的任何一部分。

二、 改变线条长度

LENGTHEN 命令可以改变线段、圆弧和椭圆弧等对象的长度，使用此命令时，经常采用的选项是“动态”，即直观地拖动对象来改变其长度。

(1) 命令启动方法。

- 菜单命令:【修改】/【拉长】。
- 面板:【修改】面板上的按钮。
- 命令: LENGTHEN 或简写 LEN。

【练习2-6】: 练习使用 LENGTHEN 命令。

打开附盘文件“dwg\第 2 章\2-6.dwg”，如图 2-9 左图所示，使用 LENGTHEN 命令将左图修改为右图。

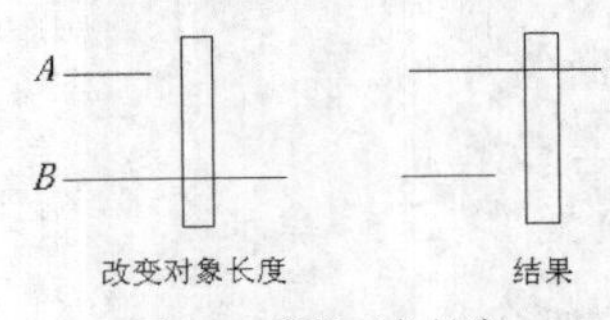

图2-9　改变对象长度

```
命令: lengthen
选择对象或 [增量(DE)/百分数(P)/全部(T)/动态(DY)]: dy
                                        //选择“动态(DY)”选项
选择要修改的对象或 [放弃(U)]:           //选择线段 A 的右端点，如图 2-9 左图所示
指定新端点:                             //调整线段端点到适当位置
选择要修改的对象或 [放弃(U)]:           //选择线段 B 的右端点
指定新端点:                             //调整线段端点到适当位置
选择要修改的对象或 [放弃(U)]:           //按 Enter 键结束命令
```

结果如图 2-9 右图所示。

(2)　命令选项。

- 增量(DE)：以指定的增量值改变线段或圆弧的长度。对于圆弧来说，还可以通过设定角度增量改变其长度。
- 百分数(P)：以对象总长度的百分比形式改变对象长度。
- 全部(T)：通过指定线段或圆弧的新长度来改变对象长度。
- 动态(DY)：通过拖动鼠标光标来动态改变对象长度。

2.2 范例解析——使用 LINE、OFFSET 及 TRIM 等命令绘制平面图

【练习2-7】：　使用 LINE、OFFSET 和 TRIM 命令绘制如图 2-10 所示的图形。

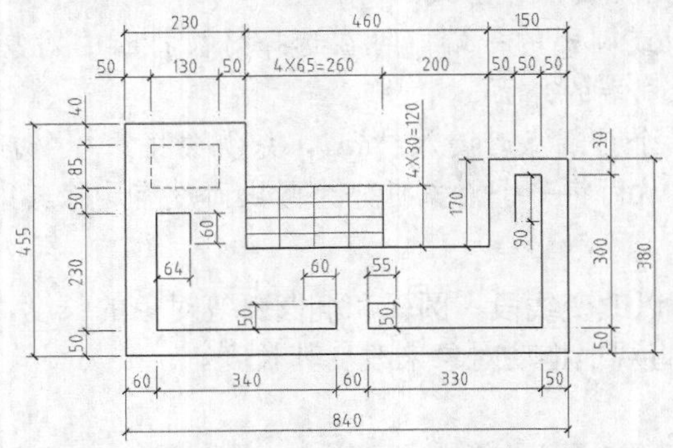

图2-10　使用 LINE、OFFSET 及 TRIM 等命令绘图

1.　创建以下 3 个图层。

名称	颜色	线型	线宽
粗实线	白色	Continuous	0.7
细实线	白色	Continuous	默认
虚线	白色	Dashed	默认

2. 设定绘图区域大小为 1200×1200，线型全局比例因子为 30。
3. 绘制两条作图基准线 *A* 和 *B*，如图 2-11 所示。线段 *A* 的长度约为 500，线段 *B* 的长度约为 1000。
4. 以 *A*、*B* 线为基准线，使用 OFFSET 及 TRIM 命令形成如图 2-12 所示的轮廓线。
5. 使用 OFFSET 及 TRIM 命令绘制图形的其余细节，结果如图 2-13 所示。

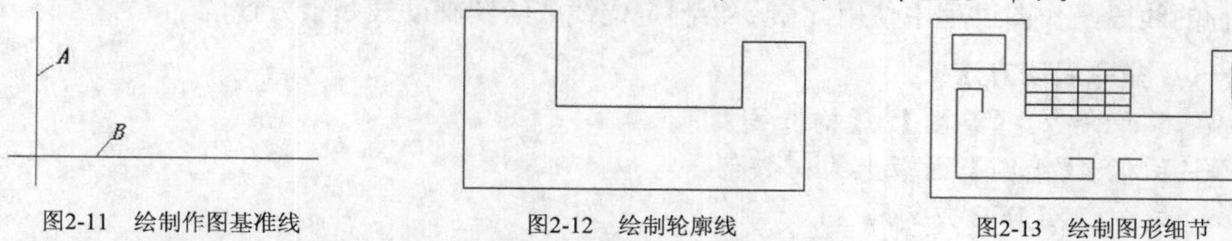

图2-11 绘制作图基准线　　图2-12 绘制轮廓线　　图2-13 绘制图形细节

6. 将线条调整到相应的图层上，结果如图 2-10 所示。

2.3 功能讲解——画斜线、切线、圆及圆弧连接

本节主要介绍绘制垂线、斜线、切线、圆及圆弧连接的操作方法等。

2.3.1 利用角度覆盖方式画垂线及倾斜线段

如果要沿某一方向绘制任意长度的线段，可在系统提示输入点时输入一个小于号“<”及角度值，该角度表明了所绘线段的方向，系统将把鼠标光标锁定在此方向上，移动鼠标光标，线段的长度就会发生变化，获取适当长度后，单击鼠标左键结束，这种画线方式称为角度覆盖。

【练习2-8】：　绘制垂线及倾斜线段。

打开附盘文件“dwg\第 2 章\2-8.dwg”，如图 2-14 所示，利用角度覆盖方式绘制垂线 *BC* 和斜线 *DE*。

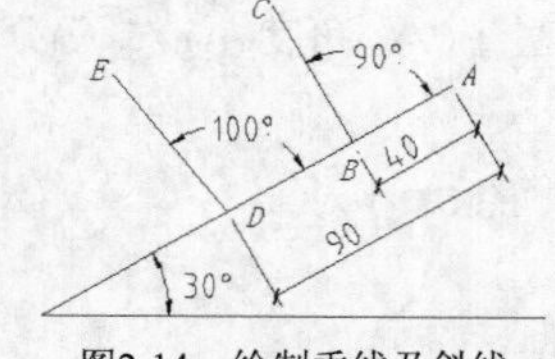

图2-14 绘制垂线及斜线

```
命令: _line 指定第一点: ext                //使用延伸捕捉“EXT”
于 40                                      //输入 B 点到 A 点的距离
指定下一点或 [放弃(U)]: <120               //指定线段 BC 的方向
指定下一点或 [放弃(U)]:                    //在 C 点处单击一点
指定下一点或 [放弃(U)]:                    //按 Enter 键结束命令
命令:                                      //重复命令
LINE 指定第一点: ext                       //使用延伸捕捉“EXT”
于 90                                      //输入 D 点到 A 点的距离
指定下一点或 [放弃(U)]: <130               //指定线段 DE 的方向
指定下一点或 [放弃(U)]:                    //在 E 点处单击一点
```

指定下一点或 [放弃(U)]:　　　　　　　　　　//按 Enter 键结束命令

2.3.2 用 XLINE 命令画任意角度斜线

使用 XLINE 命令可以绘制出无限长的构造线，利用它能直接绘制出水平、竖直、倾斜及平行的线段，作图过程中使用此命令绘制定位线或绘图辅助线是很方便的。

一、 命令启动方法

- 菜单命令：【绘图】/【构造线】。
- 面板：【绘图】面板上的按钮。
- 命令：XLINE 或简写 XL。

【练习2-9】： 练习使用 XLINE 命令。

打开附盘文件“dwg\第 2 章\2-9.dwg”，如图 2-15 左图所示，下面使用 XLINE 命令将左图修改为右图。

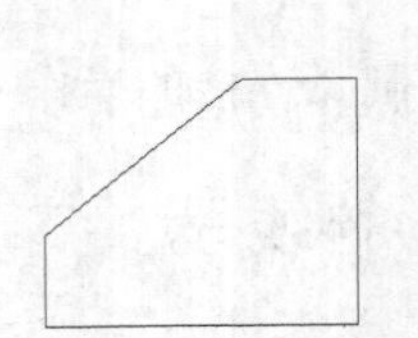

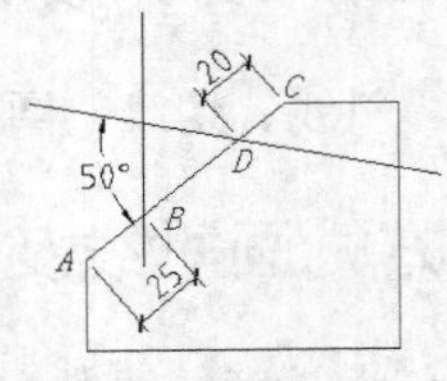

图2-15　绘制构造线

```
命令: _xline 指定点或 [水平(H)/垂直(V)/角度(A)/二等分(B)/偏移(O)]: v
                                                    //选择"垂直(V)"选项
指定通过点: ext                                     //使用延伸捕捉
于 25                          //输入 B 点到 A 点的距离，如图 2-15 右图所示
指定通过点:                                         //按 Enter 键结束命令
命令:                                               //重复命令
XLINE 指定点或 [水平(H)/垂直(V)/角度(A)/二等分(B)/偏移(O)]: a
                                                    //选择"角度(A)"选项
输入构造线的角度 (0) 或 [参照(R)]: r                //选择"参照(R)"选项
选择线段对象:                                       //选择线段 AC
输入构造线的角度 <0>: -50                           //输入角度值
指定通过点: ext                                     //使用延伸捕捉
于 20                                               //输入 D 点到 C 点的距离
指定通过点:                                         //按 Enter 键结束命令
```

结果如图 2-15 右图所示。

二、 命令选项

- 指定点：通过两点绘制直线。
- 水平(H)：绘制水平方向上的直线。
- 垂直(V)：绘制竖直方向上的直线。
- 角度(A)：通过某点绘制一条与已知线段成一定角度的直线。
- 二等分(B)：绘制一条平分已知角度的直线。

- 偏移(O)：通过输入偏移距离绘制平行线，或指定直线通过的点来创建平行线。

2.3.3 画切线

画切线一般有如下两种情况。

- 过圆外的一点画圆的切线。
- 绘制两个圆的公切线。

用户可利用 LINE 命令并结合切点捕捉“TAN”功能来绘制切线。

【练习2-10】：画圆的切线。

打开附盘文件“dwg\第 2 章\2-10.dwg”，如图 2-16 左图所示，使用 LINE 命令将左图修改为右图。

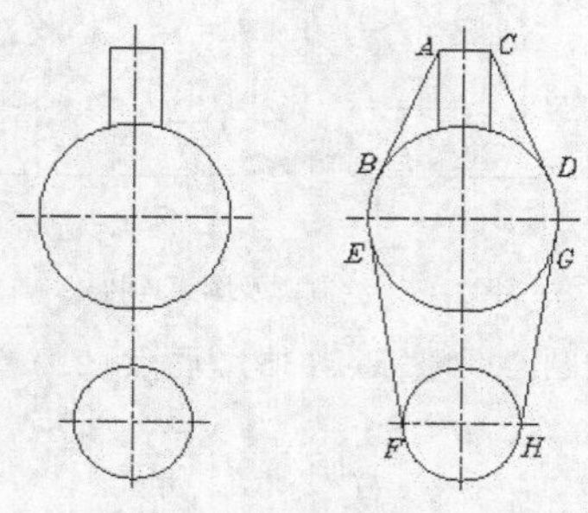

图2-16　画切线

```
命令: _line 指定第一点: end 于                //捕捉端点 A，如图 2-16 右图所示
指定下一点或 [放弃(U)]: tan 到                //捕捉切点 B
指定下一点或 [放弃(U)]:                       //按 Enter 键结束
命令:                                         //重复命令
LINE 指定第一点: end 于                       //捕捉端点 C
指定下一点或 [放弃(U)]: tan 到                //捕捉切点 D
指定下一点或 [放弃(U)]:                       //按 Enter 键结束
命令:                                         //重复命令
LINE 指定第一点: tan 到                       //捕捉切点 E
指定下一点或 [放弃(U)]: tan 到                //捕捉切点 F
指定下一点或 [放弃(U)]:                       //按 Enter 键结束
命令:                                         //重复命令
LINE 指定第一点: tan 到                       //捕捉切点 G
指定下一点或 [放弃(U)]: tan 到                //捕捉切点 H
指定下一点或 [放弃(U)]:                       //按 Enter 键结束
```

结果如图 2-16 右图所示。

2.3.4 画圆及圆弧连接

使用 CIRCLE 命令绘制圆时，默认的画圆方法是指定圆心和半径，此外，还可通过两点或 3 点来画圆。CIRCLE 命令也可用来绘制过渡圆弧，方法是先画出与已有对象相切的

圆，然后再用 TRIM 命令修剪多余线条。

一、命令启动方法

- 菜单命令：【绘图】/【圆】。
- 面板：【绘图】面板上的按钮。
- 命令：CIRCLE 或简写 C。

【练习2-11】：练习使用 CIRCLE 命令。

打开附盘文件“dwg\第 2 章\2-11.dwg”，如图 2-17 左图所示，使用 CIRCLE 命令将左图修改为右图。

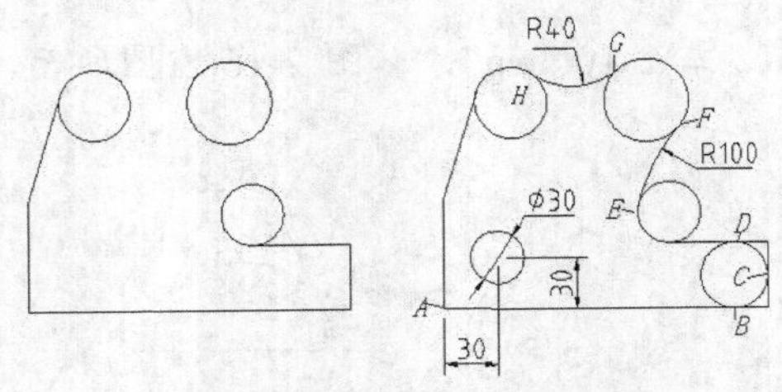

图2-17　绘制圆及圆弧连接

```
命令: _circle 指定圆的圆心或 [三点(3P)/两点(2P)/切点、切点、半径(T)]: from
                                                    //使用正交偏移捕捉
基点: int 于                                         //捕捉 A 点，如图 2-17 右图所示
<偏移>: @30,30                                      //输入相对坐标
指定圆的半径或 [直径(D)] : 15                        //输入圆半径
命令:                                                //重复命令
CIRCLE 指定圆的圆心或 [三点(3P)/两点(2P)/切点、切点、半径(T)]: 3p
                                                    //选择“三点(3P)”选项
指定圆上的第一个点: tan 到                           //捕捉切点 B
指定圆上的第二个点: tan 到                           //捕捉切点 C
指定圆上的第三个点: tan 到                           //捕捉切点 D
命令:                                                //重复命令
CIRCLE 指定圆的圆心或 [三点(3P)/两点(2P)/切点、切点、半径(T)]: t
                                                //使用“切点、切点、半径(T)”选项
指定对象与圆的第一个切点:                             //捕捉切点 E
指定对象与圆的第二个切点:                             //捕捉切点 F
指定圆的半径 <19.0019>: 100                          //输入圆半径
命令:                                                //重复命令
CIRCLE 指定圆的圆心或 [三点(3P)/两点(2P)/ 切点、切点、半径(T)]: t
                                                //使用“切点、切点、半径(T)”选项
指定对象与圆的第一个切点:                             //捕捉切点 G
指定对象与圆的第二个切点:                             //捕捉切点 H
指定圆的半径 <100.0000>: 40                          //输入圆半径
```

修剪多余线条，结果如图 2-17 右图所示。

二、 命令选项

- 指定圆的圆心：默认选项。输入圆心坐标或拾取圆心后，系统将提示输入圆半径或直径值。
- 三点(3P)：输入 3 个点绘制圆。
- 两点(2P)：指定直径的两个端点绘制圆。
- 切点、切点、半径(T)：指定两个切点，然后输入圆半径值绘制圆。

2.4 范例解析——绘制斜线、切线及圆弧连接

【练习2-12】：使用 LINE、CIRCLE 及 OFFSET 等命令绘制如图 2-18 所示的图形。

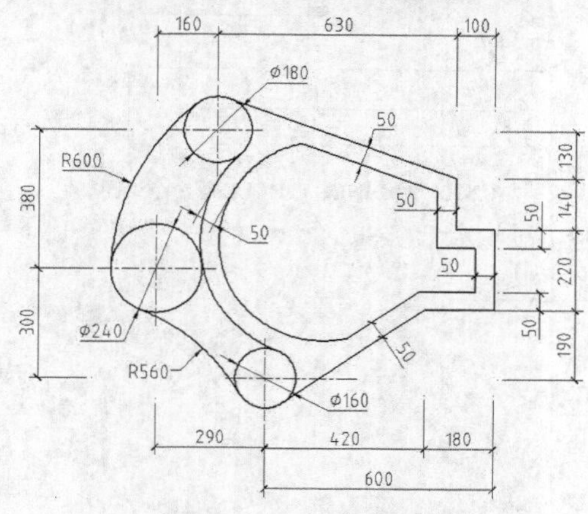

图2-18 绘制平面图形

1. 创建以下两个图层。

名称	颜色	线型	线宽
粗实线	白色	Continuous	0.7
中心线	白色	Center	默认

2. 设定绘图区域大小为 1 000 × 1 000，线型全局比例因子为 35。
3. 使用 OFFSET 及 LENGTHEN 等命令绘制圆的定位线，结果如图 2-19 所示。
4. 使用 CIRCLE、TRIM 等命令绘制如图 2-20 所示的圆及圆弧连接。
5. 使用 LINE、OFFSET 及 TRIM 等命令绘制如图 2-21 所示的图形 *A*。

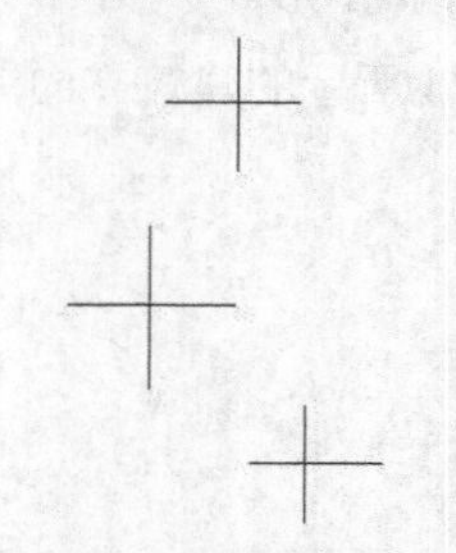

图2-19 绘制圆的定位线

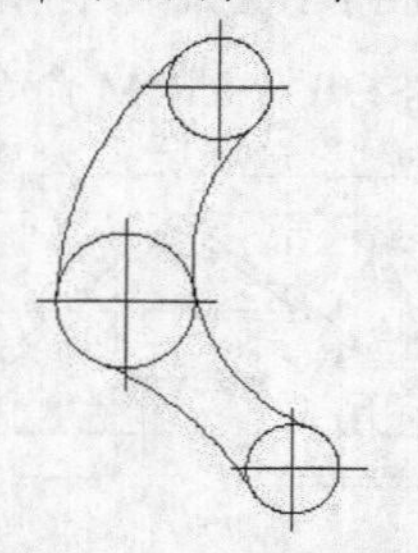

图2-20 绘制圆及圆弧连接

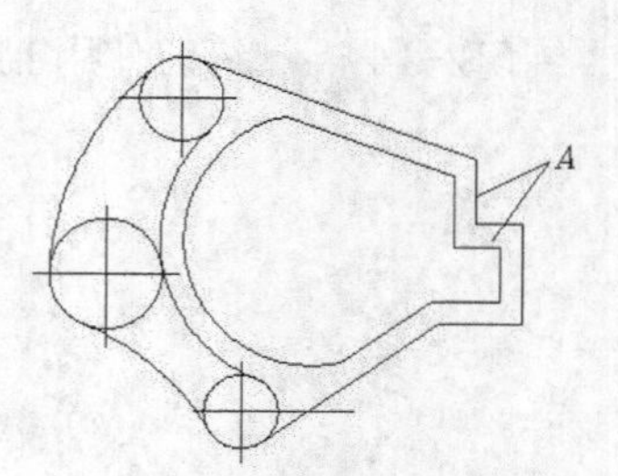

图2-21 绘制图形 *A*

6. 将线条调整到相应的图层上，结果如图 2-18 所示。

2.5　课堂实训——绘制切线及圆弧连接关系

【练习2-13】：使用 LINE、CIRCLE、OFFSET 及 TRIM 等命令绘制图 2-22 所示的图形。

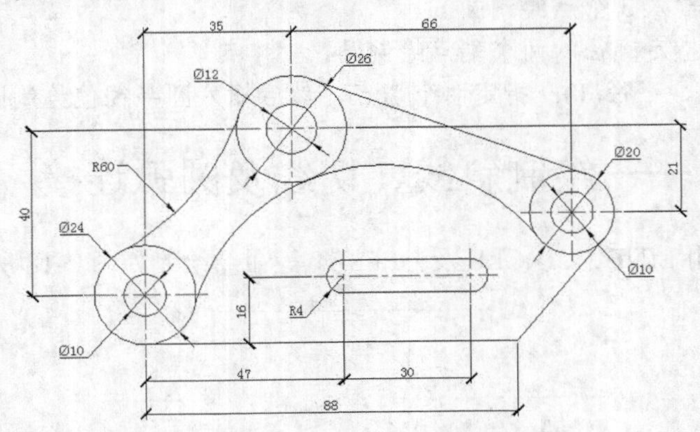

图2-22　用 LINE、CIRCLE 等命令绘图

主要作图步骤如图 2-23 所示。

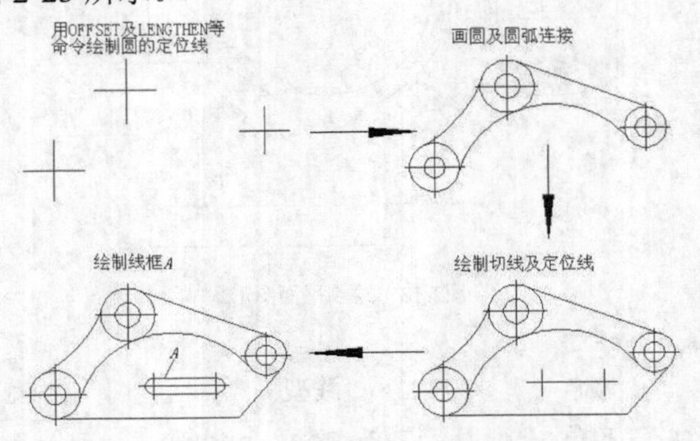

图2-23　主要作图步骤

2.6　综合案例——绘制建筑立面图

使用 OFFSET 命令可以偏移已有图形对象生成新对象，因此在设计图纸时用户可首先绘制出主要的作图基准线，然后使用 OFFSET 命令偏移定位线，构成新图形。

【练习2-14】：练习使用 LINE、OFFSET 及 TRIM 命令绘制如图 2-24 所示的建筑立面图。

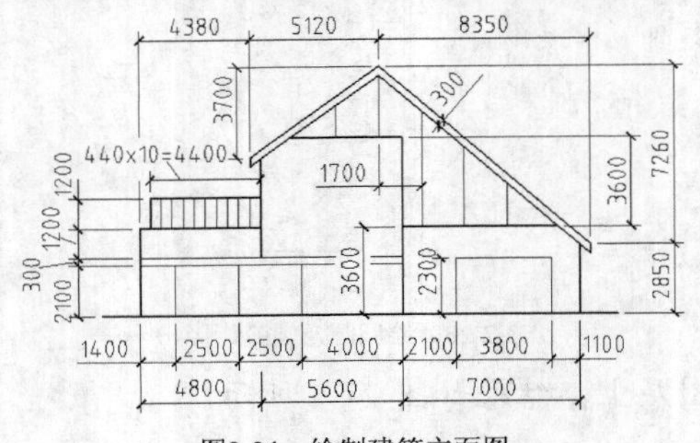

图2-24　绘制建筑立面图

1. 设定绘图区域的大小为 30 000 × 20 000。
2. 激活极轴追踪、对象捕捉及自动追踪功能。设定极轴追踪角度增量为“90”，设定对象捕捉方式为“端点”、“交点”，设置仅沿正交方向自动追踪。
3. 使用 LINE 命令绘制出水平及竖直的作图基准线 *A*、*B*，如图 2-25 所示。线段 *A* 的长度约为 20 000，线段 *B* 的长度约为 10 000。
4. 以线段 *A*、*B* 为基准线，使用 OFFSET 命令绘制出平行线 *C*、*D*、*E* 和 *F* 等，如图 2-26 所示。修剪多余线条，结果如图 2-26 右图所示。

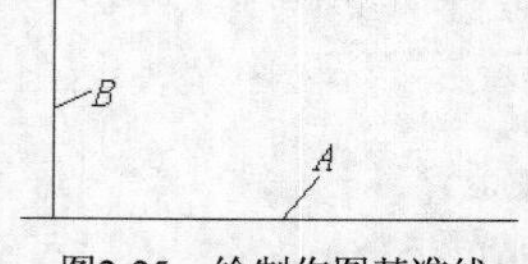

图2-25　绘制作图基准线

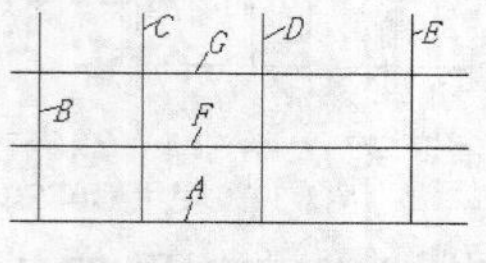

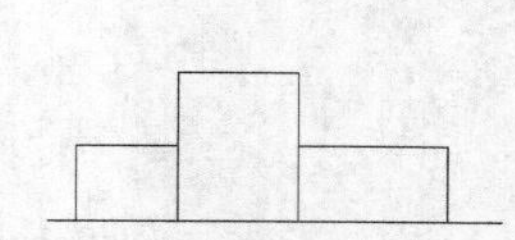

图2-26　绘制平行线 *C*、*D*、*E* 和 *F* 等

5. 使用 XLINE 命令绘制作图基准线 *H*、*I*、*J* 和 *K*，如图 2-27 所示。
6. 以直线 *I*、*J* 和 *K* 为基准线，使用 OFFSET、TRIM 等命令绘制图形细节 *O*，如图 2-28 所示。
7. 以线段 *A*、*B* 为基准线，使用 OFFSET 和 TRIM 命令绘制图形细节 *P*，如图 2-29 所示。

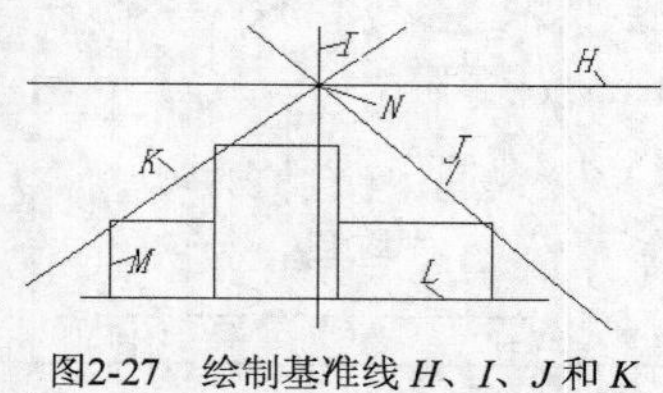

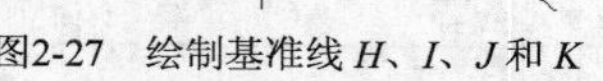

图2-27　绘制基准线 *H*、*I*、*J* 和 *K*

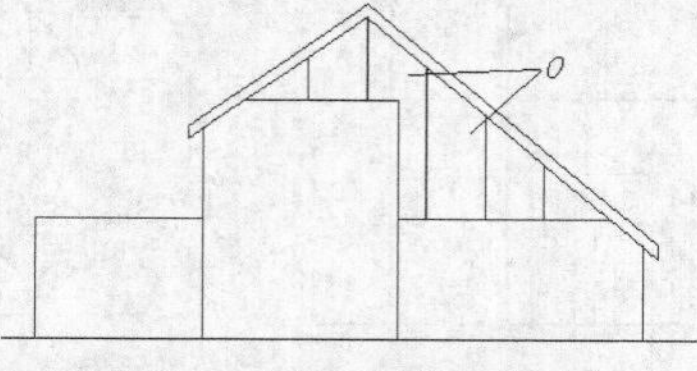

图2-28　绘制图形细节 *O*

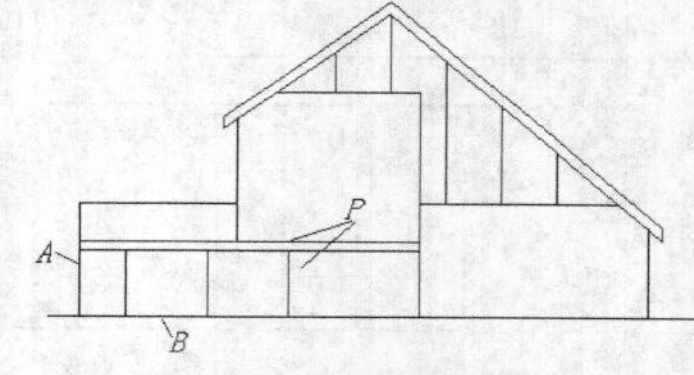

图2-29　绘制图形细节 *P*

8. 使用同样的方法绘制图形的其余细节。

2.7 习题

1. 激活极轴追踪、对象捕捉及自动追踪功能绘图，如图 2-30 所示。
2. 使用 OFFSET 及 TRIM 等命令绘图，如图 2-31 所示。

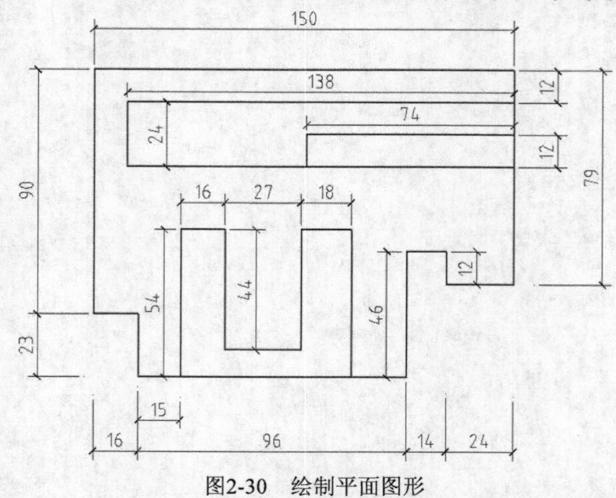

图2-30　绘制平面图形

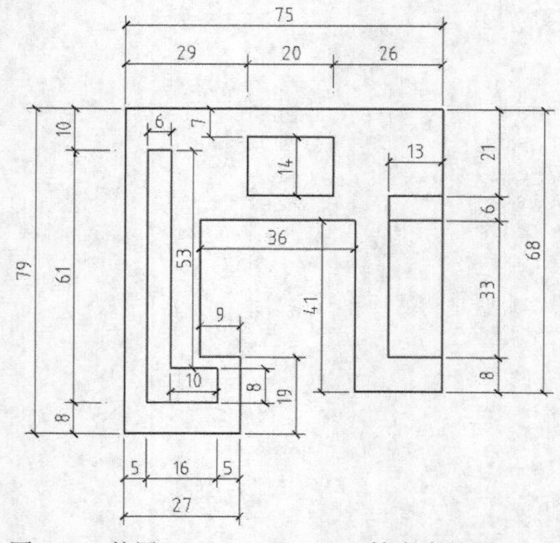

图2-31　使用 OFFSET 及 TRIM 等命令绘图（1）

3. 使用 OFFSET 及 TRIM 等命令绘图，如图 2-32 所示。

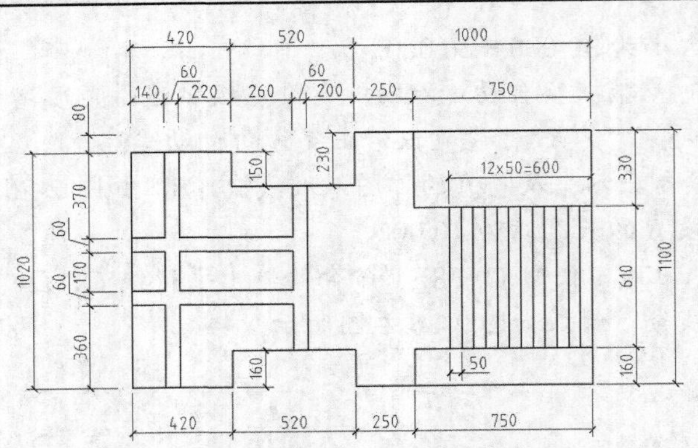

图2-32　使用 OFFSET 及 TRIM 等命令绘图（2）

4.　使用 LINE、XLINE、OFFSET 及 TRIM 等命令绘图，如图 2-33 所示。

5.　使用 CIRCLE、OFFSET 及 TRIM 等命令绘图，如图 2-34 所示。

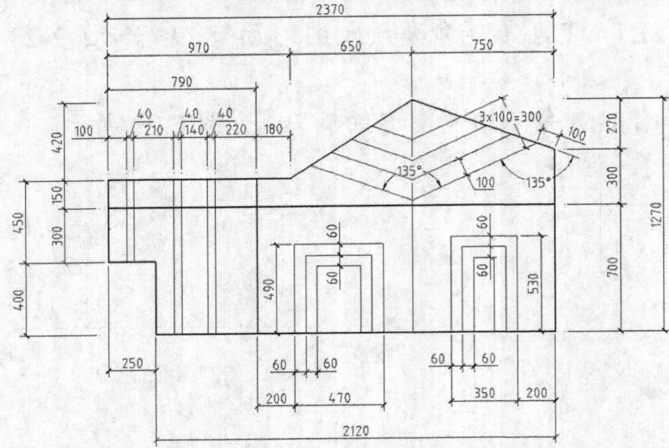

图2-33　使用 LINE、XLINE、OFFSET 及 TRIM 等命令绘图

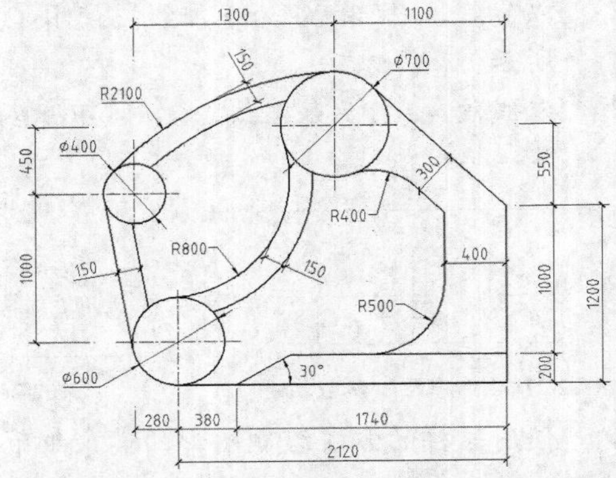

图2-34　使用 CIRCLE、OFFSET 及 TRIM 等命令绘图

第3章　绘制多线、多段线、阵列及镜像对象

【学习目标】

- 绘制及编辑多线。
- 创建及编辑多段线。
- 绘制射线。
- 分解多线及多段线。
- 移动及复制对象。
- 旋转对象。
- 阵列及镜像对象。

通过学习本章，读者能够掌握绘制、编辑多线和多段线的方法，并能够使用移动、复制、阵列及镜像命令编辑图形。

3.1 功能讲解——绘制多线、多段线及射线

本节主要介绍多线、多段线及射线的绘制方法。

3.1.1 多线样式及绘制多线

一、 多线样式

多线的外观由多线样式决定，在多线样式中可以设定多线中线条的数量、每条线的颜色和线型以及线间的距离等，还能指定多线两个端头的样式，如弧形端头及平直端头等。

命令启动方法

- 菜单命令：【格式】/【多线样式】。
- 命令：MLSTYLE。

【练习3-1】： 创建新的多线样式。

1. 执行 MLSTYLE 命令，弹出【多线样式】对话框，如图 3-1 所示。
2. 单击 新建(N)... 按钮，弹出【创建新的多线样式】对话框，如图 3-2 所示。在【新样式名】文本框中输入新样式的名称“墙体 24”，在【基础样式】下拉列表中选取【STANDARD】，该样式将成为新样式的样板样式。
3. 单击 继续 按钮，弹出【新建多线样式】对话框，如图 3-3 所示。

在该对话框中完成以下任务。

- 在【说明】文本框中输入关于多线样式的说明文字。
- 在【图元】列表框中选中“0.5”，然后在【偏移】文本框中输入数值“120”。

- 在【图元】列表框中选中“-0.5”，然后在【偏移】文本框中输入数值“-120”。

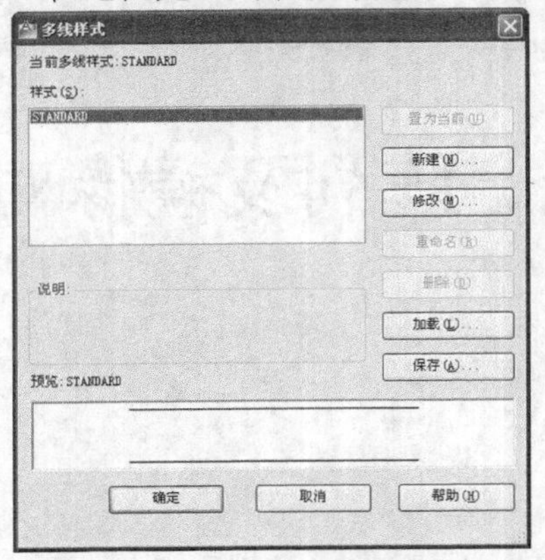

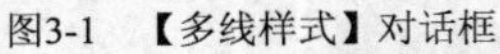

图3-1　【多线样式】对话框

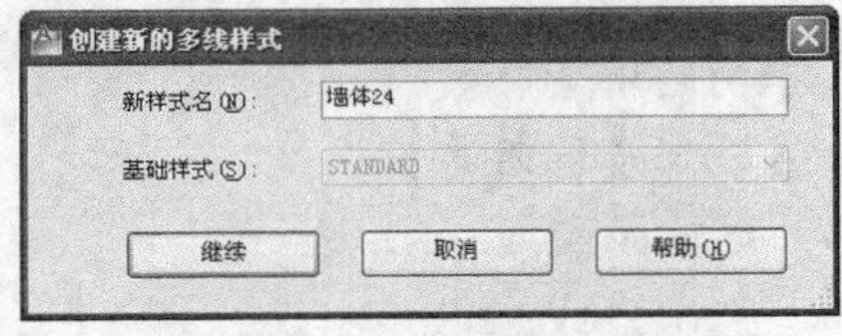

图3-2　【创建新的多线样式】对话框

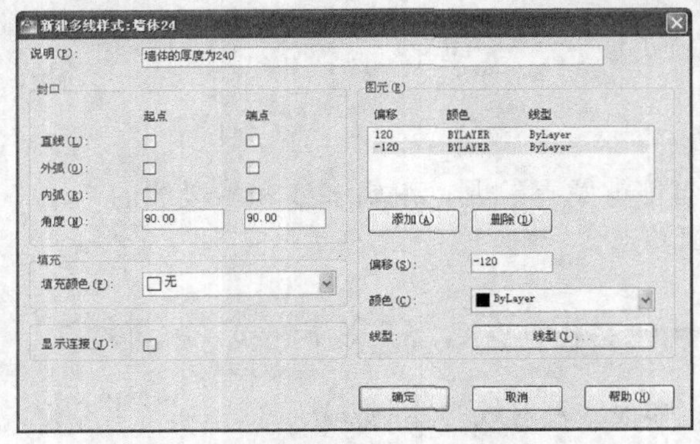

图3-3　【新建多线样式】对话框

4. 单击 确定 按钮，返回【多线样式】对话框，单击 置为当前(U) 按钮，使新样式成为当前样式。

【新建多线样式】对话框中常用选项的功能介绍如下。

- 添加(A) 按钮：单击此按钮，系统将在多线中添加一条新线，该线的偏移量可在【偏移】文本框中设定。
- 删除(D) 按钮：删除【图元】列表框中选定的线元素。
- 【颜色】下拉列表：通过此下拉列表修改【图元】列表框中选定线元素的颜色。
- 线型(Y)... 按钮：指定【图元】列表框中选定线元素的线型。
- 【直线】：在多线的两端产生直线封口形式，如图 3-4 所示。
- 【外弧】：在多线的两端产生外圆弧封口形式，如图 3-4 所示。
- 【内弧】：在多线的两端产生内圆弧封口形式，如图 3-4 所示。
- 【角度】：该角度是指多线某一端的端口连线与多线的夹角，如图 3-4 所示。

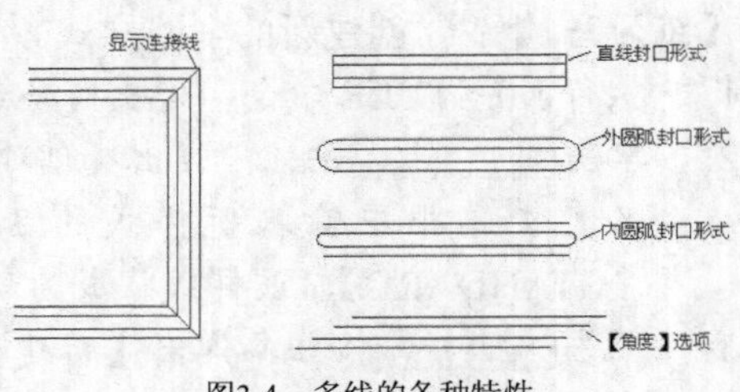

图3-4　多线的各种特性

- 【填充颜色】下拉列表：设置多线的填充色。
- 【显示连接】：选取该复选项后，系统在多线拐角处显示连接线，如图 3-4 所示。

二、 绘制多线

MLINE 命令用于绘制多线。多线是由多条平行直线组成的对象，最多可包含 16 条平行线。线间的距离、线的数量、线条颜色及线型等都可以调整。该命令常用于绘制墙体、公路或管道等。

(1) 命令启动方法。

- 菜单命令：【绘图】/【多线】。
- 命令：MLINE。

【练习3-2】： 练习使用 MLINE 命令。

打开附盘文件 “dwg\第 3 章\3-2.dwg”，如图 3-5 左图所示，使用 MLINE 命令将左图修改为右图。

```
命令: _mline
指定起点或 [对正(J)/比例(S)/样式(ST)]:  j              //选择“对正(J)”选项
输入对正类型 [上(T)/无(Z)/下(B)] <上>:  z               //设定对正方式为“无(Z)”
指定起点或 [对正(J)/比例(S)/样式(ST)]: int            //捕捉 A 点，如图 3-5 左图所示
指定下一点: int 于                                     //捕捉 B 点
指定下一点或 [放弃(U)]:                                //捕捉 C 点
指定下一点或 [闭合(C)/放弃(U)]:int 于                  //捕捉 D 点
指定下一点或 [闭合(C)/放弃(U)]:int 于                  //捕捉 E 点
指定下一点或 [闭合(C)/放弃(U)]:int 于                  //捕捉 F 点
指定下一点或 [闭合(C)/放弃(U)]:int 于                  //捕捉 G 点
指定下一点或 [闭合(C)/放弃(U)]:int 于                  //捕捉 H 点
指定下一点或 [闭合(C)/放弃(U)]: int 于                 //捕捉 I 点
指定下一点或 [闭合(C)/放弃(U)]: int 于                 //捕捉 J 点
指定下一点或 [闭合(C)/放弃(U)]: int 于                 //捕捉 K 点
指定下一点或 [闭合(C)/放弃(U)]:  c                     //使多线闭合
```

结果如图 3-5 右图所示。

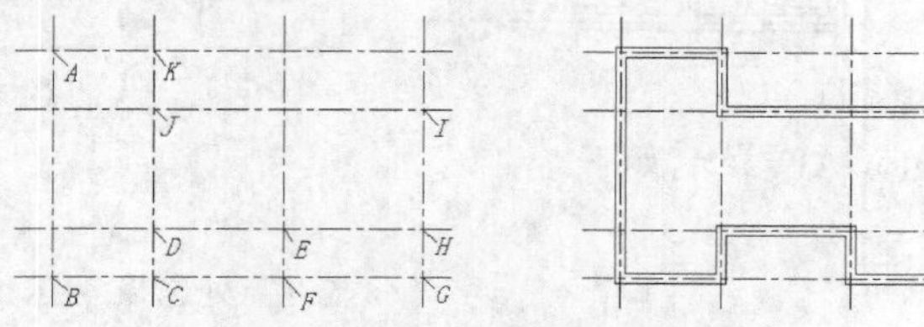

图3-5 绘制多线

(2) 命令选项。

- 对正(J)：设定多线的对正方式，即多线中哪条线段的端点与鼠标光标重合并随鼠标光标移动，该选项有以下 3 个子选项。

  上(T)：若从左往右绘制多线，则对正点将在最顶端线段的端点处。

  无(Z)：对正点位于多线中偏移量为 0 的位置处。多线中线条的偏移量可在多线样式中设定。

  下(B)：若从左往右绘制多线，则对正点将在最底端线段的端点处。

- 比例(S)：指定多线宽度相对于定义宽度（在多线样式中定义）的比例因子，

该比例不影响线型比例。

- 样式(ST)：通过该选项可以选择多线样式，默认样式是“STANDARD”。

3.1.2 编辑多线

MLEDIT 命令用于编辑多线，其主要功能如下。

(1) 改变两条多线的相交形式。例如，使它们相交成“十”字形或“T”字形。

(2) 在多线中加入控制顶点或删除顶点。

(3) 将多线中的线条切断或接合。

命令启动方法如下。

- 菜单命令：【修改】/【对象】/【多线】。
- 命令：MLEDIT。

【练习3-3】： 练习使用 MLEDIT 命令。

1. 打开附盘文件“dwg\第 3 章\3-3.dwg”，如图 3-6 左图所示，使用 MLEDIT 命令将左图修改为右图。
2. 执行 MLEDIT 命令，打开【多线编辑工具】对话框，如图 3-7 所示。该对话框中的小型图片形象地表明了各种编辑工具的功能。

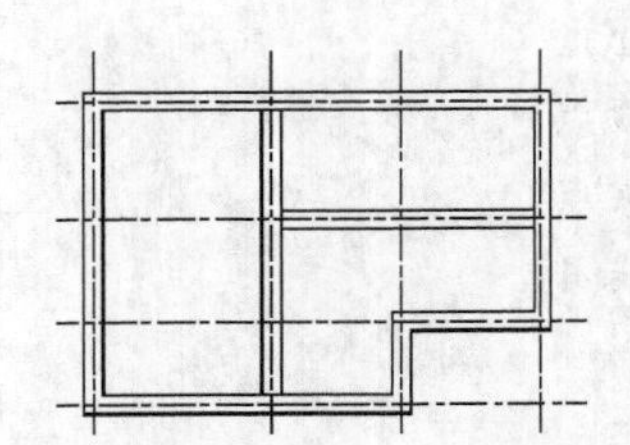

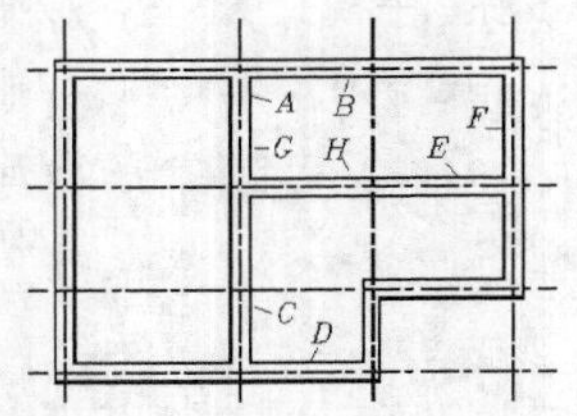

图3-6　编辑多线

多线编辑工具

要使用工具，请单击图标。必须在选定工具之后执行对象选择。

多线编辑工具

十字闭合　T 形闭合　角点结合　单个剪切

十字打开　T 形打开　添加顶点　全部剪切

十字合并　T 形合并　删除顶点　全部接合

关闭(C)　帮助(H)

图3-7　【多线编辑工具】对话框

3. 选取【T 形合并】，AutoCAD 提示如下。

```
命令：_mledit
选择第一条多线：                      //在 A 点处选择多线，如图 3-6 右图所示
选择第二条多线：                      //在 B 点处选择多线
选择第一条多线 或 [放弃(U)]：         //在 C 点处选择多线
选择第二条多线：                      //在 D 点处选择多线
选择第一条多线 或 [放弃(U)]：         //在 E 点处选择多线
选择第二条多线：                      //在 F 点处选择多线
选择第一条多线 或 [放弃(U)]：         //在 H 点处选择多线
选择第二条多线：                      //在 G 点处选择多线
选择第一条多线 或 [放弃(U)]：         //按 Enter 键结束命令
```

结果如图 3-6 右图所示。

3.1.3 创建及编辑多段线

PLINE 命令用来创建二维多段线。多段线是由几段线段和圆弧构成的连续线条，它是一个单独的图形对象，具有以下特点。

(1) 能够设定多段线中线段及圆弧的宽度。

(2) 可以利用有宽度的多段线形成实心圆、圆环或带锥度的粗线等。

(3) 能在指定的线段交点处或对整个多段线进行倒圆角、倒角处理。

一、 PLINE 命令启动方法

- 菜单命令：【绘图】/【多段线】。
- 面板：【绘图】面板上的按钮。
- 命令：PLINE。

编辑多段线的命令是 PEDIT，该命令可以修改整个多段线的宽度值或分别控制各段的宽度值，此外，还能将线段、圆弧构成的连续线编辑成一条多段线。

二、 PEDIT 命令启动方法

- 菜单命令：【修改】/【对象】/【多段线】。
- 面板：【修改】面板上的按钮。
- 命令：PEDIT。

【练习3-4】： 练习使用 PLINE 和 PEDIT 命令。

1. 打开附盘文件"dwg\第 3 章\3-4.dwg"，如图 3-8 左图所示，使用 PLINE、PEDIT 及 OFFSET 命令将左图修改为右图。

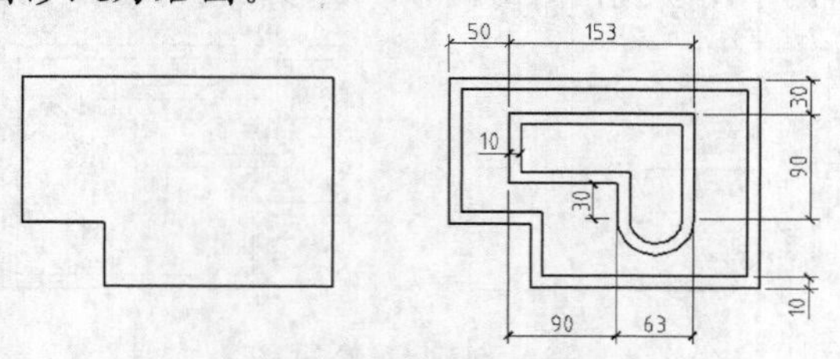

图3-8 绘制及编辑多段线

2. 激活极轴追踪、对象捕捉及自动追踪功能，设定对象捕捉方式为"端点"、"交点"。

```
命令: _pline
指定起点: from                                  //使用正交偏移捕捉
基点:                                           //捕捉 A 点，如图 3-9 左图所示
<偏移>: @50,-30                                 //输入 B 点的相对坐标
指定下一个点或 [圆弧(A)/半宽(H)/长度(L)/放弃(U)/宽度(W)]: 153
                                                //从 B 点向右追踪并输入追踪距离
指定下一点或 [圆弧(A)/闭合(C)/半宽(H)/长度(L)/放弃(U)/宽度(W)]: 90
                                                //从 C 点向下追踪并输入追踪距离
指定下一点或 [圆弧(A)/闭合(C)/半宽(H)/长度(L)/放弃(U)/宽度(W)]: a
                                                //使用"圆弧(A)"选项画圆弧
指定圆弧的端点或[角度(A)/圆心(CE)/闭合(CL)/方向(D)/半宽(H)/直线(L)/半径(R)/第
```

```
二个点(S)/放弃(U)/宽度(W)]: 63               //从 D 点向左追踪并输入追踪距离
指定圆弧的端点或[角度(A)/圆心(CE)/闭合(CL)/方向(D)/半宽(H)/直线(L)/半径(R)/第
二个点(S)/放弃(U)/宽度(W)]: l                //使用“直线(L)”选项切换到画直线模式
指定下一点或 [圆弧(A)/闭合(C)/半宽(H)/长度(L)/放弃(U)/宽度(W)]: 30
                                            //从 E 点向上追踪并输入追踪距离
指定下一点或 [圆弧(A)/闭合(C)/半宽(H)/长度(L)/放弃(U)/宽度(W)]:
                        //从 F 点向左追踪，再以 B 点为追踪参考点确定 G 点
指定下一点或 [圆弧(A)/闭合(C)/半宽(H)/长度(L)/放弃(U)/宽度(W)]:
                                        //捕捉 B 点
指定下一点或 [圆弧(A)/闭合(C)/半宽(H)/长度(L)/放弃(U)/宽度(W)]:
                                        //按 Enter 键结束命令
命令: pedit
选择多段线或 [多条(M)]:                        //选择线段 M，如图 3-9 左图所示
是否将其转换为多段线? <Y>                      //按 Enter 键将线段 M 转换为多段线
输入选项[闭合(C)/合并(J)/宽度(W)/编辑顶点(E)/拟合(F)/样条曲线(S)/非曲线化(D)/
线型生成(L)/反转(R)放弃(U)]:j                  //使用“合并(J)”选项
选择对象:  总计 5 个                           //选择线段 H、I、J、K 和 L
选择对象:                                     //按 Enter 键
输入选项[闭合(C)/合并(J)/宽度(W)/编辑顶点(E)/拟合(F)/样条曲线(S)/非曲线化(D)/
线型生成(L)/反转(R)放弃(U)]:                   //按 Enter 键结束
```

3. 使用 OFFSET 命令将两个闭合线框向内偏移，偏移距离为 10，结果如图 3-9 右图所示。

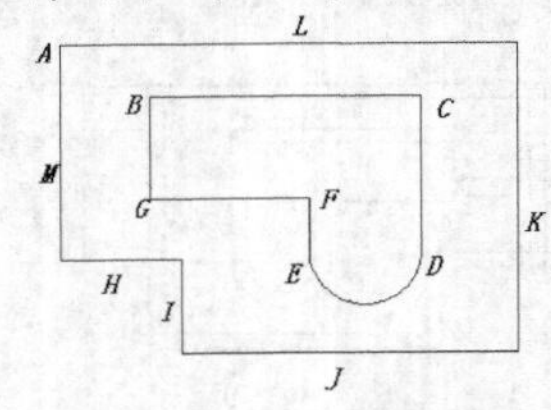

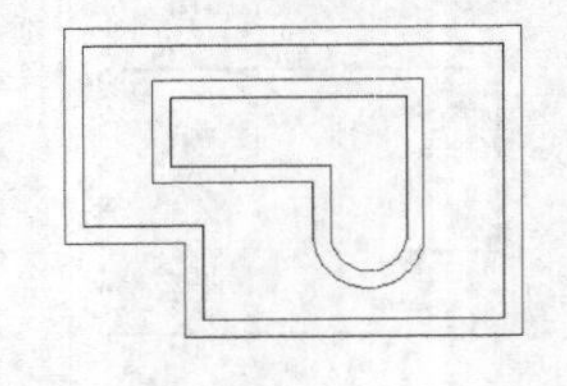

图3-9　创建及编辑多段线

由于 PEDIT 命令的选项很多，为简化说明，本例已将 PEDIT 命令序列中的部分选项删除。这种讲解方式在后续的练习题中也将采用。

三、 PLINE 命令选项

- 圆弧(A)：使用此选项可以绘制圆弧。
- 闭合(C)：选择此选项将使多段线闭合，它与 LINE 命令中的“C”选项作用相同。
- 半宽(H)：该选项用于指定本段多段线的半宽度，即线宽的一半。
- 长度(L)：指定本段多段线的长度，其方向与上一条线段相同或沿上一段圆弧的切线方向。
- 放弃(U)：删除多段线中最后一次绘制的线段或圆弧段。
- 宽度(W)：设置多段线的宽度，此时系统将提示“指定起点宽度”和“指定端点宽度”，用户可输入不同的起始宽度和终点宽度值，以绘制一条宽度逐渐变化的多段线。

四、 PEDIT 命令选项

- 合并(J)：将线段、圆弧或多段线与所编辑的多段线连接，以形成一条新的多段线。
- 宽度(W)：修改整条多段线的宽度。

3.1.4 绘制射线

RAY 命令用于创建单向射线。操作时，用户只需指定射线的起点及另一通过点即可。该命令可一次创建多条射线。

命令启动方法如下。

- 菜单命令：【绘图】/【射线】。
- 面板：【绘图】面板上的按钮。
- 命令：RAY。

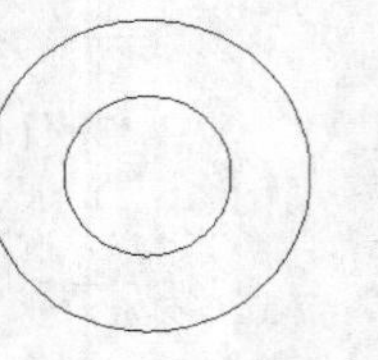

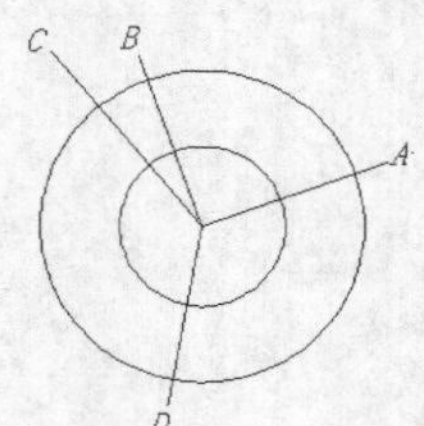

图3-10 绘制射线

【练习3-5】：练习使用 RAY 命令。

打开附盘文件“dwg\第 3 章\3-5.dwg”，如图 3-10 左图所示，使用 RAY 命令将左图修改为右图。

```
命令: _ray 指定起点: cen 于        //捕捉圆心
指定通过点: <20                    //设定射线角度
角度替代: 20
指定通过点:                        //单击 A 点
指定通过点: <110                   //设定射线角度
角度替代: 110
指定通过点:                        //单击 B 点
指定通过点: <130                   //设定射线角度
角度替代: 130
指定通过点:                        //单击 C 点
指定通过点: <260                   //设定射线角度
角度替代: 260
指定通过点:                        //单击 D 点
指定通过点:                        //按 Enter 键结束命令
```

结果如图 3-10 右图所示。

3.1.5 分解多线及多段线

使用 EXPLODE 命令（简写 X）可将多线、多段线、块、标注和面域等复杂对象分解成 AutoCAD 基本图形对象。例如，连续的多段线是一个单独对象，使用 EXPLODE 命令将其“炸开”后，多段线的每一段都将成为一个独立的对象。

键入 EXPLODE 命令或单击【修改】面板上的按钮，系统将提示“选择对象”，选择图形对象并按 Enter 键后，AutoCAD 将会自动进行分解。

3.2 范例解析——使用 LINE、MLINE 及 PLINE 等命令绘图

【练习3-6】： 使用 LINE、OFFSET、MLINE 及 PLINE 等命令绘制如图 3-11 所示的图形。

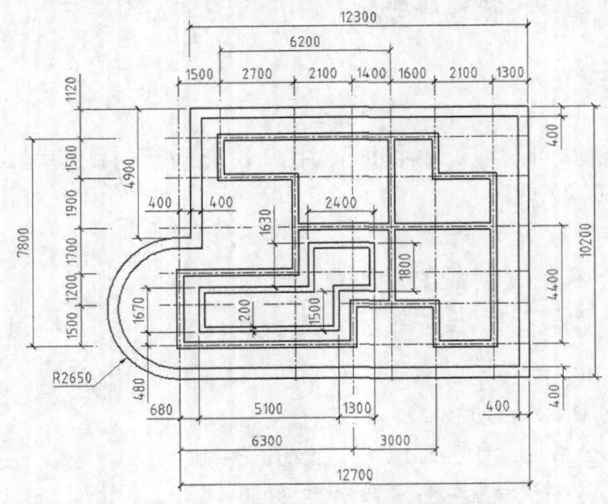

图3-11　使用 LINE 、OFFSET、MLINE 及 PLINE 等命令绘图

1. 创建以下两个图层。

名称	颜色	线型	线宽
粗实线	白色	Continuous	0.7
中心线	白色	Center	默认

2. 设定绘图区域的大小为 15 000 × 15 000。
3. 使用 LINE 及 OFFSET 命令绘制如图 3-12 所示的图形 *A*。
4. 使用 MLINE 及 MLEDIT 命令绘制多线，如图 3-13 所示。
5. 使用 PLINE 及 OFFSET 命令绘制线框 *B*、*C*，结果如图 3-14 所示。

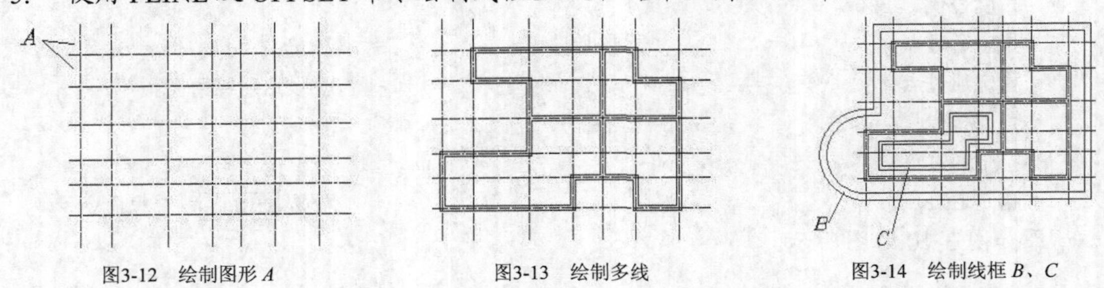

图3-12　绘制图形 *A*　　图3-13　绘制多线　　图3-14　绘制线框 *B*、*C*

3.3 功能讲解——移动、复制、阵列及镜像对象

本节介绍移动、复制、阵列及镜像对象的方法。

3.3.1 移动及复制对象

一、 移动对象

移动图形实体的命令是 MOVE，该命令可以在二维或三维空间中使用。

命令启动方法如下。

- 菜单命令：【修改】/【移动】。
- 面板：【修改】面板上的按钮。
- 命令：MOVE 或简写 M。

【练习3-7】： 练习使用 MOVE 命令。

1. 打开附盘文件“dwg\第 3 章\3-7.dwg”，如图 3-15 左图所示，使用 MOVE 命令将左图修改为右图。

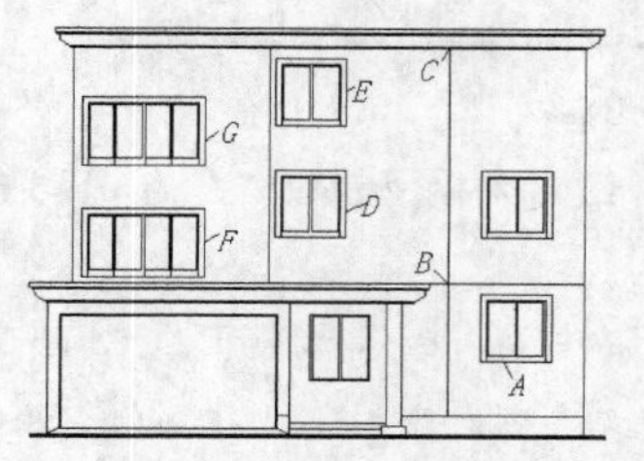

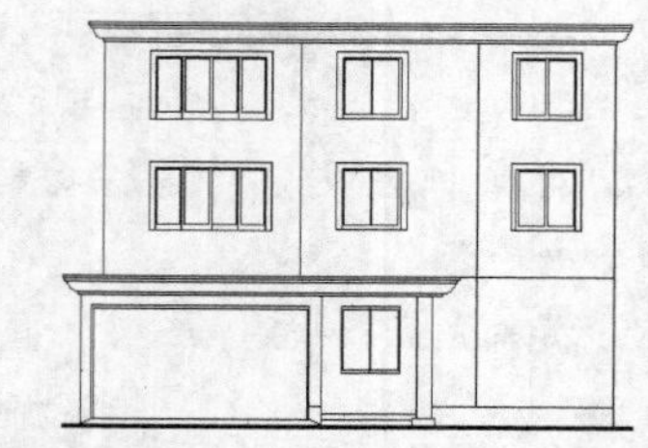

图3-15 移动对象

2. 激活极轴追踪、对象捕捉及自动追踪功能，设定对象捕捉方式为“端点”、“交点”。

```
命令: _move
选择对象: 指定对角点: 找到 15 个                      //选择窗户 A，如图 3-15 左图所示
选择对象:                                           //按 Enter 键确认
指定基点或 [位移(D)] <位移>:                          //捕捉交点 B
指定第二个点或 <使用第一个点作为位移>:                   //捕捉交点 C
命令:MOVE                                           //重复命令
选择对象: 指定对角点: 找到 30 个                      //选择窗户 D、E
选择对象:                                           //按 Enter 键确认
指定基点或 [位移(D)] <位移>:                          //单击一点
指定第二个点或 <使用第一个点作为位移>: 760              //向右追踪并输入追踪距离
命令:MOVE                                           //重复命令
选择对象: 指定对角点: 找到 50 个                      //选择窗户 F、G
选择对象:                                           //按 Enter 键确认
指定基点或 [位移(D)] <位移>:  910,1010                //输入沿 x、y 轴移动的距离
指定第二个点或 <使用第一个点作为位移>:                   //按 Enter 键结束命令
```

结果如图 3-15 右图所示。

二、 复制对象

复制图形实体的命令是 COPY，该命令可以在二维或三维空间中使用。执行 COPY 命令后，选择要复制的图形元素，然后通过两点或直接输入位移值来指定复制的距离和方向。

命令启动方法如下。

- 菜单命令：【修改】/【复制】。
- 面板：【修改】面板上的按钮。
- 命令：COPY 或简写 CO。

【练习3-8】： 练习使用 COPY 命令。

1. 打开附盘文件"dwg\第 3 章\3-8.dwg"，如图 3-16 左图所示，使用 COPY 命令将左图修改为右图。

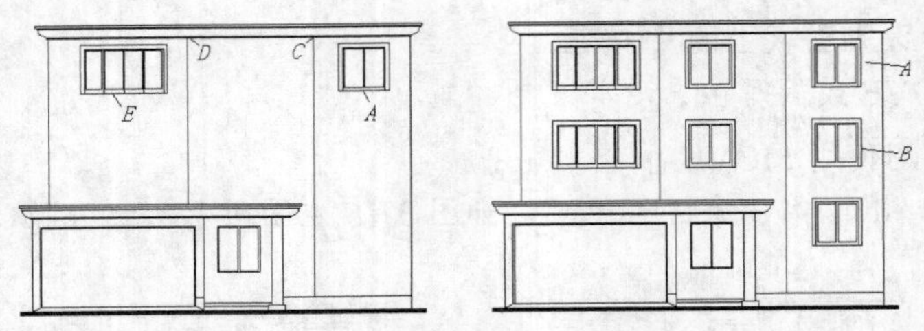

图3-16　复制对象

2. 激活极轴追踪、对象捕捉及自动追踪功能，设定对象捕捉方式为"端点"、"交点"。

```
命令: _copy
选择对象: 指定对角点: 找到 15 个                        //选择窗户 A，如图 3-16 左图所示
选择对象:                                                //按 Enter 键确认
指定基点或 [位移(D)/模式(O)] <位移>:                     //单击一点
指定第二个点或[阵列(A)]<使用第一个点作为位移>: 2900      //向下追踪并输入追踪距离
指定第二个点或[阵列(A)/退出(E)/放弃(U)] <退出>:  5800  //向下追踪并输入追踪距离
指定第二个点或[阵列(A)/退出(E)/放弃(U)] <退出>:         //按 Enter 键结束命令
命令:COPY                                                //重复命令
选择对象: 指定对角点: 找到 30 个                         //选择窗户 A、B
选择对象:                                                //按 Enter 键确认
指定基点或 [位移(D)/模式(O)] <位移>:                     //捕捉交点 C
指定第二个点或[阵列(A)]<使用第一个点作为位移>:           //捕捉交点 D
指定第二个点或[阵列(A)/退出(E)/放弃(U)] <退出>:         //按 Enter 键结束命令
命令:COPY                                                //重复命令
选择对象: 指定对角点: 找到 25 个                         //选择窗户 E
选择对象:                                                //按 Enter 键确认
指定基点或 [位移(D)/模式(O)] <位移>:  0,-2900           //输入沿 x、y 轴复制的距离
指定第二个点或[阵列(A)]<使用第一个点作为位移>:           //按 Enter 键结束命令
```

结果如图 3-16 右图所示。

3.3.2 旋转对象

使用 ROTATE 命令可以旋转图形对象，改变图形对象的方向。

一、　命令启动方法

- 菜单命令：【修改】/【旋转】。
- 面板：【修改】面板上的按钮。
- 命令：ROTATE 或简写 RO。

【练习3-9】：　练习使用 ROTATE 命令。

打开附盘文件"dwg\第 3 章\3-9.dwg"，如图 3-17 左图所示，使用 ROTATE 和 EXTEND 命令将左图修改为右图。

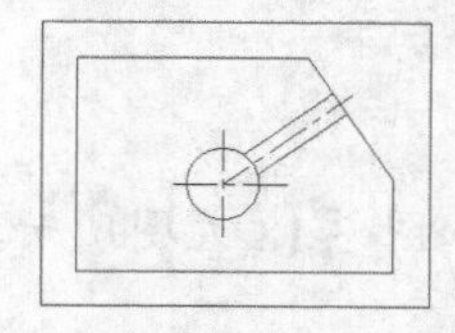
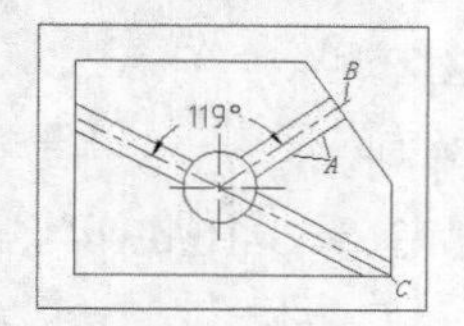

图3-17 旋转对象

```
命令: _rotate
选择对象: 指定对角点: 找到 3 个                          //选择对象 A
选择对象:                                               //按 Enter 键
指定基点: cen 于                                        //捕捉圆心
指定旋转角度, 或 [复制(C)/参照(R)] <297>: c              //使用"复制(C)"选项
指定旋转角度, 或 [复制(C)/参照(R)] <297>: 119            //输入旋转角度
命令:ROTATE                                             //重复命令
选择对象: 指定对角点: 找到 3 个                          //选择对象 A
选择对象:                                               //按 Enter 键
指定基点: cen 于                                        //捕捉圆心
指定旋转角度, 或 [复制(C)/参照(R)] <120>: c              //使用"复制(C)"选项
指定旋转角度, 或 [复制(C)/参照(R)] <120>: r              //使用"参照(R)"选项
指定参照角 <35>: cen 于                                  //捕捉圆心
指定第二点: end 于                                       //捕捉端点 B
指定新角度或 [点(P)] <332>: int 于                       //捕捉交点 C
```

再使用 EXTEND 命令延伸部分线条，结果如图 3-17 右图所示。

二、 命令选项

- 指定旋转角度：指定旋转基点并输入绝对旋转角度来旋转实体。旋转角是基于当前用户坐标系测量的，如果输入负的旋转角，则选定的对象将顺时针旋转，反之，被选择的对象将逆时针旋转。
- 复制(C)：旋转对象的同时复制对象。
- 参照(R)：指定某个方向作为起始参照，然后拾取一个点或两个点来指定源对象要旋转到的位置，也可以输入新角度值来指明要旋转到的方位。

3.3.3 阵列对象及镜像对象

几何元素的均布以及图形的对称是作图中经常遇到的问题。在绘制均布特征时，使用 ARRAY 命令可指定矩形阵列或环形阵列。对于图形中的对称关系，可以使用 MIRROR 命令创建，操作时可选择删除或保留原来的对象。

一、 矩形阵列对象

矩形阵列是指将对象按行、列方式进行排列。操作时，用户一般应指定阵列的行数、列数、行间距及列间距等。如果要沿倾斜方向生成矩形阵列，还应输入阵列的倾斜角度。

命令启动方法如下。

- 菜单命令：【修改】/【阵列】/【矩形阵列】。
- 面板：【修改】面板上的按钮。

- 命令：ARRAYRECT。

【练习3-10】：创建矩形阵列。

打开附盘文件“dwg\第 3 章\3-10.dwg”，如图 3-18 左图所示，下面用 ARRAYRECT 命令将左图修改为右图。

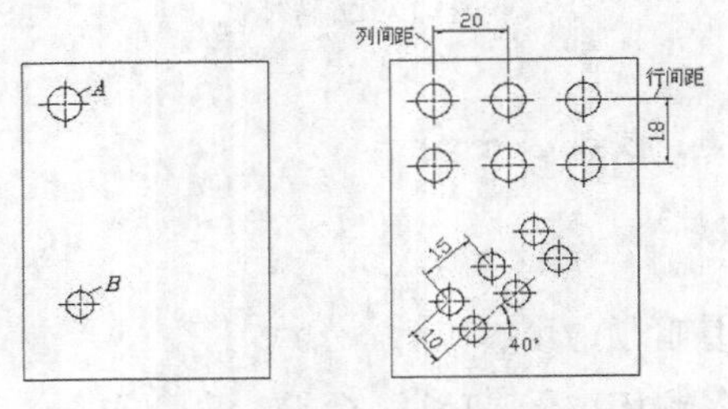

图3-18　矩形阵列

```
命令: _arrayrect
选择对象: 指定对角点: 找到 3 个          //选择要阵列的图形对象 A，如图 3-18 左图所示
选择对象:                                                    //按 Enter 键
为项目数指定对角点或 [基点(B)/角度(A)/计数(C)] <计数>:c      //指定行数和列数
输入行数或 [表达式(E)] <4>: 2                                //指定行数
输入列数或 [表达式(E)] <4>: 3                                //指定列数
指定对角点以间隔项目或 [间距(S)] <间距>: s                    //使用间距选项
指定行之间的距离或 [表达式(E)] <18.7992>: -18                 //指定行间距
指定列之间的距离或 [表达式(E)] <20.5577>: 20                  //指定列间距
按 Enter 键接受或 [关联(AS)/基点(B)/行(R)/列(C)/层(L)/退出(X)] <退出>:
                                                             //按 Enter 键接受阵列
命令: _arrayrect                                             //重复命令
选择对象: 指定对角点: 找到 3 个          //选择要阵列的图形对象 B，如图 3-18 左图所示
选择对象:                                                    //按 Enter 键
为项目数指定对角点或 [基点(B)/角度(A)/计数(C)] <计数>: a      //使用角度选项
指定行轴角度 <0>: 40                                          //输入行角度
为项目数指定对角点或 [基点(B)/角度(A)/计数(C)] <计数>:c      //指定行数和列数
输入行数或 [表达式(E)] <4>: 2                                //指定行数
输入列数或 [表达式(E)] <4>: 3                                //指定列数
指定对角点以间隔项目或 [间距(S)] <间距>: s                    //使用间距选项
指定行之间的距离或 [表达式(E)] <18.7992>: -10                 //指定行间距
指定列之间的距离或 [表达式(E)] <20.5577>: 15                  //指定列间距
按 Enter 键接受或 [关联(AS)/基点(B)/行(R)/列(C)/层(L)/退出(X)] <退出>:
                                                             //按 Enter 键接受阵列
```

结果如图 3-18 右图所示。

二、　环形阵列对象

环形阵列是指把对象绕阵列中心等角度均匀分布。决定环形阵列的主要参数有阵列中心、阵列总角度及阵列数目，此外，也可通过输入阵列总数及每个对象间的夹角生成环形阵列。

命令启动方法如下。

- 菜单命令：【修改】/【阵列】/【环形阵列】。
- 面板：【修改】面板上的按钮。
- 命令：ARRAYPOLAR。

【练习3-11】：创建环形阵列。

打开附盘文件“dwg\第 3 章\3-11.dwg”，如图 3-19 左图所示，下面用 ARRAYPOLAR 命令将左图修改为右图。

```
命令：_arraypolar
选择对象：指定对角点：找到 3 个          //选择要阵列的图形对象 A，如图 3-19 左图所示
选择对象：                                          //按 Enter 键
指定阵列的中心点或 [基点(B)/旋转轴(A)]：            //捕捉阵列中心
输入项目数或 [项目间角度(A)/表达式(E)] <4>: 5       //输入阵列的项目数
指定填充角度(+=逆时针、-=顺时针)或 [表达式(EX)] <360>: 240    //输入填充角度
按 Enter 键接受或 [关联(AS)/基点(B)/项目(I)/项目间角度(A)/填充角度(F)/行(ROW)/
层(L)/旋转项目(ROT)/退出(X)] <退出>:                //按 Enter 键接受阵列
```

旋转项目（ROT）选项用于创建环形阵列时是否旋转对象。若不旋转对象，则 AutoCAD 在阵列对象时，仅进行平移复制，即保持对象的方向不变。图 3-20 所示显示了该选项对阵列结果的影响。注意，此时的阵列基点设定在 *D* 点。

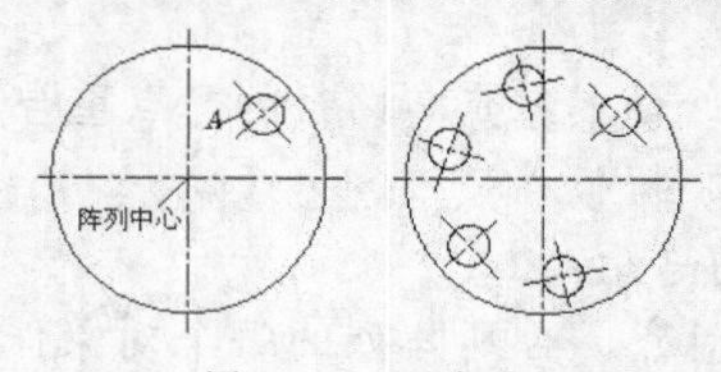

图3-19　环形阵列

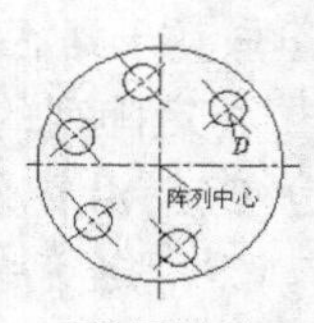

图3-20　环形阵列

三、 沿路径阵列对象

ARRAY 命令不仅能创建矩形阵列、环形阵列，还能沿路径阵列对象。路径阵列是指把对象沿路径或部分路径均匀分布。用于阵列的路径对象可以是直线、多段线、样条曲线、圆弧及圆等。创建路径阵列时需要指定阵列项目数、项目间距等数值，还可设置阵列对象的方向及阵列对象是否与路径对齐。

(1)　命令启动方法。

- 菜单命令：【修改】/【阵列】/【路径阵列】。
- 面板：【修改】面板上的按钮。
- 命令：ARRAYPATH。

【练习3-12】：沿路径阵列对象。

打开附盘文件“dwg\第 3 章\3-12.dwg”，如图 3-21 左图所示，用 ARRAYPATH 命令将左图修改为右图。

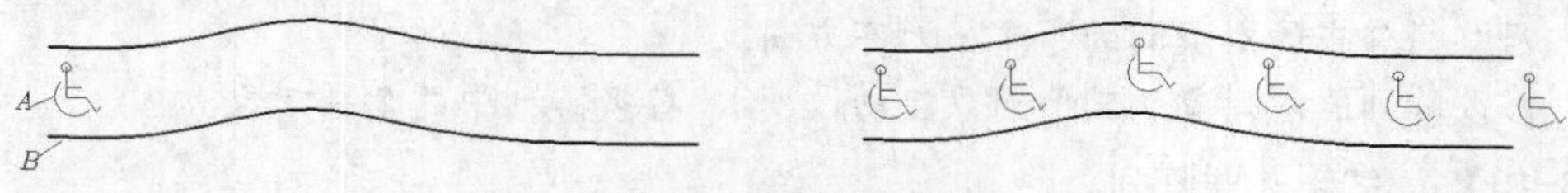

图3-21　沿路径阵列对象

```
命令: _arraypath
选择对象: 找到 1 个                                        //选择对象 A, 如图 3-21 左图所示
选择对象:                                                  //按 Enter 键
选择路径曲线:                                              //选择曲线 B
输入沿路径的项数或 [方向(O)/表达式(E)] <方向>: 6              //输入阵列总数
指定沿路径的项目之间的距离或 [定数等分(D)/总距离(T)/表达式(E)] <沿路径平均定数等
分(D)>:                                                      //按 Enter 键
按 Enter 键接受或 [关联(AS)/基点(B)/项目(I)/行(R)/层(L)/对齐项目(A)/Z 方向
(Z)/退出(X)] <退出>: a                                       //使用"对齐项目(A)"选项
是否将阵列项目与路径对齐? [是(Y)/否(N)] <是>: n                //阵列对象不与路径对齐
按 Enter 键接受或 [关联(AS)/基点(B)/项目(I)/行(R)/层(L)/对齐项目(A)/Z 方向
(Z)/退出(X)] <退出>:                                         //按 Enter 键
```

结果如图 3-21 右图所示。

(2) 命令选项。

- 输入沿路径的项数：输入阵列项目总数。沿路径移动鼠标光标，可动态预览阵列的项目数。
- 方向(O)：控制选定对象是否相对于路径的起始方向重定向，然后再移动到路径的起点。“两点”：指定两个点来定义与路径起始方向一致的方向。“法线”：对象对齐垂直于路径的起始方向。
- 基点(B)：指定阵列的基点。阵列时将移动对象，使其基点与路径的起点重合。
- 定数等分(D)：沿整个路径长度平均定数等分项目。
- 总距离(T)：指定第一个和最后一个项目之间的总距离。
- 对齐项目(A)：使阵列的每个对象与路径方向对齐，否则阵列的每个对象保持起始方向，如图 3-22 所示。

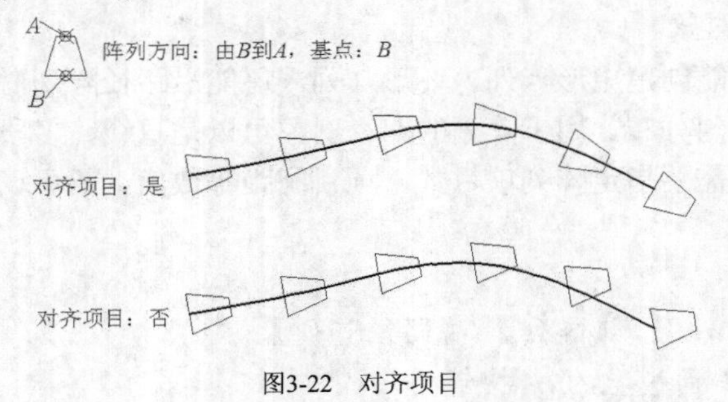

图3-22 对齐项目

四、 编辑关联阵列

选中关联阵列，弹出【阵列】选项卡，通过此选项卡可修改阵列的以下属性。

- 阵列的行数、列数及层数，行间距、列间距及层间距。
- 阵列的数目、项目间的夹角。
- 沿路径分布的对象间的距离、对齐方向。
- 修改阵列的源对象（其他对象自动改变），替换阵列中的个别对象。

【练习3-13】：编辑关联阵列。

打开附盘文件“dwg\第 3 章\3-13.dwg”，沿路径阵列对象，如图 3-23 左图所示，然后将左图修改为右图。

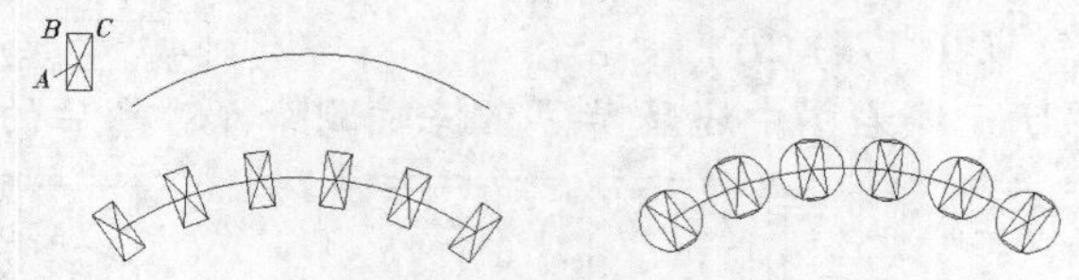

图3-23　编辑阵列

1. 沿路径阵列对象，如图 3-23 左图所示。

```
命令: _arraypath                                              //启动路径阵列命令
选择对象: 指定对角点: 找到 3 个                                 //选择矩形，如图 3-23 左图所示
选择对象:                                                     //按Enter键
选择路径曲线:                                                 //选择圆弧路径
输入沿路径的项数或 [方向(O)/表达式(E)] <方向>: O              //使用“方向(O)”选项
指定基点或 [关键点(K)] <路径曲线的终点>:                      //捕捉 A 点
指定与路径一致的方向或 [两点(2P)/法线(NOR)] <当前>: 2P
                                                              //利用两点设定阵列对象的方向
指定方向矢量的第一个点:                                       //捕捉 B 点
指定方向矢量的第二个点:                                       //捕捉 C 点
输入沿路径的项目数或 [表达式(E)] <4>: 6                       //输入阵列总数
指定沿路径的项目之间的距离或 [定数等分(D)/总距离(T)/表达式(E)] <沿路径平均定数等
分(D)>:                                                       //沿路径均布对象
按 Enter 键接受或 [关联(AS)/基点(B)/项目(I)/行(R)/层(L)/对齐项目(A)/Z 方向
(Z)/退出(X)] <退出>:                                          //按Enter键
```

结果如图 3-23 左图所示。

2. 选中阵列，弹出【阵列】选项卡，单击按钮，选择任意一个阵列对象，然后以矩形对角线交点为圆心画圆。
3. 单击【编辑阵列】面板中的按钮，结果如图 3-23 右图所示。

五、 镜像对象

对于对称图形来说，用户只需绘制出图形的一半，另一半即可由 MIRROR 命令镜像出来。操作时，先指定要对哪些对象进行镜像，然后再指定镜像线位置即可。

命令启动方法如下。

- 菜单命令：【修改】/【镜像】。
- 面板：【修改】面板上的按钮。
- 命令：MIRROR 或简写 MI。

【练习3-14】：练习使用 MIRROR 命令。

打开附盘文件“dwg\第 3 章\3-14.dwg”，如图 3-24 左图所示，下面使用 MIRROR 命令将左图修改为右图。

```
命令: _mirror
选择对象: 指定对角点: 找到 21 个                      //选择镜像对象，如图 3-24 左图所示
选择对象:                                             //按Enter键
```

指定镜像线的第一点：int 于　　　　　　　　　//拾取镜像线上的第一点 A
指定镜像线的第二点：int 于　　　　　　　　　//拾取镜像线上的第二点 B
是否删除源对象？[是(Y)/否(N)] <N>:　　　　//按 Enter 键，镜像时不删除源对象

结果如图 3-24 中图所示，右图中还显示了镜像时删除源对象后的结果。

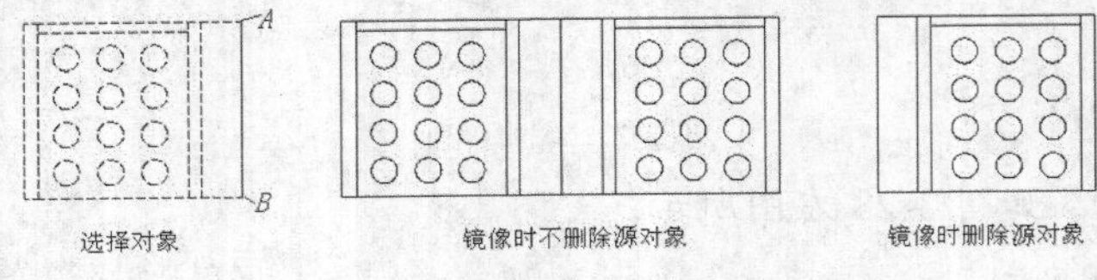

图3-24　镜像对象

3.4 范例解析——绘制墙面展开图

【练习3-15】：绘制如图 3-25 所示的墙体展开图。目的是使读者熟练掌握 LINE、OFFSET 及 ARRAY 等命令的用法，并学会一些实用作图技巧。

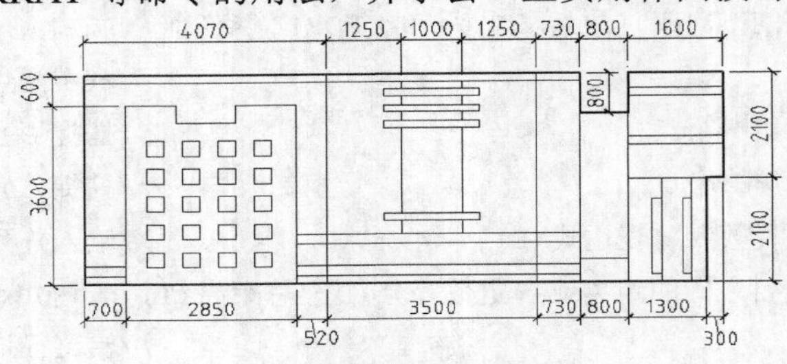

图3-25　绘制墙体展开图

1. 创建以下图层。

名称	颜色	线型	线宽
墙面-轮廓	白色	Continuous	0.7
墙面-装饰	青色	Continuous	默认

2. 设定绘图区域的大小为 20 000 × 10 000。
3. 激活极轴追踪、对象捕捉及自动追踪功能。指定极轴追踪角度增量为“90”，设定对象捕捉方式为“端点”、“交点”，设置仅沿正交方向自动追踪。
4. 切换到“墙面-轮廓”层，使用 LINE 命令绘制墙面轮廓线，如图 3-26 所示。
5. 使用 LINE、OFFSET 及 TRIM 命令绘制图形 A，如图 3-27 所示。

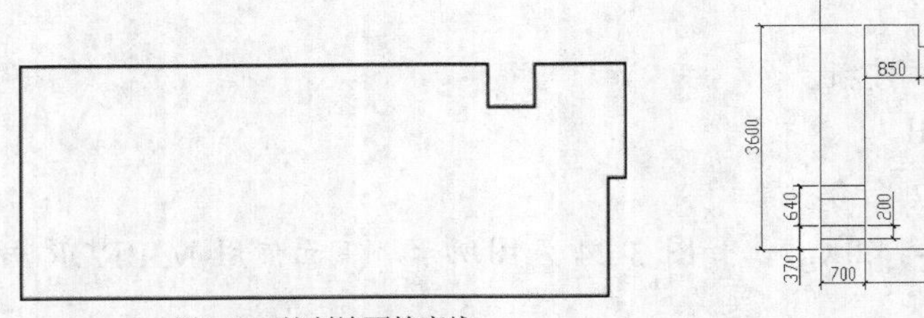

图3-26　绘制墙面轮廓线

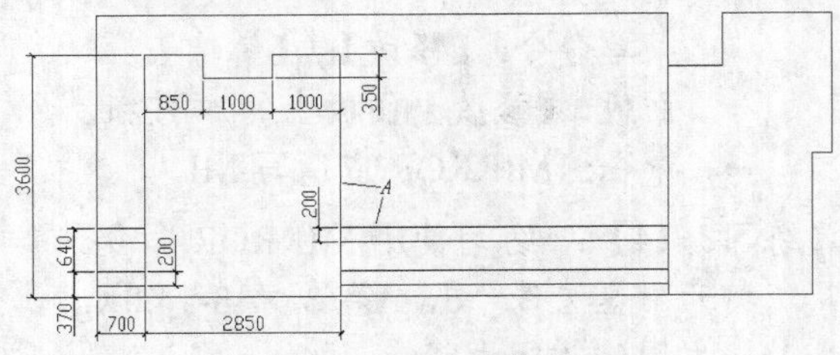

图3-27　绘制图形 A

6. 使用 LINE 命令绘制正方形 B，然后使用 ARRAY 命令创建矩形阵列，相关尺寸如图 3-28 左图所示，结果如图 3-28 右图所示。

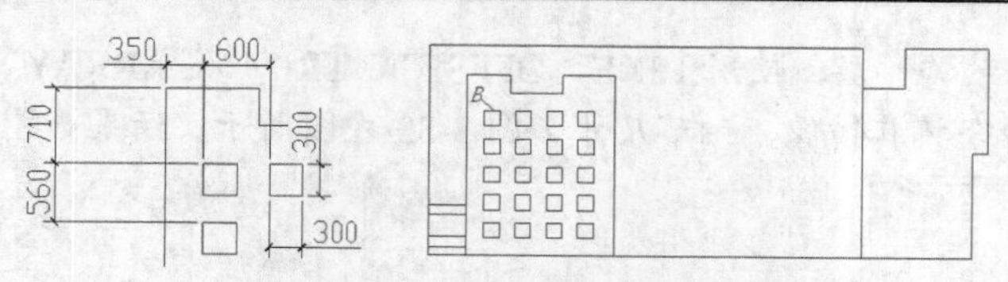

图3-28　绘制正方形及创建其矩形阵列

7. 使用 OFFSET、TRIM 及 COPY 命令生成图形 *C*，细节尺寸如图 3-29 左图所示，结果如图 3-29 右图所示。
8. 使用 OFFSET、TRIM 及 COPY 命令生成图形 *D*，细节尺寸如图 3-30 左图所示，结果如图 3-30 右图所示。

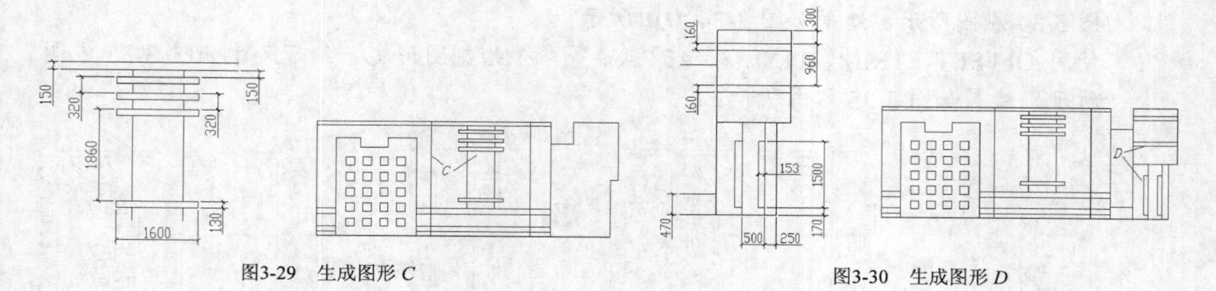

图3-29　生成图形 *C*

图3-30　生成图形 *D*

3.5 实训——绘制大厅天花板图

【练习3-16】：绘制如图 3-31 所示的天花板平面图。目的是使读者熟练掌握 PLINE、LINE、OFFSET 及 ARRAY 等命令的用法，并学会一些实用作图技巧。

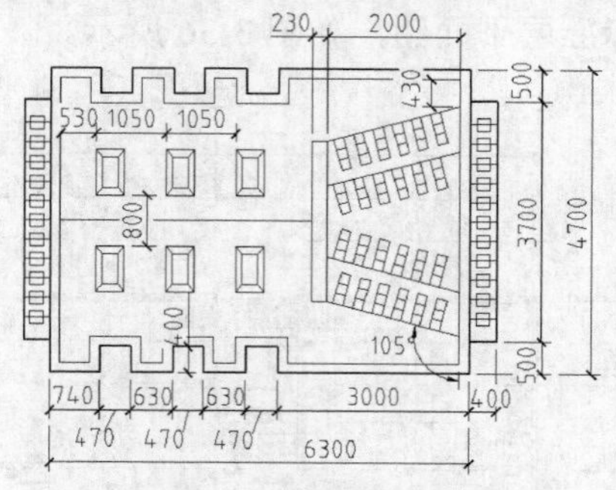

图3-31　绘制天花板平面图

1. 创建以下图层。

名称	颜色	线型	线宽
天花板-轮廓	白色	Continuous	0.7
天花板-装饰	青色	Continuous	默认

2. 设定绘图区域的大小为 15 000 × 10 000。
3. 激活极轴追踪、对象捕捉及自动追踪功能。指定极轴追踪角度增量为“90”，设定对象捕捉方式为“端点”、“交点”，设置仅沿正交方向自动追踪。
4. 切换到“天花板-轮廓”层，使用 PLINE 及 OFFSET 命令绘制天花板轮廓线，如图 3-32 所示。

5. 切换到“天花板-装饰”层，使用 LINE、OFFSET、TRIM 及 ARRAY 等命令绘制图形 *A*，再用 MIRROR 命令将其镜像，细节尺寸如图 3-33 左图所示，结果如图 3-33 右图所示。

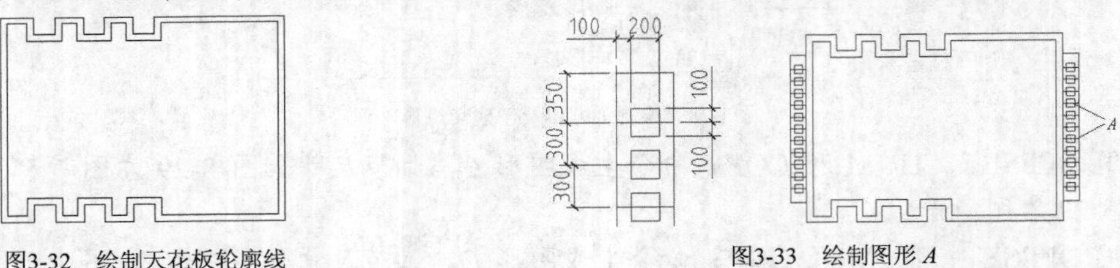

图3-32　绘制天花板轮廓线　　　图3-33　绘制图形 *A*

6. 使用 XLINE、LINE、OFFSET、ARRAY 及 MIRROR 等命令绘制图形 *B*，细节尺寸如图 3-34 左图所示，结果如图 3-34 右图所示。
7. 使用 OFFSET、TRIM、LINE 及 ARRAY 等命令绘制图形 *C*，细节尺寸如图 3-35 左图所示，结果如图 3-35 右图所示。

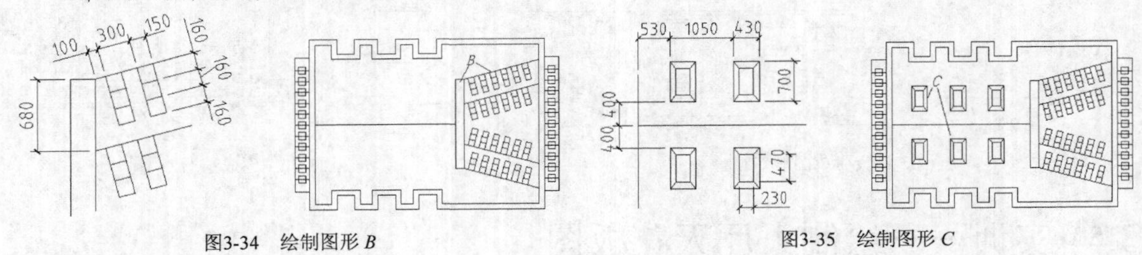

图3-34　绘制图形 *B*　　　图3-35　绘制图形 *C*

3.6 综合案例——绘制住宅楼标准层平面图

【练习3-17】：绘制住宅楼标准层平面图，如图 3-36 所示。

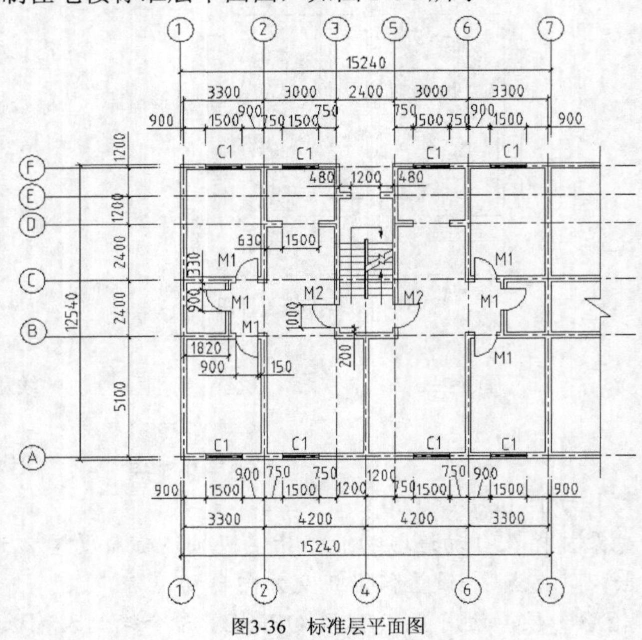

图3-36　标准层平面图

1. 创建以下图层。

名称	颜色	线型	线宽
建筑-轴线	蓝色	Center	默认
建筑-墙体	白色	Continuous	0.7
建筑-门窗	白色	Continuous	默认
建筑-楼梯	白色	Continuous	默认

当创建不同种类的对象时，应切换到相应图层。

2. 设定绘图区域的大小为 23 000×23 000，双击鼠标滚轮使该区域充满图形窗口显示。设置线型的全局比例因子为 30。
3. 打开极轴追踪、对象捕捉及自动追踪功能。设置极轴追踪角度增量为“90”，设定对象捕捉方式为“端点”、“交点”。
4. 使用 LINE 命令绘制水平及竖直的作图基准线，如图 3-37 左图所示。使用 OFFSET、BREAK 及 TRIM 等命令绘制轴线，结果如图 3-37 右图所示。

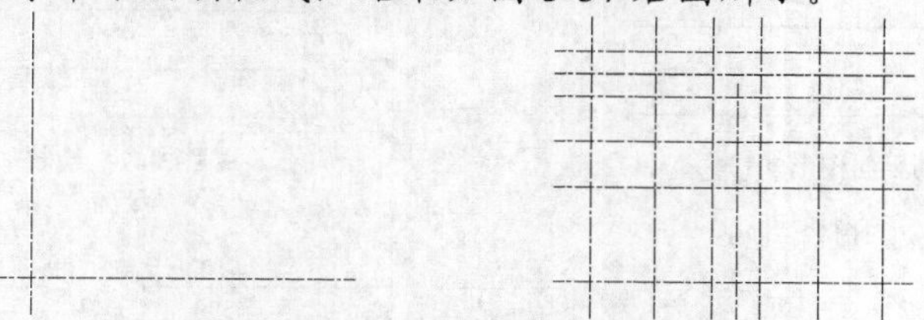

图3-37　绘制轴线

5. 使用 MLINE 命令绘制墙体，使用 MLEDIT 命令编辑多线相交的形式，再分解多线，修剪多余线条，结果如图 3-38 左图所示。使用 OFFSET、TRIM 和 COPY 等命令形成所有门窗洞口，结果如图 3-38 右图所示。

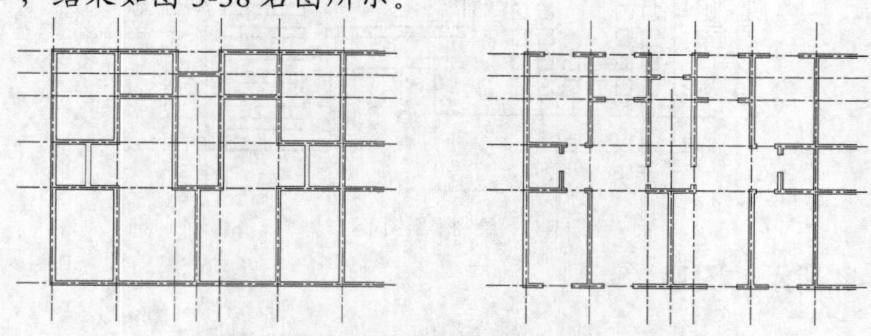

图3-38　绘制墙体及形成门窗洞口

6. 绘制门、窗的图例符号，如图 3-39 左图所示。使用 COPY、ROTATE 等命令布置门、窗符号，结果如图 3-39 右图所示。
7. 绘制楼梯，楼梯尺寸如图 3-40 所示。

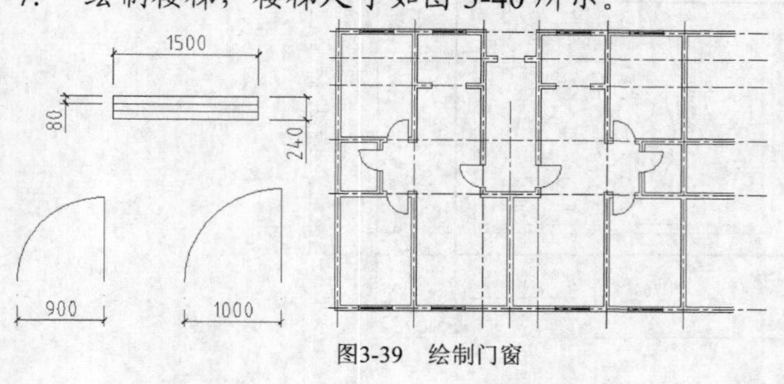

图3-39　绘制门窗

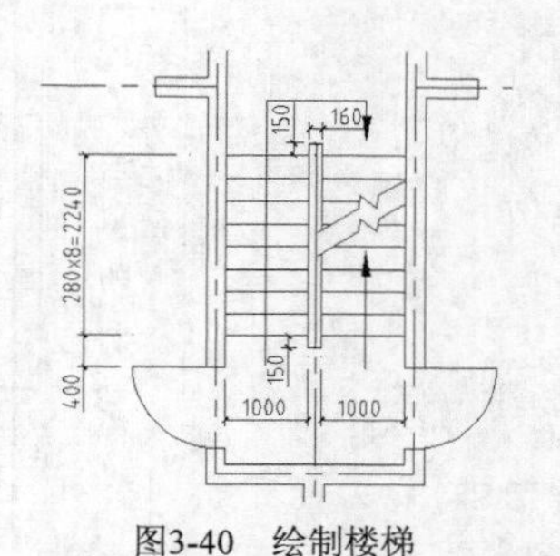

图3-40　绘制楼梯

3.7 习题

1. 绘制如图 3-41 所示的图形。
2. 绘制如图 3-42 所示的图形。

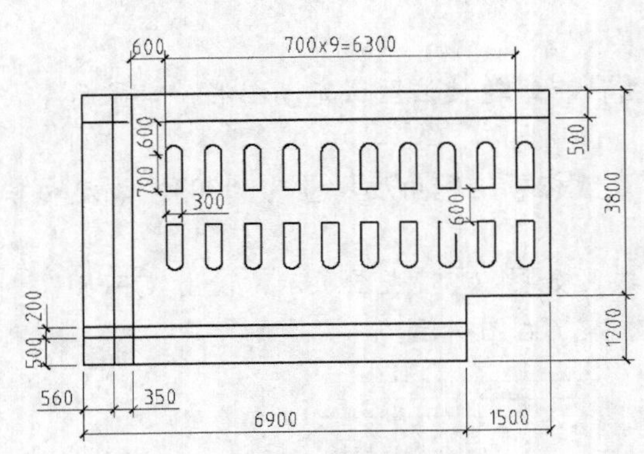

图3-41 绘制平面图形（1）

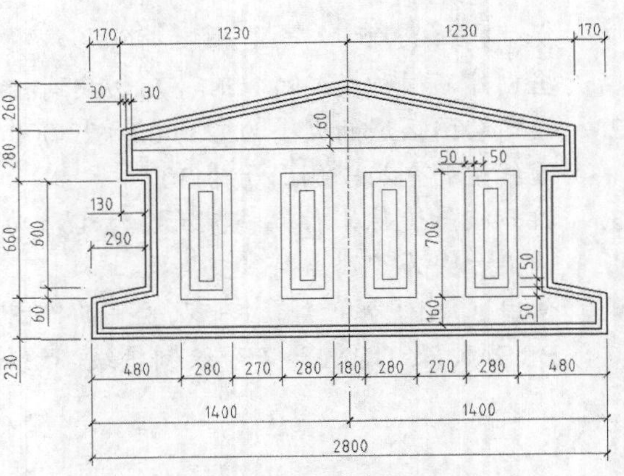

图3-42 绘制平面图形（2）

3. 绘制如图 3-43 所示的图形。

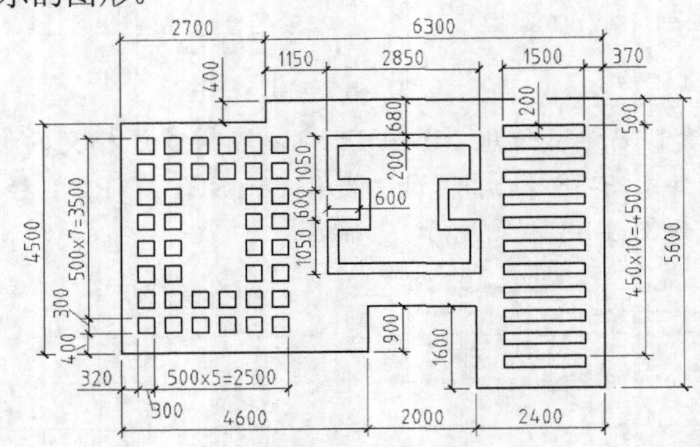

图3-43 绘制平面图形（3）

4. 绘制如图 3-44 所示的图形。

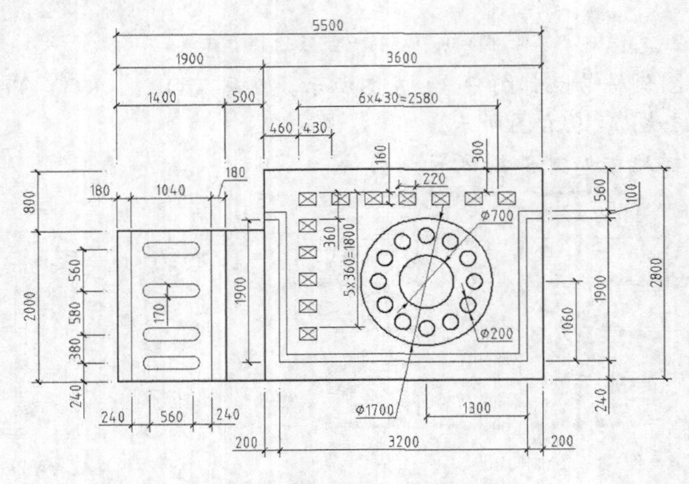

图3-44 绘制平面图形（4）

第4章　绘制多边形、椭圆及填充剖面图案

【学习目标】

- 倒圆角和倒角。
- 绘制矩形、正多边形。
- 绘制椭圆。
- 绘制波浪线。
- 徒手画线。
- 绘制云状线。
- 填充及编辑剖面图案。

通过学习本章，读者可以掌握绘制椭圆、矩形及正多边形等基本几何对象的方法，另外还将学习填充剖面图案的方法。

4.1 功能讲解——倒角、绘制多边形及椭圆

本节主要介绍倒角、矩形、正多边形及椭圆的画法。

4.1.1 倒圆角和倒角

在绘制工程图时经常要绘制圆角和斜角，用户可以分别利用 FILLET 和 CHAMFER 命令创建这些几何特征，下面将分别介绍这两个命令的用法。

一、 倒圆角

所谓倒圆角就是利用指定半径的圆弧光滑地连接两个对象，其操作对象包括直线、多段线、样条线、圆和圆弧等。对于多段线来说，可一次将多段线的所有顶点都光滑过渡。

(1) 命令启动方法。

- 菜单命令：【修改】/【圆角】。
- 面板：【修改】面板上的按钮。
- 命令：FILLET 或简写 F。

【练习4-1】： 练习使用 FILLET 命令。

打开附盘文件 “dwg\第 4 章\4-1.dwg”，如图 4-1 左图所示，使用 FILLET 命令将左图修改为右图。

```
命令: _fillet
选择第一个对象或 [放弃(U)/多段线(P)/半径(R)/修剪(T)/多个(M)]: r
                                        //设置圆角半径
指定圆角半径 <5.0000>: 5          //输入圆角半径值
```

```
选择第一个对象或 [放弃(U)/多段线(P)/半径(R)/修剪(T)/多个(M)]:
                                  //选择要倒圆角的第一个对象，如图 4-1 左图所示
选择第二个对象，或按住 Shift 键选择要应用角点的对象:
                                  //选择要倒圆角的第二个对象
```

结果如图 4-1 右图所示。

(2) 命令选项。

- 放弃(U)：取消倒圆角操作。
- 多段线(P)：选择多段线后，系统将对多段线的每个顶点进行倒圆角操作，如图 4-2 左图所示。
- 半径(R)：设定圆角半径。若圆角半径为 0，则系统将使被修剪的两个对象交于一点。
- 修剪(T)：指定倒圆角操作后是否修剪对象，如图 4-2 右图所示。

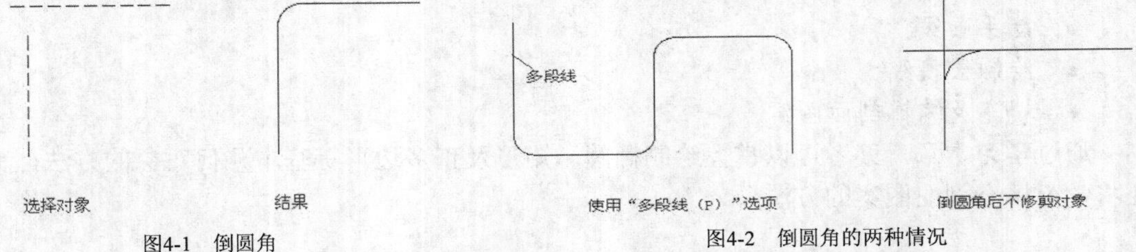

图4-1　倒圆角　　　　图4-2　倒圆角的两种情况

- 多个(M)：可一次创建多个圆角。系统将重复提示“选择第一个对象”和“选择第二个对象”，直到用户按 Enter 键结束命令为止。
- 按住 Shift 键选择要应用角点的对象：若按住 Shift 键选择第二个圆角对象，则以 0 值替代当前的圆角半径。

二、 倒角

所谓倒角就是用一条斜线连接两个对象，倒角时既可以输入每条边的倒角距离，也可以指定某条边上倒角的长度及与此边的夹角。

(1) 命令启动方法。

- 菜单命令：【修改】/【倒角】。
- 面板：【修改】面板上的按钮。
- 命令：CHAMFER 或简写 CHA。

【练习4-2】：　练习使用 CHAMFER 命令。

打开附盘文件“dwg\第 4 章\4-2.dwg”，如图 4-3 左图所示，下面使用 CHAMFER 命令将左图修改为右图。

```
命令: _chamfer
选择第一条直线或[放弃(U)/多段线(P)/距离(D)/角度(A)/修剪(T)/方式(E)/多个(M)]:d
                                  //设置倒角距离
指定第一个倒角距离 <5.0000>: 5     //输入第一条边的倒角距离
指定第二个倒角距离 <5.0000>: 8     //输入第二条边的倒角距离
选择第一条直线或 [放弃(U)/多段线(P)/距离(D)/角度(A)/修剪(T)/方式(E)/多个(M)]:
                                  //选择第一条倒角边，如图 4-3 左图所示
```

选择第二条直线，或按住 Shift 键选择要应用角点的直线：

//选择第二条倒角边

结果如图 4-3 右图所示。

(2) 命令选项。

- 放弃(U)：取消倒角操作。
- 多段线(P)：选择多段线后，系统将对多段线的每个顶点进行倒角操作，如图 4-4 左图所示。
- 距离(D)：设定倒角距离。若倒角距离为 0，则系统会将被倒角的两个对象交于一点。
- 角度(A)：指定倒角距离及倒角角度，如图 4-4 右图所示。
- 修剪(T)：设置倒角时是否修剪对象。该选项与 FILLET 命令中的“修剪(T)”选项功能相同。
- 方式(E)：设置是使用两个倒角距离还是一个距离一个角度来创建倒角，如图 4-4 右图所示。
- 多个(M)：可一次创建多个倒角。系统将重复提示“选择第一条直线”和“选择第二条直线”，直到用户按 Enter 键结束命令为止。
- 按住 Shift 键选择要应用角点的直线：若按住 Shift 键选择第二个倒角对象，则以 0 值替代当前的倒角距离。

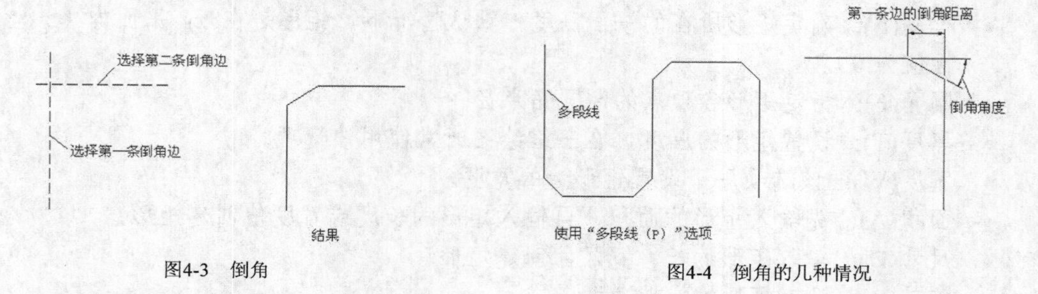

图4-3　倒角

图4-4　倒角的几种情况

4.1.2 画矩形、正多边形

一、 绘制矩形

用户只需指定矩形对角线的两个端点就能画出矩形。绘制时，可设置矩形边线的宽度，也可指定顶点处的倒角距离及圆角半径。

(1) 命令启动方法。

- 菜单命令：【绘图】/【矩形】。
- 面板：【绘图】面板上的□按钮。
- 命令：RECTANG 或简写 REC。

【练习4-3】：　练习使用 RECTANG 命令。

1. 打开附盘文件“dwg\第 4 章\4-3.dwg”，如图 4-5 左图所示，下面使用 RECTANG 和 OFFSET 命令将左图修改为右图。

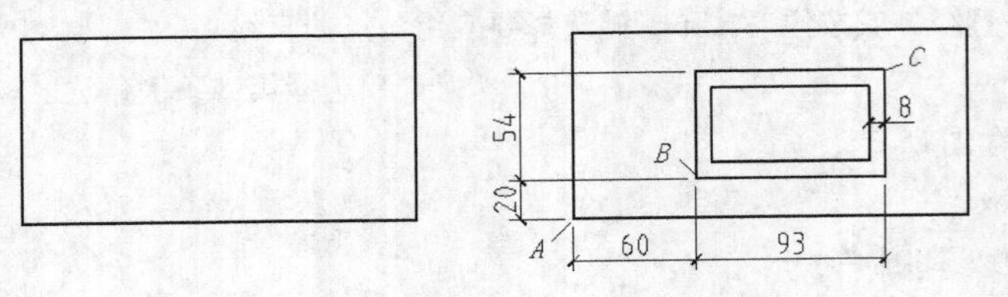

图4-5　绘制矩形

```
命令: _rectang
指定第一个角点或 [倒角(C)/标高(E)/圆角(F)/厚度(T)/宽度(W)]: from
                                                //使用正交偏移捕捉
基点: int 于                                      //捕捉 A 点
 <偏移>: @60,20                                   //输入 B 点的相对坐标
指定另一个角点或 [面积(A)/尺寸(D)/旋转(R)]: @93,54   //输入 C 点的相对坐标
```

2. 使用 OFFSET 命令将矩形向内偏移，偏移距离为 8，结果如图 4-5 右图所示。

(2) 命令选项。

- 指定第一个角点：在此提示下，用户指定矩形的一个角点。拖动鼠标光标时，屏幕上将显示出一个矩形。
- 指定另一个角点：在此提示下，用户指定矩形的另一个角点。
- 倒角(C)：指定矩形各顶点倒角的大小。
- 标高(E)：确定矩形所在的平面高度。默认情况下，矩形是在 *xy* 平面内（*z* 坐标值为 0）。
- 圆角(F)：指定矩形各顶点的倒圆角半径。
- 厚度(T)：设置矩形的厚度，在三维绘图时常使用该选项。
- 宽度(W)：该选项用于设置矩形边的宽度。
- 面积(A)：先输入矩形的面积，再输入矩形的长度或宽度值创建矩形。
- 尺寸(D)：输入矩形的长、宽尺寸创建矩形。
- 旋转(R)：设定矩形的旋转角度。

二、　绘制正多边形

绘制正多边形的方法有以下两种。

- 指定多边形边数及多边形的中心点。
- 指定多边形边数及某一条边的两个端点。

(1) 命令启动方法。

- 菜单命令：【绘图】/【正多边形】。
- 面板：【绘图】面板上的⬠按钮。
- 命令：POLYGON 或简写 POL。

【练习4-4】： 练习使用 POLYGON 命令。

打开附盘文件“dwg\第 4 章\4-4.dwg”，该文件中包含一个大圆和一个小圆，下面使用 POLYGON 命令绘制圆的内接多边形和外切多边形，如图 4-6 所示。

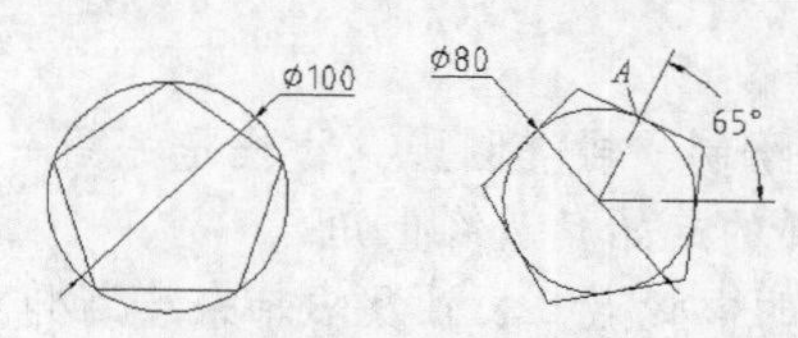

图4-6　绘制正多边形

```
命令: _polygon 输入边的数目 <4>: 5                    //输入多边形的边数
指定正多边形的中心点或 [边(E)]: cen 于                //捕捉大圆的圆心，如图 4-6 左图所示
输入选项 [内接于圆(I)/外切于圆(C)] <I>: I            //采用内接于圆的方式画多边形
指定圆的半径: 50                                      //输入半径值
命令:                                                 //重复命令
POLYGON 输入边的数目 <5>:                             //按Enter键接受默认值
指定正多边形的中心点或 [边(E)]: cen 于                //捕捉小圆的圆心，如图 4-6 右图所示
输入选项 [内接于圆(I)/外切于圆(C)] <I>: c            //采用外切于圆的方式画多边形
指定圆的半径: @40<65                                  //输入 A 点的相对坐标
```

(2)　命令选项。

- 指定正多边形的中心点：输入多边形边数后，再拾取多边形的中心点。
- 内接于圆(I)：根据外接圆生成正多边形。
- 外切于圆(C)：根据内切圆生成正多边形。
- 边(E)：输入多边形边数后，再指定某条边的两个端点，即可绘制出多边形。

4.1.3　绘制椭圆

椭圆包含椭圆中心、长轴及短轴等几何特征。

一、　命令启动方法

- 菜单命令：【绘图】/【椭圆】。
- 面板：【绘图】面板上的按钮。
- 命令：ELLIPSE 或简写 EL。

【练习4-5】：　练习使用 ELLIPSE 命令。

```
命令: _ellipse
指定椭圆的轴端点或 [圆弧(A)/中心点(C)]:   //拾取椭圆轴的一个端点，如图 4-7 所示
指定轴的另一个端点: @500<30                //输入椭圆轴另一个端点的相对坐标
指定另一条半轴长度或 [旋转(R)]: 130        //输入另一条轴线的半轴长度
```

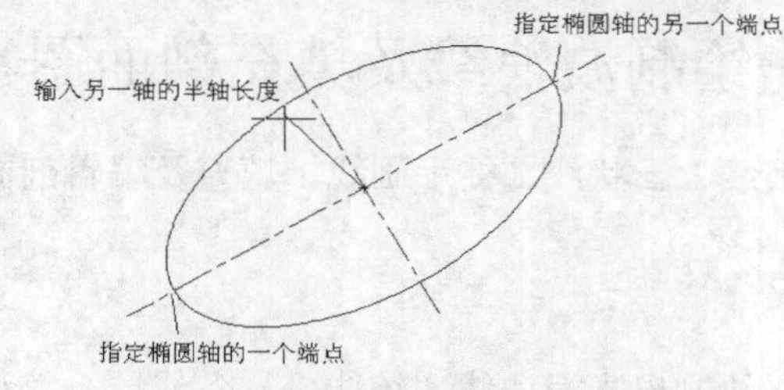

图4-7　绘制椭圆

二、 命令选项

- 圆弧(A): 该选项用于绘制一段椭圆弧。过程是先画一个完整的椭圆，随后系统提示用户指定椭圆弧的起始角及终止角。
- 中心点(C): 通过椭圆的中心点、长轴及短轴来绘制椭圆。
- 旋转(R): 通过旋转方式绘制椭圆，即将圆绕直径转动一定角度后，再投影到平面上形成椭圆。

4.2 范例解析——绘制装饰图案

【练习4-6】： 绘制如图 4-8 所示的装饰图案。

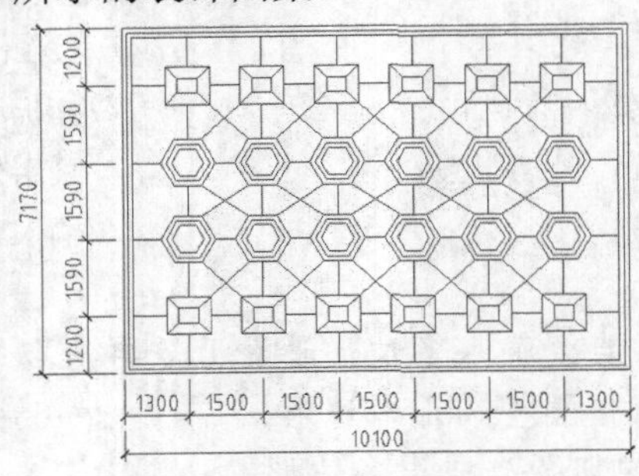

图4-8 绘制装饰图案

1. 设定绘图区域的大小为 20 000 × 15 000。
2. 激活极轴追踪、对象捕捉及自动追踪功能。指定极轴追踪角度增量为“90”，设定对象捕捉方式为“端点”、“交点”，设置仅沿正交方向自动追踪。
3. 使用 RECTANG、POLYGON 及 OFFSET 命令绘制矩形及正六边形，然后连线，细节尺寸如图 4-9 左图所示，结果如图 4-9 右图所示。
4. 创建矩形阵列，结果如图 4-10 左图所示。镜像图形，再使用 LINE、COPY 命令绘制图中的连线，结果如图 4-10 右图所示。

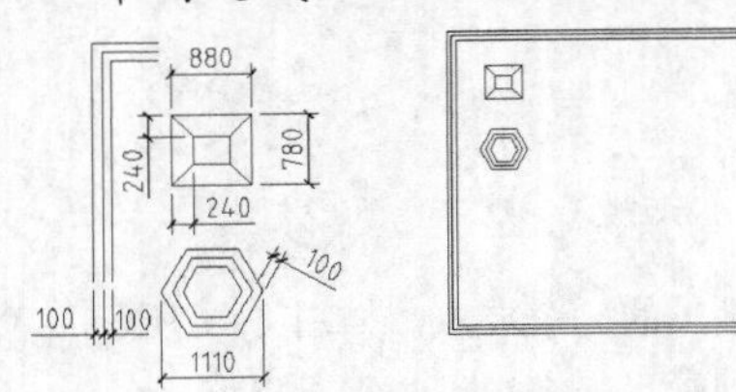

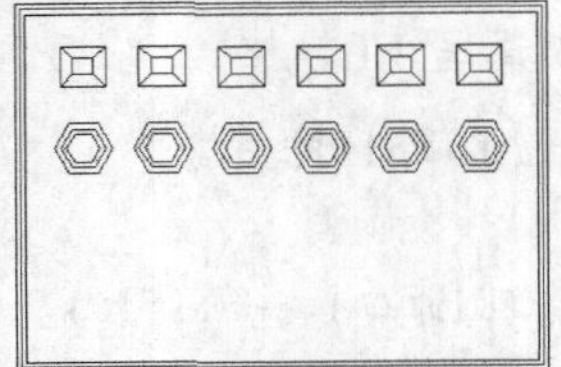

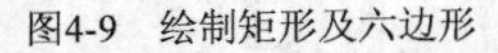

图4-9 绘制矩形及六边形

图4-10 创建矩形阵列、镜像图形及绘制连线

4.3 功能讲解——绘制波浪线及填充剖面图案

本节主要介绍绘制波浪线、云状线、徒手画线、填充及编辑剖面图案的操作方法。

4.3.1 绘制波浪线

利用 SPLINE 命令可以绘制出光滑曲线，该线是样条线，系统通过拟合一系列给定的数据点形成这条曲线。绘制建筑图时，可利用 SPLINE 命令绘制波浪线。

一、 命令启动方法

- 菜单命令:【绘图】/【样条曲线】/【拟合点】或【绘图】/【样条曲线】/【控制点】。
- 面板:【绘图】面板上的按钮或按钮。
- 命令:SPLINE 或简写 SPL。

【练习4-7】: 练习使用 SPLINE 命令。

单击【绘图】面板上的按钮。

```
指定第一个点或 [方式(M)/节点(K)/对象(O)]:              //拾取 A 点，如图 4-11 所示
输入下一个点或 [起点切向(T)/公差(L)]:                   //拾取 B 点
输入下一个点或 [端点相切(T)/公差(L)/放弃(U)]:            //拾取 C 点
输入下一个点或 [端点相切(T)/公差(L)/放弃(U)/闭合(C)]://拾取 D 点
输入下一个点或 [端点相切(T)/公差(L)/放弃(U)/闭合(C)]://拾取 E 点
输入下一个点或 [端点相切(T)/公差(L)/放弃(U)/闭合(C)]://按 Enter 键结束命令
```

结果如图 4-11 所示。

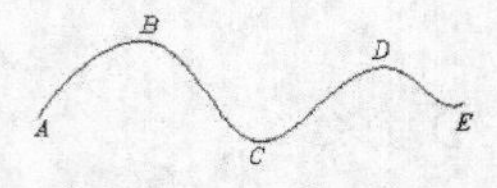

图4-11 绘制样条曲线

二、 命令选项

- 方式(M): 控制是使用拟合点还是使用控制点来创建样条曲线。
- 节点(K): 指定节点参数化，它是一种计算方法，用来确定样条曲线中连续拟合点之间的零部件曲线如何过渡。
- 对象(O): 将二维或三维的二次或三次样条曲线拟合多段线转换成等效的样条曲线。
- 起点切向(T): 指定在样条曲线起点的相切条件。
- 端点相切(T): 指定在样条曲线终点的相切条件。
- 公差(L): 指定样条曲线可以偏离指定拟合点的距离。
- 闭合(C): 使样条线闭合。

4.3.2 徒手画线

SKETCH 可以作为徒手绘图的工具，执行此命令后，通过移动鼠标光标就能绘制出曲线（徒手画线），鼠标光标移动到哪里，线条就画到哪里。

【练习4-8】: 练习 SKETCH 命令。

键入 SKETCH 命令，AutoCAD 提示如下。

```
命令: sketch
指定草图或 [类型(T)/增量(I)/公差(L)]: i        //使用“增量”选项
指定草图增量 <1.0000>: 1.5                     //设定线段的最小长度
指定草图或 [类型(T)/增量(I)/公差(L)]:          //单击鼠标左键，移动鼠标光标画曲线 A
指定草图:       //单击鼠标左键，完成画线。再单击鼠标左键，移动鼠标光标画曲线 B，继续
```

单击鼠标左键，完成画线。按 Enter 键结束

结果如图 4-12 所示。

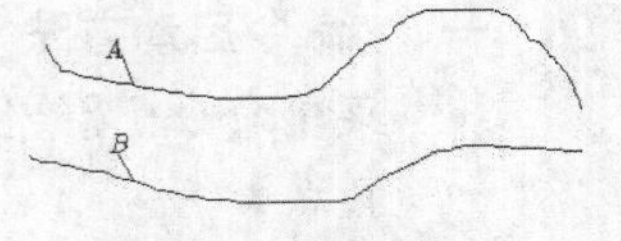

图4-12　徒手画线

命令选项

- 类型(T)：指定徒手画线的对象类型。
- 增量(I)：定义每条徒手画线段的长度。定点设备所移动的距离必须大于增量值，才能生成一条直线。
- 公差(L)：对于样条曲线，指定样条曲线的曲线布满徒手画线草图的紧密程度。

4.3.3　绘制云状线

云状线是由连续圆弧组成的多段线，可以设定线中弧长的最大值及最小值。

一、　命令启动方法

- 菜单命令：【绘图】/【修订云线】。
- 面板：【绘图】面板上的按钮。
- 命令：REVCLOUD。

【练习4-9】：　练习使用 REVCLOUD 命令。

```
命令: _revcloud
最小弧长: 10   最大弧长: 20   样式: 普通
指定起点或 [弧长(A)/对象(O)/ 样式(S)] <对象>: a
                                          //设定云线中弧长的最大值及最小值
指定最小弧长 <35>: 40                      //输入弧长最小值
指定最大弧长 <40>: 60                      //输入弧长最大值
指定起点或 [弧长(A)/对象(O)/样式(S)] <对象>:      //拾取一点以指定云线的起始点
沿云线路径引导十字光标...                    //拖动鼠标光标，画出云状线
修订云线完成。                //当鼠标光标移动到起始点时，系统将自动生成闭合的云线
```

结果如图 4-13 所示。

二、　命令选项

- 弧长(A)：设定云状线中弧线长度的最大值及最小值，最大弧长不能大于最小弧长的 3 倍。
- 对象(O)：将闭合对象（如矩形、圆及闭合多段线等）转化为云状线，还能调整云状线中弧线的方向，如图 4-14 所示。

图4-13　绘制云状线

图4-14　将闭合对象转化为云状线

4.3.4 填充剖面图案

工程图中的剖面图案一般总是绘制在一个对象或几个对象围成的封闭区域中，最简单的如一个圆或一个矩形等，较复杂的可能是几条线或圆弧围成的形状多样的区域。

一、 填充封闭区域

使用 BHATCH 命令可以生成填充图案。执行该命令，打开【图案填充创建】选项卡，如图 4-16 所示。用户可在该选项卡中指定填充图案的类型，再设定填充比例、角度及填充区域，然后就可以填充图案了。

命令启动方法如下。

- 菜单命令:【绘图】/【图案填充】。
- 面板:【绘图】面板上的按钮。
- 命令: BHATCH 或简写 BH。

【练习4-10】: 打开附盘文件“dwg\第 4 章\4-10.dwg”，如图 4-15 左图所示，使用 BHATCH 命令将左图修改为右图。

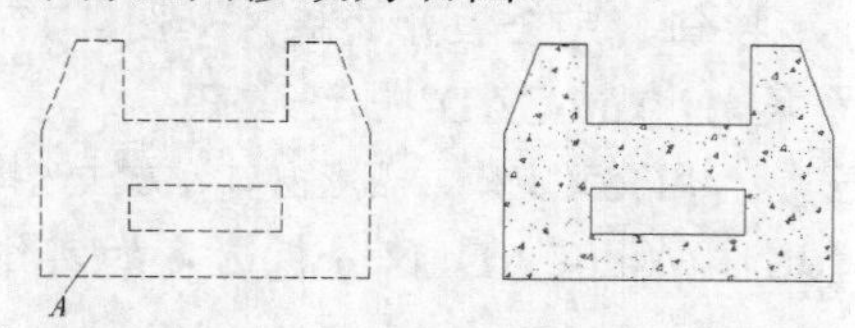

图4-15 在封闭区域内画剖面线

1. 单击【绘图】面板上的按钮，弹出【图案填充创建】选项卡，如图 4-16 所示。

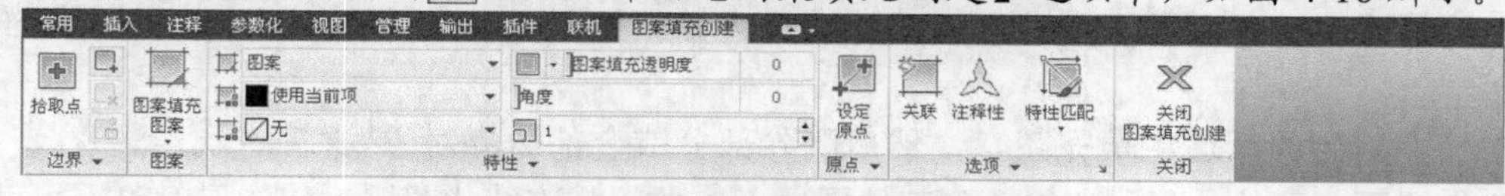

图4-16 【图案填充创建】选项卡

2. 单击按钮，选择剖面图案“AR-CONC”。
3. 在填充区域中的 *A* 点处单击鼠标左键，此时，系统将会自动寻找一个闭合的边界，如图 4-15 所示。
4. 在【角度】和【比例】文本框中分别输入数值“0”和“1.25”。
5. 观察填充后的预览图，如果满意，按 Enter 键确认，完成剖面图案的绘制，结果如图 4-15 右图所示。若不满意，重新设定有关参数。

【图案填充创建】选项卡中常用选项的功能如下。

- 按钮: 通过其下拉列表选择所需的填充图案。
- 按钮: 单击按钮，然后在填充区域中单击一点，AutoCAD 自动分析边界集，并从中确定包围该点的闭合边界。
- 按钮: 单击按钮，然后选择一些对象作为填充边界，此时无须对象构成闭合的边界。
- 按钮: 填充边界中常常包含一些闭合区域，这些区域称为孤岛。若希望在孤岛中也填充图案，则单击按钮，选择要删除的孤岛。
- 图案填充透明度 0 : 设定新图案填充或填充的透明度，替代当前对象的

透明度。

- 角度　0 ：指定图案填充或填充的角度（相对于当前 UCS 的 x 轴），有效值为 0~359。
- 1 ：放大或缩小预定义或自定义的填充图案。
- 【原点】面板：控制填充图案生成的起始位置。某些图案填充（例如砖块图案）需要与图案填充边界上的一点对齐。默认情况下，所有图案填充原点都对应于当前的 UCS 原点。
- 【关闭】面板：退出【图案填充创建】选项卡，也可以按Enter键或Esc键退出。

二、　填充复杂图形的方法

在图形不复杂的情况下，常通过在填充区域内指定一点的方法来定义边界。但若图形很复杂，这种方法就会浪费许多时间，因为 AutoCAD 要在当前视口中搜寻所有可见的对象。为避免这种情况，用户可在【图案填充创建】选项卡的【边界】面板中为 AutoCAD 定义要搜索的边界集，这样就能很快地生成填充区域边界。

定义 AutoCAD 搜索边界集的方法如下。

1. 单击【边界】面板下方的▼按钮，完全展开面板，如图 4-17 所示。
2. 单击按钮（选择新边界集），AutoCAD 提示如下。

   选择对象：　　　　　　　//用交叉窗口、矩形窗口等方法选择实体

3. 在填充区域内拾取一点，此时 AutoCAD 仅分析选定的实体来创建填充区域边界。

图4-17　【边界】面板

三、　创建无完整边界的填充图案

在建筑图中有些断面图案没有完整的填充边界，如图 4-18 所示，创建此类图案的方法如下。

(1) 在封闭的区域中填充图案，然后删除部分或全部边界对象。

(2) 将不需要的边界对象修改到其他图层上，关闭或冻结此图层，使边界对象不可见。

(3) 在断面图案内绘制一条辅助线，以此线作为剪切边修剪图案，然后再删除辅助线。

四、　剖面图案的比例

在 AutoCAD 中，预定义剖面线图案的默认缩放比例是 1.0，但用户可在【图案填充创建】选项卡的 1 文本框中设定其他比例值。画剖面线时，若没有指定特殊比例值，AutoCAD 按默认值绘制剖面线。当输入一个不同于默认值的图案比例时，可以增加或减小剖面线的间距，图 4-19 所示的分别是剖面线比例为 1、2 和 0.5 时的情况。

注意，用户在选定图案比例时，可能不小心输入了太小的比例值，此时会产生很密集的剖面线。这种情况下，预览剖面线或实际绘制时要耗费相当长的时间（几分钟甚至十几分钟）。当看到剖面线区域有任何闪动时，说明没有死机。此外，如果使用了过大的比例，可能观察不到剖面线，这是因为剖面线间距太大而不能在区域中插入任何图案。

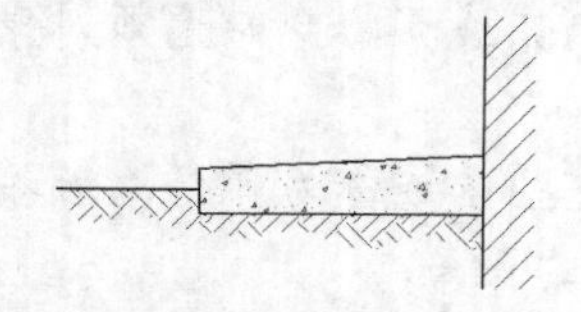

图4-18　创建无完整边界的填充图案

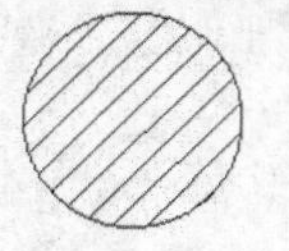

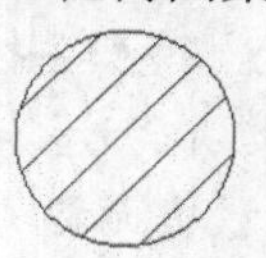

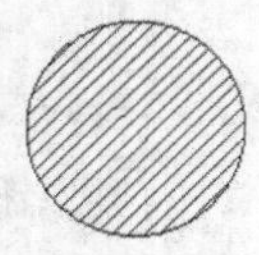

图4-19　设置不同缩放比例时的剖面线形状

五、 剖面图案的角度

除剖面线间距可以控制外，剖面线的倾斜角度也可以控制。读者可在【图案填充创建】选项卡的角度 0 文本框中设定图案填充的角度。当图案的角度是“0”时，剖面线（ANSI31）与 x 轴的夹角是 45°，在【角度】文本框中显示的角度值并不是剖面线与 x 轴的倾斜角度，而是剖面线的转动角度。

当分别输入角度值 45°、90° 和 15° 时，剖面线将逆时针转动到新的位置，它们与 x 轴的夹角分别是 90°、135° 和 60°，如图 4-20 所示。

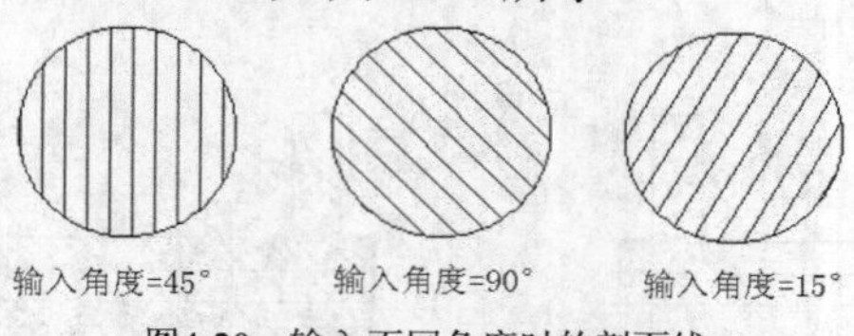

图4-20 输入不同角度时的剖面线

4.3.5 编辑填充图案

HATCHEDIT 命令用于修改填充图案的外观及类型，如改变图案的角度、比例或用其他样式的图案填充图形等。

命令启动方法如下。

- 菜单命令：【修改】/【对象】/【图案填充】。
- 面板：【修改】面板上的按钮。
- 命令：HATCHEDIT 或简写 HE。

【练习4-11】：练习使用 HATCHEDIT 命令。

1. 打开附盘文件“dwg\第 4 章\4-11.dwg”，如图 4-21 左图所示。
2. 执行 HATCHEDIT 命令，系统提示“选择图案填充对象”，选择图案填充后，弹出【图案填充编辑】对话框，如图 4-22 所示。通过该对话框用户可以修改剖面图案、比例及角度等。

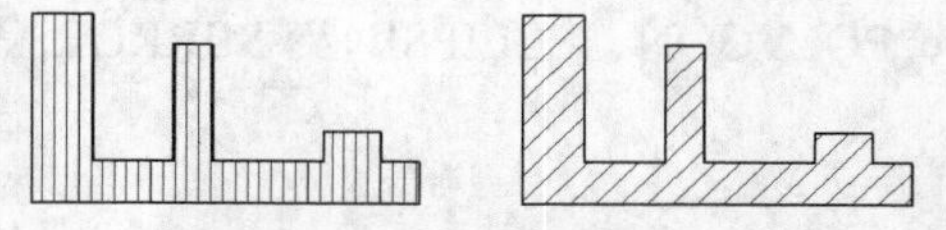

图4-21 修改图案的角度和比例

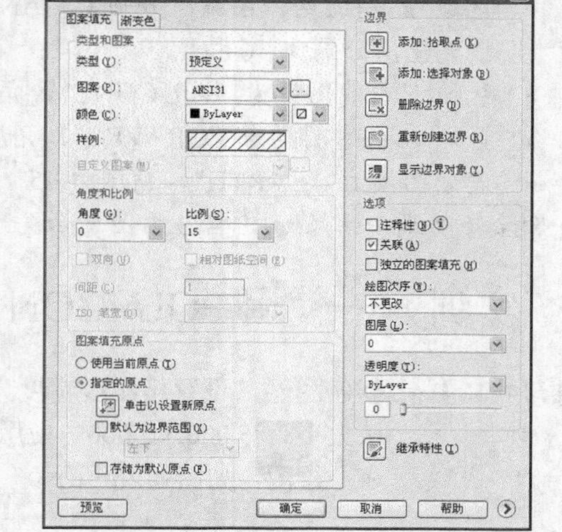

图4-22 【图案填充编辑】对话框

3. 在【角度】文本框中输入数值“0”，在【比例】文本框中输入数值“15”，单击 确定 按钮，结果如图 4-21 右图所示。

4.4 范例解析——绘制植物及填充图案

【练习4-12】：打开附盘文件“dwg\第 4 章\4-12.dwg”，如图 4-23 左图所示，使用 PLINE、SPLINE 及 BHATCH 等命令将左图修改为右图。

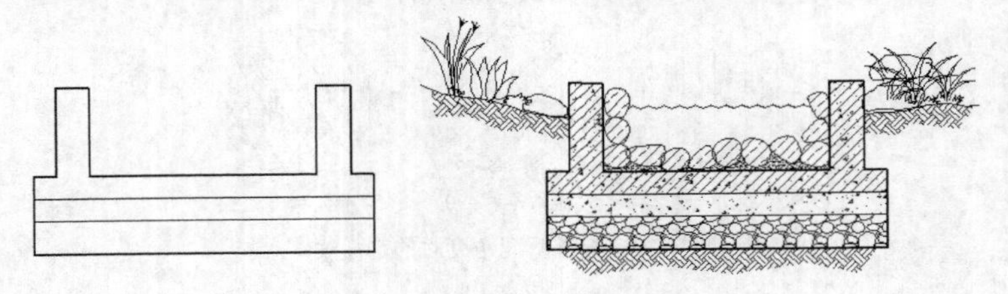

图4-23　绘制植物及填充图案

1. 使用 PLINE、SPLINE 及 SKETCH 命令绘制植物及石块，再使用 REVCLOUD 命令绘制云状线，云状线的弧长为 100，该线代表水平面，如图 4-24 所示。
2. 使用 PLINE 命令绘制辅助线 *A*、*B*、*C*，然后填充剖面图案，如图 4-25 所示。

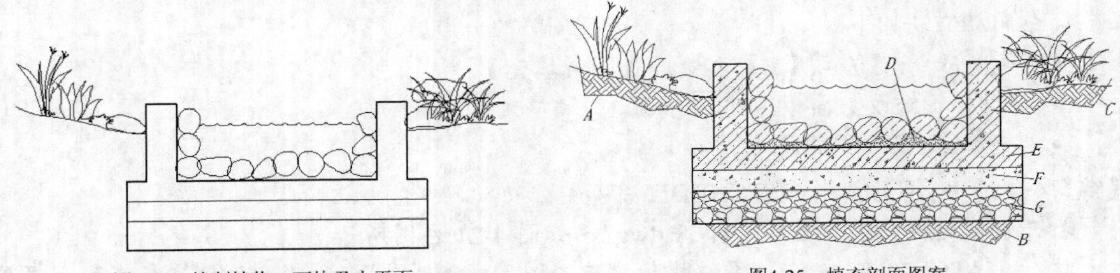

图4-24　绘制植物、石块及水平面　　　　图4-25　填充剖面图案

- 石块的剖面图案为“ANSI33”，角度为 0°，填充比例为 16。
- 区域 *D* 中的图案为“AR-SAND”，角度为 0°，填充比例为 0.5。
- 区域 *E* 中有两种图案，分别为“ANSI31”和“AR-CONC”，角度都为 0°，填充比例分别为 16 和 1。
- 区域 *F* 中的图案为“AR-CONC”，角度为 0°，填充比例为 1。
- 区域 *G* 中的图案为“GRAVEL”，角度为 0°，填充比例为 8。
- 其余图案为“EARTH”，角度为 45°，填充比例为 12。

3. 删除辅助线，结果如图 4-23 右图所示。

4.5 实训——使用 POLYGON、ELLIPSE 等命令绘图

【练习4-13】：创建图层，设置粗实线宽度为 0.7，中心线宽度采用默认设置，设定绘图区域大小为 5 000×5 000。使用 LINE、POLYGON、ELLIPSE 及 MIRROR 等命令绘图，如图 4-26 所示。

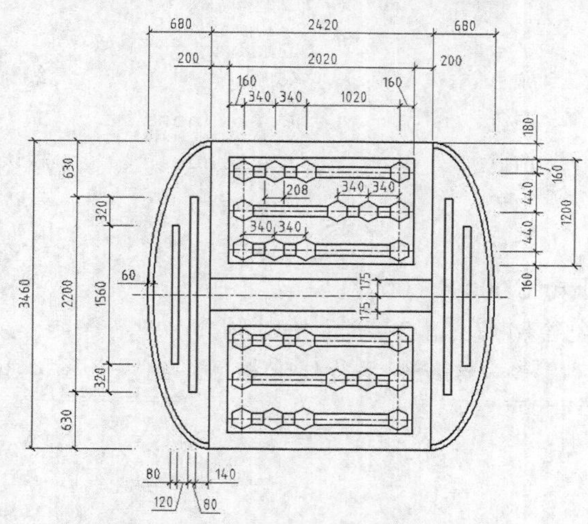

图4-26　使用 POLYGON、ELLIPSE 等命令绘图

主要作图步骤如图 4-27 所示。

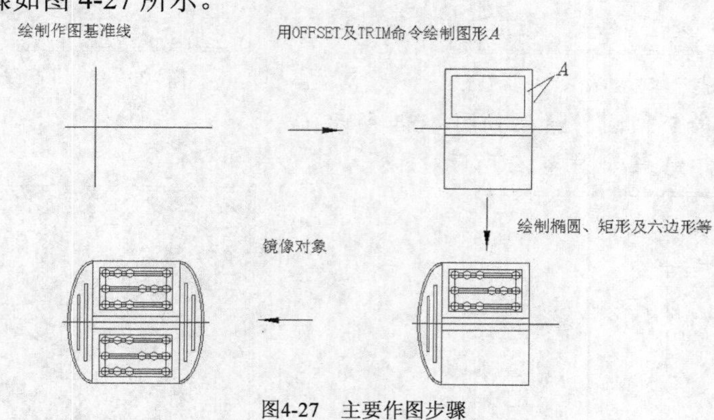

图4-27　主要作图步骤

4.6　综合实例——绘制矩形、椭圆及填充剖面图案

【练习4-14】：绘制如图 4-28 所示的图形。

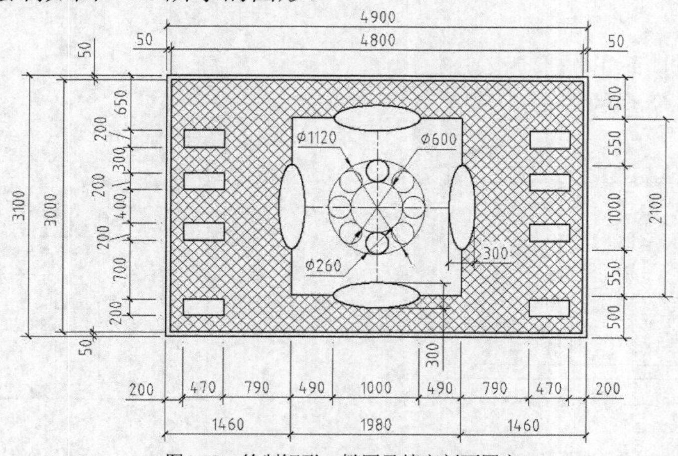

图4-28　绘制矩形、椭圆及填充剖面图案

1. 创建以下 4 个图层。

名称	颜色	线型	线宽
粗实线	白色	Continuous	0.7
细实线	白色	Continuous	默认
中心线	白色	Center	默认
剖面线	白色	Continuous	默认

2. 设定绘图区域的大小为 6 000 × 6 000。
3. 使用 RECTANG 命令绘制如图 4-29 所示的图形。
4. 使用 LINE 及 ELLIPSE 等命令绘制平行线和椭圆，结果如图 4-30 所示。

图4-29　绘制矩形

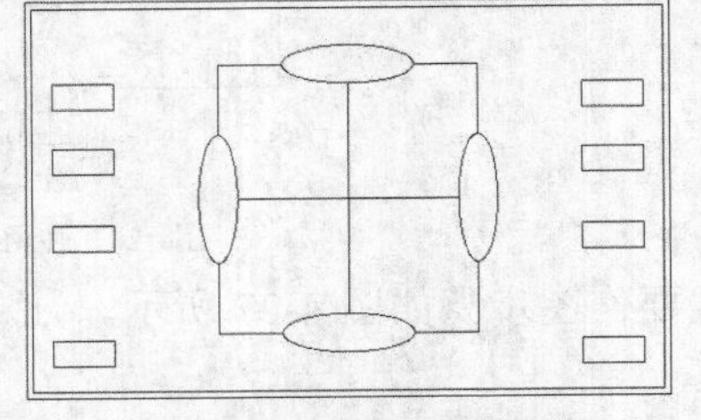

图4-30　绘制平行线和椭圆

5. 使用 CIRCLE 命令画圆，结果如图 4-31 所示。
6. 填充剖面图案，结果如图 4-32 所示。

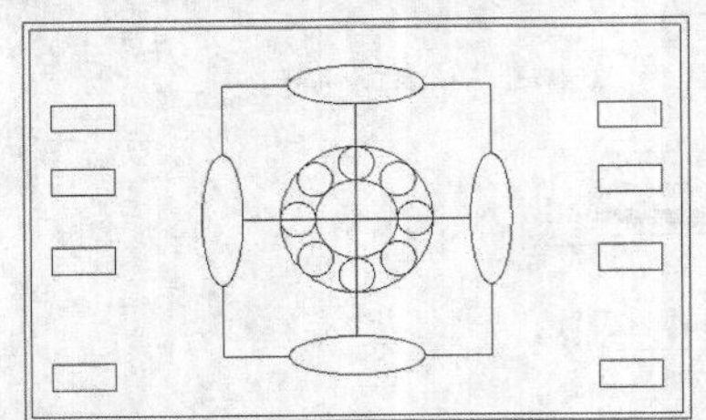

图4-31　画圆

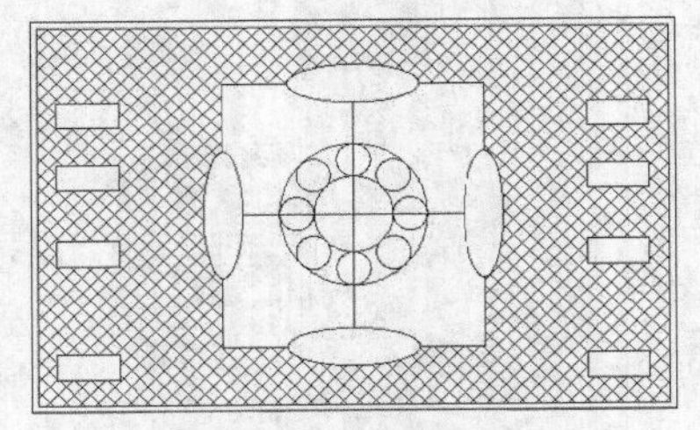

图4-32　填充剖面图案

7. 将线条调整到相应的图层上，结果如图 4-28 所示。

4.7 习题

1. 绘制如图 4-33 所示的图形。
2. 绘制如图 4-34 所示的图形。

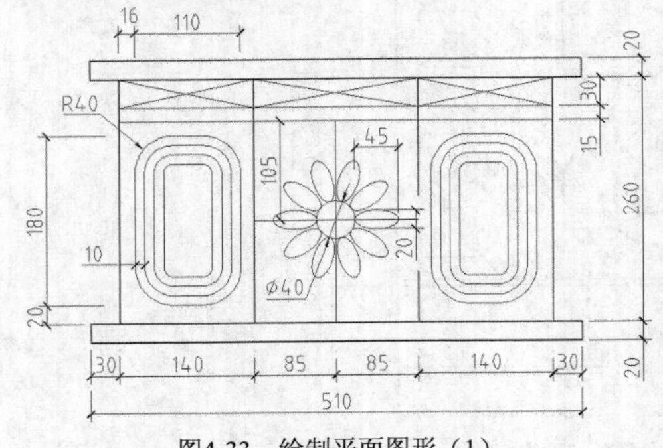

图4-33　绘制平面图形（1）

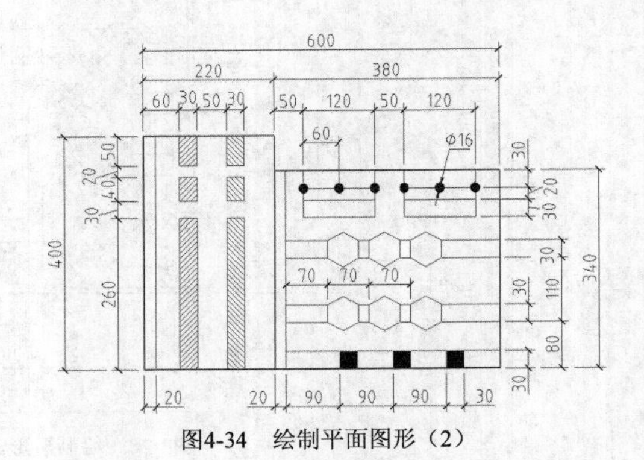

图4-34　绘制平面图形（2）

3. 绘制如图 4-35 所示的图形。右图是图形的细节尺寸。

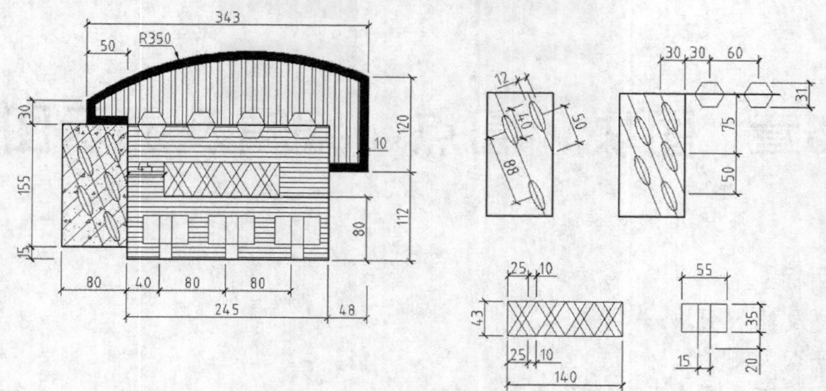

图4-35 绘制平面图形（3）

4. 绘制如图 4-36 所示的图形。

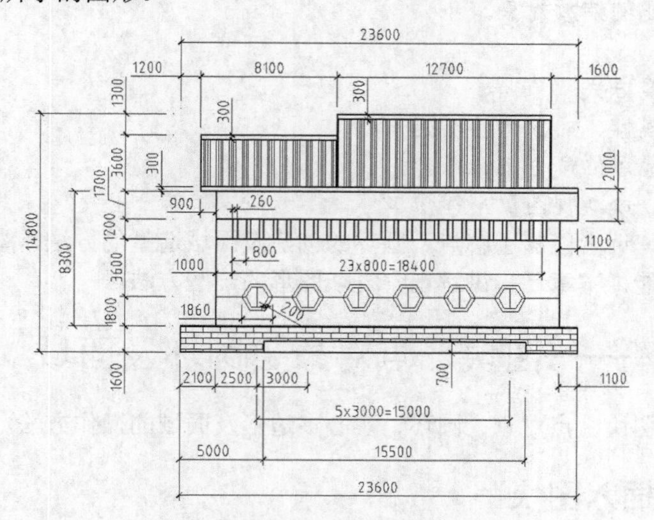

图4-36 绘制平面图形（4）

第5章　图块、圆点、编辑及显示图形

【学习目标】

- 创建及插入图块。
- 等分点及测量点。
- 绘制圆环、圆点及实心多边形。
- 面域造型。
- 拉伸及按比例缩放对象。
- 对齐实体。
- 关键点编辑方式。
- 改变对象属性、对象特性匹配。
- 控制图形显示的命令按钮。
- 鹰眼窗口、命名视图及平铺窗口。

通过学习本章，读者能够了解点、圆环的创建及面域造型的方法，掌握拉伸、比例缩放及关键点编辑等功能，本章还将讲解观察复杂图形的一些方法。

5.1　功能讲解——图块、点对象、圆环及面域

本节主要介绍图块、点对象、圆环、实心多边形及面域的操作方法。

5.1.1　创建及插入图块

图块是由多个对象组成的单一整体，在需要时可将其作为单独对象插入到图形中。在建筑图中有许多反复使用的图形，如门、窗和家具等，若事先将这些对象创建成块，则使用时只需插入块即可，这样就避免了重复劳动，提高了设计效率。

一、　创建图块

利用 BLOCK 命令可以将图形的一部分或整个图形创建成图块，用户可以给图块起名，并且可以定义插入基点。

命令启动方法如下。

- 菜单命令：【绘图】/【块】/【创建】。
- 面板：【块】面板上的按钮。
- 命令：BLOCK 或简写 B。

【练习5-1】：　创建图块。

1. 打开附盘文件“dwg\第 5 章\5-1.dwg”。
2. 单击【块】面板上的按钮，打开【块定义】对话框，如图 5-1 所示，在【名称】文

本框中输入新建图块的名称“洗涤槽”。

3. 选择构成块的图形元素。单击按钮（选择对象），系统将返回绘图窗口，并提示“选择对象”，选择“洗涤槽”，如图 5-2 所示。

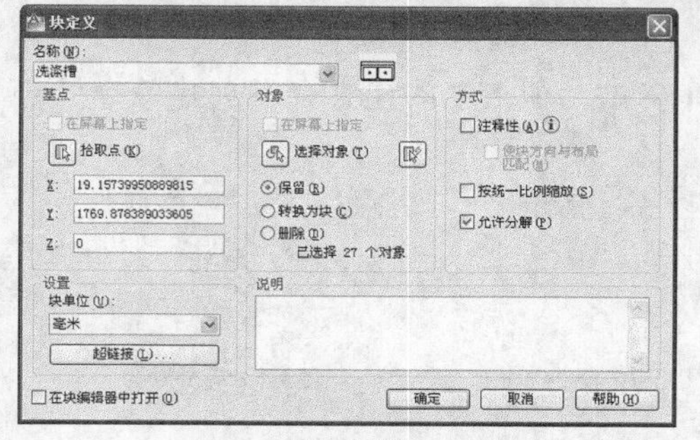

图5-1 【块定义】对话框

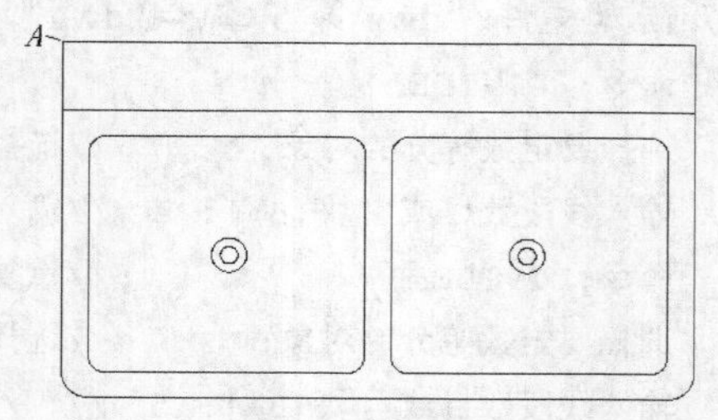

图5-2 创建图块

4. 指定块的插入基点。单击按钮（拾取点），系统将返回绘图窗口，并提示“指定插入基点”，拾取点 A，如图 5-2 所示。

5. 单击 确定 按钮，生成图块。

二、 插入图块或外部文件

用户可以使用 INSERT 命令在当前图形中插入块或其他图形文件，无论块或被插入的图形有多么复杂，系统都会将它们看做是一个单独的对象。

命令启动方法如下。

- 菜单命令：【插入】/【块】。
- 面板：【块】面板上的按钮。
- 命令：INSERT 或简写 I。

执行 INSERT 命令，打开【插入】对话框，如图 5-3 所示，通过该对话框用户可以将图形文件中的图块插入到图形中，也可将另一图形文件插入到图形中。

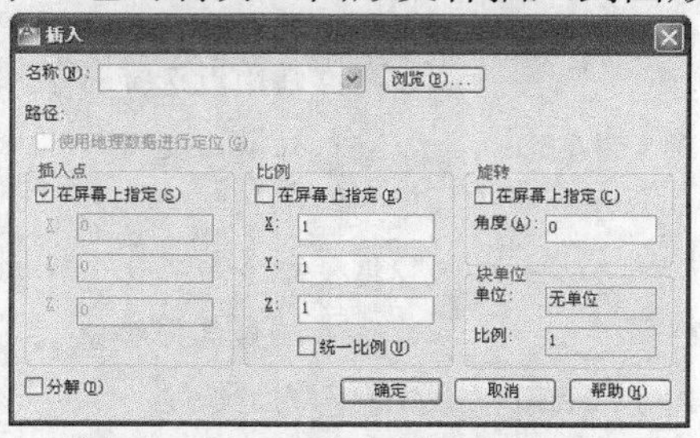

图5-3 【插入】对话框

5.1.2 等分点及测量点

下面介绍等分点及测量点的创建方法。

一、 等分点

利用 DIVIDE 命令可以根据等分数目在图形对象上放置等分点，这些点并不分割对象，只是标明等分的位置。

(1) 命令启动方法。

- 菜单命令：【绘图】/【点】/【定数等分】。
- 面板：【绘图】面板上的按钮。
- 命令：DIVIDE 或简写 DIV。

【练习5-2】：　练习使用 DIVIDE 命令。

打开附盘文件"dwg\第 5 章\5-2.dwg"，如图 5-4 所示，使用 DIVIDE 命令创建等分点。

```
命令: DIVIDE
选择要定数等分的对象:            //选择线段，如图 5-4 所示
输入线段数目或 [块(B)]: 4       //输入等分数目
命令:DIVIDE                     //重复命令
选择要定数等分的对象:            //选择圆弧
输入线段数目或 [块(B)]: 5       //输入等分数目
```

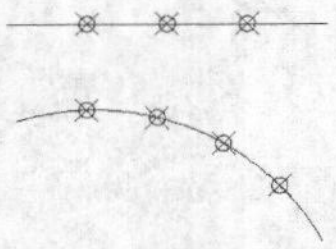

图5-4　等分对象

(2)　命令选项。

块(B)：在等分处插入图块。

二、　测量点

使用 MEASURE 命令可以在图形对象上按指定的距离放置点对象（POINT 对象），这些点可用"NOD"进行捕捉。

(1)　命令启动方法。

- 菜单命令：【绘图】/【点】/【定距等分】。
- 面板：【绘图】面板上的按钮。
- 命令：MEASURE 或简写 ME。

【练习5-3】：　练习使用 MEASURE 命令。

打开附盘文件"dwg\第 5 章\5-3.dwg"，如图 5-5 所示，使用 MEASURE 命令创建两个测量点 *C*、*D*。

```
命令: _measure
选择要定距等分的对象:              //在 A 端附近选择对象，如图 5-5 所示
指定线段长度或 [块(B)]: 160       //输入测量长度
命令:
MEASURE                           //重复命令
选择要定距等分的对象:              //在 B 端处选择对象
指定线段长度或 [块(B)]: 160       //输入测量长度
```

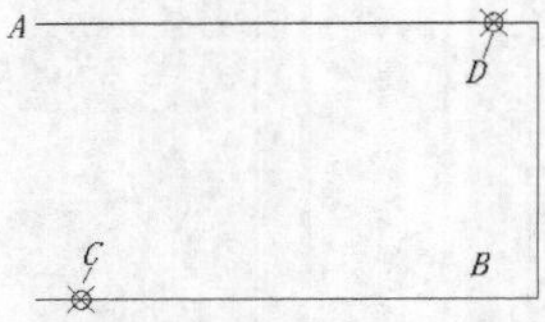

图5-5　创建测量点

(2)　命令选项。

块(B)：按指定的测量长度在对象上插入图块。

5.1.3　绘制圆环及圆点

使用 DONUT 命令可以创建填充圆环或圆点。执行该命令后，依次输入圆环内径、外径及圆心，AutoCAD 就会自动生成圆环。若要画圆点，则只需指定内径为"0"即可。

命令启动方法如下。

- 菜单命令：【绘图】/【圆环】。

- 面板：【绘图】面板上的◎按钮。
- 命令：DONUT。

【练习5-4】： 练习使用 DONUT 命令。

```
命令：_donut
指定圆环的内径 <2.0000>: 3          //输入圆环内径
指定圆环的外径 <5.0000>: 6          //输入圆环外径
指定圆环的中心点或<退出>:            //指定圆心
指定圆环的中心点或<退出>:            //按 Enter 键结束命令
```

图5-6 绘制圆环

结果如图 5-6 所示。

5.1.4 绘制实心多边形

使用 SOLID 命令可以生成实心多边形，如图 5-7 所示。执行命令后，AutoCAD 提示用户指定多边形的顶点，命令结束后，系统会自动填充多边形。指定多边形顶点时，顶点的选取顺序很重要，如果顺序出现错误，多边形就会打结。

命令启动方法如下。

命令：SOLID 或简写 SO。

【练习5-5】： 练习使用 SOLID 命令。

```
命令：SOLID
指定第一点：            //拾取 A 点，如图 5-7 所示
指定第二点：                      //拾取 B 点
指定第三点：                      //拾取 C 点
指定第四点或 <退出>:              //按 Enter 键
指定第三点：                      //按 Enter 键结束命令
命令：                            //重复命令
SOLID 指定第一点：                //拾取 D 点
指定第二点：                      //拾取 E 点
指定第三点：                      //拾取 F 点
指定第四点或 <退出>:              //拾取 G 点
指定第三点：                      //拾取 H 点
指定第四点或 <退出>:              //拾取 I 点
指定第三点：                      //按 Enter 键结束命令
命令：                            //重复命令
SOLID 指定第一点：                //拾取 J 点
指定第二点：                      //拾取 K 点
指定第三点：                      //拾取 L 点
指定第四点或 <退出>:              //拾取 M 点
指定第三点：                      //按 Enter 键结束命令
```

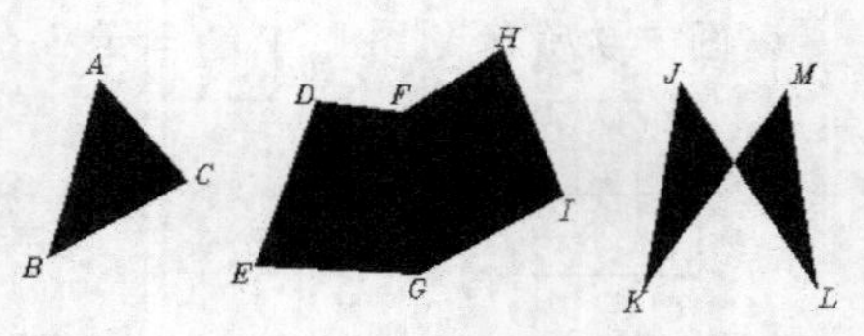

图5-7 绘制实心多边形

结果如图 5-7 所示。

5.1.5　面域造型

域（REGION）是指二维的封闭图形，它可由直线、多段线、圆、圆弧及样条曲线等对象围成，但应保证相邻对象间共享连接的端点，否则将不能创建域，图 5-8 所示为 3 种布尔运算的结果。

一、　创建面域

命令启动方法如下。

- 菜单命令：【绘图】/【面域】。
- 面板：【绘图】面板上的按钮。
- 命令：REGION 或简写 REG。

【练习5-6】：　练习使用 REGION 命令。

打开附盘文件“dwg\第 5 章\5-6.dwg”，如图 5-9 所示，使用 REGION 命令将该图创建成面域。

```
命令: _region
选择对象: 指定对角点: 找到 3 个          //选择矩形及两个圆，如图 5-9 所示
选择对象:                               //按 Enter 键结束命令
```

图 5-9 所示的图形中包含了 3 个闭合区域，因而可创建 3 个面域。

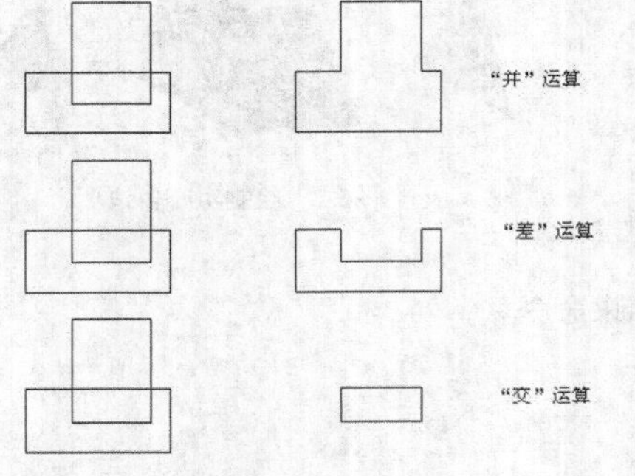

图5-8　布尔运算

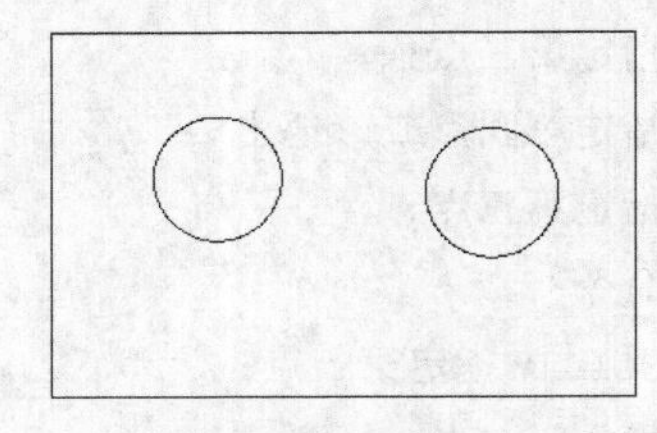

图5-9　创建面域

二、　并运算

并运算将所有参与运算的面域合并为一个新面域。

命令启动方法如下。

- 菜单命令：【修改】/【实体编辑】/【并集】。
- 命令：UNION 或简写 UNI。

【练习5-7】：　练习使用 UNION 命令。

打开附盘文件“dwg\第 5 章\5-7.dwg”，如图 5-10 左图所示，使用 UNION 命令将左图修改为右图。

```
命令: union
选择对象: 指定对角点: 找到 5 个          //选择 5 个面域，如图 5-10 左图所示
选择对象:                               //按 Enter 键结束命令
```

结果如图 5-10 右图所示。

三、 差运算

用户可利用差运算从一个面域中去掉一个或多个面域，从而形成一个新面域。

命令启动方法如下。

- 菜单命令:【修改】/【实体编辑】/【差集】。
- 命令: SUBTRACT 或简写 SU。

【练习5-8】： 练习使用 SUBTRACT 命令。

打开附盘文件“dwg\第 5 章\5-8.dwg”，如图 5-11 左图所示，使用 SUBTRACT 命令将左图修改为右图。

```
命令: subtract
选择对象: 找到 1 个          //选择大圆面域，如图 5-11 左图所示
选择对象:                    //按 Enter 键确认
选择对象:总计 4 个           //选择 4 个小矩形面域
选择对象:                    //按 Enter 键结束命令
```

结果如图 5-11 右图所示。

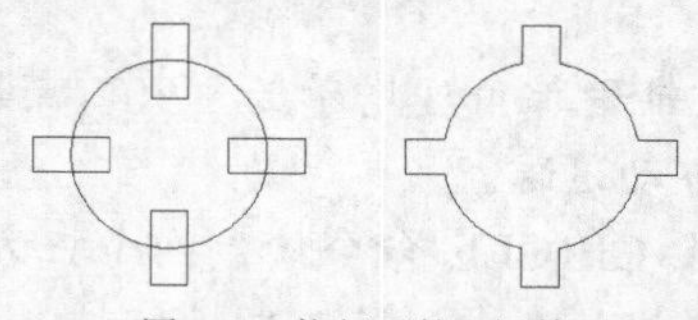

图5-10 执行“并”运算

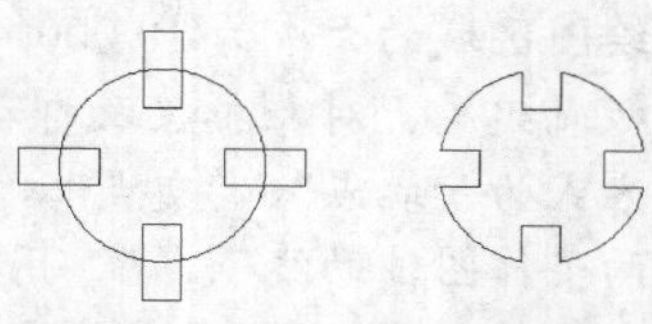

图5-11 执行“差”运算

四、 交运算

通过交运算可以求出各个相交面域的公共部分。

命令启动方法如下。

- 菜单命令:【修改】/【实体编辑】/【交集】。
- 命令: INTERSECT 或简写 IN。

【练习5-9】： 练习使用 INTERSECT 命令。

打开附盘文件“dwg\第 5 章\5-9.dwg”，如图 5-12 左图所示，使用 INTERSECT 命令将左图修改为右图。

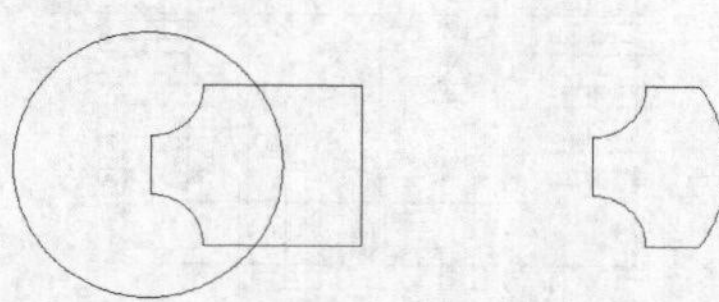

图5-12 执行“交”运算

```
命令: intersect
选择对象: 指定对角点: 找到 2 个     //选择圆面域及另一面域，如图 5-12 左图所示
选择对象:                          //按 Enter 键结束命令
```

结果如图 5-12 右图所示。

五、 用面域造型法绘制装饰图案

面域造型的特点是通过面域对象的并、交或差运算来创建图形，当图形边界比较复杂时，这种作图法的效率是很高的。

【练习5-10】：绘制如图 5-13 所示的图形。

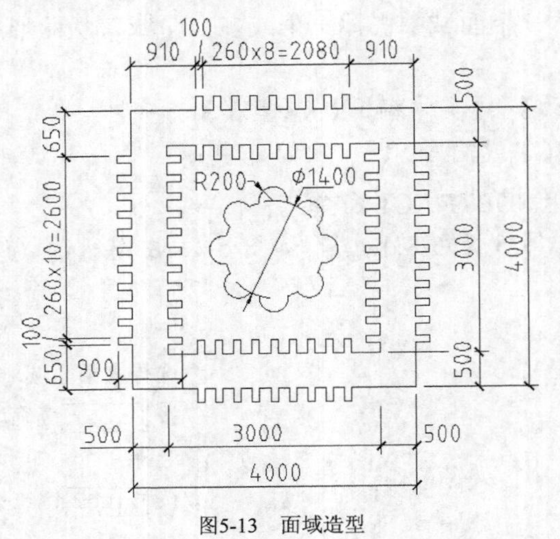

图5-13　面域造型

1. 设定绘图区域的大小为 10 000 × 10 000。
2. 激活极轴追踪、对象捕捉及自动追踪功能。指定极轴追踪角度增量为“90”，设定对象捕捉方式为“端点”、“交点”，设置仅沿正交方向自动追踪。
3. 绘制两条作图辅助线 *A*、*B*，用 OFFSET、TRIM 及 CIRCLE 命令绘制两个正方形、一个矩形和两个圆，再使用 REGION 命令将它们创建成面域，如图 5-14 所示。
4. 使用大正方形面域“减去”小正方形面域，形成一个方框面域。
5. 使用 ARRAY、MIRROR 及 ROTATE 等命令生成图形 *C*、*D* 及 *E*，如图 5-15 所示。
6. 将所有的圆面域合并在一起，再将方框面域与所有矩形面域合并在一起，然后删除辅助线，结果如图 5-16 所示。

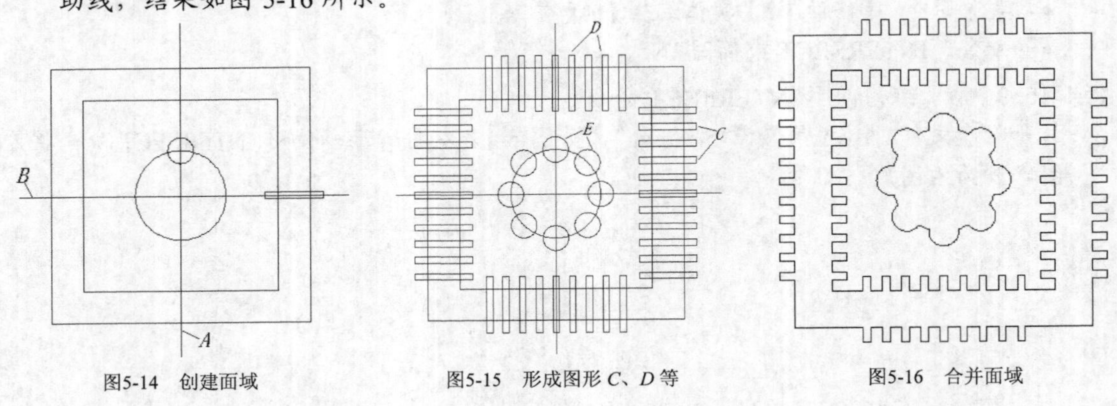

图5-14　创建面域　　图5-15　形成图形 *C*、*D* 等　　图5-16　合并面域

5.2　范例解析——创建圆点、实心矩形及沿曲线均布对象

【练习5-11】：使用 LINE、OFFSET、DONUT、SOLID 及 DIVIDE 等命令绘图，如图 5-17 所示。

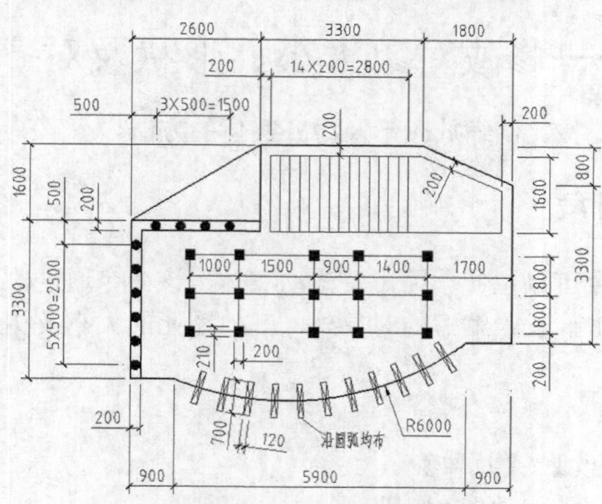

图5-17　沿曲线均布对象

1. 创建图层，设置粗实线宽度为 0.7，细实线宽度默认。设定绘图区域大小为 10 000 × 10 000。
2. 激活极轴追踪、对象捕捉及自动追踪功能。指定极轴追踪角度增量为“90”，设定对象捕捉方式为“端点”、“交点”。
3. 使用 LINE、ARC 和 OFFSET 等命令绘制图形 *A*，如图 5-18 所示。
4. 使用 OFFSET 及 TRIM 命令绘制图形 *C*，如图 5-19 所示。

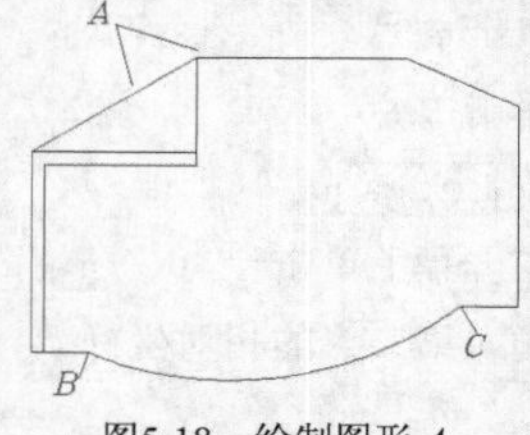

图5-18　绘制图形 *A*

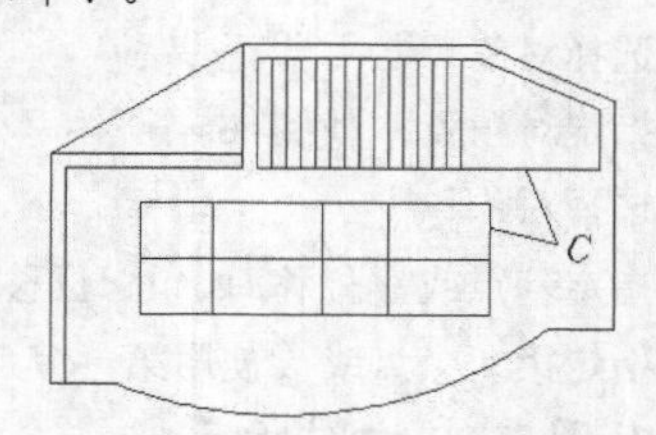

图5-19　绘制图形 *C*

5. 绘制圆点及实心小矩形，如图 5-20 左图所示。复制圆点及实心小矩形，结果如图 5-20 右图所示。

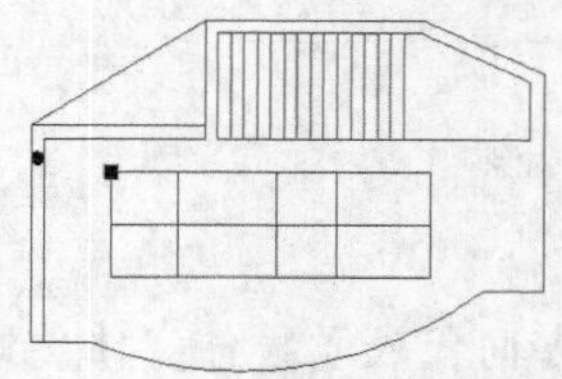
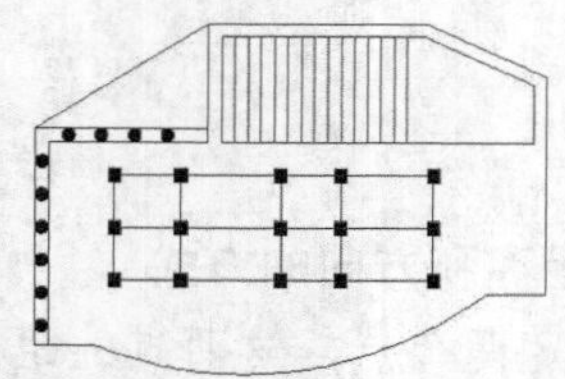

图5-20　绘制圆点及实心小矩形

6. 绘制对象 *D*，并将其创建成图块，如图 5-21 左图所示。使用 DIVIDE 命令沿圆弧均布图块，块的数量为 11，结果如图 5-21 右图所示。

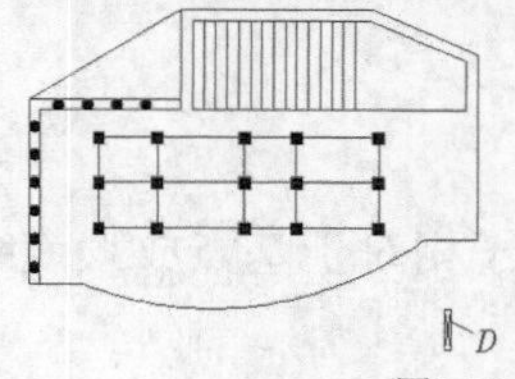

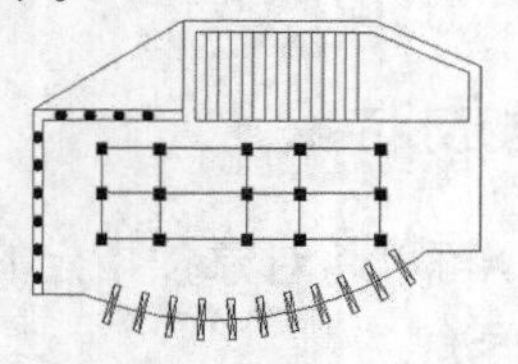

图5-21　沿曲线均布图块

5.3 功能讲解——修改对象大小、形状及对齐对象

下面介绍拉伸图形、按比例缩放图形及对齐实体的方法。

5.3.1 拉伸图形对象

使用 STRETCH 命令可以拉伸、缩短及移动实体，该命令通过改变端点的位置来修改图形对象，编辑过程中除被伸长、缩短的对象外，其他图元的大小及相互间的几何关系将保持不变。

一、 命令启动方法

- 菜单命令:【修改】/【拉伸】。
- 面板:【修改】面板上的按钮。
- 命令：STRETCH 或简写 S。

【练习5-12】：练习使用 STRETCH 命令。

打开附盘文件 “dwg\第 5 章\5-12.dwg”，如图 5-22 左图所示，使用 STRETCH 命令将左图修改为右图。

```
命令: _stretch
                                  //通过交叉窗口选择要拉伸的对象，如图 5-22 左图所示
选择对象:                                          //单击 A 点
指定对角点: 找到 6 个                               //单击 B 点
选择对象:                                          //按 Enter 键
指定基点或 [位移(D)] <位移>:                        //在屏幕上单击一点
指定第二个点或 <使用第一个点作为位移>:  @35,0 //输入第二点的相对坐标
```

结果如图 5-22 右图所示。

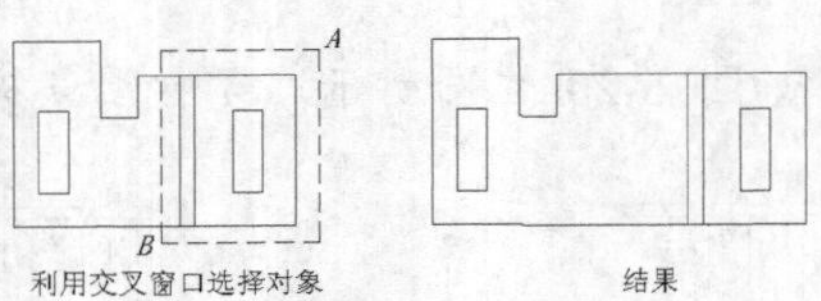

图5-22　拉伸对象

二、 设定拉伸距离和方向的方式

- 在屏幕上指定两个点，这两点的距离和方向代表了拉伸实体的距离和方向。
- 使用 “位移(D)” 选项。执行该选项后，系统提示 “指定位移”，此时，以 “*x*,*y*” 方式输入沿 *x* 轴、*y* 轴拉伸的距离，或者以 “距离<角度” 方式输入拉伸的距离和方向。

5.3.2 按比例缩放对象

使用 SCALE 命令可以将对象按指定的比例因子相对于基点放大或缩小。

一、 命令启动方法

- 菜单命令:【修改】/【缩放】。

- 面板：【修改】面板上的按钮。
- 命令：SCALE 或简写 SC。

【练习5-13】：练习使用 SCLAE 命令。

打开附盘文件“dwg\第 5 章\5-13.dwg”，如图 5-23 左图所示，使用 SCALE 命令将左图修改为右图。

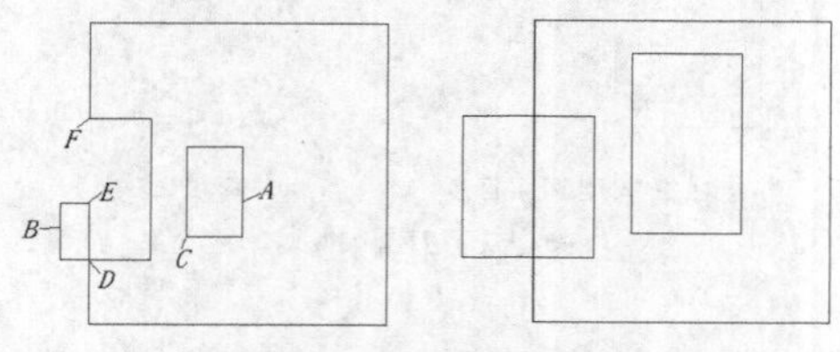

图5-23 缩放图形

```
命令: _scale
选择对象: 找到 1 个                                  //选择矩形 A，如图 5-23 左图所示
选择对象:                                            //按 Enter 键
指定基点: int 于                                     //捕捉交点 C
指定比例因子或[复制(C)/参照(R)] <1.0000>: 2          //输入缩放比例因子
命令: SCALE                                          //重复命令
选择对象: 找到 4 个                                  //选择线框 B
选择对象:                                            //按 Enter 键
指定基点:int 于                                      //捕捉交点 D
指定比例因子或或 [复制(C)/参照(R)] <2.0000>: r       //使用“参照(R)”选项
指定参照长度 <1.0000>: int 于                        //捕捉交点 D
指定第二点: int 于                                   //捕捉交点 E
指定新长度或 [点(P)] <1.0000>:int 于                 //捕捉交点 F
```

结果如图 5-23 右图所示。

二、命令选项

- 指定比例因子：直接输入缩放比例因子，系统将根据此比例因子缩放图形。若比例因子小于 1，则缩小对象；若大于 1，则放大对象。
- 复制(C)：缩放对象的同时复制对象。
- 参照(R)：以参照方式缩放图形。用户输入参考长度及新长度后，系统会将新长度与参考长度的比值作为缩放比例因子进行缩放。
- 点(P)：使用两点来定义新的长度。

5.3.3 对齐对象

使用 ALIGN 命令可以同时移动、旋转一个对象，使其与另一对象对齐。

命令启动方法如下。

- 菜单命令：【修改】/【三维操作】/【对齐】。
- 面板：【修改】面板上的按钮。
- 命令：ALIGN 或简写 AL。

【练习5-14】：练习使用 ALIGN 命令。

打开附盘文件 "dwg\第 5 章\5-14.dwg"，如图 5-24 左图所示，使用 ALIGN 命令将左图修改为右图。

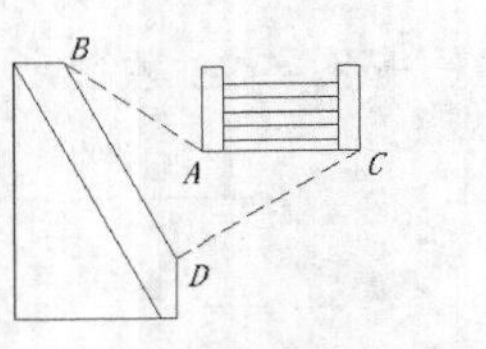

指定对齐的源点及目标点

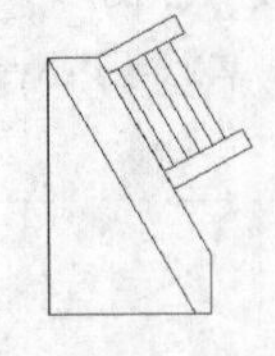

结果

图5-24　对齐对象

```
命令: align
选择对象: 指定对角点: 找到 12 个                    //选择源对象，如图 5-24 左图所示
选择对象:                                          //按 Enter 键
指定第一个源点: int 于                              //捕捉第一个源点 A
指定第一个目标点: int 于                            //捕捉第一个目标点 B
指定第二个源点: int 于                              //捕捉第二个源点 C
指定第二个目标点: int 于                            //捕捉第二个目标点 D
指定第三个源点或 <继续>:                            //按 Enter 键
是否基于对齐点缩放对象？[是(Y)/否(N)] <否>:          //按 Enter 键不缩放源对象
```

结果如图 5-24 右图所示。

5.4　范例解析——编辑原有图形以形成新图形

【练习5-15】：绘制如图 5-25 所示的图形。

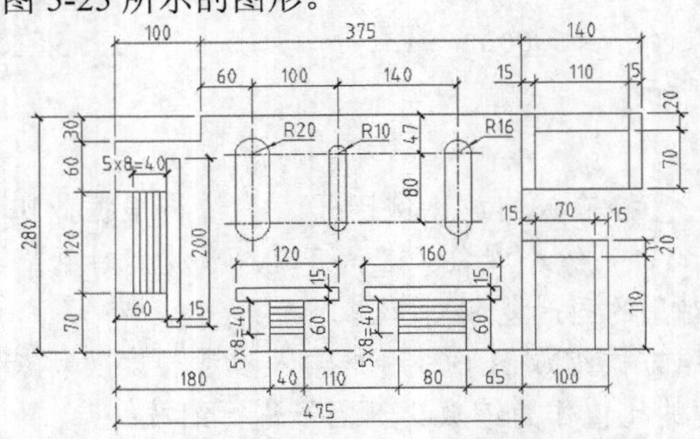

图5-25　使用 STRETCH 及 SCALE 命令绘图

1. 设定绘图区域的大小为 1 000 × 1 000。
2. 激活极轴追踪、对象捕捉及自动追踪功能。指定极轴追踪角度增量为 "90"，设定对象捕捉方式为 "端点"、"圆心" 和 "交点"，设置仅沿正交方向自动追踪。
3. 使用 LINE 命令绘制闭合线框，如图 5-26 所示。
4. 使用 OFFSET 和 TRIM 命令绘制图形 *A*，如图 5-27 所示。
5. 使用 COPY、STRETCH、ROTATE、MOVE 及 MIRROR 命令编辑图形 *A*，以形成图形 *B*、*C*，如图 5-28 所示。
6. 使用 LINE 和 CIRCLE 命令绘制线框 *D*，再使用 COPY、SCALE 及 STRETCH 命令编

辑线框 *D*，以形成线框 *E*、*F*，如图 5-29 所示。

7. 绘制图形 *G*，再使用 COPY 及 STRETCH 命令编辑图形 *G*，以形成图形 *H*，结果如图 5-30 所示。

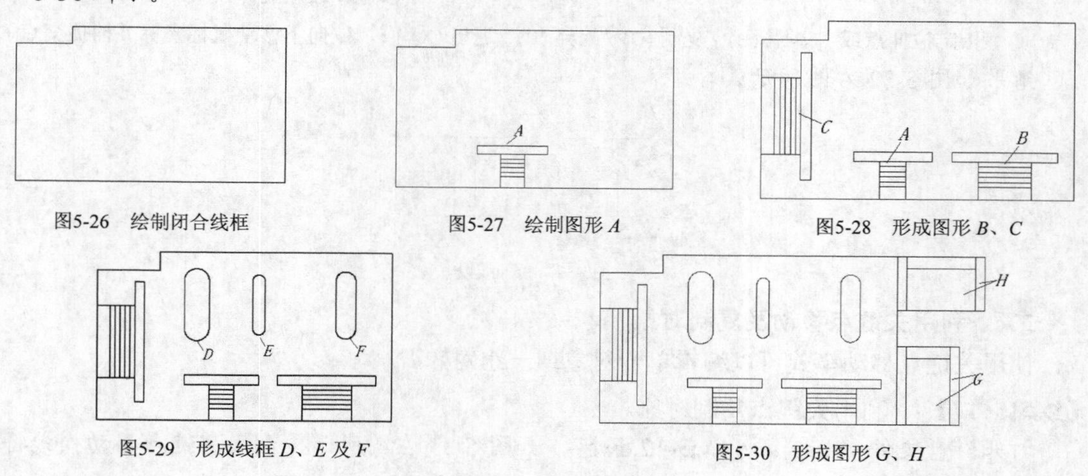

图5-26 绘制闭合线框

图5-27 绘制图形 *A*

图5-28 形成图形 *B*、*C*

图5-29 形成线框 *D*、*E* 及 *F*

图5-30 形成图形 *G*、*H*

5.5 功能讲解——关键点编辑、修改图元属性及显示控制

本节主要内容包括关键点编辑方式、修改图形元素属性及视图显示控制等。

5.5.1 关键点编辑方式

关键点编辑方式是一种集成的编辑模式，该模式包含了 5 种编辑方法。

- 拉伸、拉长。
- 移动。
- 旋转。
- 比例缩放。
- 镜像。

当用户选择实体后，实体上将出现若干方框，这些方框被称为关键点。将十字光标靠近方框并单击鼠标左键，激活关键点编辑状态，此时系统将自动进入拉伸编辑方式，连续按下 Enter 键，就可以在所有编辑方式间进行切换。此外，用户也可在激活关键点后再单击鼠标右键，弹出快捷菜单，如图 5-31 所示，通过此菜单选择某种编辑方法。

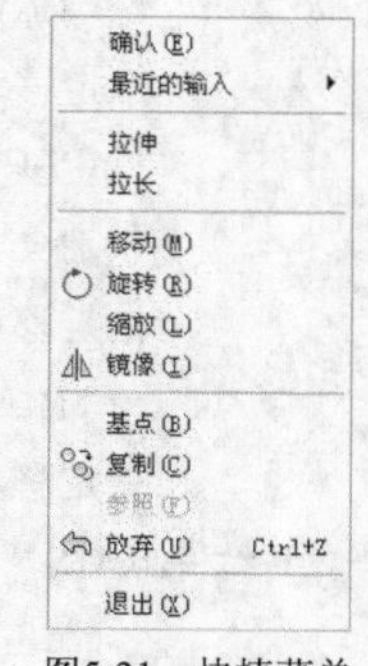

图5-31 快捷菜单

下面通过一些例子来使读者熟悉关键点编辑方式。

一、 利用关键点拉伸对象

在拉伸编辑模式下，当关键点是线段的端点时，将有效地拉伸或缩短对象。

【练习5-16】： 利用关键点拉伸线段。

1. 打开附盘文件“dwg\第 5 章\5-16.dwg”，如图 5-32 左图所示，利用关键点拉伸模式将左图修改为右图。
2. 激活极轴追踪、对象捕捉及自动追踪功能。

命令: //选择线段 A

命令: //选中关键点 B

** 拉伸 ** //进入拉伸模式

指定拉伸点或 [基点(B)/复制(C)/放弃(U)/退出(X)]: //向下移动鼠标光标并捕捉交点 C

结果如图 5-32 右图所示。

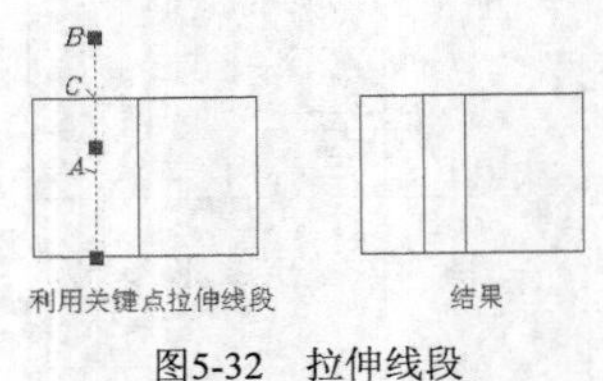

图5-32　拉伸线段

二、 利用关键点移动及复制对象

使用关键点移动模式可以编辑单一对象或一组对象。

【练习5-17】： 利用关键点复制对象。

打开附盘文件 "dwg\第 5 章\5-17.dwg"，如图 5-33 左图所示，利用关键点移动模式将左图修改为右图。

命令: //选择矩形 A

命令: //选中关键点 B

** 拉伸 **

指定拉伸点或 [基点(B)/复制(C)/放弃(U)/退出(X)]: //进入拉伸模式

** MOVE ** //按 Enter 键进入移动模式

指定移动点或 [基点(B)/复制(C)/放弃(U)/退出(X)]: c

//利用"复制(C)"选项进行复制

** MOVE (多个) **

指定移动点或 [基点(B)/复制(C)/放弃(U)/退出(X)]: b //使用"基点(B)"选项

指定基点: //捕捉 C 点

** MOVE (多个) **

指定移动点或 [基点(B)/复制(C)/放弃(U)/退出(X)]: //捕捉 D 点

** MOVE (多个) **

指定移动点或 [基点(B)/复制(C)/放弃(U)/退出(X)]: //按 Enter 键结束

结果如图 5-33 右图所示。

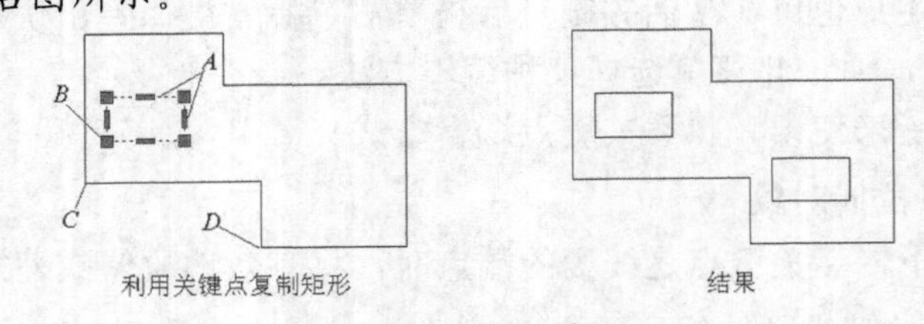

图5-33　复制对象

三、 利用关键点旋转对象

旋转对象的操作是绕旋转中心进行的，当使用关键点编辑模式时，热关键点就是旋转中心，用户也可以指定其他点作为旋转中心。

【练习5-18】：利用关键点旋转对象。

打开附盘文件“dwg\第 5 章\5-18.dwg”，如图 5-34 左图所示，利用关键点旋转模式将左图修改为右图。

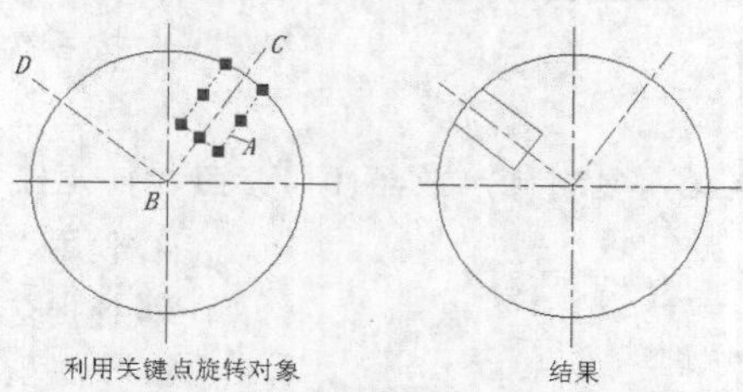

图5-34　旋转图形

```
命令:                                              //选择线框 A，如图 5-34 左图所示
命令:                                              //选中任意一个关键点
** 拉伸 **                                         //进入拉伸模式
指定拉伸点或 [基点(B)/复制(C)/放弃(U)/退出(X)]:   //按 Enter 键进入移动模式
** MOVE **
指定移动点或 [基点(B)/复制(C)/放弃(U)/退出(X)]:   //按 Enter 键进入旋转模式
** 旋转 **
指定旋转角度或 [基点(B)/复制(C)/放弃(U)/参照(R)/退出(X)]: b
                                               //使用“基点(B)”选项指定旋转中心
指定基点: int 于                               //捕捉 B 点作为旋转中心
** 旋转 **
指定旋转角度或 [基点(B)/复制(C)/放弃(U)/参照(R)/退出(X)]: r//使用“参照(R)”选项
指定参照角 <0>: int 于                         //捕捉 B 点
指定第二点: end 于                             //捕捉端点 C
** 旋转 **
指定新角度或 [基点(B)/复制(C)/放弃(U)/参照(R)/退出(X)]: end 于    //捕捉端点 D
```

结果如图 5-34 右图所示。

四、 利用关键点缩放对象

关键点编辑方式也提供了缩放对象的功能，当切换到缩放模式时，当前激活的关键点就是缩放的基点。

【练习5-19】：利用关键点缩放模式缩放对象。

打开附盘文件“dwg\第 5 章\5-19.dwg”，如图 5-35 左图所示，利用关键点缩放模式将左图修改为右图。

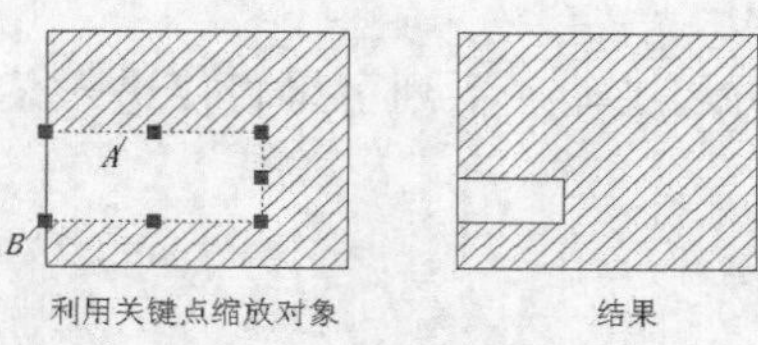

图5-35　缩放对象

```
命令:                                          //选择线框 A，如图 5-35 左图所示
```

命令:　　　　　　　　　　　　　　　　　　//选中任意一个关键点
** 拉伸 **　　　　　　　　　　　　　　　　//进入拉伸模式
指定拉伸点或 [基点(B)/复制(C)/放弃(U)/退出(X)]:
　　　　　　　　　　　　　　　　　　　　//按 3 次 Enter 键进入比例缩放模式
** 比例缩放 **
指定比例因子或 [基点(B)/复制(C)/放弃(U)/参照(R)/退出(X)]: b
　　　　　　　　　　　　　　　　　　　　//使用"基点(B)"选项指定缩放基点
指定基点: int 于　　　　　　　　　　　　　//捕捉交点 B
** 比例缩放 **
指定比例因子或 [基点(B)/复制(C)/放弃(U)/参照(R)/退出(X)]: 0.5 //输入缩放比例值

结果如图 5-35 右图所示。

五、 利用关键点镜像对象

进入镜像模式后，系统直接提示"指定第二点"，默认情况下，关键点是镜像线的第一点，在拾取第二点后，此点便与第一点一起形成镜像线。

【练习5-20】: 利用关键点镜像对象。

打开附盘文件"dwg\第 5 章\5-20.dwg"，如图 5-36 左图所示，利用关键点镜像模式将左图修改为右图。

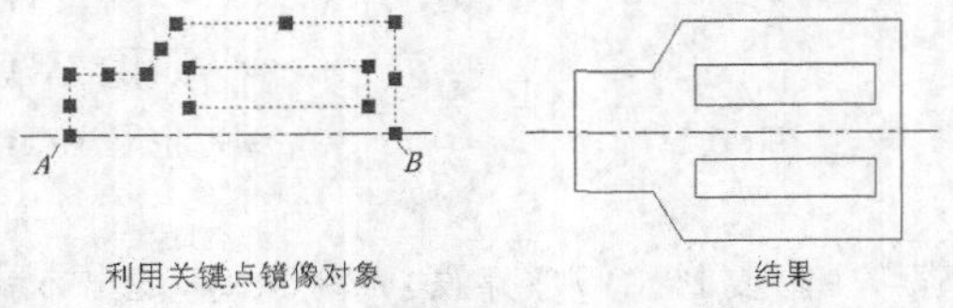

图5-36　镜像图形

命令:　　　　　　　　　　　　　　//选择要镜像的对象，如图 5-36 左图所示
命令:　　　　　　　　　　　　　　//选中关键点 A
** 拉伸 **　　　　　　　　　　　　//进入拉伸模式
指定拉伸点或 [基点(B)/复制(C)/放弃(U)/退出(X)]:　//按 4 次 Enter 键进入镜像模式
** 镜像 **
指定第二点或 [基点(B)/复制(C)/放弃(U)/退出(X)]: c　　　//镜像并复制图形
** 镜像 (多重) **
指定第二点或 [基点(B)/复制(C)/放弃(U)/退出(X)]: int 于　//捕捉交点 B
** 镜像 (多重) **
指定第二点或 [基点(B)/复制(C)/放弃(U)/退出(X)]:　　　　//按 Enter 键结束命令

结果如图 5-36 右图所示。

激活关键点编辑模式后，可通过输入下列字母直接进入某种编辑方式。

- MI——镜像。
- MO——移动。
- RO——旋转。
- SC——缩放。
- ST——拉伸。

5.5.2 用 PROPERTIES 命令改变对象属性

AutoCAD 中，对象属性是指系统赋予对象的颜色、线型、图层、高度及文字样式等特性。改变对象属性一般可通过 PROPERTIES 命令，使用该命令时，系统将打开【特性】对话框，该对话框列出了所选对象的所有属性，用户通过该对话框就可以很方便地修改对象属性。

命令启动方法如下。

- 菜单命令：【修改】/【特性】。
- 面板：【视图】选项卡中【选项板】面板上的按钮。
- 命令：PROPERTIES 或简写 PROPS。

【练习5-21】：打开附盘文件“dwg\第 5 章\5-21.dwg”，如图 5-37 左图所示，使用 PROPERTIES 命令将左图修改为右图。

1. 选择要编辑的非连续线，如图 5-37 左图所示。
2. 单击【选项板】面板上的按钮或键入 PROPERTIES 命令，打开【特性】对话框，如图 5-38 所示。

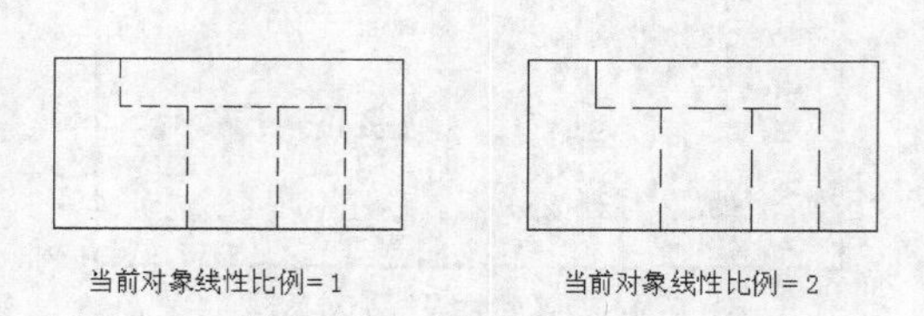

图5-37　修改对象属性

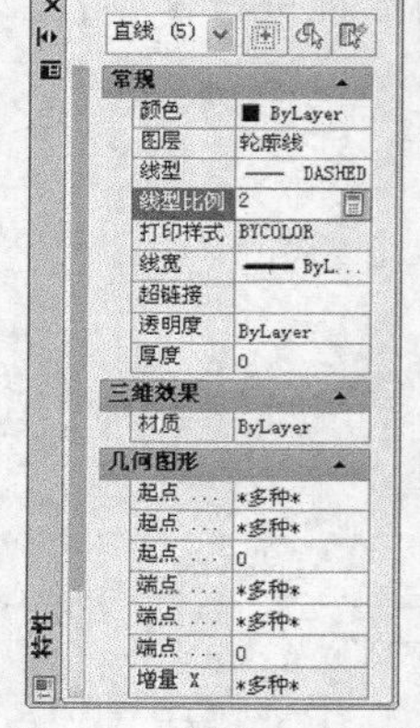

图5-38　【特性】对话框

根据所选对象的不同，【特性】对话框中显示的属性项目也不同，但有一些属性项目几乎是所有对象所共有的，如颜色、图层及线型等。当在绘图区中选择单个对象时，【特性】对话框中就会显示出此对象的特性。若选择多个对象，则【特性】对话框中将显示出它们所共有的特性。

3. 单击【线型比例】文本框，然后输入当前线型比例因子，该比例因子的默认值是 1，输入新数值“2”，按 Enter 键，此时图形窗口中的非连续线将会立即更新，显示出修改后的结果，如图 5-37 右图所示。

5.5.3 对象特性匹配

MATCHPROP 命令是一个非常有用的编辑工具，用户可以使用此命令将源对象的属性（如颜色、线型、图层和线型比例等）传递给目标对象。

命令启动方法如下。

- 菜单命令：【修改】/【特性匹配】。

- 面板：【剪贴板】面板上的按钮。
- 命令：MATCHPROP 或简写 MA。

【练习5-22】：打开附盘文件“dwg\第 5 章\5-22.dwg”，如图 5-39 左图所示，使用 MATCHPROP 命令将左图修改为右图。

1. 单击【剪贴板】面板上的按钮或键入 MATCHPROP 命令，AutoCAD 提示如下。

```
命令: '_matchprop
选择源对象:                    //选择源对象，如图 5-39 左图所示
选择目标对象或 [设置(S)]:       //选择第一个目标对象
选择目标对象或 [设置(S)]:       //选择第二个目标对象
选择目标对象或 [设置(S)]:       //按 Enter 键结束命令
```

选择源对象后，鼠标光标将变成类似“刷子”的形状，用此“刷子”来选取接受属性匹配的目标对象，结果如图 5-39 右图所示。

2. 如果用户仅想使目标对象的部分属性与源对象相同，可在选择源对象后，键入“S”，打开【特性设置】对话框，如图 5-40 所示。默认情况下，系统会选中该对话框中所有源对象的属性进行复制，但用户也可指定仅将其中的部分属性传递给目标对象。

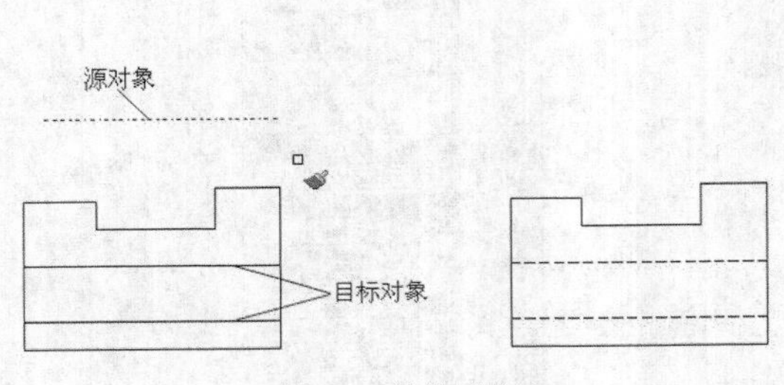

图5-39　特性匹配

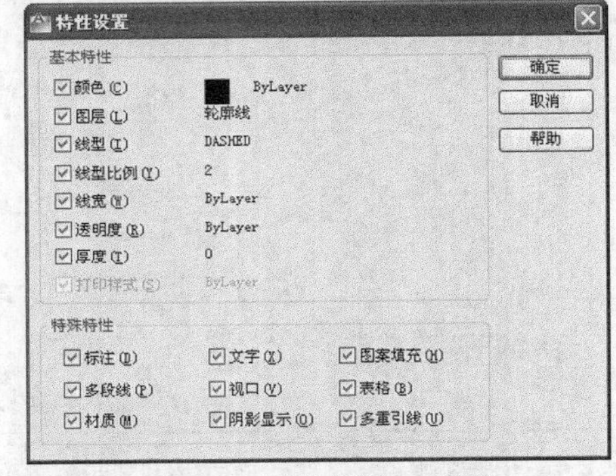

图5-40　【特性设置】对话框

5.5.4　控制图形显示的命令按钮

实时平移及实时缩放的工具是和，它们的用法已经在第 1 章中介绍过。导航栏上包含了更多的控制图形显示的按钮，如图 5-41 所示，通过这些按钮用户可以很方便地放大图形局部区域或观察图形全貌。按住【二维导航】面板上按钮右侧的箭头，也弹出与导航栏上相同的命令。下面介绍这些按钮的功能。

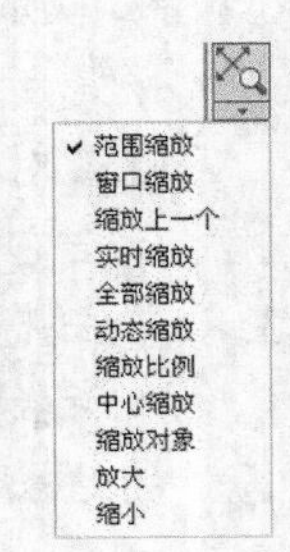

图5-41　缩放

一、　窗口缩放按钮

系统将尽可能大地将显示指定区域的图形显示在图形窗口中。

二、　动态缩放按钮

利用一个可平移并能改变其大小的矩形框缩放图形。用户可先调整矩形框的大小，然后将此矩形框移动到要缩放的位置，按 Enter 键后，系统会将当前矩形框中的图形布满整个视口。

【练习5-23】：练习使用动态缩放按钮。

1. 打开附盘文件“dwg\第 5 章\5-23.dwg”。
2. 启动动态缩放功能，将图形界限（即栅格的显示范围，使用 LIMITS 命令设定）及全部图形都显示在图形窗口中，并提供给用户一个缩放矩形框，该框表示当前视口的大小，框中包含一个“×”，表明处于平移状态，如图 5-42 所示，此时移动鼠标光标，矩形框也将随之移动。

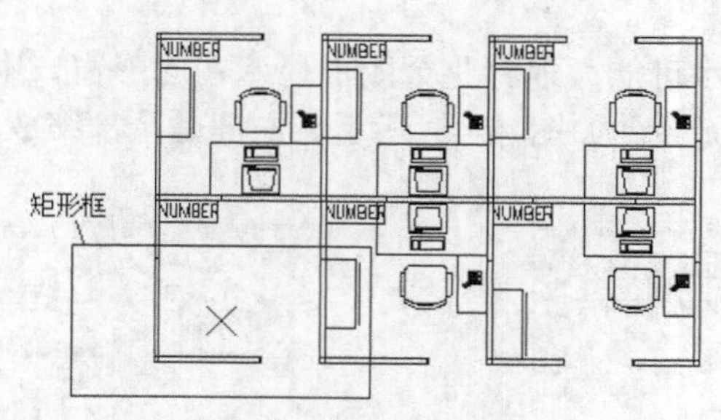

图5-42　动态缩放图形

3. 单击鼠标左键，矩形框中的“×”将会变成一个水平箭头，表明处于缩放状态，再向左或向右移动鼠标光标，即可减小或增大矩形框。若向上或向下移动鼠标光标，矩形框就会随着鼠标光标沿竖直方向移动。请注意，此时矩形框左端线在水平方向的位置是不变的。
4. 调整完矩形框的大小后，若再想移动矩形框，可再单击鼠标左键切换回平移状态，此时矩形框中又会出现“×”。
5. 将矩形框的大小及位置都确定后按 Enter 键，则系统将在整个绘图窗口中显示出矩形框内的图形。

三、　比例缩放按钮

以输入的比例值缩放视图，输入缩放比例的方式有以下 3 种。

- 直接输入缩放比例数值，此时系统并不以当前视图为准来缩放图形，而是放大或缩小图形界限，从而使当前视图的显示比例发生变化。
- 如果要相对于当前视图进行缩放，则需在比例因子的后面加入字母“*x*”。例如，“0.5*x*”表示将当前视图缩放为原来的二分之一。
- 若要相对于图纸空间缩放图形，则需在比例因子后面加上字母“*xp*”。

四、　中心缩放按钮

启动中心缩放方式后，AutoCAD 提示如下。

```
指定中心点:                          //指定缩放中心点
输入比例或高度 <200.1670>:           //输入缩放比例或图形窗口的高度值
```

系统将以指定点为显示中心，并根据缩放比例因子或图形窗口的高度值显示一个新视图。缩放比例因子的输入方式是“*nx*”，*n* 表示放大倍数。

五、　按钮

将选择的一个或多个对象充满整个图形窗口显示出来，并使其位于绘图窗口的中心位置。

六、　按钮

系统将当前视图放大一倍。

七、按钮

系统将当前视图缩放为原来的二分之一。

八、　全部缩放按钮

单击此按钮，系统将显示用户定义的图形界限或图形范围，具体取决于哪一个视图较大。

九、　范围缩放按钮

单击此按钮，系统将尽可能大地将整个图形显示在图形窗口中。与“全部缩放”相比，“范围缩放”与图形界限无关。如图 5-43 所示，左图是全部缩放的效果，右图是范围缩放的效果。

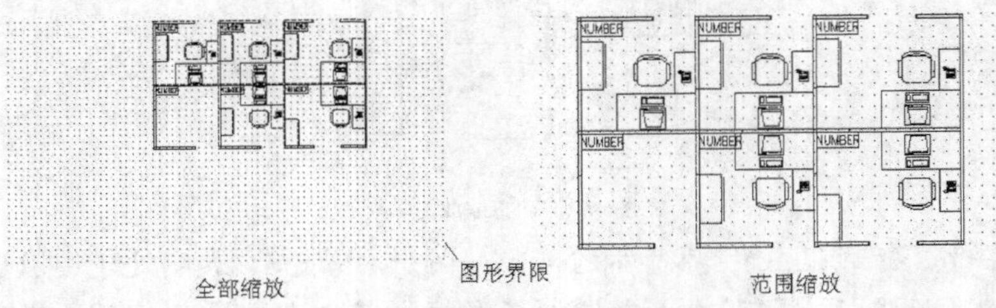

图5-43　全部缩放及范围缩放

5.5.5　命名视图

在作图过程中，常常要返回到先前的显示状态，此时可以使用 ZOOM 命令的“上一个(P)”选项，但如果要观察很早以前使用的视图，而且需要经常切换到这个视图，则“上一个(P)”选项就无能为力了。此外，若图形很复杂且需要使用 ZOOM 和 PAN 命令寻找要显示的图形部分或经常返回图形的相同部分时，就要花费大量时间。要解决这些问题，最好的办法是将先前显示的图形命名成一个视图，这样就可以在需要的时候根据视图的名字来恢复它。

【练习5-24】：练习使用命名视图操作。

1. 打开附盘文件“dwg\第 5 章\5-24.dwg”。
2. 选取菜单命令【视图】/【命名视图】，打开【视图管理器】对话框，如图 5-44 所示。

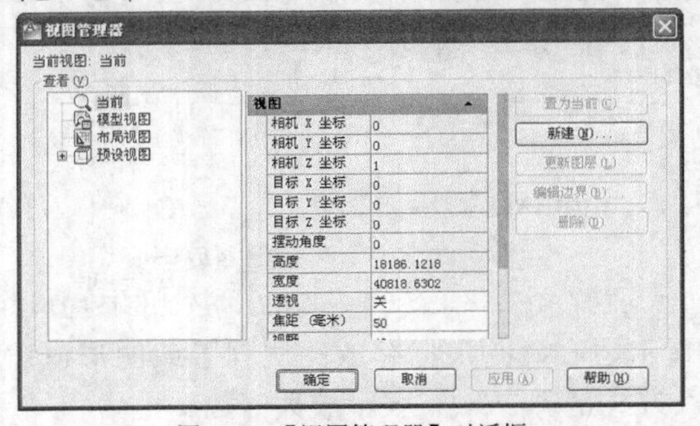

图5-44　【视图管理器】对话框

3. 单击 新建(N)... 按钮，打开【新建视图】对话框，在【视图名称】文本框中输入“大门入口立面图”，如图 5-45 所示。
4. 选取【定义窗口】单选项，AutoCAD 提示如下。

```
指定第一个角点：                    //在 A 点处单击一点，如图 5-46 左图所示
```

指定对角点：　　　　　　　　　　　　//在 *B* 点处单击一点

按 Enter 键返回【新建视图】对话框。

5. 用同样的方法将矩形 *CD* 内的图形命名为“大门入口墙体大样图”，如图 5-46 右图所示。

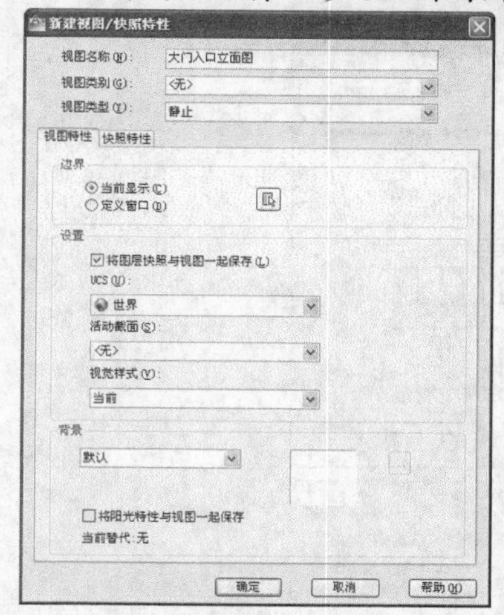

图5-45　【新建视图】对话框

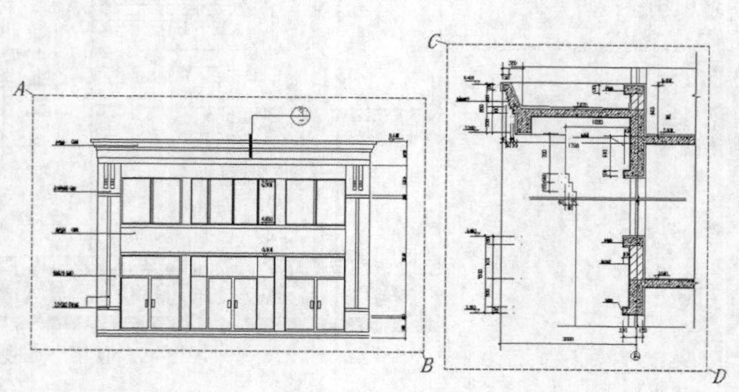

图5-46　命名视图

6. 选取菜单命令【视图】/【命名视图】，打开【视图管理器】对话框，如图 5-47 所示。

7. 选择“大门入口立面图”，然后单击 置为当前(C) 按钮，则屏幕中将显示出大门入口立面图，如图 5-48 所示。

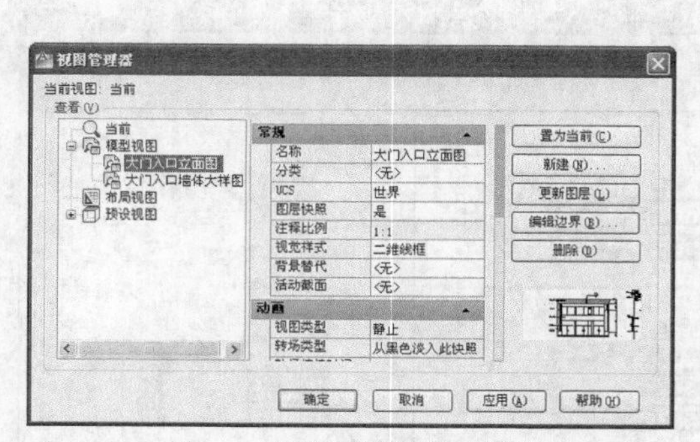

图5-47　【视图管理器】对话框

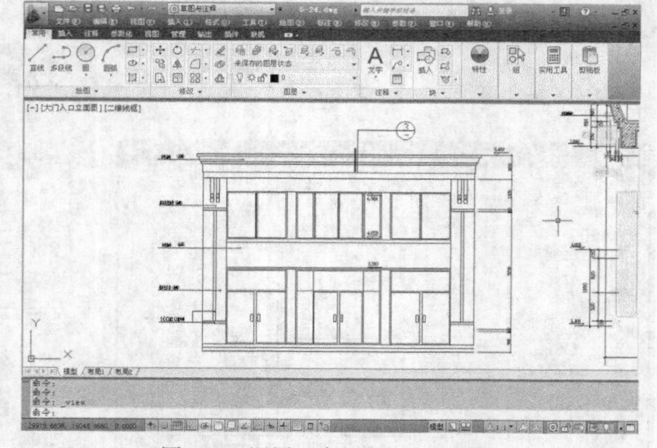

图5-48　调用“大门入口立面图”

5.5.6 平铺视口

在模型空间作图时，一般是在一个充满整个屏幕的单视口中工作，但也可将作图区域划分成几个部分，使屏幕上出现多个视口，这些视口称为平铺视口。对每一个平铺视口都能进行以下操作。

- 平移、缩放、设置栅格及建立用户坐标系等。
- 在执行命令的过程中，能随时单击任一视口，使其成为当前视口，从而进入这个被激活的视口中继续绘图。

在有些情况下，常常把图形局部放大，以便于编辑，但这可能使用户不能同时观察到图

样修改后的整体效果，此时可以利用平铺视口，让其中之一显示局部细节，而另一视口显示图样的整体，这样在修改局部的同时就能同时观察图形的整体了。如图 5-49 所示，在左上角、左下角的视口中可以看到图形的细部特征，右边的视口则显示了整个图形。

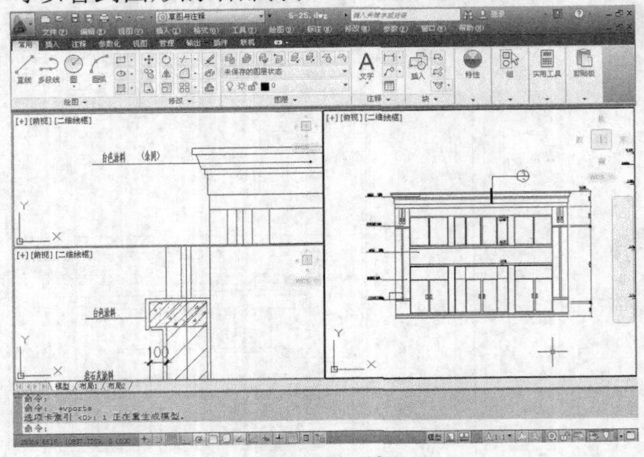

图5-49　使用平铺视口

【练习5-25】：建立平铺视口。

1. 打开附盘文件“dwg\第 5 章\5-25.dwg”。
2. 选取菜单命令【视图】/【视口】/【命名视口】，打开【视口】对话框，进入【新建视口】选项卡，在【标准视口】列表框中选择视口布置形式为【三个：右】，如图 5-50 所示。
3. 单击 确定 按钮，结果如图 5-51 所示。

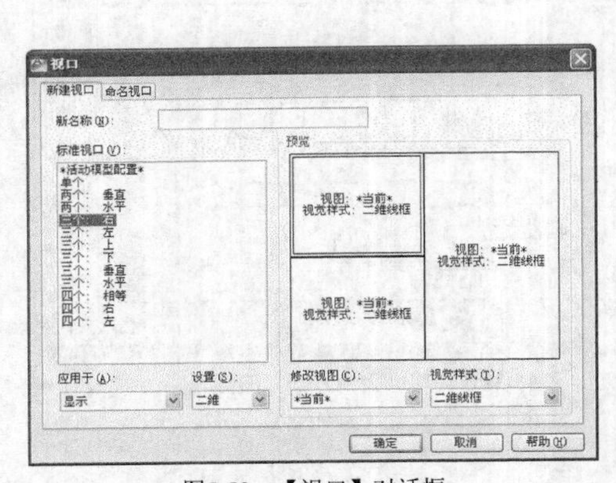

图5-50　【视口】对话框

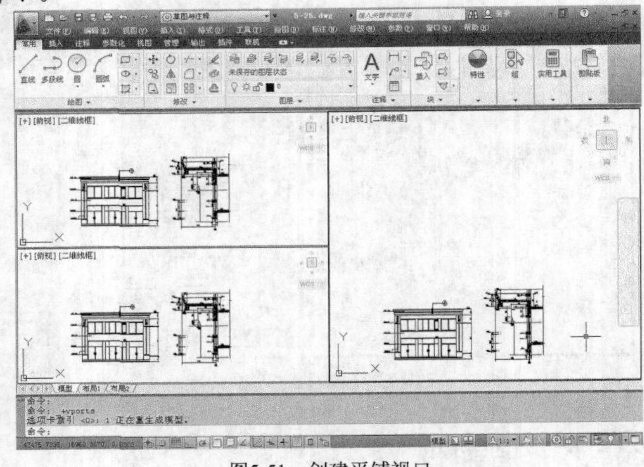

图5-51　创建平铺视口

4. 单击左上角的视口将其激活，将大门入口立面图的左上角放大，再激活左下角的视口，然后放大墙体大样图，结果如图 5-49 所示。

5.6　范例解析——利用关键点编辑方式绘图

【练习5-26】：绘制如图 5-52 所示的图形。

1. 设定绘图区域的大小为 1 000 × 1 000。
2. 激活极轴追踪、对象捕捉及自动追踪功能。指定极轴追踪角度增量为“90”，设定对象捕捉方式为“端点”、“交点”，设置仅沿正交方向自动追踪。

3. 使用 LINE、OFFSET 等命令绘制图形 *A*，如图 5-53 所示。

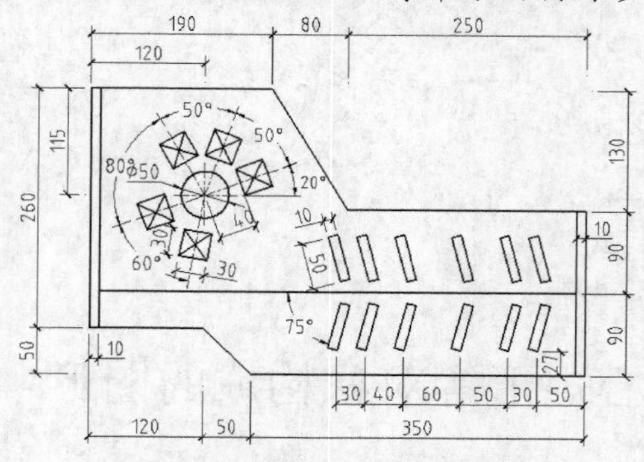

图5-52 利用关键点编辑方式绘图

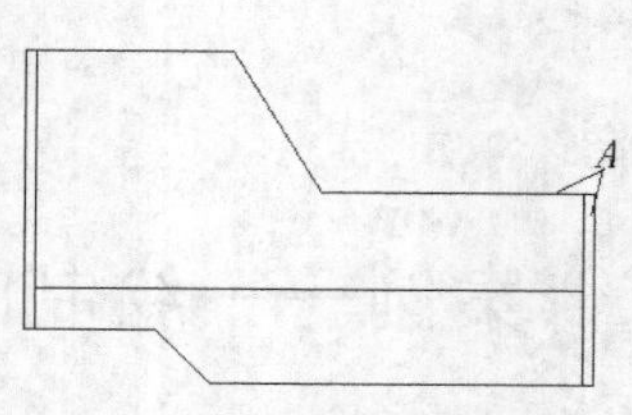

图5-53 绘制图形 *A*

4. 使用 OFFSET、LINE 及 CIRCLE 等命令绘制图形 *B*，如图 5-54 左图所示。用关键点编辑方式编辑图形 *B*，以形成图形 *C*，结果如图 5-54 右图所示。
5. 使用 OFFSET、TRIM 命令绘制图形 *D*，如图 5-55 左图所示。用关键点编辑方式编辑图形 *D*，以形成图形 *E*，结果如图 5-55 右图所示。

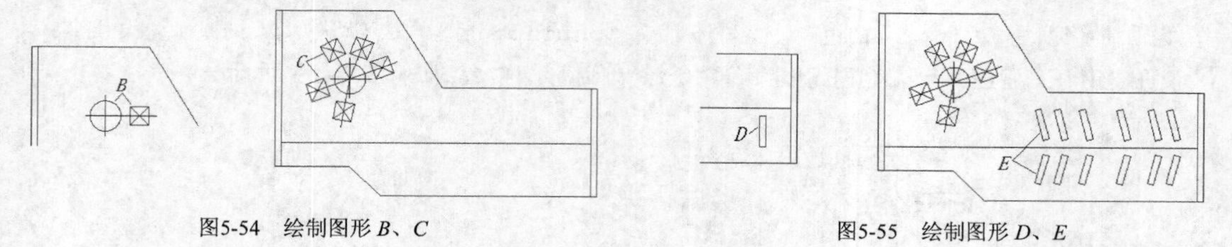

图5-54 绘制图形 *B*、*C*

图5-55 绘制图形 *D*、*E*

5.7 实训——利用拉伸、对齐等命令绘图

【练习5-27】：使用 LINE、CIRCLE、OFFSET、ROTATE、STRETCH 及 ALIGN 等命令绘制图 5-56 所示的图形。

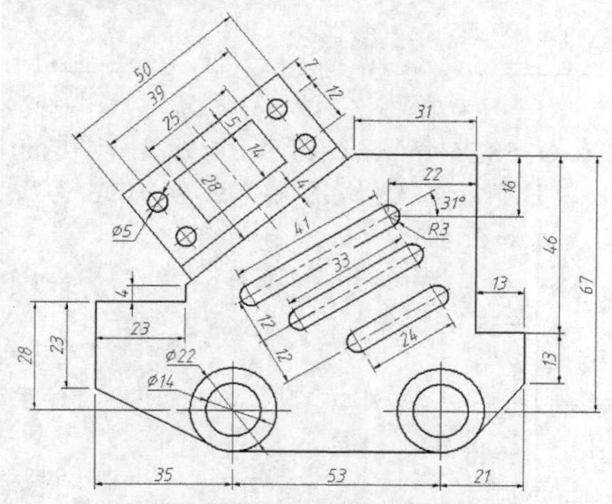

图5-56 利用拉伸、对齐等命令绘制图形

主要作图步骤如图 5-57 所示。

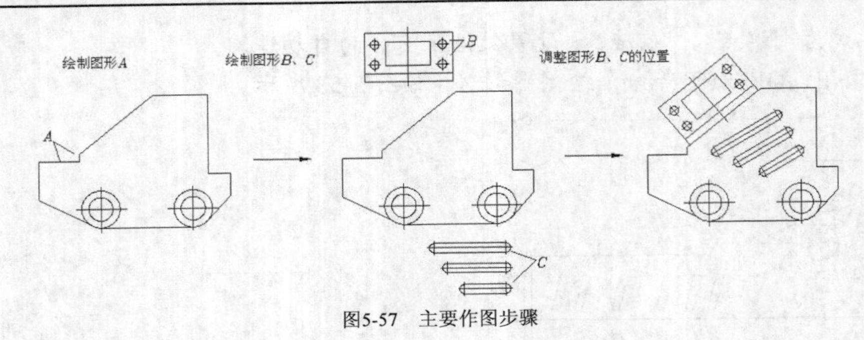

图5-57　主要作图步骤

5.8　综合案例——绘制圆点、实心矩形等对象构成的图形

【练习5-28】：绘制如图 5-58 所示的图形。

1. 设定绘图区域的大小为 12 000 × 12 000。
2. 创建以下两个图层。

名称	颜色	线型	线宽
粗实线	白色	Continuous	0.7
细实线	白色	Continuous	默认

3. 使用 LINE、PEDIT 及 OFFSET 等命令绘制图形 *A*，结果如图 5-59 所示。

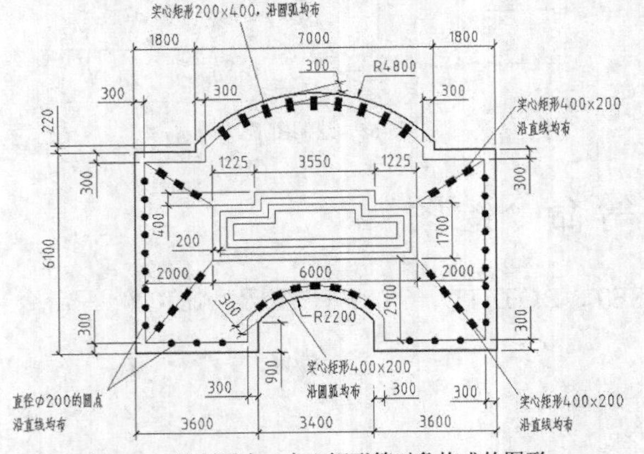

图5-58　绘制圆点、实心矩形等对象构成的图形

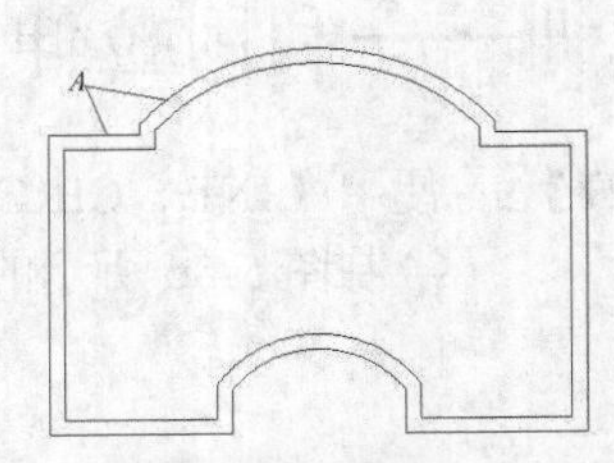

图5-59　绘制图形 *A*

4. 使用 LINE、PLINE 及 OFFSET 命令绘制图形 *B*，结果如图 5-60 所示。
5. 创建圆点及实心矩形，并将它们创建成图块。用 DIVIDE 命令把圆点和实心矩形沿直线、曲线均匀分布，结果如图 5-61 所示。

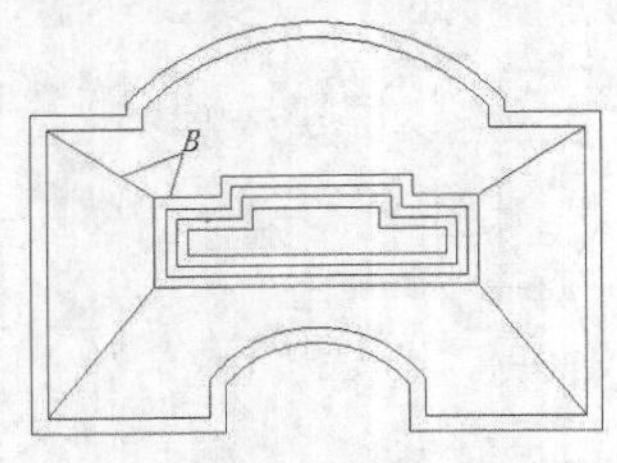

图5-60　绘制图形 *B*

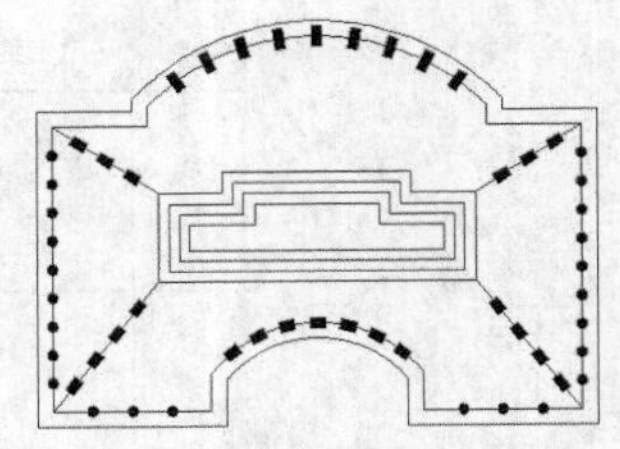

图5-61　创建及均匀分布图块

6. 将线条调整到相应的图层上，结果如图 5-58 所示。

5.9 习题

1. 绘制如图 5-62 所示的图形。
2. 绘制如图 5-63 所示的图形。

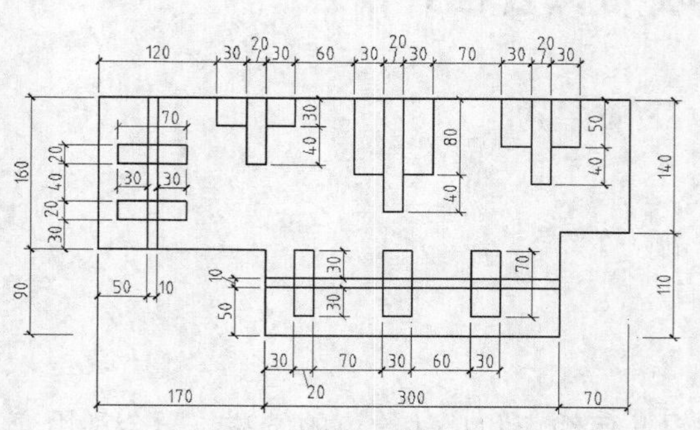

图5-62 绘制平面图形（1）

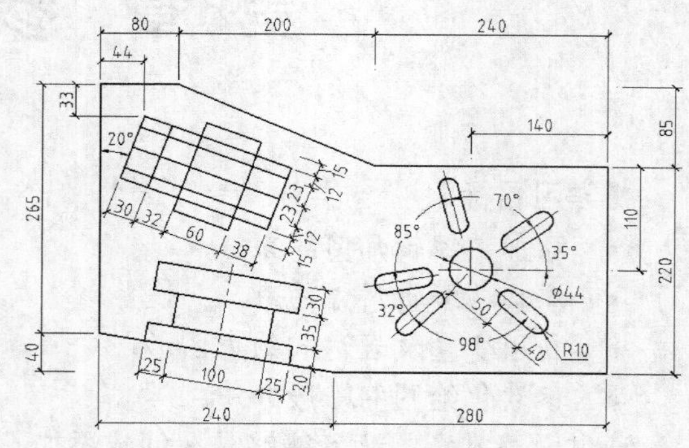

图5-63 绘制平面图形（2）

3. 绘制如图 5-64 所示的图形。

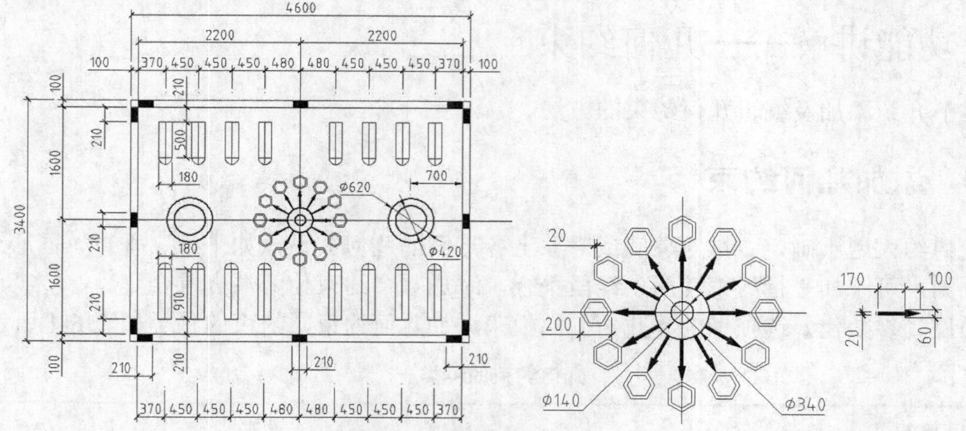

图5-64 绘制平面图形（3）

4. 绘制如图 5-65 所示的图形。图中小实心矩形的尺寸为 20×10。

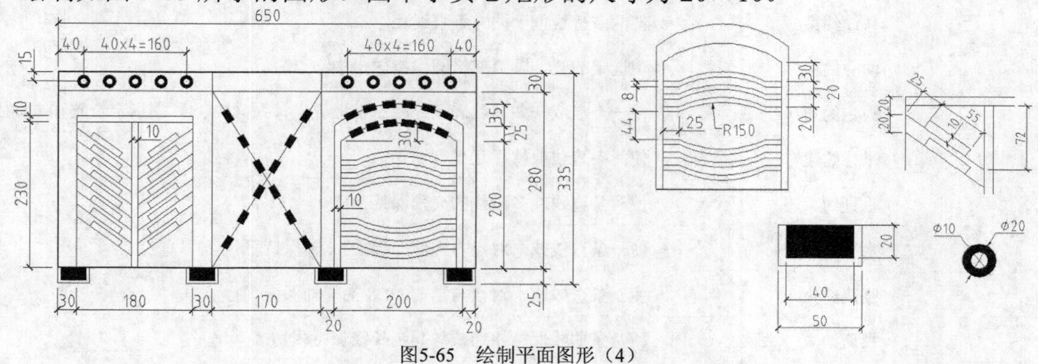

图5-65 绘制平面图形（4）

第6章 参数化绘图

【学习目标】

- 添加、编辑几何约束。
- 添加、编辑尺寸约束。
- 利用变量及表达式约束图形。
- 参数化绘图的一般方法。

通过学习本章，读者能够掌握创建添加、编辑几何约束和尺寸约束的方法，学会利用变量及表达式约束图形，熟悉参数化绘图的一般方法。

6.1 功能讲解——几何约束

本节介绍添加及编辑几何约束的方法。

6.1.1 添加几何约束

几何约束用于确定二维对象间或对象上各点间的几何关系，如平行、垂直、同心或重合等。例如，可添加平行约束使两条线段平行，添加重合约束使两端点重合等。

通过【参数化】选项卡的【几何】面板来添加几何约束，约束的种类如表6-1所示。

表6-1 几何约束的种类

几何约束按钮	名称	功能
	重合约束	使两个点或一个点和一条直线重合
	共线约束	使两条直线位于同一条直线上
	同心约束	使选定的圆、圆弧或椭圆保持同一中心点
	固定约束	使一个点或一条曲线固定到相对于世界坐标系（WCS）的指定位置和方向上
	平行约束	使两条直线保持相互平行
	垂直约束	使两条直线或多段线的夹角保持90°
	水平约束	使一条直线或一对点与当前UCS的x轴保持平行
	竖直约束	使一条直线或一对点与当前UCS的y轴保持平行
	相切约束	使两条曲线保持相切或与其延长线保持相切
	平滑约束	使一条样条曲线与其他样条曲线、直线、圆弧或多段线保持几何连续性
	对称约束	使两个对象或两个点关于选定直线保持对称
	相等约束	使两条线段或多段线具有相同长度，或使圆弧具有相同半径值

续表

几何约束按钮	名称	功能
	自动约束	根据选择对象自动添加几何约束。单击【几何】面板右下角的箭头，打开【约束设置】对话框，通过【自动约束】选项卡设置添加各类约束的优先级及是否添加约束的公差值

在添加几何约束时，选择两个对象的顺序将决定对象怎样更新。通常，所选的第二个对象会根据第一个对象进行调整。例如，应用垂直约束时，选择的第二个对象将调整为垂直于第一个对象。

【练习6-1】：绘制平面图形，图形尺寸任意，如图 6-1 左图所示。编辑图形，然后给图中对象添加几何约束，结果如图 6-1 右图所示。

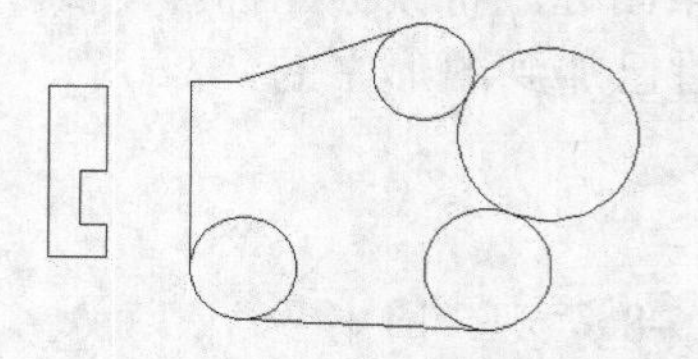

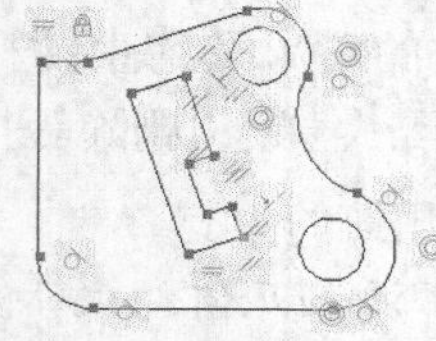

图6-1 添加几何约束

1. 绘制平面图形，图形尺寸任意，如图 6-2 左图所示。修剪多余线条，结果如图 6-2 右图所示。
2. 单击【几何】面板上的按钮（自动约束），然后选择所有图形对象，AutoCAD 自动对已选对象添加几何约束，如图 6-3 所示。

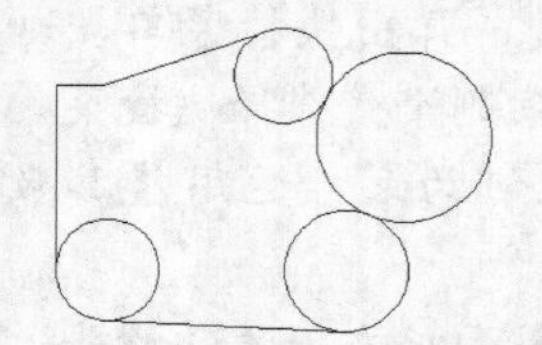

图6-2 绘制平面图形

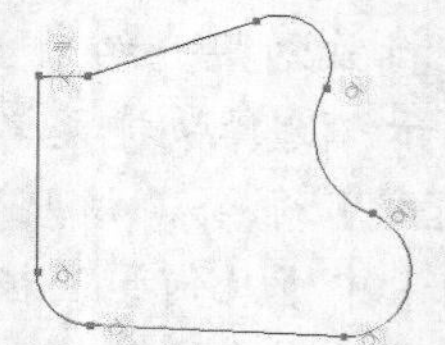

图6-3 自动添加几何约束

3. 添加以下约束。

(1) 固定约束：单击按钮，捕捉 A 点，如图 6-4 所示。

(2) 相切约束：单击按钮，先选择圆弧 B，再选择线段 C。

(3) 水平约束：单击按钮，选择线段 D。

结果如图 6-4 所示。

4. 绘制两个圆，如图 6-5 左图所示。给两个圆添加同心约束，结果如图 6-5 右图所示。指定圆弧圆心时，可利用“CEN”捕捉。

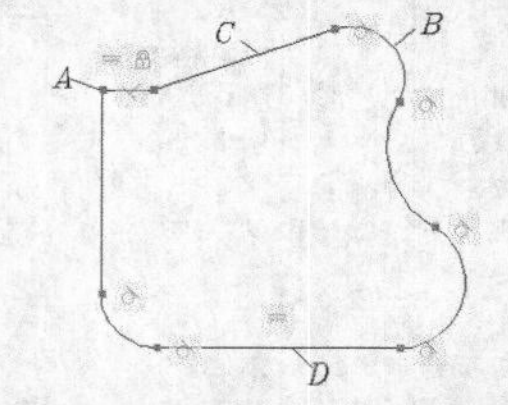

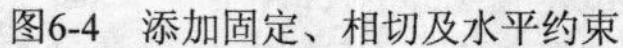

图6-4 添加固定、相切及水平约束

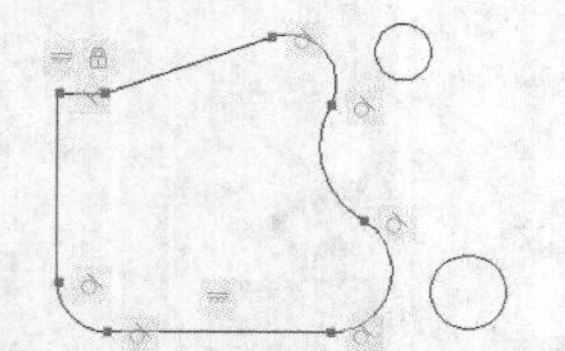

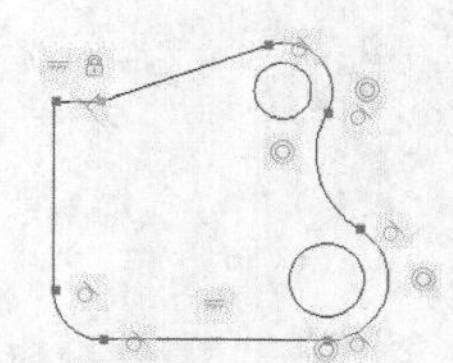

图6-5 添加同心约束

5. 绘制平面图形，图形尺寸任意，如图 6-6 左图所示。旋转及移动图形，结果如图 6-6 右图所示。

6. 为图形内部的线框添加自动约束，然后在线段 E、F 间加入平行约束，结果如图 6-7 所示。

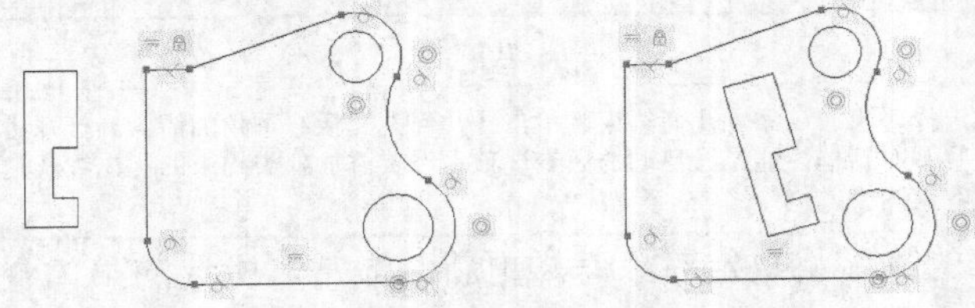

图6-6　绘制平面图形

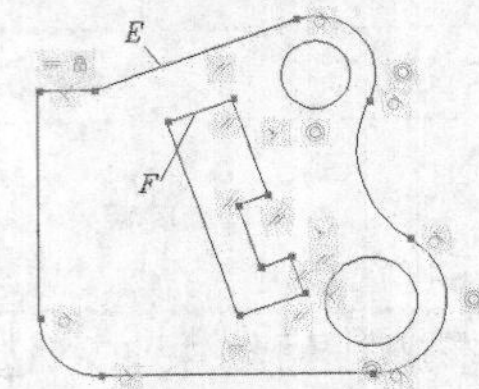

图6-7　添加约束

6.1.2　编辑几何约束

添加几何约束后，在对象的旁边出现约束图标。将鼠标光标移动到图标或图形对象上，AutoCAD 将亮显相关的对象及约束图标。对已加到图形中的几何约束可以进行显示、隐藏和删除等操作。

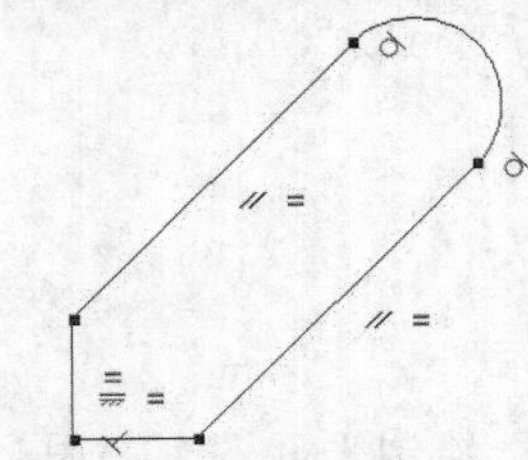

图6-8　绘制图形并添加约束

【练习6-2】：　编辑几何约束。

1. 绘制平面图形，并添加几何约束，如图 6-8 所示。图中两条长线段平行且相等；两条短线段垂直且相等。
2. 单击【参数化】选项卡中【几何】面板上的 全部隐藏 按钮，图形中的所有几何约束将全部隐藏。
3. 单击【参数化】选项卡中【几何】面板上的 全部显示 按钮，则图形中所有的几何约束将全部显示。
4. 将鼠标光标放到某一约束上，该约束将加亮显示，单击鼠标右键，弹出快捷菜单，如图 6-9 所示。选择快捷菜单中的【删除】命令，可以将该几何约束删除。选择快捷菜单中的【隐藏】命令，该几何约束将被隐藏，要想重新显示该几何约束，运用【参数化】选项卡中【几何】面板上的 显示/隐藏 按钮。
5. 选择图 6-9 所示快捷菜单中的【约束栏设置】命令或单击【几何】面板右下角的箭头，弹出【约束设置】对话框，如图 6-10 所示。通过该对话框可以设置哪种类型的约束显示在约束栏图标中，还可以设置约束栏图标的透明度。
6. 选择受约束的对象，单击【参数化】选项卡中【管理】面板上的 按钮，将删除图形中的所有几何约束和尺寸约束。

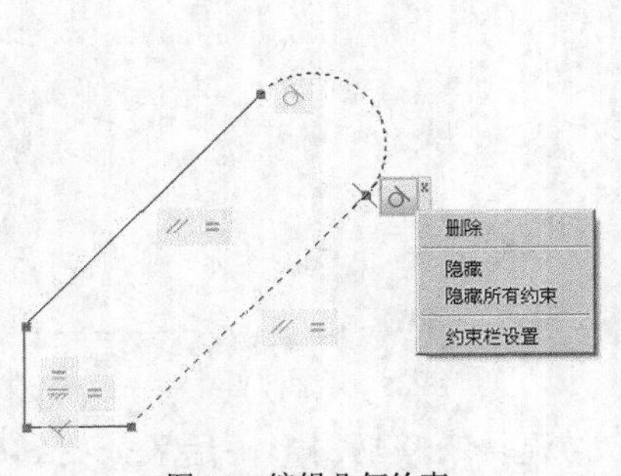

图6-9　编辑几何约束

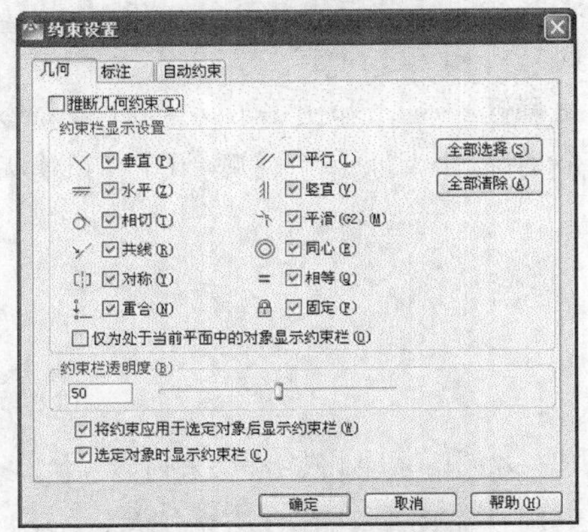

图6-10　【约束设置】对话框

6.1.3 修改已添加几何约束的对象

可通过以下方法编辑受约束的几何对象。

- 使用关键点编辑模式修改受约束的几何图形，该图形会保留应用的所有约束。
- 使用 MOVE、COPY、ROTATE 和 SCALE 等命令修改受约束的几何图形后，结果会保留应用于对象的约束。
- 在有些情况下，使用 TRIM、EXTEND 及 BREAK 等命令修改受约束的对象后，所加约束将被删除。

6.2 功能讲解——尺寸约束

本节将介绍添加及编辑尺寸约束的方法。

6.2.1 添加尺寸约束

尺寸约束控制二维对象的大小、角度及两点间距离等，此类约束可以是数值，也可以是变量及方程式。改变尺寸约束，则约束将驱动对象发生相应变化。

用户可通过【参数化】选项卡的【标注】面板来添加尺寸约束。约束种类、约束转换及显示如表 6-2 所示。

表 6-2　　尺寸约束的种类、转换及显示

按钮	名称	功能
线性	线性约束	约束两点之间的水平或竖直距离
水平	水平约束	约束对象上的点或不同对象上两个点之间的 x 距离
竖直	竖直约束	约束对象上的点或不同对象上两个点之间的 y 距离
	对齐约束	约束两点、点与直线、直线与直线间的距离
	半径约束	约束圆或者圆弧的半径
	直径约束	约束圆或者圆弧的直径
	角度约束	约束直线间的夹角、圆弧的圆心角或 3 个点构成的角度
	转换	（1） 将普通尺寸标注（与标注对象关联）转换为动态约束或注释性约束 （2） 使动态约束与注释性约束相互转换 （3） 利用“形式(F)”选项指定当前尺寸约束为动态约束或注释性约束

尺寸约束分为两种形式：动态约束和注释性约束。默认情况下是动态约束，系统变量 CCONSTRAINTFORM 为 0；若为 1，则默认尺寸约束为注释性约束。

- 动态约束：标注外观由固定的预定义标注样式决定（在第 7 章中介绍标注样式），不能修改，且不能被打印。在缩放操作过程中动态约束保持相同大小。
- 注释性约束：标注外观由当前标注样式控制，可以修改，也可打印。在缩放操作过程中注释性约束的大小发生变化。可把注释性约束放在同一图层上，设

置颜色及改变可见性。

动态约束与注释性约束间可相互转换，选择尺寸约束，单击鼠标右键，选中【特性】命令，打开【特性】对话框，在【约束形式】下拉列表中指定尺寸约束要采用的形式。

【练习6-3】：绘制平面图形，添加几何约束及尺寸约束，使图形处于完全约束状态，如图 6-11 所示。

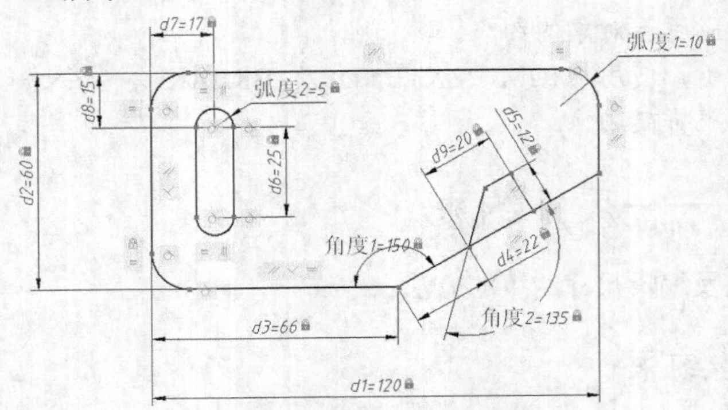

图6-11　添加几何约束及尺寸约束

1. 设定绘图区域大小为 200×200，并使该区域充满整个图形窗口显示出来。
2. 打开极轴追踪、对象捕捉及自动追踪功能，设定对象捕捉方式为“端点”、“交点”及“圆心”。
3. 绘制图形，图形尺寸任意，如图 6-12 左图所示。让 AutoCAD 自动约束图形，对圆心 *A* 施加固定约束，对所有圆弧施加相等约束，结果如图 6-12 右图所示。
4. 添加以下尺寸约束。

(1) 线性约束：单击按钮，指定 *B*、*C* 点，输入约束值，创建线性尺寸约束，如图 6-13 左图所示。

(2) 角度约束：单击按钮，选择线段 *D*、*E*，输入角度值，创建角度约束。

(3) 半径约束：单击按钮，选择圆弧，输入半径值，创建半径约束。

(4) 继续创建其余尺寸约束，结果如图 6-13 右图所示。添加尺寸约束的一般顺序是，先定形，后定位；先大尺寸，后小尺寸。

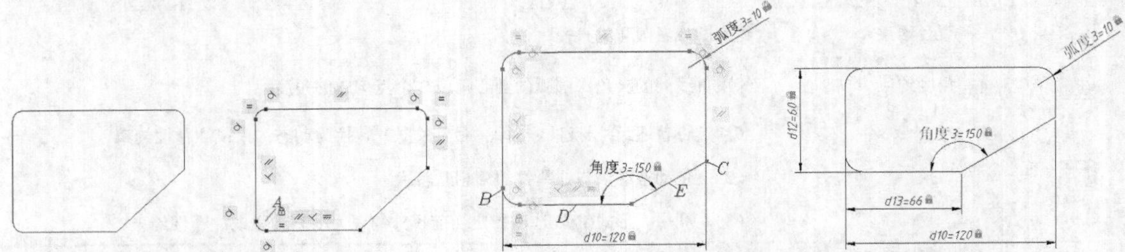

图6-12　自动约束图形及施加固定约束（1）　　图6-13　自动约束图形及施加固定约束（2）

5. 绘制图形，图形尺寸任意，如图 6-14 左图所示。让 AutoCAD 自动约束新图形，然后添加平行及垂直约束，结果如图 6-14 右图所示。
6. 添加尺寸约束，如图 6-15 所示。

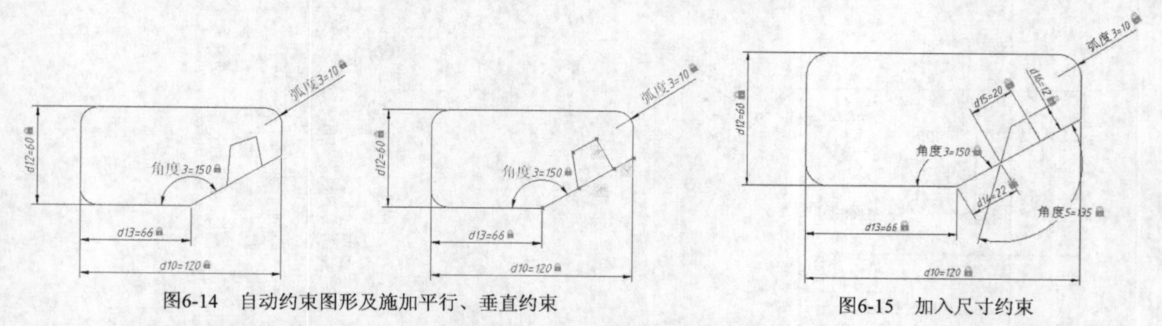

图6-14　自动约束图形及施加平行、垂直约束　　　　图6-15　加入尺寸约束

7. 绘制图形，图形尺寸任意，如图 6-16 左图所示。修剪多余线条，添加几何约束及尺寸约束，结果如图 6-16 右图所示。

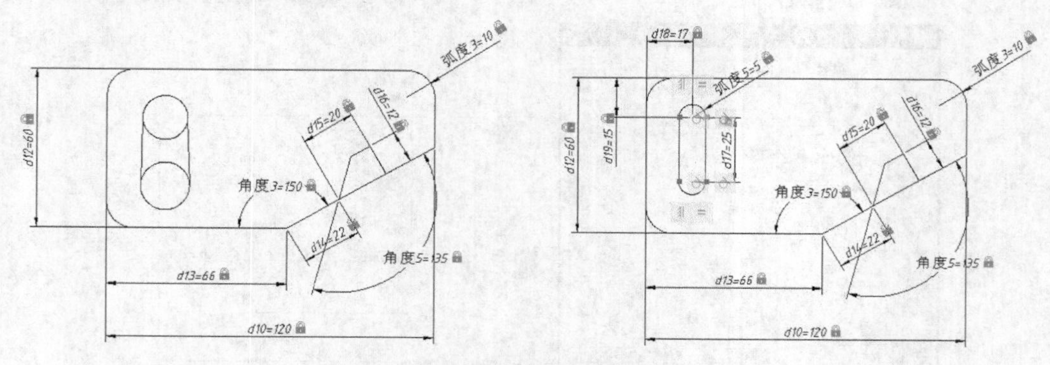

图6-16　绘制图形及添加约束

8. 保存图形，6.2.2 小节将使用它。

6.2.2　编辑尺寸约束

对于已创建的尺寸约束，可采用以下方法进行编辑。

(1)　双击尺寸约束或利用 DDEDIT 命令编辑约束的值、变量名称或表达式。

(2)　选中尺寸约束，拖动与其关联的三角形关键点改变约束的值，同时驱动图形对象改变。

(3)　选中约束，单击鼠标右键，利用快捷菜单中的相应命令编辑约束。

继续前面的练习，下面修改尺寸值及转换尺寸约束。

1. 将总长尺寸由 120 改为 100，“角度 3”改为 130，结果如图 6-17 所示。
2. 单击【参数化】选项卡中【标注】面板上的 全部隐藏 按钮，图中所有尺寸约束将全部隐藏；单击 全部显示 按钮，所有尺寸约束又显示出来。
3. 选中所有尺寸约束，单击鼠标右键，选择【特性】命令，弹出【特性】对话框，如图 6-18 所示。在【约束形式】下拉列表中选择【注释性】选项，则动态尺寸约束转换为注释性尺寸约束。
4. 修改尺寸约束名称的格式。单击【标注】面板右下角的箭头，弹出【约束设置】对话框，如图 6-19 左图所示。在【标注】选项卡的【标注名称格式】下拉列表中选择【值】选项，再取消对【为注释性约束显示锁定图标】复选项的选择，结果如图 6-19 右图所示。

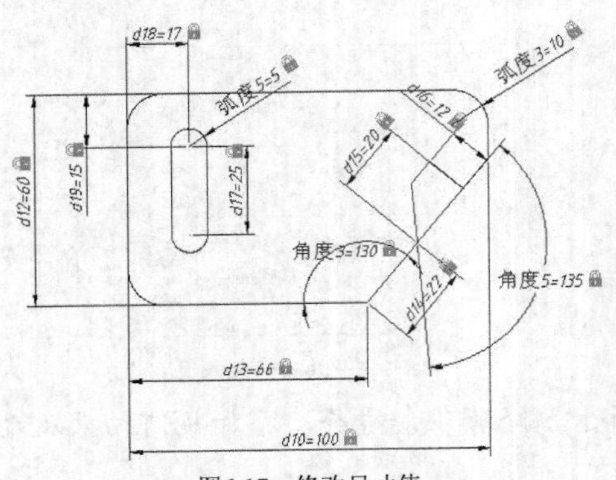

图6-17　修改尺寸值

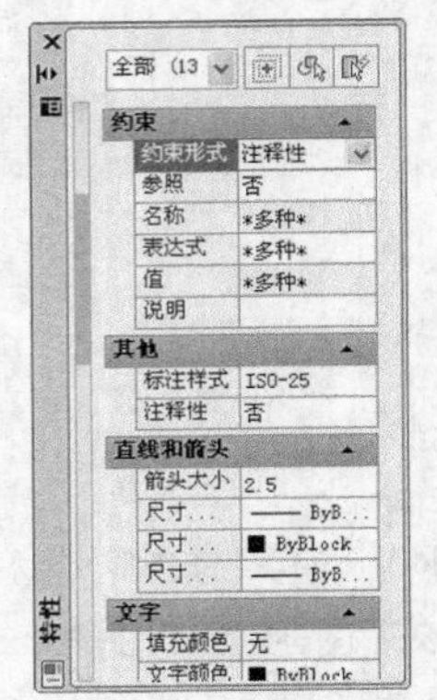

图6-18　【特性】对话框

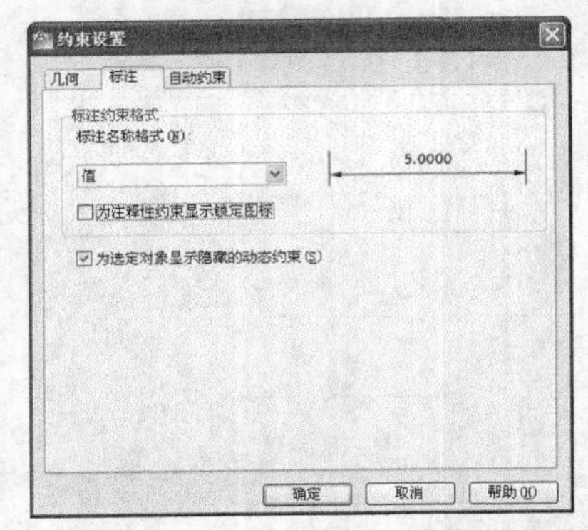

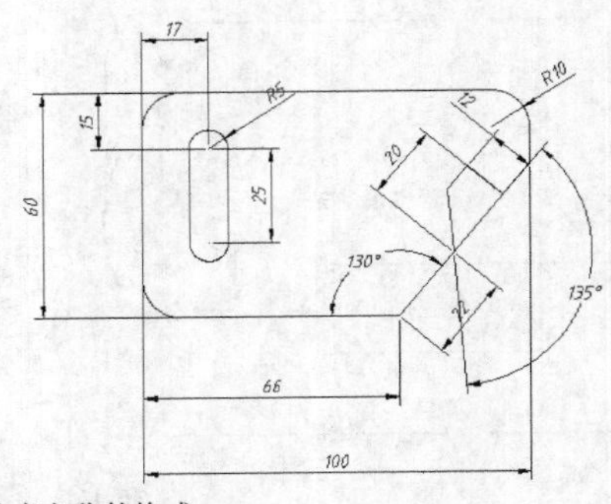

图6-19　修改尺寸约束名称的格式

6.2.3 用户变量及方程式

尺寸约束通常是数值形式，但也可采用自定义变量或数学表达式。单击【参数化】选项卡中【管理】面板上的 f_x 按钮，打开【参数管理器】，如图 6-20 所示。此管理器显示所有尺寸约束及用户变量，利用它可轻松地对约束和变量进行管理。

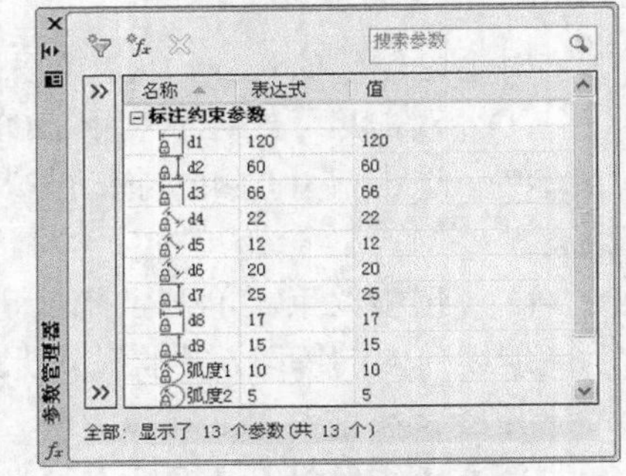

图6-20　【参数管理器】

- 单击尺寸约束的名称，以亮显图形中的约束。
- 双击名称或表达式进行编辑。
- 单击鼠标右键并选择【删除】命令，以删除标注约束或用户变量。
- 单击列标题名称，对相应列进行排序。

尺寸约束或变量采用表达式时，常用的运算符及数学函数如表 6-3 及表 6-4 所示。

表 6-3　在表达式中使用的运算符

运算符	说明
+	加
-	减或取负值
*	乘

续表

运算符	说明
/	除
^	求幂
( )	圆括号或表达式分隔符

表 6-4 表达式中支持的函数

函数	语法	函数	语法
余弦	cos(*表达式*)	反余弦	acos(*表达式*)
正弦	sin(*表达式*)	反正弦	asin(*表达式*)
正切	tan(*表达式*)	反正切	atan(*表达式*)
平方根	sqrt(*表达式*)	幂函数	pow(*表达式 1*;*表达式 2*)
对数，基数为 *e*	ln(*表达式*)	指数函数，底数为 e	exp(*表达式*)
对数，基数为 10	log(*表达式*)	指数函数，底数为 10	exp10(*表达式*)
将度转换为弧度	d2r(*表达式*)	将弧度转换为度	r2d(*表达式*)

【练习6-4】： 定义用户变量，以变量及表达式约束图形。

1. 指定当前尺寸约束为注释性约束，并设定尺寸格式为“名称”。
2. 绘制平面图形，添加几何约束及尺寸约束，使图形处于完全约束状态，如图 6-21 所示。
3. 单击【管理】面板上的 按钮，打开【参数管理器】，利用该管理器修改变量名称、定义用户变量及建立新的表达式等，如图 6-22 所示。单击 按钮，可建立新的用户变量。

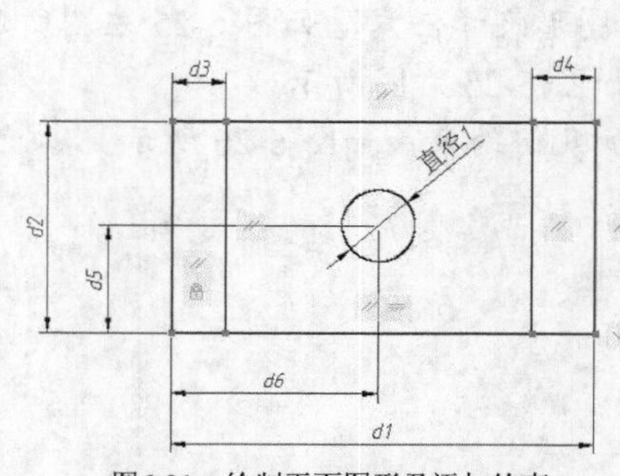

图6-21 绘制平面图形及添加约束

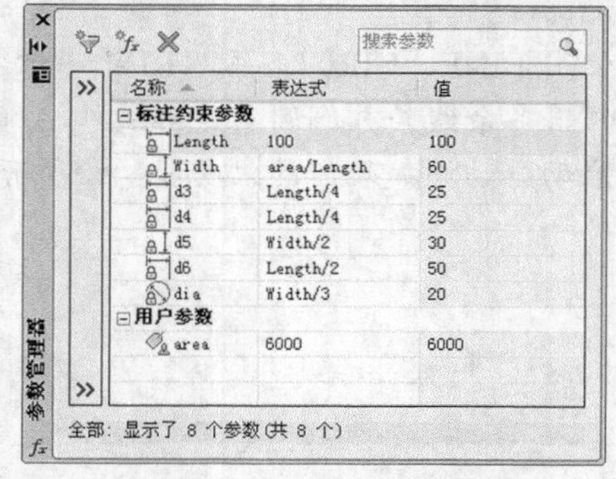

图6-22 【参数管理器】

4. 利用【参数管理器】将矩形面积改为 3 000，结果如图 6-23 所示。

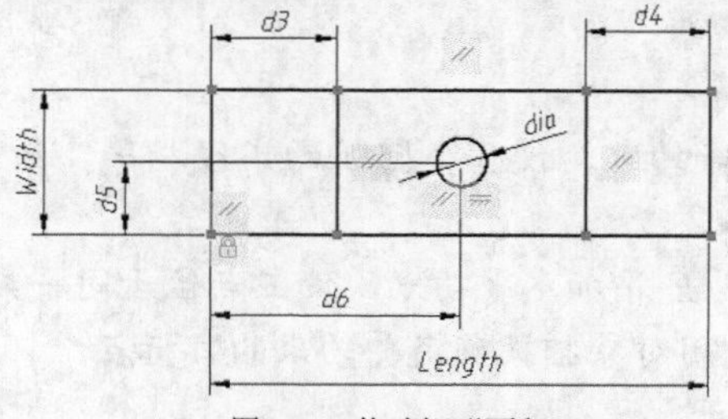

图6-23 修改矩形面积

6.3 范例解析——参数化绘图的一般步骤

使用 LINE、CIRCLE 及 OFFSET 等命令绘图时，必须输入准确的数据参数，绘制完成的图形是精确无误的。若要改变图形的形状及大小，一般要重新绘制。利用 AutoCAD 的参数化功能绘图，创建的图形对象是可变的，其形状及大小由几何及尺寸约束控制。当修改这些约束后，图形就发生相应变化。

【练习6-5】：利用 AutoCAD 的参数化功能绘制平面图形，如图 6-24 所示。先画出图形的大致形状，然后给所有对象添加几何约束及尺寸约束，使图形处于完全约束状态。

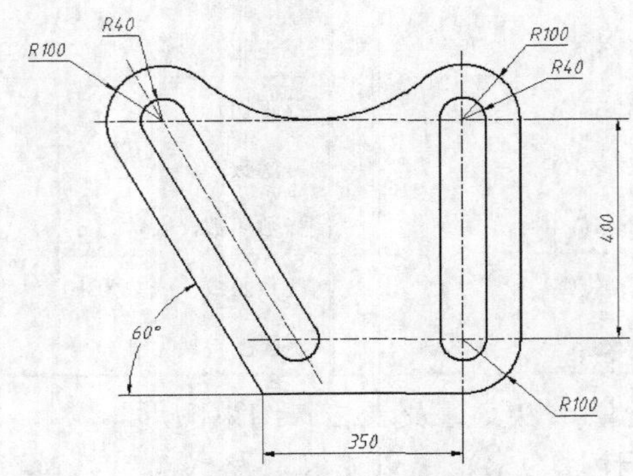

图6-24　利用参数化功能绘图

1. 设定绘图区域大小为 800 × 800，并使该区域充满整个图形窗口显示出来。
2. 打开极轴追踪、对象捕捉及自动追踪功能，设定对象捕捉方式为“端点”、“交点”及“圆心”。
3. 使用 LINE、CIRCLE 及 TRIM 等命令绘制图形，图形尺寸任意，如图 6-25 左图所示。修剪多余线条并倒圆角，形成外轮廓草图，结果如图 6-25 右图所示。
4. 启动自动添加几何约束功能，给所有图形对象添加几何约束，如图 6-26 所示。

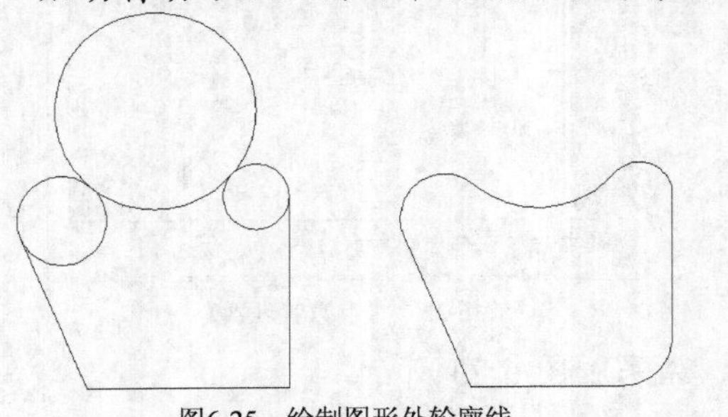

图6-25　绘制图形外轮廓线

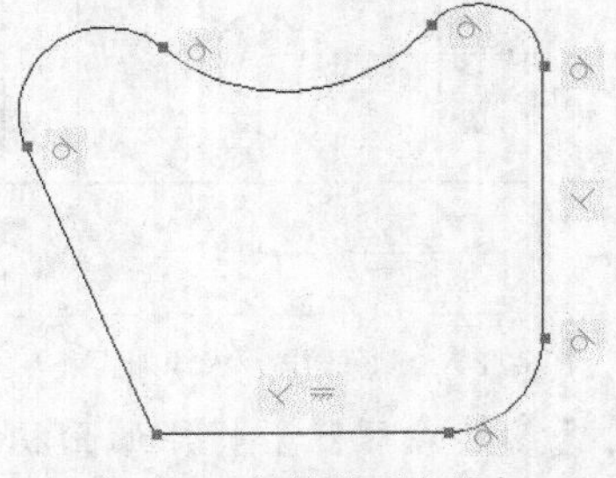

图6-26　自动添加几何约束

5. 创建以下约束。

(1) 给圆弧 *A*、*B*、*C* 添加相等约束，使 3 个圆弧的半径相等，结果如图 6-27 左图所示。

(2) 对左下角点施加固定约束。

(3) 给圆心 *D*、*F* 及圆弧中点 *E* 添加水平约束，使三点位于同一条水平线上，结果如图 6-27 右图所示。操作时，可利用对象捕捉确定要约束的目标点。

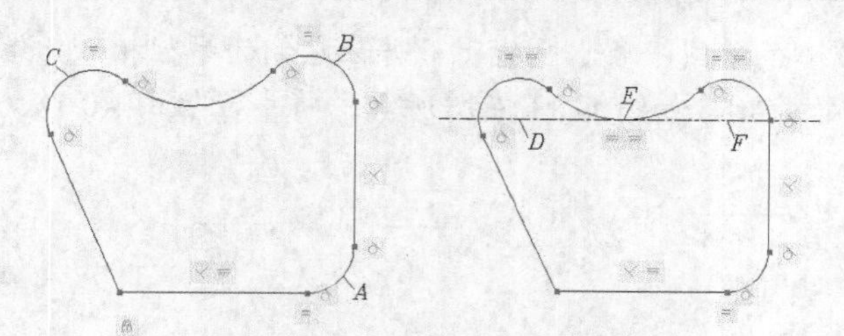

图6-27　添加几何约束

6. 单击全部隐藏按钮，隐藏几何约束。标注圆弧的半径尺寸，然后标注其他尺寸，如图 6-28 左图所示。将角度值修改为 60°，结果如图 6-28 右图所示。

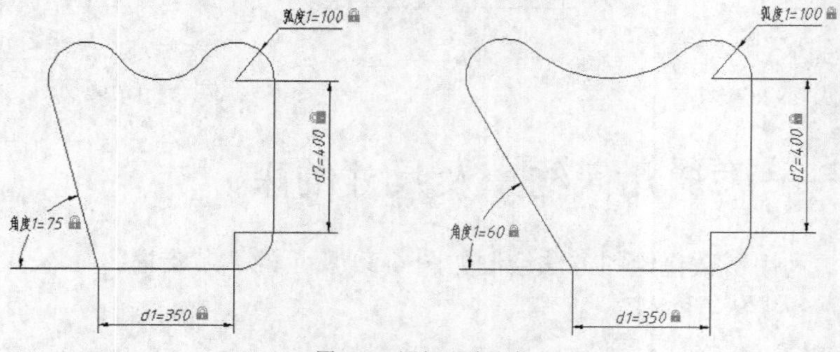

图6-28　添加尺寸约束

7. 绘制圆及线段，如图 6-29 左图所示。修剪多余线条并自动添加几何约束，结果如图 6-29 右图所示。

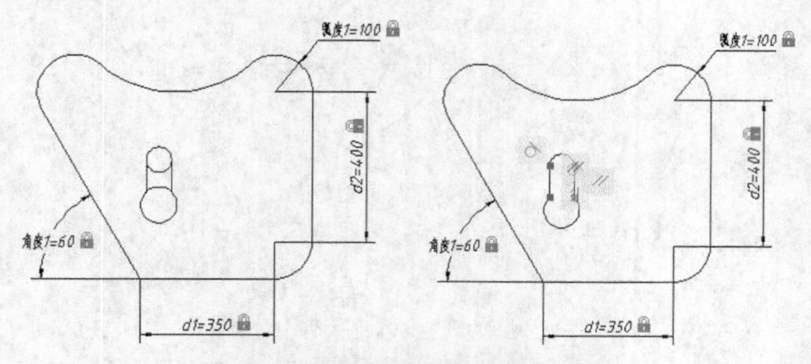

图6-29　绘制圆、线段及自动添加几何约束

8. 给圆弧 *G*、*H* 添加同心约束，给线段 *I*、*J* 添加平行约束等，如图 6-30 所示。
9. 复制线框，如图 6-31 左图所示。对新线框添加同心约束，结果如图 6-31 右图所示。

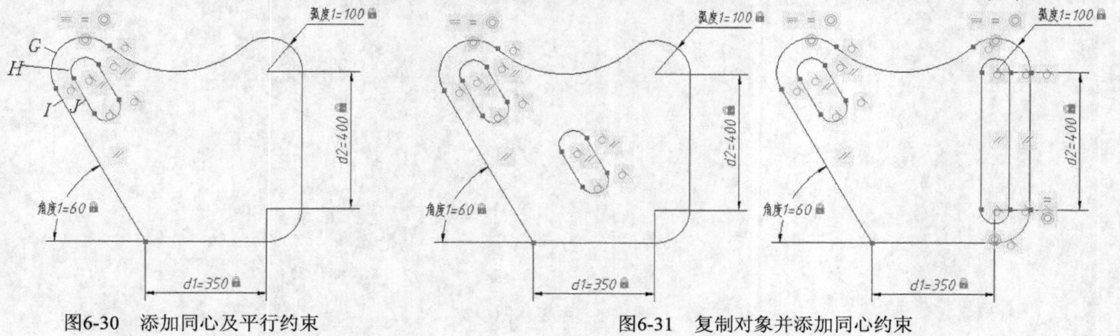

图6-30　添加同心及平行约束

图6-31　复制对象并添加同心约束

10. 使圆弧 L、M 的圆心位于同一条水平线上，并让它们的半径相等，结果如图 6-32 所示。
11. 标注圆弧的半径尺寸 40，如图 6-33 左图所示。将半径值由 40 改为 30，结果如图 6-33 右图所示。

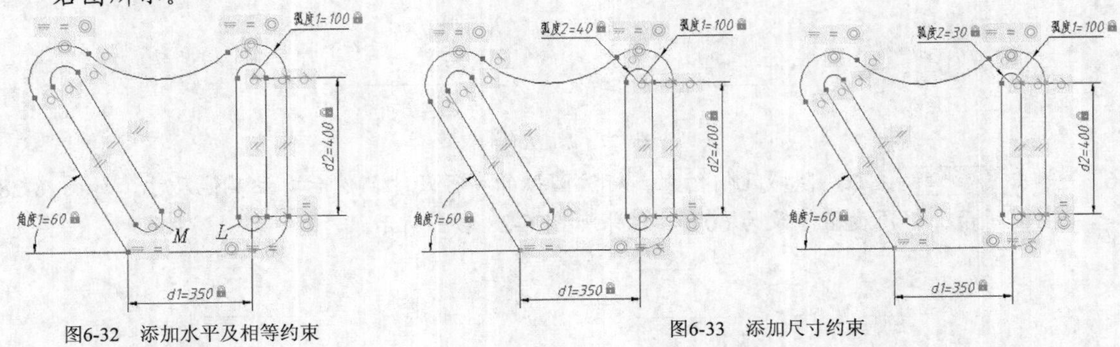

图6-32　添加水平及相等约束　　　图6-33　添加尺寸约束

6.4 实训——添加几何约束及尺寸约束

【练习6-6】：　利用参数化绘图方法绘制如图 6-34 所示的调节支撑。

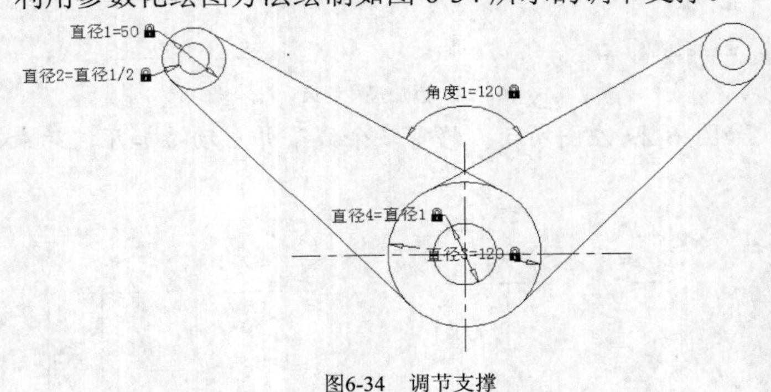

图6-34　调节支撑

主要作图步骤如图 6-35 所示。

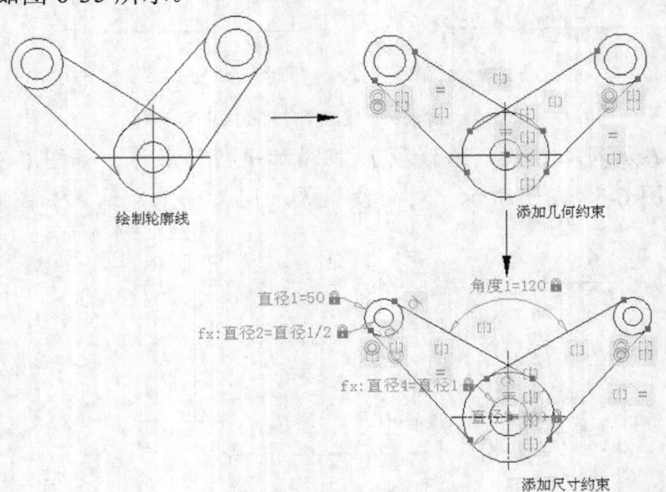

图6-35　主要作图步骤

6.5 综合案例——利用参数化功能绘图

【练习6-7】： 利用参数化绘图方法绘制如图 6-36 所示的操场平面图。

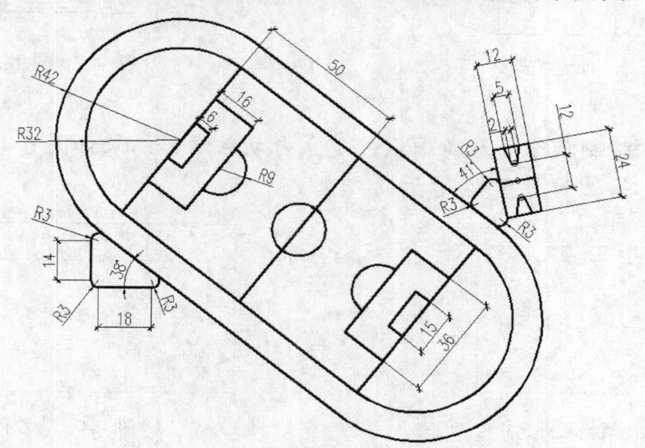

图6-36 操场平面图

1. 设置绘图环境。

(1) 设定对象捕捉方式为“端点”、“中点”、“圆心”，启用对象捕捉追踪和极轴追踪。

(2) 创建“图形”图层，并将“图形”图层置为当前图层。

2. 绘制操场平面图中的足球场。

(1) 执行绘制多段线命令，绘制球场轮廓线，结果如图 6-37 所示，其中尺寸任意，形状对即可。

(2) 建立自动约束，结果如图 6-38 所示。

图6-37 绘制球场轮廓线

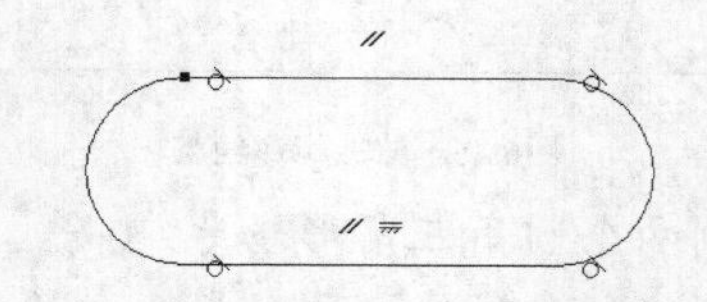

图6-38 建立自动约束

(3) 建立尺寸标注，结果如图 6-39 所示。

(4) 修改尺寸标注，结果如图 6-40 所示。

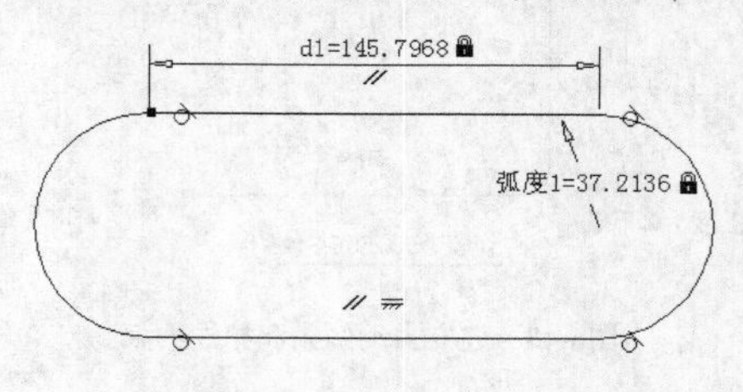

图6-39 建立尺寸标注

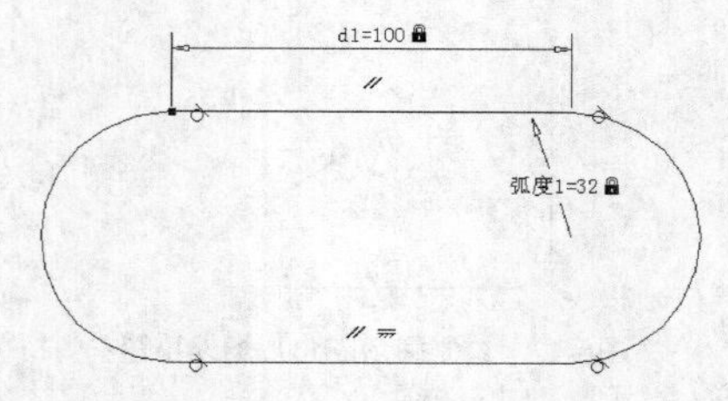

图6-40 修改尺寸标注

(5) 隐藏几何约束和动态约束，执行绘制圆、绘制矩形、修剪等命令，绘制球场内部图形，结果如图 6-41 所示。

(6) 执行偏移命令，绘制操场跑道，结果如图 6-42 所示。

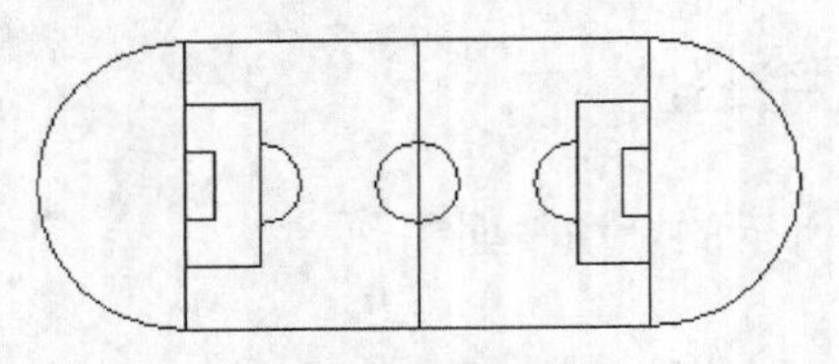

图6-41　绘制球场内部

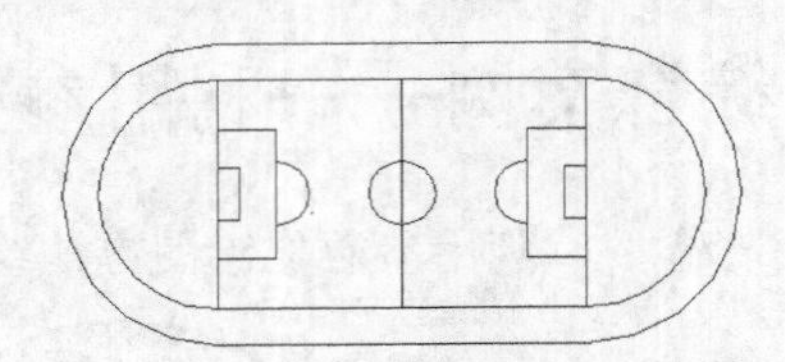

图6-42　绘制操场跑道

3.　绘制篮球场。

(1)　执行绘线命令，绘制篮球场外轮廓线，建立自动约束，结果如图 6-43 所示。

(2)　建立标注约束，结果如图 6-44 所示。

图6-43　绘制篮球场外轮廓线并建立自动约束

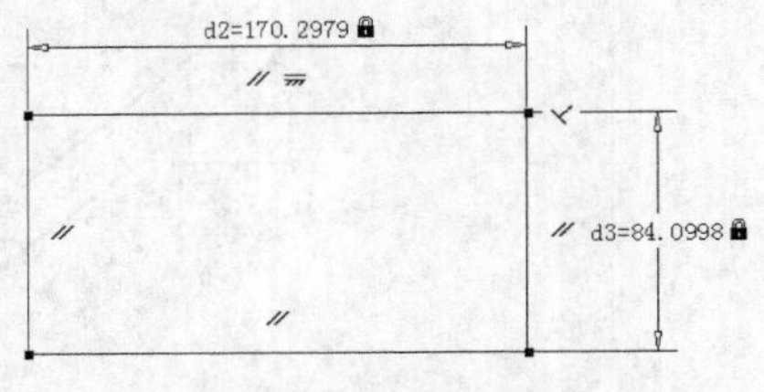

图6-44　建立标注约束

(3)　修改标注约束，结果如图 6-45 所示。

(4)　隐藏几何约束和动态约束，执行绘圆、绘线、修剪等命令，绘制篮球场内部图形，结果如图 6-46 所示。

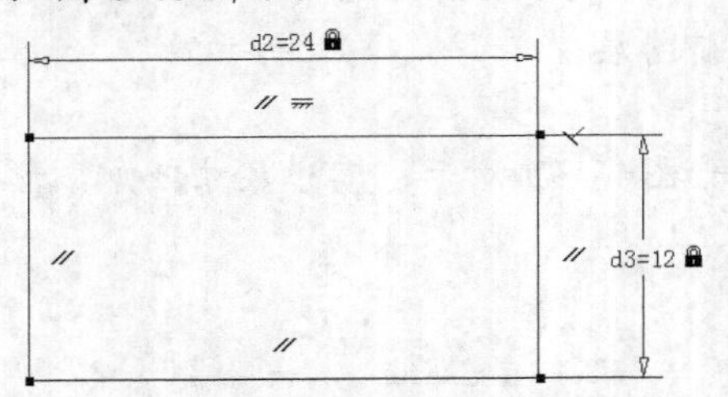

图6-45　修改标注约束

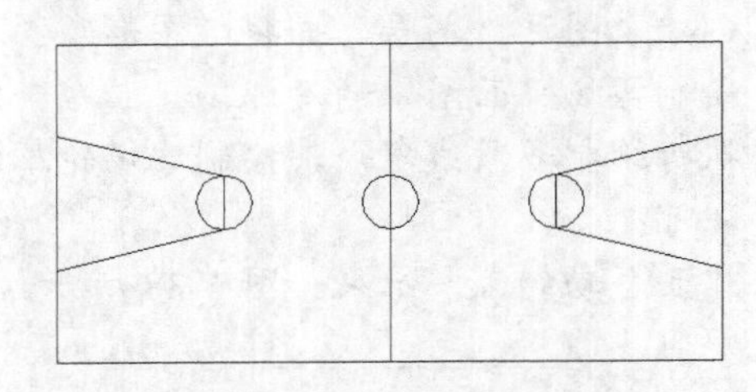

图6-46　绘制篮球场内部图形

4.　绘制两个圆角三角形场地。

(1)　执行绘制多段线、圆角命令，绘制圆角三角形场地草图，结果如图 6-47 所示。

(2)　建立自动约束和标注约束，结果如图 6-48 所示。

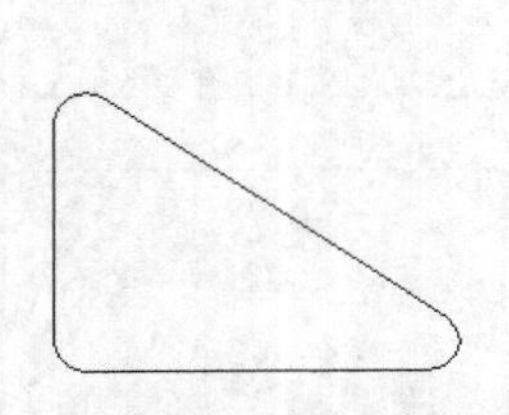

图6-47　绘制圆角三角形场地草图

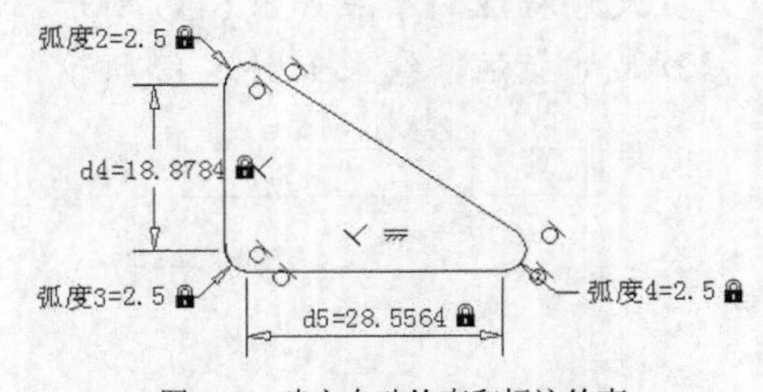

图6-48　建立自动约束和标注约束

(3)　修改标注约束，结果如图 6-49 所示。

(4)　执行复制命令，复制圆角三角形场地，删掉线性标注约束，添加一对齐标注约束，结果如图 6-50 所示。

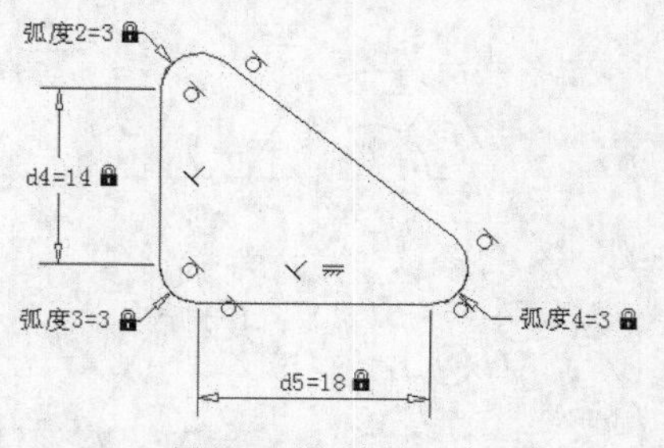

图6-49 修改标注约束

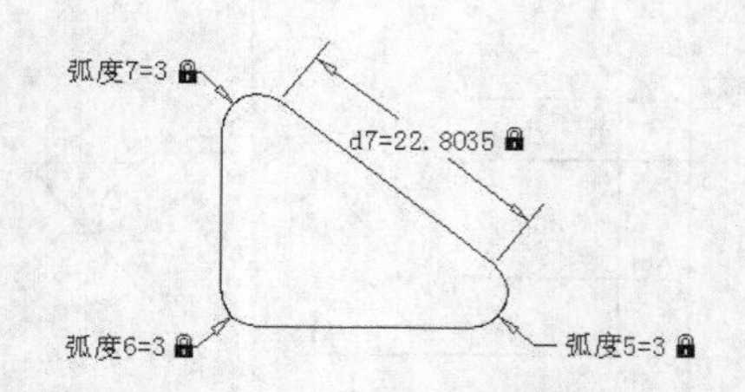

图6-50 复制并修改图中标注约束

(5) 修改标注约束，结果如图 6-51 所示。

5. 组合图形。

(1) 将所有图形创建成块，结果如图 6-52 所示。

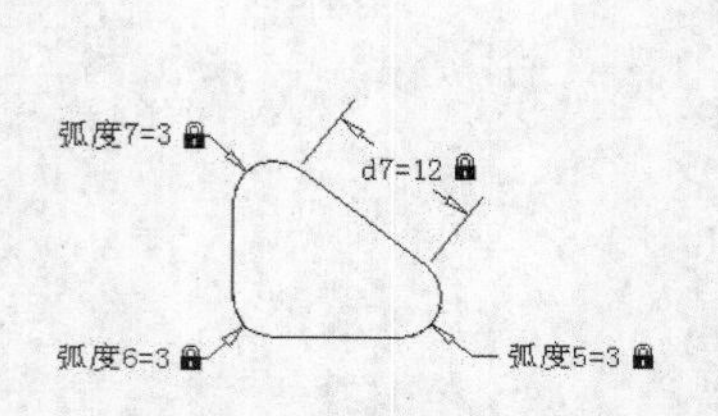

图6-51 修改标注约束

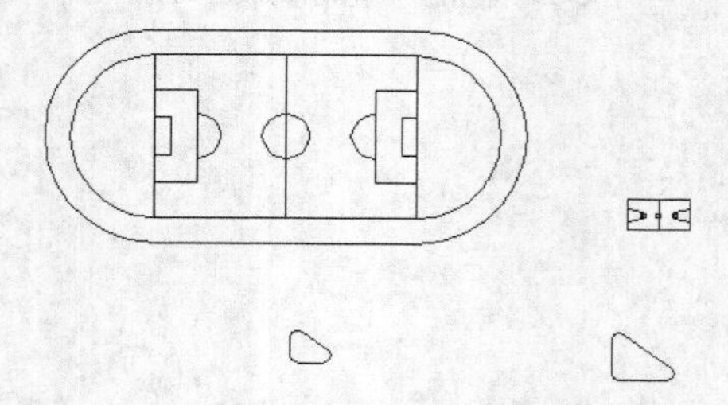
图6-52 将所有图形创建成块

(2) 为大圆角三角形场地和足球场地建立共线几何约束，结果如图 6-53 所示。

(3) 删除共线几何约束，执行移动命令，移动大圆角三角形场地到如图 6-54 所示的位置。

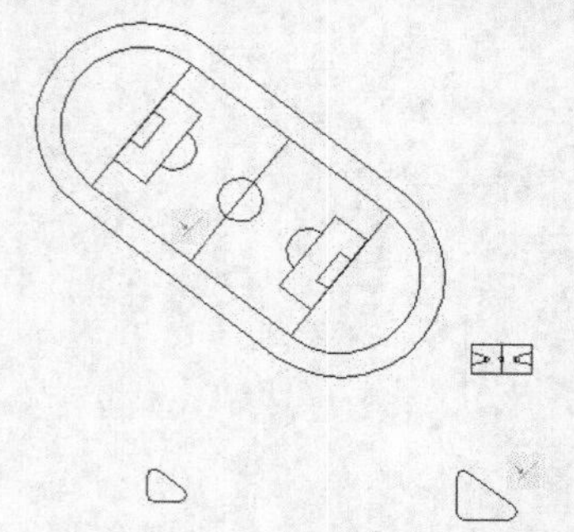
图6-53 建立共线几何约束

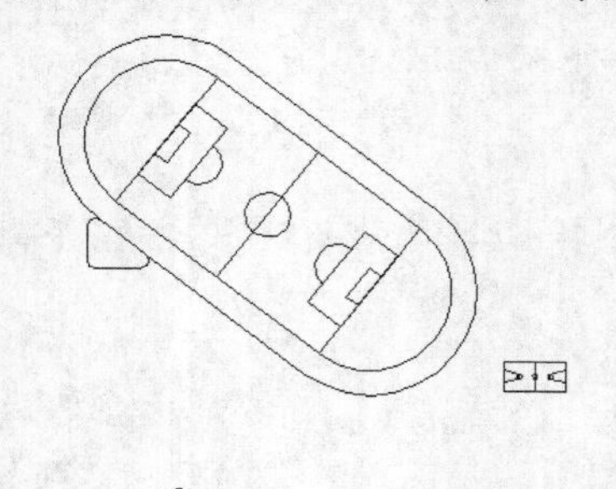
图6-54 删除共线几何约束并移动图形

(4) 用同样的方式组合其他图形，完成图形绘制，结果如图 6-36 所示。

6.6 习题

1. 利用 AutoCAD 的参数化功能绘制平面图形，如图 6-55 所示。给所有对象添加几何约束及尺寸约束，使图形处于完全约束状态。
2. 利用 AutoCAD 的参数化功能绘制平面图形，如图 6-56 所示。给所有对象添加几何约束及尺寸约束，使图形处于完全约束状态。

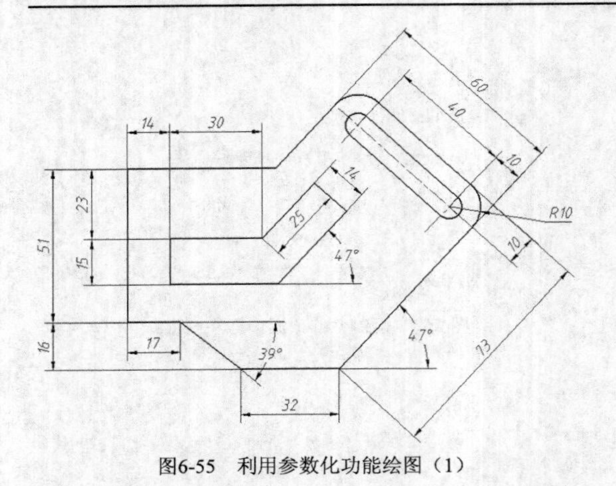

图6-55　利用参数化功能绘图（1）

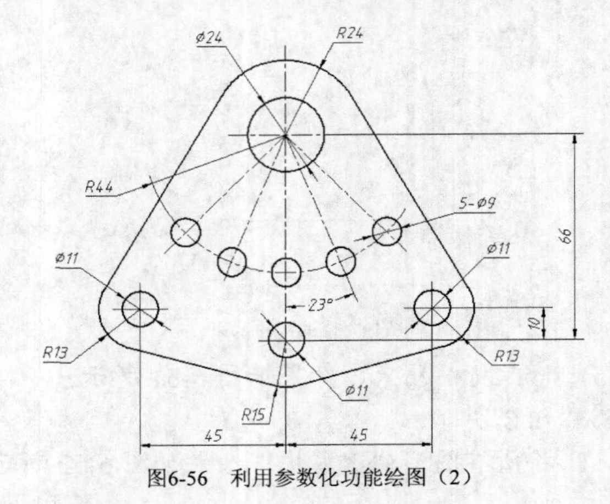

图6-56　利用参数化功能绘图（2）

第7章　书写文字及标注尺寸

【学习目标】

- 创建国标文字样式。
- 创建单行及多行文字。
- 编辑文字。
- 创建及编辑表格对象。
- 创建国标尺寸样式。
- 标注水平、竖直及倾斜方向尺寸。
- 创建对齐尺寸。
- 创建连续型及基线型尺寸。
- 使用角度尺寸样式簇标注角度。
- 利用尺寸覆盖方式标注直径及半径尺寸。
- 编辑尺寸标注。

通过学习本章，读者能够掌握创建单行、多行文本以及标注尺寸的基本方法、如何控制尺寸的外观，并通过典型实例说明怎样建立及编辑各种类型的尺寸。

7.1　功能讲解——书写文字及创建表格对象

本节将介绍创建文字样式，书写、编辑文字，创建及编辑表格对象等的操作方法。

7.1.1　创建国标文字样式

文字样式主要是控制与文本关联的字体、字符宽度、文字倾斜角度及高度等项目，另外，用户还可通过它设计出相反的、颠倒的以及竖直方向的文本。

【练习7-1】： 创建国标文字样式。

1. 选取菜单命令【格式】/【文字样式】或单击【注释】面板上的 按钮，打开【文字样式】对话框，如图 7-1 所示。
2. 单击 新建(N)... 按钮，打开【新建文字样式】对话框，在【样式名】文本框中输入文字样式的名称“样式 1”，如图 7-2 所示。
3. 单击 确定 按钮，返回【文字样式】对话框，在【字体名】下拉列表中选取【gbeitc.shx】，选取【使用大字体】复选项，然后在【大字体】下拉列表中选取【gbcbig.shx】，如图 7-1 所示。

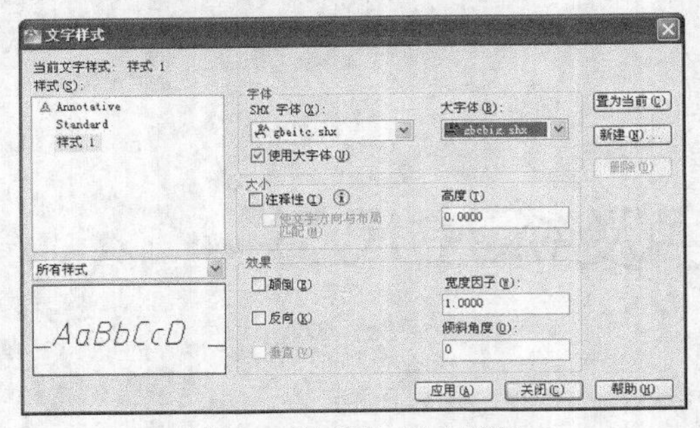

图7-1　【文字样式】对话框

图7-2　【新建文字样式】对话框

4. 单击 应用(A) 按钮，完成国标文字样式的创建。

7.1.2 单行文字

使用 DTEXT 命令可以非常灵活地创建文字项目。

一、 创建单行文字

执行 DTEXT 命令，可以创建单行文字，默认情况下，该文字所关联的文字样式是“Standard”，采用的字体是“txt.shx”。如果用户要输入中文，应修改当前文字样式，使其与中文字体相关联，此外，也可创建一个采用中文字体的新文字样式。

(1) 命令启动方法。

- 菜单命令:【绘图】/【文字】/【单行文字】。
- 面板:【注释】面板上的 A 单行文字 按钮。
- 命令: DTEXT 或简写 DT。

【练习7-2】： 练习使用 DTEXT 命令。

1. 打开附盘文件“dwg\第 7 章\7-2.dwg”。
2. 创建新文字样式，并使该样式成为当前样式。设置新样式的名称为“工程文字样式”，与其相关联的字体文件是“gbenor.shx”和“gbcbig.shx”。
3. 设置系统变量 DTEXTED 为 1，再执行 DTEXT 命令，书写单行文字，如图 7-3 所示。

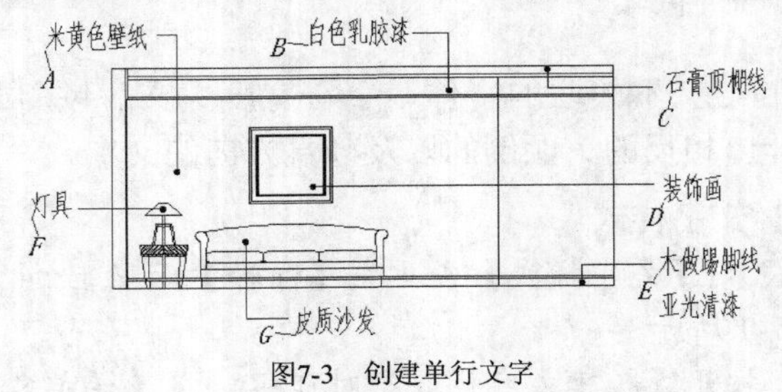

图7-3　创建单行文字

```
命令: dtexted
输入 DTEXTED 的新值 <2>: 1
                    //设置系统变量 DTEXTED 为 1，否则只能一次在一个位置输入文字
命令: _dtext
指定文字的起点或 [对正(J)/样式(S)]:          //在 A 点处单击一点
指定高度 <4.0000>: 350                       //输入文本的高度
```

```
指定文字的旋转角度 <0>:             //按 Enter 键指定文本的倾斜角度为 0°
输入文字：米黄色壁纸                 //输入文字
输入文字：白色乳胶漆                 //在 B 点处单击，并输入文字
输入文字：石膏顶棚线                 //在 C 点处单击，并输入文字
输入文字：装饰画                     //在 D 点处单击一点，并输入文字
输入文字：木做踢脚线                 //在 E 点处单击一点，并输入文字
                                     //按 Enter 键
输入文字：亚光清漆                   //输入文字
输入文字：灯具                       //在 F 点处单击一点，并输入文字
输入文字：皮质沙发                   //在 G 点处单击一点，并输入文字
输入文字：                           //按 Enter 键结束命令
```

结果如图 7-3 所示。

(2) 命令选项。

- 样式(S)：指定当前文字样式。
- 对正(J)：设定文字的对齐方式。

二、 单行文字的对齐方式

执行 DTEXT 命令后，系统提示用户输入文本的插入点，此点和实际字符的位置关系由对齐方式决定。对于单行文字来说，系统提供了 10 多种对正选项，默认情况下，文本是左对齐的，即指定的插入点是文字的左基线点，如图 7-4 所示。

文字的对齐方式

左基线点

图7-4 左对齐方式

如果要改变单行文字的对齐方式，可使用“对正(J)”选项。在“指定文字的起点或[对正(J)/样式(S)]:”提示下输入“j”，则系统提示如下。

[对齐(A)/布满(F)/居中(C)/中间(M)/右对齐(R)/左上(TL)/中上(TC)/右上(TR)/左中(ML)/正中(MC)/右中(MR)/左下(BL)/中下(BC)/右下(BR)]:

下面对以上选项进行详细说明。

- 对齐(A)：使用此选项时，系统提示指定文本分布的起始点和结束点。当用户选定两点并输入文本后，系统会将文字压缩或扩展，使其充满指定的宽度范围，而文字的高度则按适当比例变化，以使文本不致于被扭曲。
- 布满(F)：使用此选项时，系统增加了“指定高度”的提示。使用此选项也将压缩或扩展文字，使其充满指定的宽度范围，但文字的高度值等于指定的数值。
- 分别利用“对齐(A)”和“布满(F)”选项在矩形框中填写文字，结果如图 7-5 所示。
- 居中(C)/中间(M)/右对齐(R)/左上(TL)/中上(TC)/右上(TR)/左中(ML)/正中(MC)/右中(MR)/左下(BL)/中下(BC)/右下(BR)：通过这些选项设置文字的插入点，各插入点位置如图 7-6 所示。

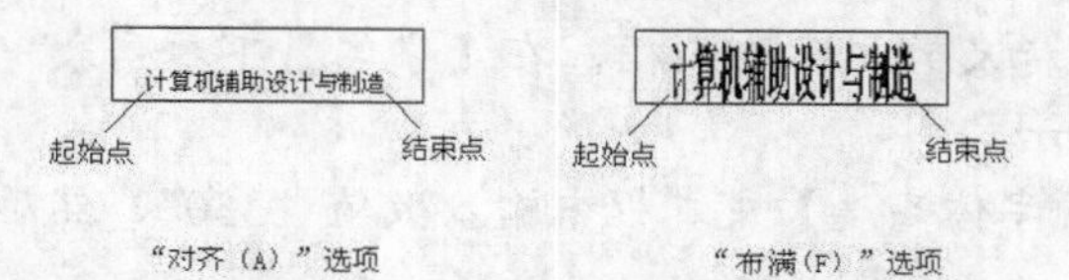

图7-5 使用“对齐(A)”和“调整(F)”选项时的文字效果

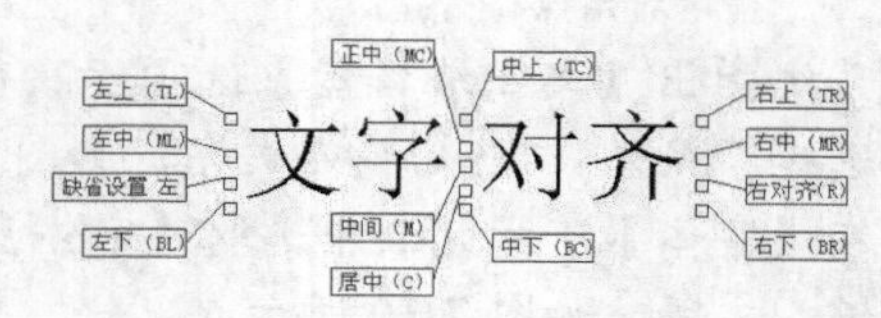

图7-6 设置插入点

三、 在单行文字中加入特殊字符

工程图中用到的许多符号都不能通过标准键盘直接输入，如文字的下画线、直径代号等。当利用 DTEXT 命令创建文字注释时，必须输入特殊的代码来产生特定的字符，这些代码及其对应的特殊符号如表 7-1 所示。

表 7-1 特殊字符的代码对照表

代码	字符
%%o	文字的上画线
%%u	文字的下画线
%%d	角度的度符号
%%p	表示“±”
%%c	直径代号

使用表中代码生成特殊字符的样例如图 7-7 所示。

添加%%u特殊%%u字符	添加特殊字符
%%c100	ϕ100
%%p0.010	±0.010

图7-7 创建特殊字符

7.1.3 多行文字

使用 MTEXT 命令可以创建复杂的文字说明。

一、 创建多行文字

创建多行文字时，首先要建立一个文本边框，此边框表明了段落文字的左右边界，然后在文本边框的范围内输入文字。文字字高及字体可事先设定或随时修改。

【练习7-3】： 使用 MTEXT 命令创建多行文字，文字内容及样式如图 7-8 所示。

A
钢筋构造要求
1. 钢筋保护层为25mm。
2. 所有光面钢筋端部均应加弯钩。
B

图7-8 创建多行文字

1. 设定绘图区域大小为 10 000 × 10 000。
2. 选取菜单命令【格式】/【文字样式】，打开【文字样式】对话框，设定文字高度为“400”，其余采用默认值。
3. 单击【注释】面板上的[A 多行文字]按钮，或输入 MTEXT 命令，AutoCAD 提示如下。

   指定第一角点： //在 A 点处单击一点，如图 7-8 所示

   指定对角点： //在 B 点处单击一点
4. 系统弹出【文字编辑器】选项卡及顶部带标尺的文字输入框，在【字体】下拉列表中选择“黑体”，然后键入文字，如图 7-9 所示。
5. 在【字体】下拉列表中选取【宋体】，在【字体高度】文本框中输入数值“350”，然后键入文字，如图 7-10 所示。

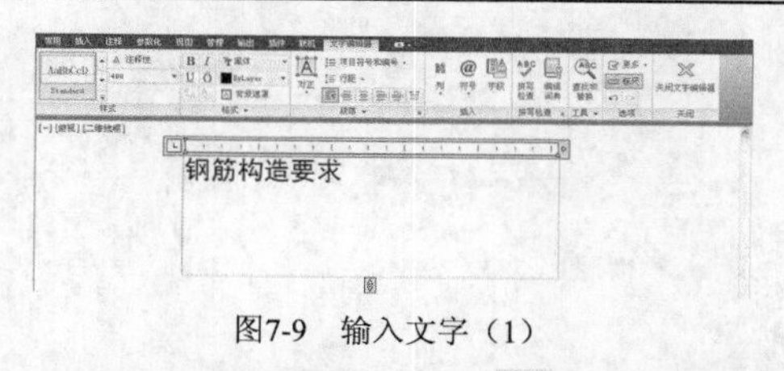

图7-9 输入文字（1）

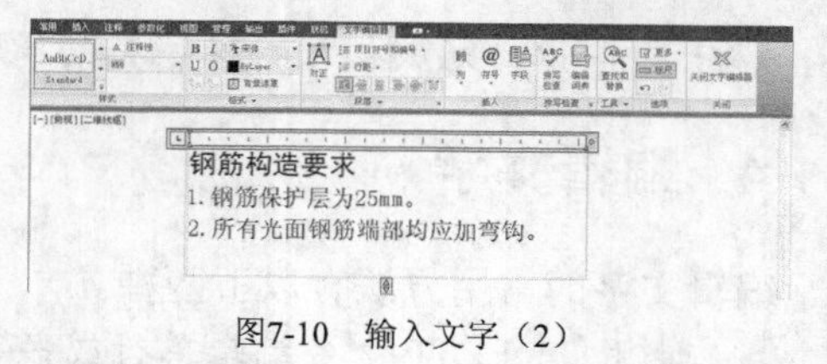

图7-10 输入文字（2）

6. 单击【关闭】面板上的按钮，结果如图 7-8 所示。

二、 添加特殊字符

下面通过实例演示如何在多行文字中加入特殊字符，文字内容及格式如下。

管道穿墙及穿楼板时，应装∅40的钢制套管。
供暖管道管径DN≤32采用螺纹联接。

【练习7-4】： 添加特殊字符。

1. 设定绘图区域大小为 10 000 × 10 000。
2. 选取菜单命令【格式】/【文字样式】，打开【文字样式】对话框，设定文字高度为“500”，其余采用默认设置。
3. 单击【注释】面板上的 A 多行文字 按钮，再指定文字分布的宽度，打开【文字编辑器】选项卡，在【字体】下拉列表中选取【宋体】，然后键入文字，如图 7-11 所示。
4. 在要插入直径符号的位置单击鼠标左键，再指定当前字体为“txt”，然后单击鼠标右键，弹出快捷菜单，选取【符号】/【直径】命令，结果如图 7-12 所示。

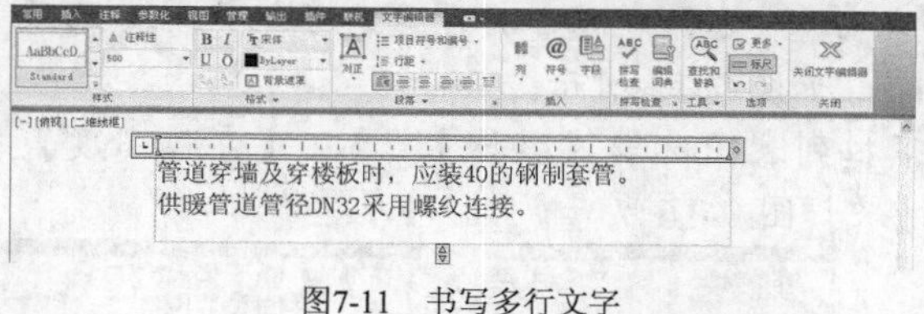

图7-11 书写多行文字

图7-12 插入直径符号

5. 在文本输入窗口中单击鼠标右键，弹出快捷菜单，选取【符号】/【其他】命令，打开【字符映射表】对话框，如图 7-13 所示。
6. 在对话框的【字体】下拉列表中选取【宋体】，然后选取需要的字符“≤”，如图 7-13 所示。
7. 单击 选择(S) 按钮，再单击 复制(C) 按钮。
8. 返回文字输入框，在需要插入“≤”符号的位置单击鼠标左键，然后再单击鼠标右键，弹出快捷菜单，选取【粘贴】命令。把符号“≤”的高度修改为 500，再将鼠标光标放置在此符号的后面，按 Delete 键，结果如图 7-14 所示。

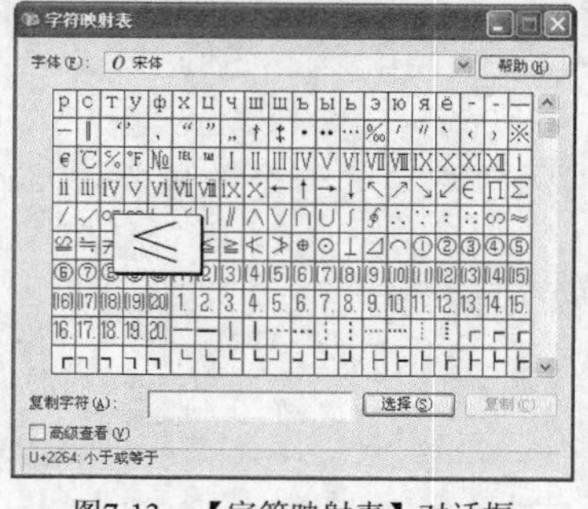

图7-13 【字符映射表】对话框

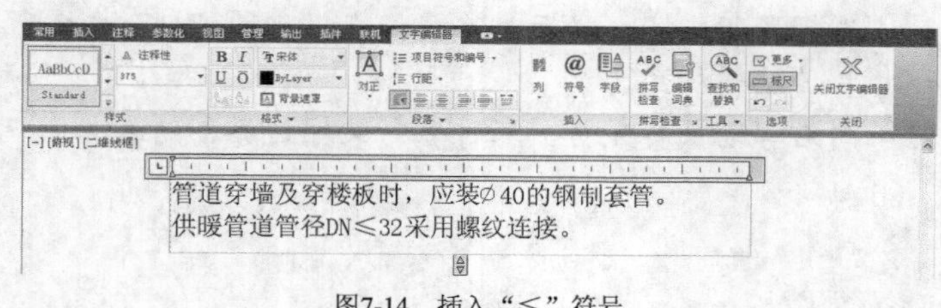

图7-14 插入“≤”符号

9. 单击 按钮，完成插入特殊字符的操作。

7.1.4 编辑文字

编辑文字的常用方法有以下两种。

- 使用 DDEDIT 命令编辑单行或多行文字。
- 使用 PROPERTIES 命令修改文本。

【练习7-5】：下面通过练习学习如何修改文字内容、改变多行文字的字体和字高、调整多行文字边界的宽度及指定新的文字样式等。

一、 修改文字内容、字体及字高

使用 DDEDIT 命令编辑单行或多行文字。

1. 打开附盘文件“dwg\第 7 章\7-5.dwg”，该文件所包含的文字内容如下。

工程说明
1.本工程±0.000 标高所相当的
绝对标高由现场决定。
2.混凝土强度等级为 C20。
3.基础施工时，需与设备工种密
切配合做好预留洞预留工作。

2. 输入 DDEDIT 命令，系统提示“选择注释对象”，选择文字，打开【文字编辑器】选项卡，选中文字“工程”，将其修改为“设计”，如图 7-15 所示。
3. 选中文字“设计说明”，然后在【字体】下拉列表中选取【黑体】，再在【字体高度】文本框中输入数值“500”，按 Enter 键，结果如图 7-16 所示。

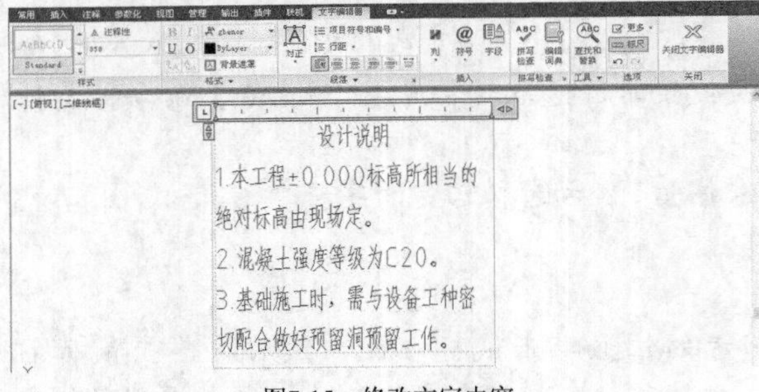

图7-15　修改文字内容

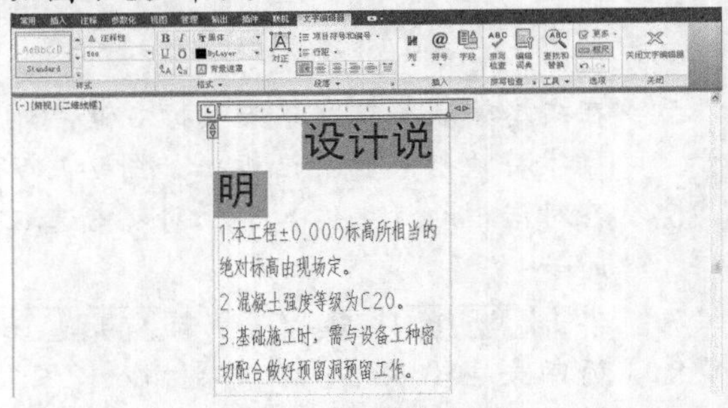

图7-16　修改字体及字高

4. 单击 按钮，完成操作。

二、 调整多行文字的边界宽度

继续前面的练习，修改多行文字的边界宽度。

1. 选择多行文字，显示对象关键点，如图 7-17 左图所示，激活右边的一个关键点，进入拉伸编辑模式。
2. 向右移动鼠标光标，拉伸多行文字边界，结果如图 7-17 右图所示。

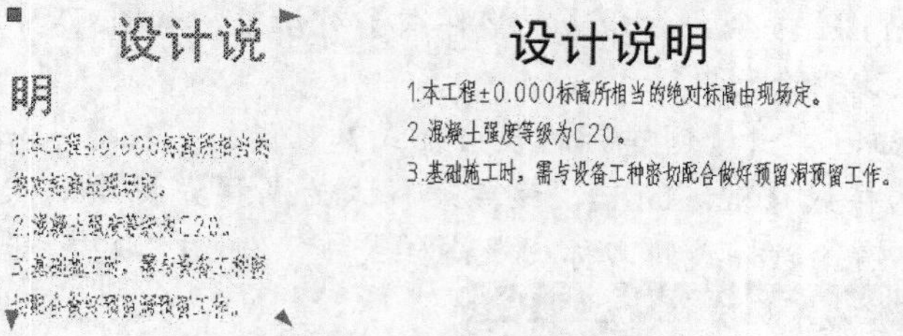

设计说明
1.本工程±0.000标高所相当的绝对标高由现场定。
2.混凝土强度等级为C20。
3.基础施工时，需与设备工种密切配合做好预留洞预留工作。
设计说明
1.本工程±0.000标高所相当的绝对标高由现场定。
2.混凝土强度等级为C20。
3.基础施工时，需与设备工种密切配合做好预留洞预留工作。

图7-17　拉伸多行文字边界

三、　为文字指定新的文字样式

继续前面的练习，为文字指定新的文字样式。

1. 选取菜单命令【格式】/【文字样式】，打开【文字样式】对话框，利用该对话框创建新文字样式，样式名为“样式-1”，使该文字样式关联中文字体“楷体-GB2312”。
2. 选择所有文字，再单击鼠标右键，选择【特性】命令，打开【特性】对话框，在该对话框的【样式】下拉列表中选取【样式-1】，在【高度】文本框中输入数值“400”，按 Enter 键，结果如图 7-18 所示。
3. 采用新样式及设定新字高后的文字外观如图 7-19 所示。

设计说明
1.本工程±0.000标高所相当的绝对标高由现场定。
2.混凝土强度等级为C20。
3.基础施工时，需与设备工种密切配合做好预留洞预留工作。
多行文字
常规
三维效果
材质
ByLayer
文字
内容
样式
样式-1
注释性
否
对正
左上
方向
随样式
文字高度
400
旋转
0
行距比例
1
行间距
666.6667
行距样式
至少
背景遮罩
否
定义的宽度
6889.6632
定义高度
0
分栏
无

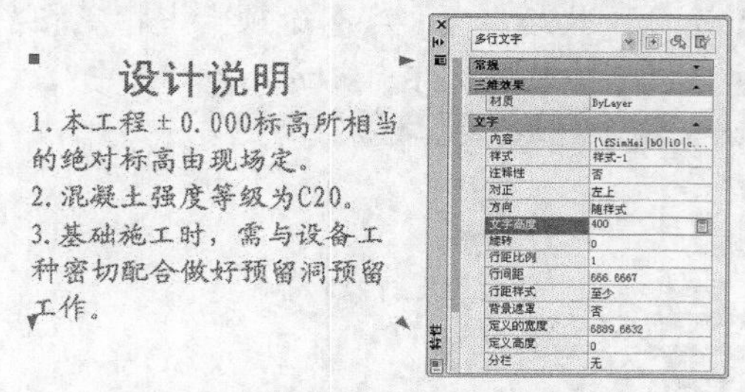

图7-18　指定新文字样式并修改文字高度

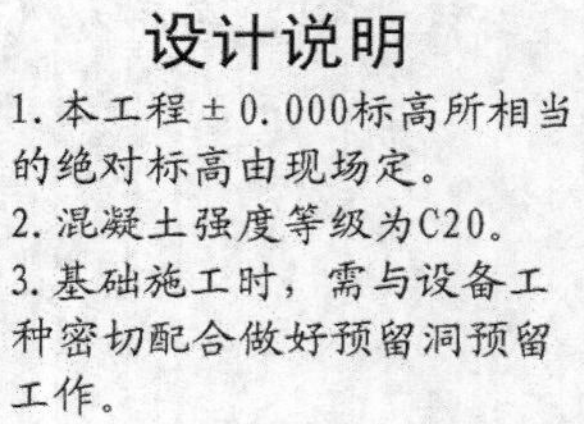

设计说明
1.本工程±0.000标高所相当的绝对标高由现场定。
2.混凝土强度等级为C20。
3.基础施工时，需与设备工种密切配合做好预留洞预留工作。

图7-19　修改后的文字外观

7.1.5　创建及编辑表格对象

在 AutoCAD 中可以生成表格对象。创建该对象时，系统首先生成一个空白表格，随后用户可在该表格中填入文字信息。用户可以很方便地修改表格的宽度、高度及表中文字，还可按行、列方式删除表格单元或合并表中的相邻单元。

一、　表格样式

表格对象的外观由表格样式控制。默认情况下的表格样式是“Standard”，用户也可以根据需要创建新的表格样式。“Standard”表格的外观如图 7-20 所示，其中第一行是标题行，第二行是列标题行，其他行是数据行。

标题行
列标题行

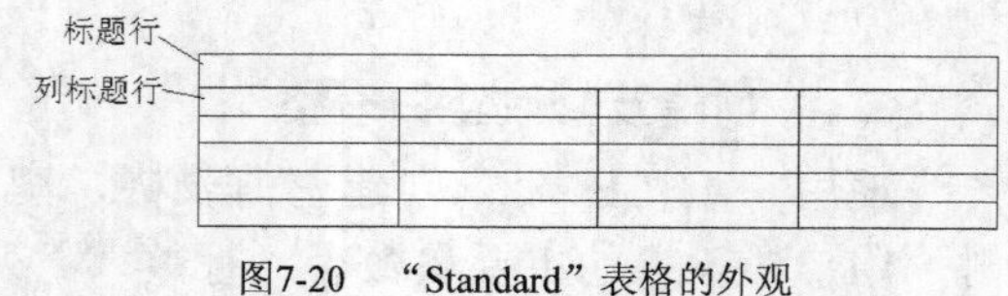

图7-20　“Standard”表格的外观

命令启动方法如下。

- 菜单命令：【格式】/【表格样式】。
- 面板：【注释】面板上的按钮。
- 命令：TABLESTYLE。

【练习7-6】：　创建新的表格样式。

1. 执行 TABLESTYLE 命令，打开【表格样式】对话框，如图 7-21 所示，利用该对话框可以新建、修改及删除表格样式。
2. 单击 新建(N)... 按钮，弹出【创建新的表格样式】对话框，在【基础样式】下拉列表中选取新样式的原始样式【Standard】，该原始样式为新样式提供默认设置，接着在【新样式名】文本框中输入新样式的名称“表格样式-1”，如图 7-22 所示。

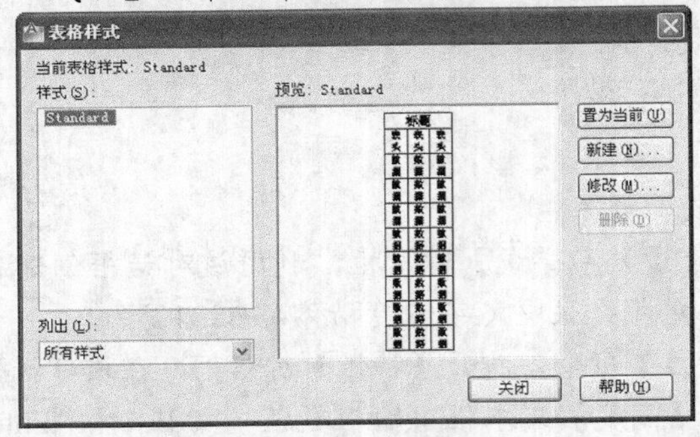

图7-21　【表格样式】对话框

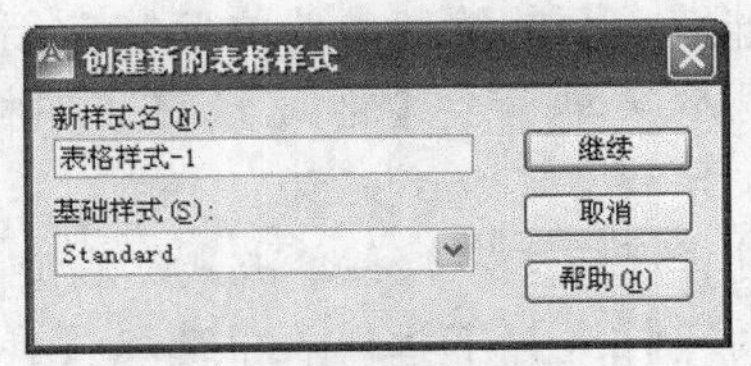

图7-22　【创建新的表格样式】对话框

3. 单击 继续 按钮，打开【新建表格样式】对话框，如图 7-23 所示。在【单元样式】下拉列表中分别选取【数据】、【标题】、【表头】选项，然后在【文字】选项卡中指定文字样式为“工程文字”，字高为“3.5”，在【常规】选项卡中指定文字对齐方式为“正中”。

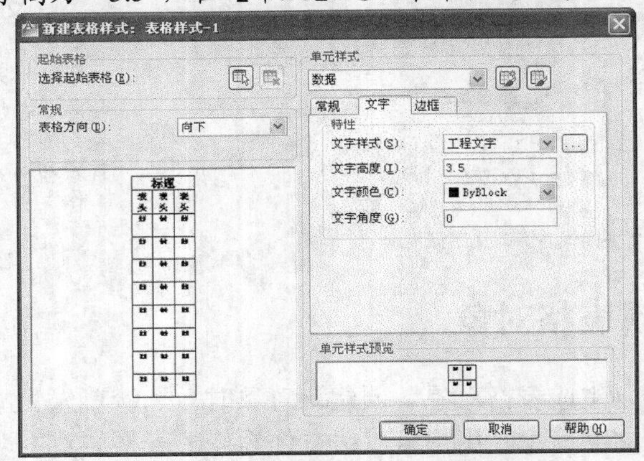

图7-23　【新建表格样式】对话框

4. 单击 确定 按钮，返回【表格样式】对话框，再单击 置为当前(U) 按钮，使新的表样式成为当前样式。

二、　创建及修改空白表格

使用 TABLE 命令创建空白表格，空白表格的外观由当前表格样式决定。使用该命令时，用户要输入的主要参数有“行数”、“列数”、“行高”及“列宽”等。

命令启动方法如下。

- 菜单命令：【绘图】/【表格】。
- 面板：【注释】面板上的▦按钮。
- 命令：TABLE。

执行 TABLE 命令，系统将打开【插入表格】对话框，如图 7-24 所示。在该对话框中用户可选择表格样式，并指定表的行、列数目及相关尺寸来创建表格。

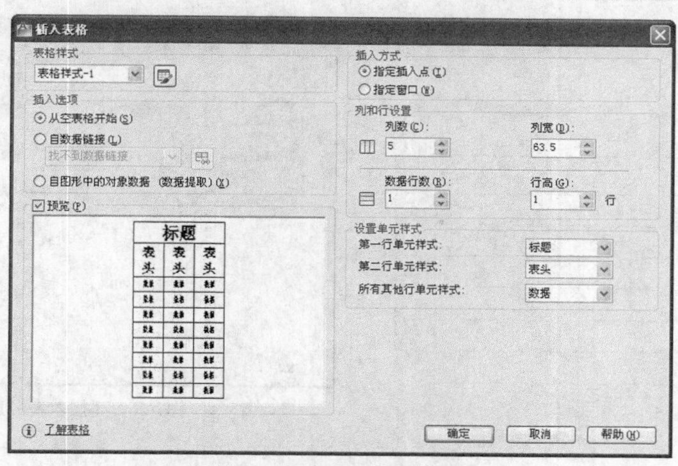

图7-24 【插入表格】对话框

【插入表格】对话框中包含以下几个选项。

- 【表格样式】：在该下拉列表中指定表格样式，默认样式为【Standard】。
- 按钮：单击此按钮，打开【表格样式】对话框，利用该对话框可创建新的表格样式或修改现有样式。
- 【指定插入点】：指定表格左上角的位置。
- 【指定窗口】：利用矩形窗口指定表的位置和大小。若事先指定了表的行、列数目，则列宽和行高将取决于矩形窗口的大小，反之亦然。
- 【列数】：指定表的列数。
- 【列宽】：指定表的列宽。
- 【数据行数】：指定数据行的行数。
- 【行高】：设定行的高度。行高是系统根据表样式中的文字高度及单元边距确定出来的。

对于已创建的表格来说，用户可以修改表格单元的长、宽尺寸及表格对象的行、列数目。选中一个单元，拖动单元边框的关键点就可以使单元所在的行、列变宽或变窄。若单击鼠标右键，则弹出快捷菜单，利用此菜单上的【特性】命令也可修改单元的长、宽尺寸。此外，用户还可通过【插入行】、【插入列】和【合并单元】等改变表格的行、列数目。

若一次要编辑多个单元，则可用以下方法进行选择。

- 在表格中按住鼠标左键拖动鼠标光标，将出现一个虚线矩形框，在该矩形框内的以及与矩形框相交的单元都将被选中。
- 在单元内单击鼠标左键以选中它，再按住 Shift 键并在另一个单元内单击鼠标左键，则这两个单元以及它们之间的所有单元都将被选中。

【练习7-7】：　创建如图 7-25 所示的空白表格。

1. 单击【注释】面板上的按钮，打开【插入表格】对话框，在该对话框中输入创建表格的参数，如图 7-26 所示。
2. 单击 确定 按钮，关闭【插入表格】对话框，创建如图 7-27 所示的表格。
3. 选中第一、二行，弹出【表格单元】选项卡，单击选项卡中【行】面板上的按钮，删除选中的两行，结果如图 7-28 所示。

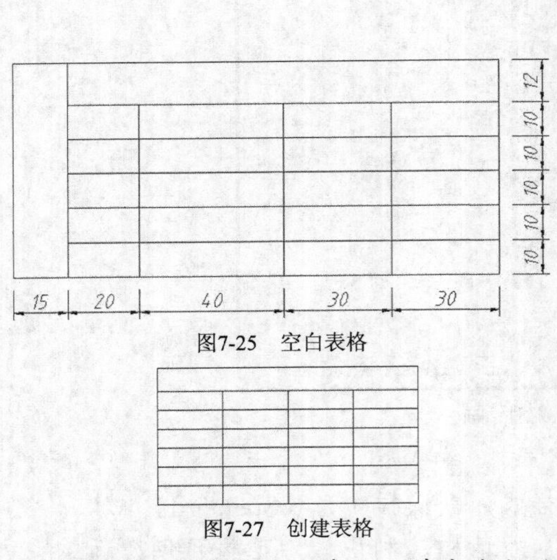

图7-25　空白表格

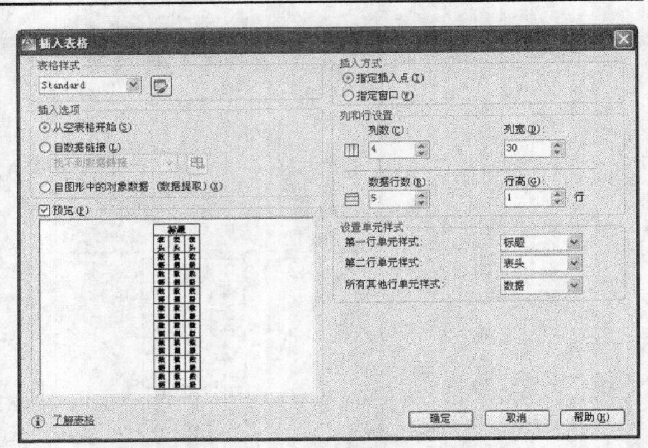

图7-26　【插入表格】对话框

图7-27　创建表格

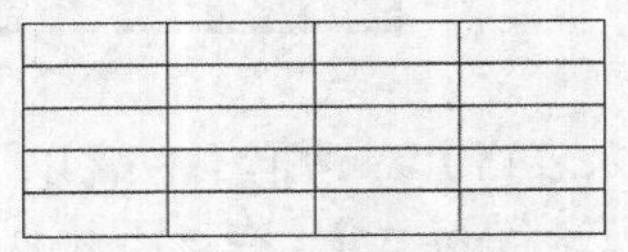

图7-28　删除行

4. 选中第 1 列的任一单元，单击鼠标右键，弹出快捷菜单，选择【列】/【在左侧插入】命令，插入新的一列，结果如图 7-29 所示。
5. 选中第 1 行的任一单元，单击鼠标右键，弹出快捷菜单，选择【行】/【在上方插入】命令，插入新的一行，结果如图 7-30 所示。

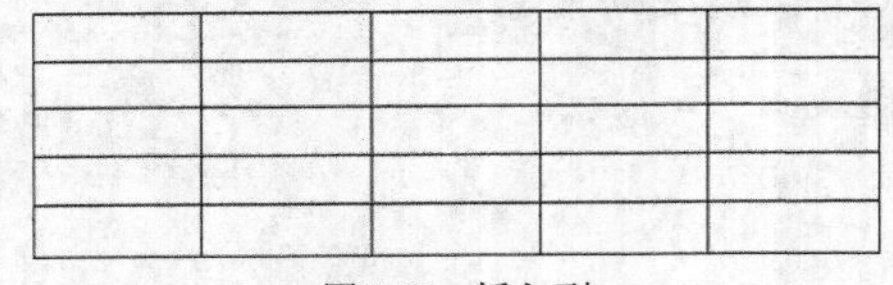

图7-29　插入列

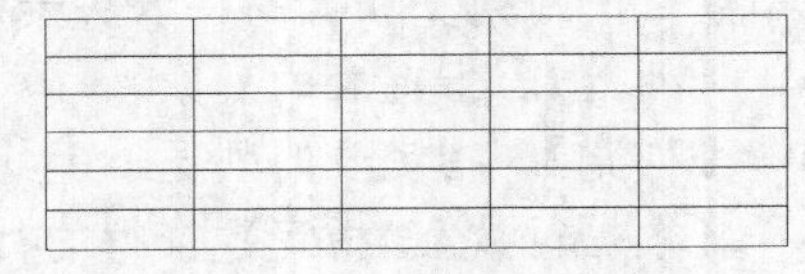

图7-30　插入行

6. 按住鼠标左键并拖动鼠标光标，选中第 1 列的所有单元。单击鼠标右键，弹出快捷菜单，选择【合并】/【全部】命令，结果如图 7-31 所示。
7. 按住鼠标左键并拖动鼠标光标，选中第 1 行的所有单元。单击鼠标右键，弹出快捷菜单，选择【合并】/【全部】命令，结果如图 7-32 所示。

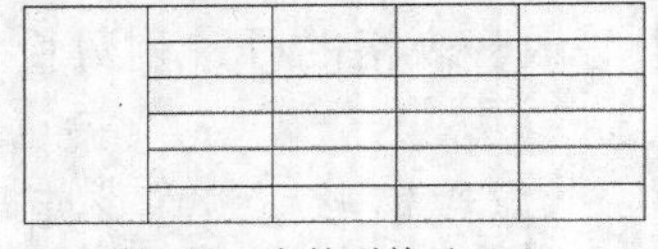

图7-31　合并列单元（1）

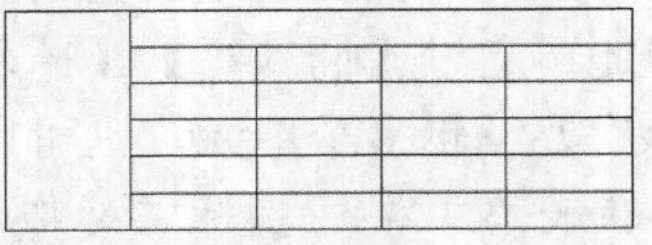

图7-32　合并行单元（2）

8. 分别选中单元 *A* 和 *B*，然后利用关键点拉伸方式调整单元的尺寸，结果如图 7-33 所示。
9. 选中单元 *C*，单击鼠标右键，选择【特性】命令，打开【特性】对话框，在【单元宽度】及【单元高度】栏中分别输入数值“20”、“10”，结果如图 7-34 所示。

图7-33　调整单元尺寸（1）

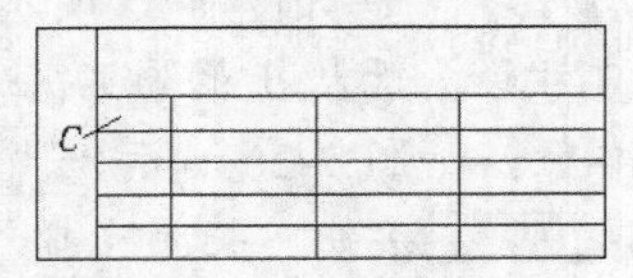

图7-34　调整单元尺寸（2）

10. 用类似的方法修改表格的其余尺寸。

三、 在表格中填写文字

在表格单元中可以很方便地填写文字信息。使用 TABLE 命令创建表格后，系统会高亮显示表格的第一个单元，同时打开【表格单元】选项卡，此时即可输入文字了。此外，用户双击某一单元也能将其激活，从而可在其中填写或修改文字。当要移动到相邻的下一个单元时，可按 Tab 键，或使用箭头键向左（右、上、下）移动。

【练习7-8】： 打开附盘文件“dwg\第 7 章\7-8.dwg”，在表中填写文字，结果如图 7-35 所示。

1. 双击表格左上角的第一个单元将其激活，在其中输入文字，结果如图 7-36 所示。

类型	编号	洞口尺寸		数量	备注
		宽	高		
窗	C1	1800	2100	2	
	C2	1500	2100	3	
	C3	1800	1800	1	
门	M1	3300	3000	3	
	M2	4260	3000	2	
卷帘门	JLM	3060	3000	1	

图7-35 在表中填写文字

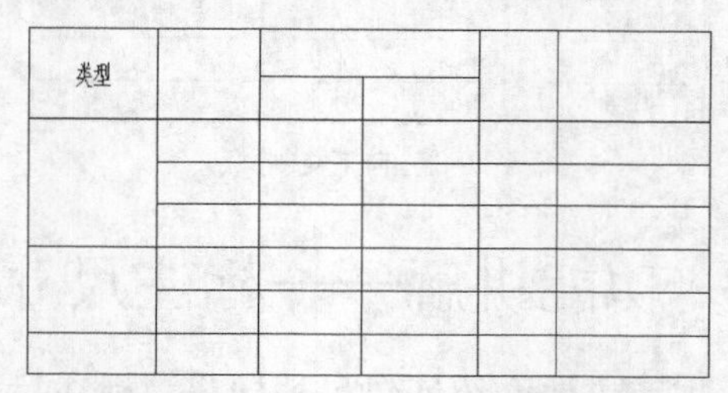

图7-36 在左上角的第一个单元中输入文字

2. 使用箭头键进入其他表格单元继续填写文字，结果如图 7-37 所示。
3. 选中“类型”、“编号”，单击鼠标右键，选择【特性】命令，打开【特性】对话框，在【文字高度】文本框中输入数值“7”，再用同样的方法将“数量”、“备注”的高度改为 7，结果如图 7-38 所示。

类型	编号	洞口尺寸		数量	备注
		宽	高		
窗	C1	1800	2100	2	
	C2	1500	2100	3	
	C3	1800	1800	1	
门	M1	3300	3000	3	
	M2	4260	3000	2	
卷帘门	JLM	3060	3000	1	

图7-37 输入表格中的其他文字

类型	编号	洞口尺寸		数量	备注
		宽	高		
窗	C1	1800	2100	2	
	C2	1500	2100	3	
	C3	1800	1800	1	
门	M1	3300	3000	3	
	M2	4260	3000	2	
卷帘门	JLM	3060	3000	1	

图7-38 修改文字高度

4. 选中除第 1 行、第 1 列外的所有文字，单击鼠标右键，选择【特性】命令，打开【特性】对话框，在【对齐】下拉列表中选取【左中】，结果如图 7-35 所示。

7.2 范例解析——填写标题栏

【练习7-9】： 填写标题栏。

1. 打开附盘文件“dwg\第 7 章\7-9.dwg”。
2. 用 DTEXT 命令在表格的第一行中书写文字“门窗编号”，结果如图 7-39 所示。

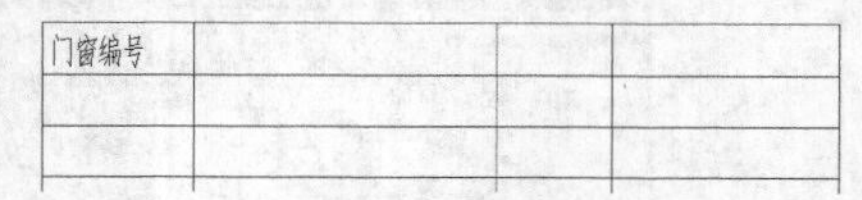

图7-39 书写单行文字

3. 用 COPY 命令将“门窗编号”由 A 点复制到 B、C、D 点，结果如图 7-40 所示。
4. 用 DDEDIT 命令修改文字内容，再用 MOVE 命令调整“洞口尺寸”、“位置”的位置，结果如图 7-41 所示。

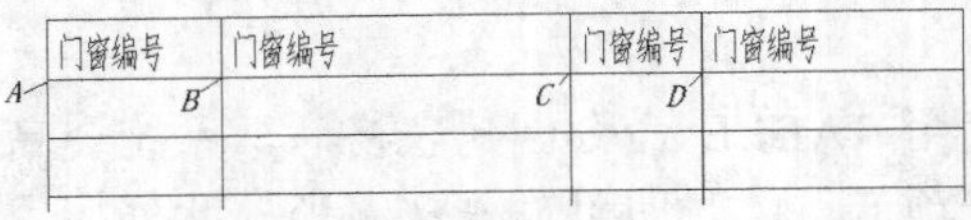

门窗编号	门窗编号	门窗编号	门窗编号

A　B　C　D

图7-40　复制文字

门窗编号	洞口尺寸	数量	位置

图7-41　修改文字内容并调整其位置

5. 把已经填写的文字向下复制，结果如图 7-42 所示。
6. 用 DDEDIT 命令修改文字内容，结果如图 7-43 所示。

门窗编号	洞口尺寸	数量	位置
门窗编号	洞口尺寸	数量	位置
门窗编号	洞口尺寸	数量	位置
门窗编号	洞口尺寸	数量	位置
门窗编号	洞口尺寸	数量	位置

图7-42　向下复制文字

门窗编号	洞口尺寸	数量	位置
M1	4260X2700	2	阳台
M2	1500X2700	1	主入口
C1	1800X1800	2	楼梯间
C2	1020X1500	2	卧室

图7-43　修改文字内容

7.3 功能讲解——标注尺寸的方法

本节主要介绍创建尺寸样式、标注尺寸、编辑尺寸的操作方法。

7.3.1 创建国标尺寸样式

创建尺寸标注时，标注的外观是由当前尺寸样式控制的，系统提供了一个默认的尺寸样式 ISO-25，用户可以改变这个样式，或者生成自己的尺寸样式。

下面在图形文件中建立一个符合国家标准的新尺寸样式。

【练习7-10】：建立新的国标尺寸样式。

1. 打开附盘文件“dwg\第 7 章\7-10.dwg”，该文件中包含一张绘图比例为 1:50 的图样。注意，该图在 AutoCAD 中是按 1:1 的比例绘制的，打印时的输出比例为 1:50。
2. 建立新文字样式，样式名为“标注文字”，与该样式相关联的字体文件是“gbenor.shx”和“gbcbig.shx”。
3. 单击【注释】面板上的按钮，打开【标注样式管理器】对话框，如图 7-44 所示。该对话框是管理尺寸样式的地方，通过它可以创建新的尺寸样式或修改样式中的尺寸变量。
4. 单击 新建(N)... 按钮，打开【创建新标注样式】对话框，如图 7-45 所示。在该对话框的【新样式名】文本框中输入新的样式名称“工程标注”，在【基础样式】下拉列表中指定某个尺寸样式作为新样式的基础样式，则新样式将包含基础样式的所有设置。此外，用户还可在【用于】下拉列表中设定新样式控制的尺寸类型。默认情况下，【用于】下拉列表的默认选项是“所有标注”，意思是指新样式将控制所有类型的尺寸。

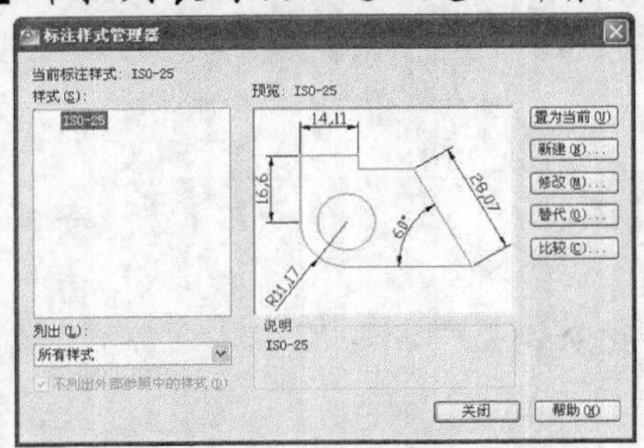

图7-44　【标注样式管理器】对话框

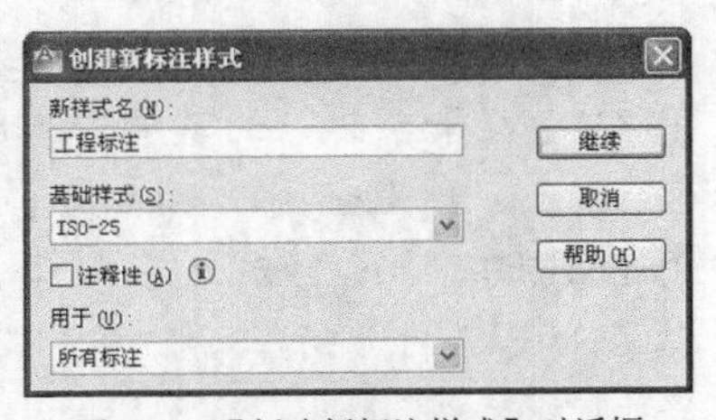

图7-45　【创建新标注样式】对话框

5. 单击 继续 按钮，打开【新建标注样式】对话框，如图 7-46 所示。该对话框有 7 个选项卡，在这些选项卡中可以进行以下设置。

(1) 在【文字】选项卡的【文字样式】下拉列表中选取【标注文字】，在【文字高度】、【从尺寸线偏移】文本框中分别输入“2.5”和“0.8”，如图 7-46 所示。

(2) 进入【线】选项卡，在【基线间距】、【超出尺寸线】和【起点偏移量】文本框中分别输入“8”、“1.8”和“2”，如图 7-47 所示。

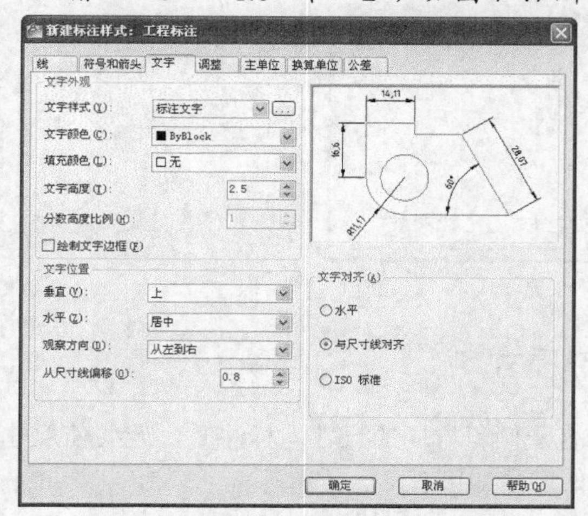

图7-46 【新建标注样式】对话框

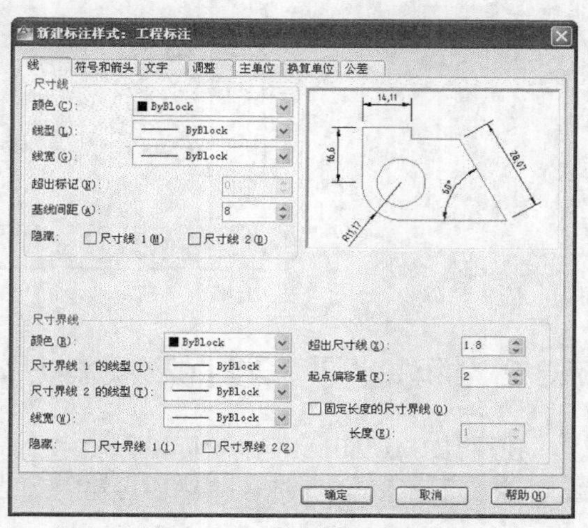

图7-47 【线】选项卡

(3) 进入【符号和箭头】选项卡，在【箭头】分组框的【第一个】下拉列表中选取【建筑标记】，在【箭头大小】文本框中输入“1.3”，如图 7-48 所示。

(4) 进入【调整】选项卡，在【标注特征比例】分组框的【使用全局比例】文本框中输入“50”(绘图比例的倒数)，如图 7-49 所示。

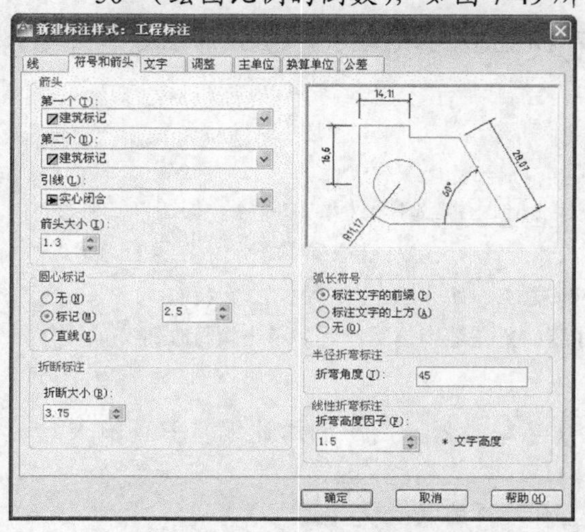

图7-48 【符号和箭头】选项卡

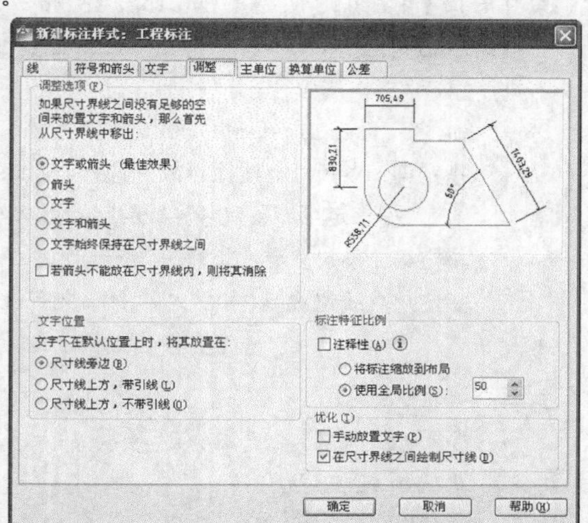

图7-49 【调整】选项卡

(5) 进入【主单位】选项卡，在【单位格式】、【精度】和【小数分隔符】下拉列表中分别选取【小数】、【0.00】和【句点】，如图 7-50 所示。

6. 单击 确定 按钮，得到一个新的尺寸样式；再单击 置为当前(U) 按钮，使新样式成为当前样式。

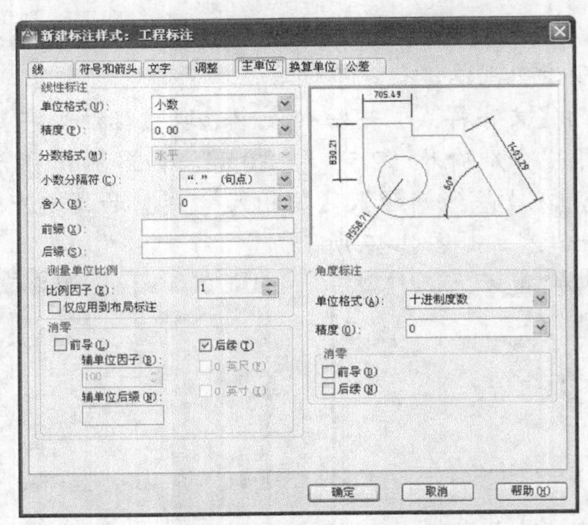

图7-50　【主单位】选项卡

7.3.2　标注水平、竖直及倾斜方向的尺寸

使用 DIMLINEAR 命令可以标注水平、竖直及倾斜方向的尺寸。标注时，若要使尺寸线倾斜，可输入“R”选项，然后再输入尺寸线的倾角即可。

一、　命令启动方法

- 菜单命令：【标注】/【线性】。
- 面板：【注释】面板上的线性按钮。
- 命令：DIMLINEAR 或简写 DIMLIN。

【练习7-11】：练习使用 DIMLINEAR 命令。

打开附盘文件“dwg\第 7 章\7-11.dwg”，使用 DIMLINEAR 命令创建尺寸标注，如图 7-51 所示。

```
命令: _dimlinear
指定第一条尺寸界线原点或 <选择对象>: int 于
        //指定第一条尺寸界线的起始点 A，或按 Enter 键选择要标注的对象，如图 7-51 所示
指定第二条尺寸界线原点: int 于                              //选取第二条尺寸界线的起始点 B
指定尺寸线位置或[多行文字(M)/文字(T)/角度(A)/水平(H)/垂直(V)/旋转(R)]:
                        //拖动鼠标光标将尺寸线放置在适当位置，然后单击鼠标左键完成操作
```

二、　命令选项

- 多行文字(M)：使用该选项将打开多行文字编辑器，用户利用此编辑器可输入新的标注文字。
- 文字(T)：此选项使用户可以在命令行上输入新的尺寸文字。
- 角度(A)：通过该选项设置文字的放置角度。
- 水平(H)/垂直(V)：创建水平或垂直型尺寸。用户也可以通过移动鼠标光标指定创建何种类型的尺寸。若左右移动鼠标光标，将生成垂直尺寸；若上下移动鼠标光标，将生成水平尺寸。

- 旋转(R)：使用 DIMLINEAR 命令时，系统会自动将尺寸线调整成水平或竖直方向。"旋转(R)"选项可使尺寸线倾斜一个角度，因此可利用此选项标注倾斜的对象，如图 7-52 所示。

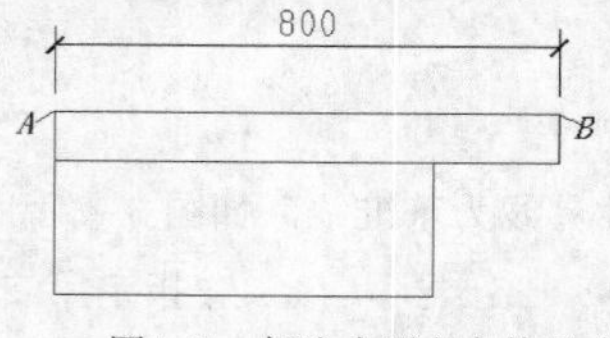

图7-51 标注水平方向的尺寸

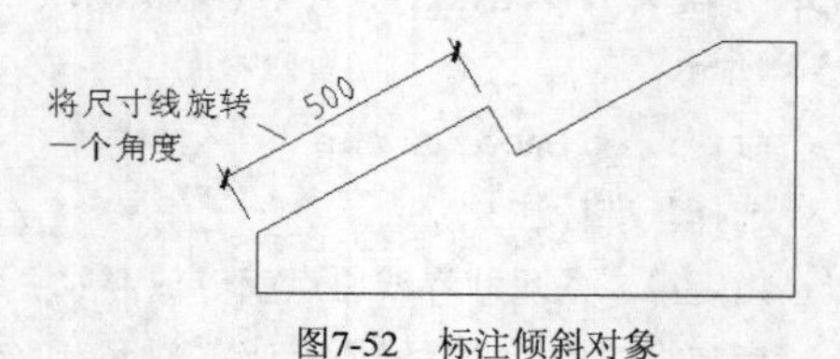

图7-52 标注倾斜对象

7.3.3 创建对齐尺寸

要标注倾斜对象的真实长度可使用对齐尺寸，对齐尺寸的尺寸线平行于倾斜的标注对象。如果用户是选择两个点来创建对齐尺寸，则尺寸线与两点的连线平行。

命令启动方法如下。

- 菜单命令：【标注】/【对齐】。
- 面板：【注释】面板上的 对齐 按钮。
- 命令：DIMALIGNED 或简写 DIMALI。

【练习7-12】：练习使用 DIMALIGNED 命令。

打开附盘文件"dwg\第 7 章\7-12.dwg"，使用 DIMALIGNED 命令创建尺寸标注，如图 7-53 所示。

```
命令: _dimaligned
指定第一条尺寸界线原点或 <选择对象>: int 于
                    //捕捉交点 A，或按 Enter 键选择要标注的对象，如图 7-53 所示
指定第二条尺寸界线原点: int 于                    //捕捉交点 B
指定尺寸线位置或[多行文字(M)/文字(T)/角度(A)]:    //移动鼠标光标指定尺寸线的位置
```

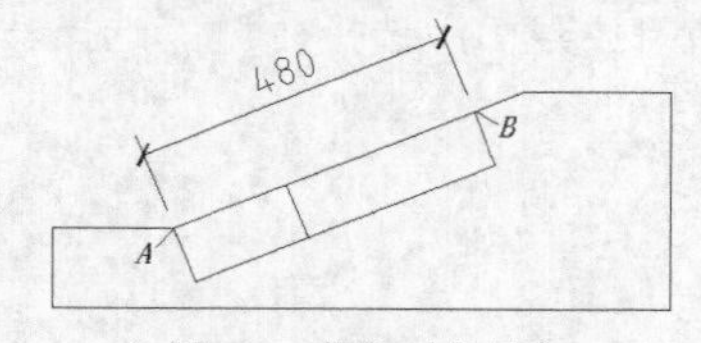

图7-53 标注对齐尺寸

DIMALIGNED 命令各选项的功能说明请参见 7.3.2 小节。

7.3.4 创建连续型及基线型尺寸

连续型尺寸标注是一系列首尾相连的标注，而基线型尺寸标注是指所有的尺寸都从同一点开始标注，即它们公用一条尺寸界线。

一、基线标注

命令启动方法如下。

- 菜单命令：【标注】/【基线】。
- 面板：【注释】选项卡中【标注】面板上的 基线 按钮。

- 命令：DIMBASELINE 或简写 DIMBASE。

【练习7-13】：练习使用 DIMBASELINE 命令。

打开附盘文件“dwg\第 7 章\7-13.dwg”，使用 DIMBASELINE 命令创建尺寸标注，如图 7-54 所示。

```
命令: _dimbaseline
选择基准标注:                                    //指定 A 点处的尺寸界线为基准线，如图 7-54 所示
指定第二条尺寸界线原点或 [放弃(U)/选择(S)] <选择>: int 于        //指定第二点 B
指定第二条尺寸界线原点或 [放弃(U)/选择(S)] <选择>: int 于        //指定第三点 C
指定第二条尺寸界线原点或 [放弃(U)/选择(S)] <选择>:               //按 Enter 键
选择基准标注:                                                  //按 Enter 键结束命令
```

结果如图 7-54 所示。

二、　连续标注

命令启动方法如下。

- 菜单命令：【标注】/【连续】。
- 面板：【注释】选项卡中【标注】面板上的连续按钮。
- 命令：DIMCONTINUE 或简写 DIMCONT。

【练习7-14】：练习使用 DIMCONTINUE 命令。

打开附盘文件“dwg\第 7 章\7-14.dwg”，用 DIMCONTINUE 命令创建尺寸标注，如图 7-55 所示。

```
命令: _dimcontinue
选择连续标注:                                    //指定 A 点处的尺寸界线为基准线，如图 7-55 所示
指定第二条尺寸界线原点或 [放弃(U)/选择(S)] <选择>: int 于        //指定第二点 B
指定第二条尺寸界线原点或 [放弃(U)/选择(S)] <选择>: int 于        //指定第三点 C
指定第二条尺寸界线原点或 [放弃(U)/选择(S)] <选择>: int 于        //指定第四点 D
指定第二条尺寸界线原点或 [放弃(U)/选择(S)] <选择>:               //按 Enter 键
选择连续标注:                                                  //按 Enter 键结束命令
```

结果如图 7-55 所示。

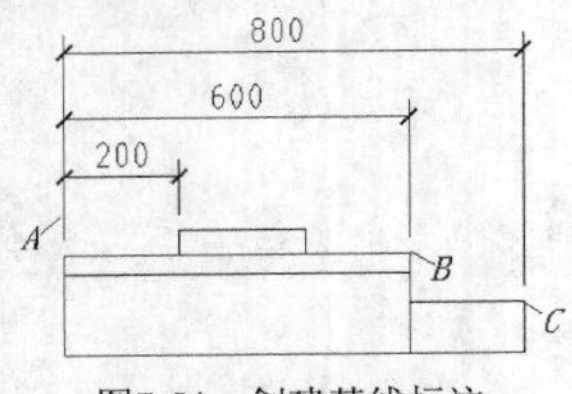

图7-54　创建基线标注

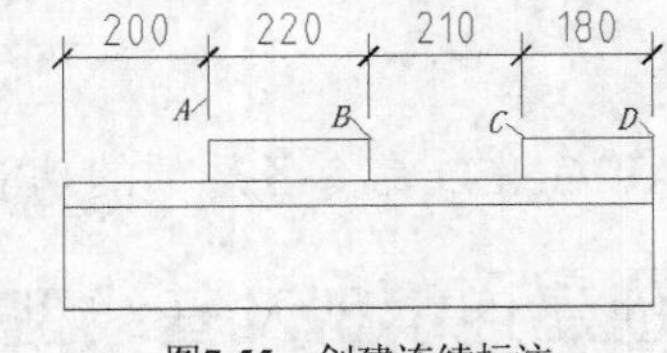

图7-55　创建连续标注

7.3.5　使用角度尺寸样式簇标注角度

AutoCAD 可以生成已有尺寸样式（父样式）的子样式，该子样式也称为样式簇，用于控制某一特定类型的尺寸。

【练习7-15】：打开附盘文件“dwg\第 7 章\7-15.dwg”，利用角度尺寸样式簇标注角度，如图 7-56 所示。

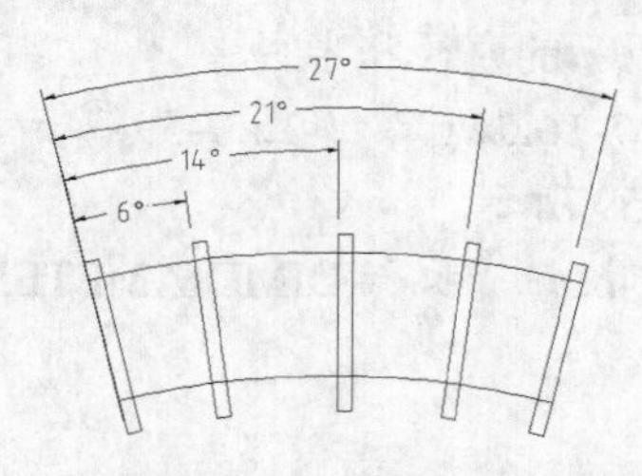

图7-56 利用角度尺寸样式簇标注角度

1. 单击按钮，打开【标注样式管理器】对话框，再单击 新建(N)... 按钮，打开【创建新标注样式】对话框，在【用于】下拉列表中选取【角度标注】，如图 7-57 所示。
2. 单击 继续 按钮，打开【新建标注样式】对话框，进入【文字】选项卡，在【文字对齐】分组框中选取【水平】单选项，如图 7-58 所示。
3. 单击 确定 按钮，完成操作。
4. 返回主窗口，用 DIMANGULAR 和 DIMBASELINE 命令标注角度尺寸，此类尺寸的外观由样式簇控制，结果如图 7-56 所示。

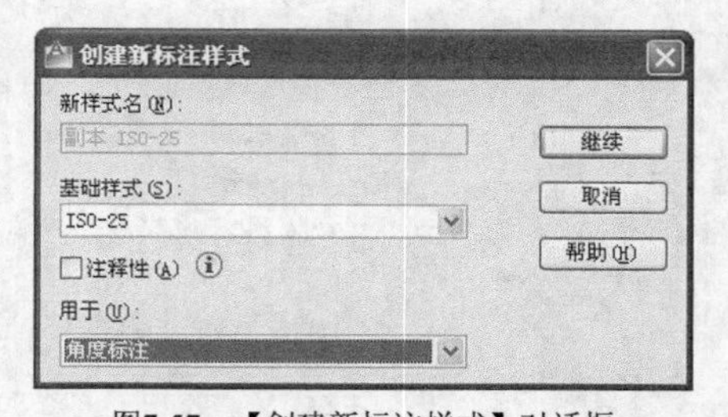

图7-57 【创建新标注样式】对话框

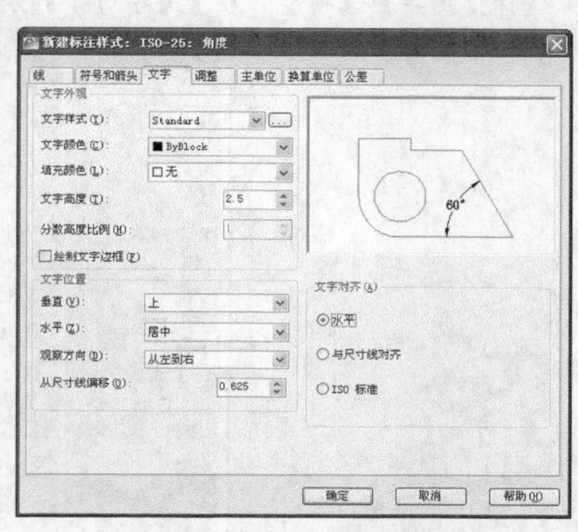

图7-58 【新建标注样式】对话框

7.3.6 利用尺寸样式覆盖方式标注直径及半径尺寸

在标注直径和半径尺寸时，AutoCAD 自动在标注文字前面加入“ ϕ”或“R”符号。实际标注中，直径和半径型尺寸的标注形式多种多样，若通过当前样式的覆盖方式进行标注就非常方便。

直径命令启动方法如下。

- 菜单命令：【标注】/【直径】。
- 面板：【注释】面板上的 直径 按钮。
- 命令：DIMDIAMETER 或简写 DIMDIA。

半径命令启动方法如下。

- 菜单命令：【标注】/【半径】。
- 面板：【注释】面板上的 半径 按钮。
- 命令：DIMRADIUS 或简写 DIMRAD。

【练习7-16】：标注如图 7-59 所示的直径和半径。

1. 打开附盘文件“dwg\第 7 章\7-16.dwg”，如图 7-59 所示。
2. 标注圆 *A* 及圆弧 *B*，如图 7-59 所示。

单击【注释】面板上的[直径]按钮，执行 DIMDIAMETER 命令。

命令：_dimdiameter
选择圆弧或圆：　//选择要标注的圆 A
指定尺寸线位置或 [多行文字(M)/文字(T)/角度(A)]：//移动鼠标光标指定标注文字的位置

单击【注释】面板上的[半径]按钮，执行 DIMRADIUS 命令。

命令：_dimradius
选择圆弧或圆：　//选择要标注的圆弧 B
指定尺寸线位置或 [多行文字(M)/文字(T)/角度(A)]：//移动鼠标光标指定标注文字的位置

3. 单击按钮，打开【标注样式管理器】对话框。
4. 单击[替代(O)...]按钮，打开【替代当前样式】对话框，如图 7-60 所示。
5. 选择【文字】选项卡，在【文字对齐】分组框中选择【水平】单选项，如图 7-60 所示。

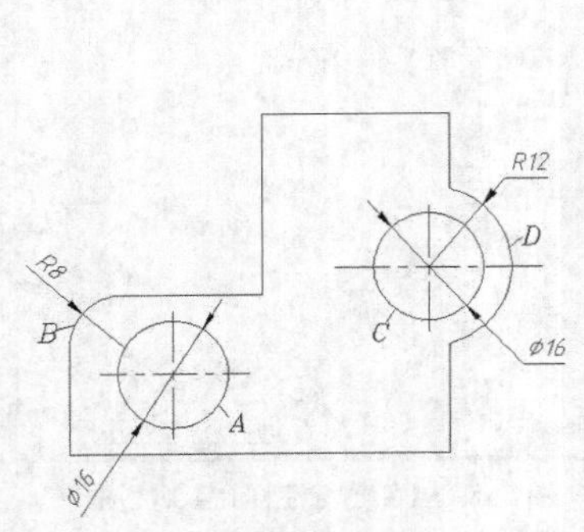

图7-59　标注直径和半径

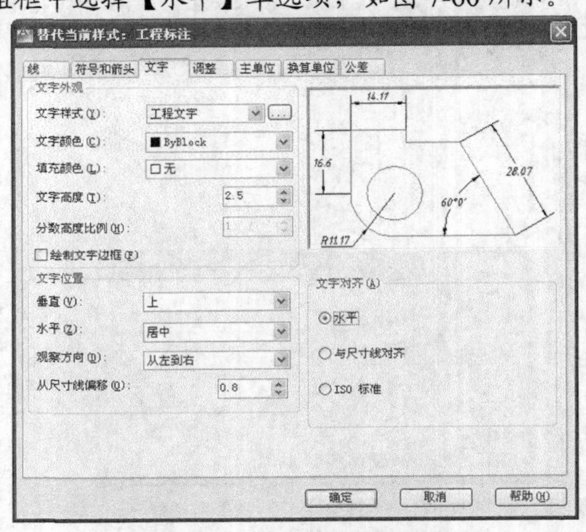

图7-60　【替代当前样式】对话框

6. 返回主窗口，用 DIMDIAMETER 和 DIMRADIUS 命令标注圆 *C* 及圆弧 *D*，尺寸数字将水平放置，如图 7-59 所示。
7. 标注完成后，若要恢复原来的尺寸样式，就需进入【标注样式管理器】对话框，在此对话框的列表框中选择尺寸样式，然后单击[置为当前(U)]按钮，此时系统将打开一个提示性对话框，继续单击[确定]按钮完成设置。

7.3.7　编辑尺寸标注

本节将通过一个实例介绍编辑单个尺寸标注的方法。

【练习7-17】：以下练习包括修改标注文本的内容、调整标注的位置及更新尺寸标注等内容。

一、修改尺寸标注文字

使用 DDEDIT 命令修改标注文本的内容。

1. 打开附盘文件“dwg\第 7 章\7-17.dwg”。
2. 输入 DDEDIT 命令，系统提示“选择注释对象或[放弃(U)]:”，选择尺寸“6000”后，打开【文字编辑器】选项卡，在文本输入框中输入新的尺寸值“6040”，如图 7-61 所示。

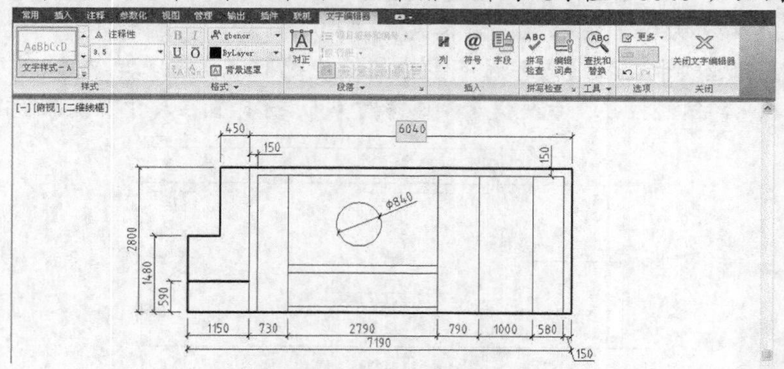

图7-61　在多行文字编辑器中修改尺寸值

3. 单击按钮，返回绘图窗口，系统继续提示“选择注释对象或[放弃(U)]:”，此时选择尺寸“450”，然后输入新尺寸值“550”，结果如图 7-62 所示。

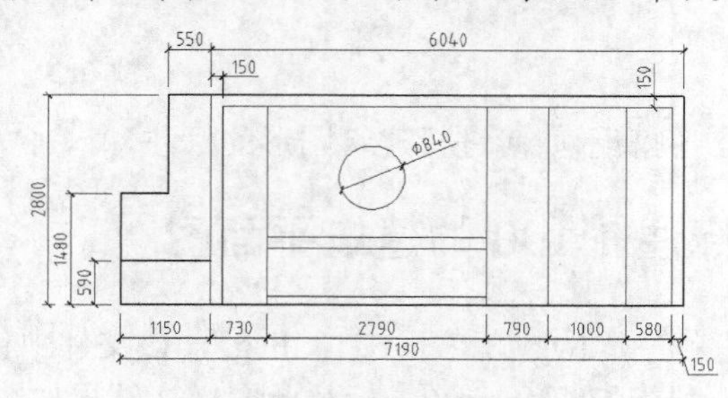

图7-62　修改尺寸文本

二、 利用关键点调整标注的位置

使用关键点编辑方式调整尺寸标注的位置。

1. 接上例。选择尺寸“7190”，并激活文本所在处的关键点，系统将自动进入拉伸编辑模式。
2. 向下移动鼠标光标，调整文本的位置，结果如图 7-63 所示。
3. 使用关键点编辑方式调整尺寸标注“150”、“1480”及“2800”的位置，结果如图 7-64 所示。

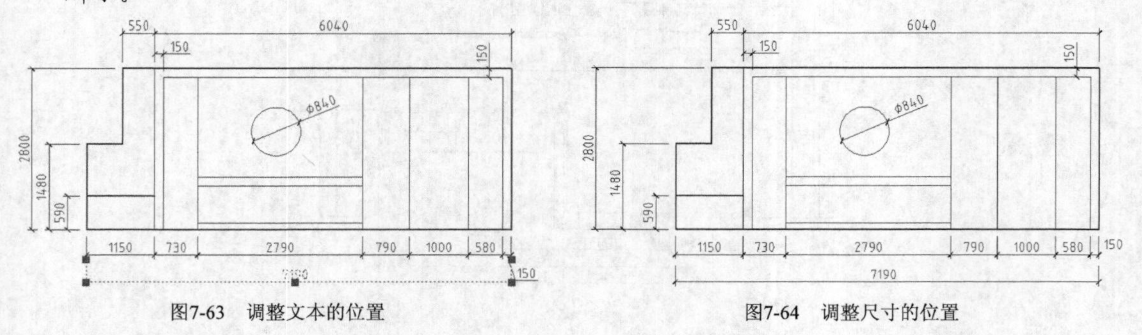

图7-63　调整文本的位置　　　　图7-64　调整尺寸的位置

三、 更新标注

下面通过使用“DIMSTYLE”命令将直径尺寸文本水平放置。

1. 接上例。单击按钮，打开【标注样式管理器】对话框。
2. 单击 替代(O)... 按钮，打开【替代当前样式】对话框。
3. 进入【符号和箭头】选项卡，在【箭头】分组框的【第一项】下拉列表中选取【实心闭合】，在【箭头大小】文本框中输入数值“2.0”。
4. 进入【文字】选项卡，在【文字对齐】分组框中选取【水平】单选项。
5. 返回主窗口，单击按钮，系统提示“选择对象”，选择直径尺寸，结果如图 7-65 所示。

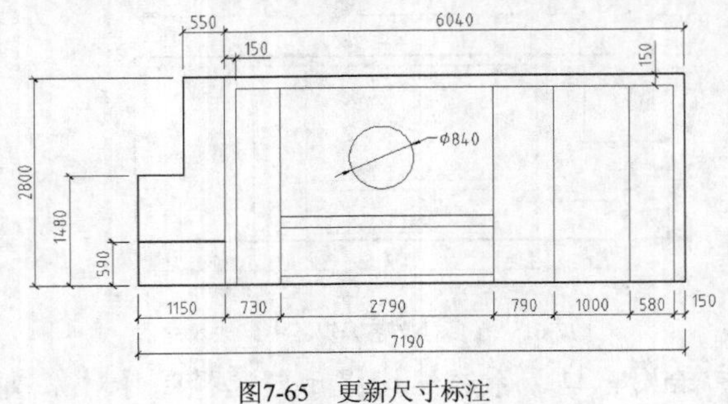

图7-65　更新尺寸标注

7.4　范例解析

本节将通过两个典型实例演示如何进行建筑图形的标注。

7.4.1　插入图框及标注 1:100 的建筑平面图

【练习7-18】：打开附盘文件“dwg\第 7 章\7-18.dwg”，该文件中包含一张 A3 幅面的建筑平面图，绘图比例为 1:100。标注此图样，结果如图 7-66 所示。

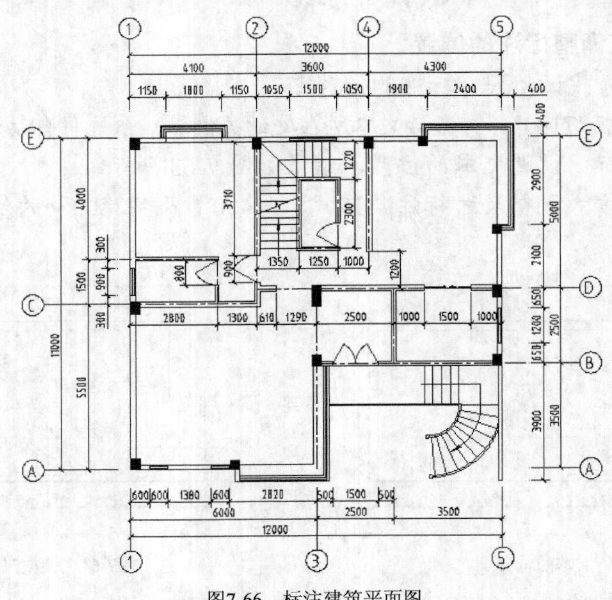

图7-66　标注建筑平面图

1. 建立一个名为“建筑-标注”的图层，设置图层颜色为红色，线型为“Continuous”，并使其成为当前层。

2. 创建新文字样式，样式名为“标注文字”，与该样式相关联的字体文件是“gbenor.shx”和“gbcbig.shx”。
3. 创建一个尺寸样式，名称为“工程标注”，对该样式进行以下设置。

(1) 标注文本连接“标注文字”，文字高度为“2.5”，精度为“0.0”，小数点格式是“句点”。
(2) 标注文本与尺寸线间的距离是“0.8”。
(3) 尺寸起止符号为“建筑标记”，其大小为“1.3”。
(4) 尺寸界线超出尺寸线的长度为“1.5”。
(5) 尺寸线起始点与标注对象端点间的距离为“0.6”。
(6) 标注基线尺寸时，平行尺寸线间的距离为“8”。
(7) 标注全局比例因子为“100”。
(8) 使“工程标注”成为当前样式。

4. 激活对象捕捉，设置捕捉类型为“端点”、“交点”。
5. 使用 XLINE 命令绘制水平辅助线 *A* 及竖直辅助线 *B*、*C* 等，竖直辅助线是墙体、窗户等结构的引出线，水平辅助线与竖直线的交点是标注尺寸的起始点和终止点，标注尺寸“1150”、“1800”等，结果如图 7-67 所示。

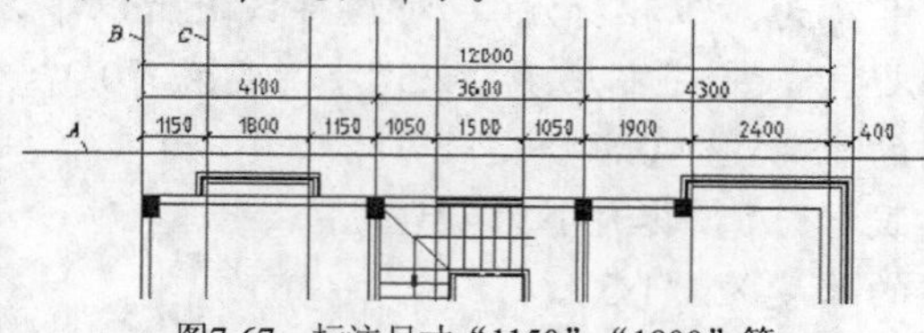

图7-67 标注尺寸“1150”、“1800”等

6. 使用同样的方法标注图样左边、右边及下边的轴线间距尺寸及结构细节尺寸。
7. 标注建筑物内部的结构细节尺寸，如图 7-68 所示。
8. 绘制轴线引出线，再绘制半径为 350 的圆，在圆内书写轴线编号，字高为 350，如图 7-69 所示。

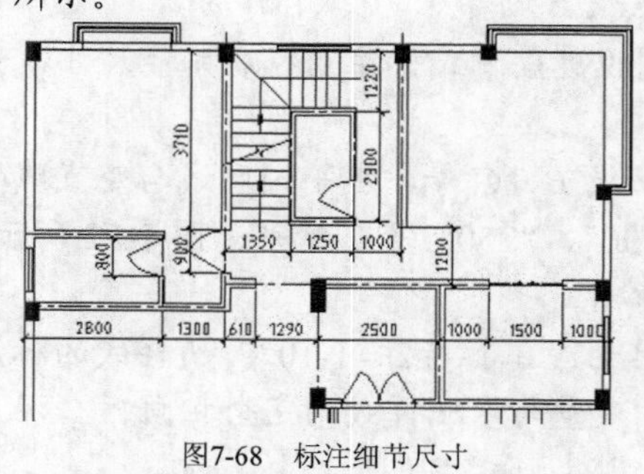

图7-68 标注细节尺寸

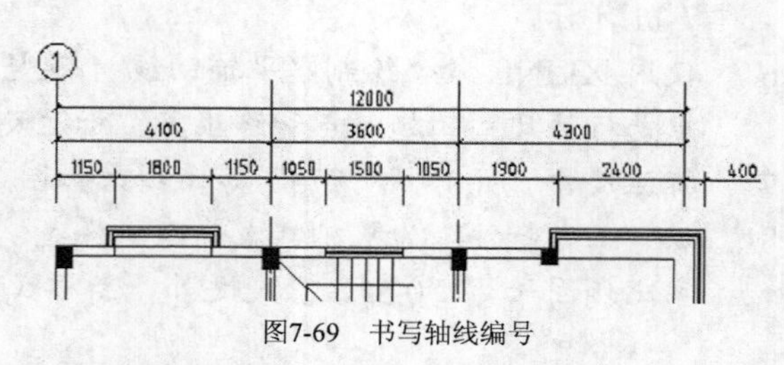

图7-69 书写轴线编号

9. 复制圆及轴线编号，然后使用 DDEDIT 命令修改编号数字，结果如图 7-66 所示。

7.4.2 标注不同绘图比例的剖面图

【练习7-19】：打开附盘文件“dwg\第 7 章\7-19.dwg”，该文件中包含一张 A3 幅面的图纸，图纸上有两个剖面图，绘图比例分别为 1:20 和 1:10。标注这两个图样，结果如图 7-70 所示。

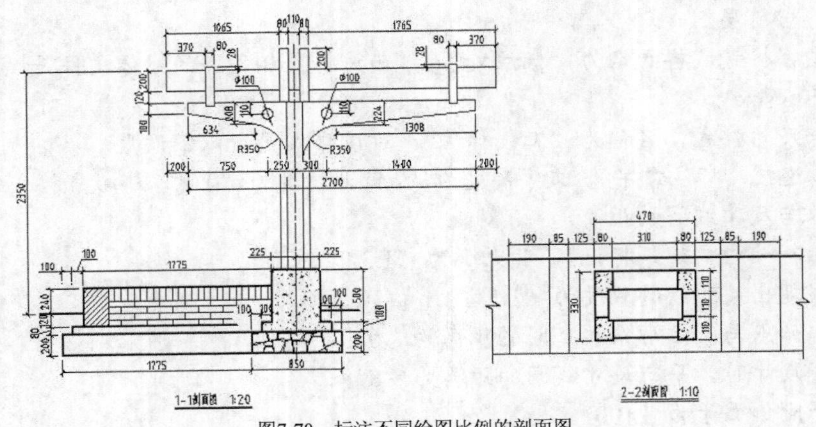

图7-70　标注不同绘图比例的剖面图

1. 建立一个名为“建筑-标注”的图层，设置图层颜色为红色，线型为“Continuous”，并使其成为当前层。
2. 创建新文字样式，样式名为“标注文字”，与该样式相关联的字体文件是“gbeitc.shx”和“gbcbig.shx”。
3. 创建一个尺寸样式，名称为“工程标注”，对该样式进行以下设置。
(1) 标注文本连接“标注文字”，文字高度为“2.5”，精度为“0.0”，小数点格式是“句点”。
(2) 标注文本与尺寸线间的距离是“0.8”。
(3) 尺寸起止符号为“建筑标记”，其大小为“1.3”。
(4) 尺寸界线超出尺寸线的长度为“1.5”。
(5) 尺寸线起始点与标注对象端点间的距离为“1.5”。
(6) 标注基线尺寸时，平行尺寸线间的距离为“8”。
(7) 标注全局比例因子为“20”。
(8) 使“工程标注”成为当前样式。
4. 激活对象捕捉，设置捕捉类型为“端点”、“交点”。
5. 标注尺寸“370”、“1065”等，再利用当前样式的覆盖方式标注直径和半径尺寸，如图 7-71 所示。
6. 使用 XLINE 命令绘制水平辅助线 *A* 及竖直辅助线 *B*、*C* 等，水平辅助线与竖直线的交点是标注尺寸的起始点和终止点，标注尺寸“200”、“750”等，结果如图 7-72 所示。
7. 标注尺寸“100”、“1775”等，结果如图 7-73 所示。
8. 以“工程标注”为基础样式创建新样式，样式名为“工程标注 1-10”。新样式的标注数字比例因子为“0.5”，除此之外，新样式的尺寸变量与基础样式的完全相同。

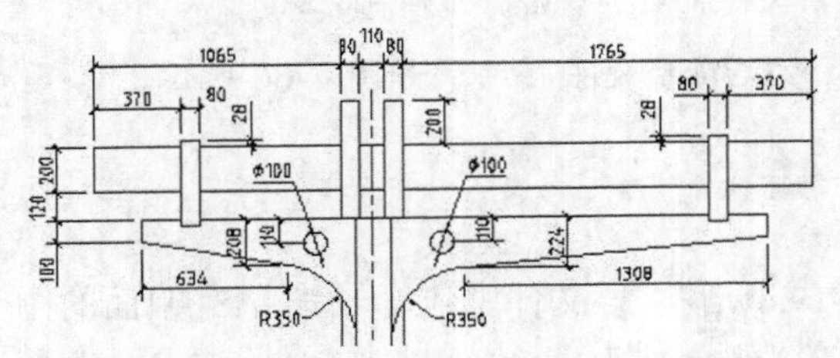

图7-71　标注尺寸“370”、“1065”等

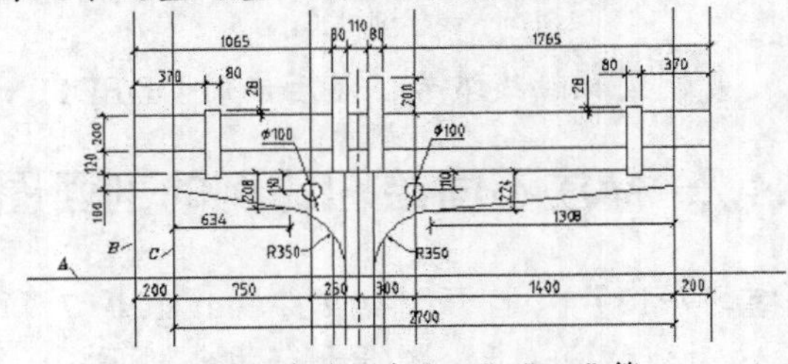

图7-72　标注尺寸“200”、“750”等

> **要点提示** 由于 1:20 的剖面图是按 1:1 的比例绘制的，所以 1:10 的剖面图比真实尺寸放大了两倍，为使标注文字能够正确反映出建筑物的实际大小，应设定标注数字比例因子为 0.5。

9. 使“工程标注 1-10”成为当前样式，然后标注尺寸“310”、“470”等，结果如图 7-74 所示。

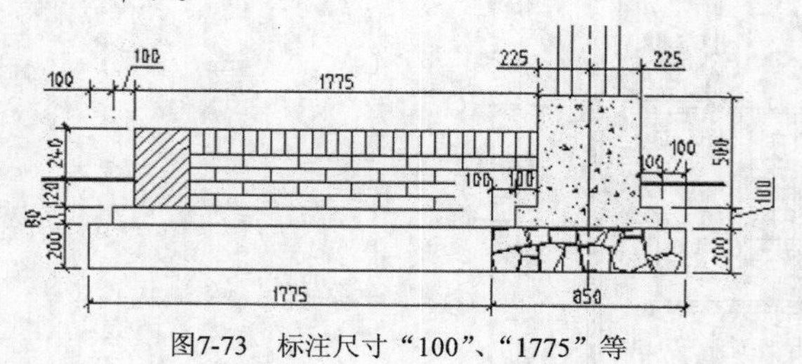

图7-73 标注尺寸“100”、“1775”等

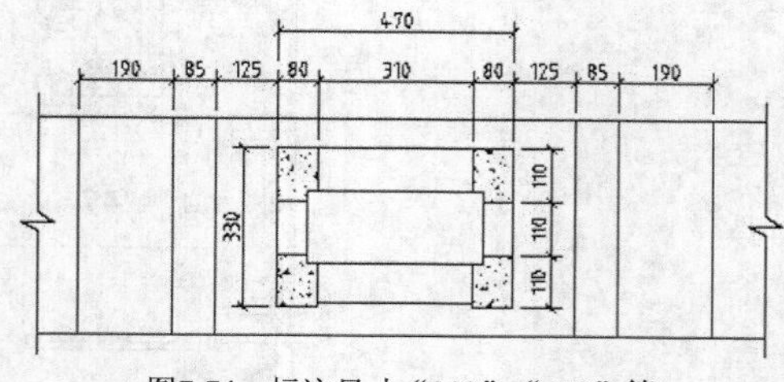

图7-74 标注尺寸“310”、“470”等

7.5 实训——标注楼梯间详图

【练习7-20】：打开附盘文件“dwg\第 7 章\7-20.dwg”，设定【主单位】选项卡中的【比例因子】的值为“50”，利用线性标注、连续标注和基线标注为楼梯详图进行尺寸标注，结果如图 7-75 所示。

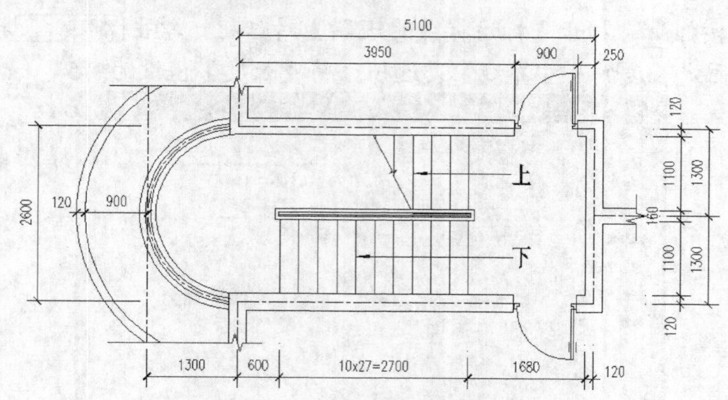

图7-75 楼梯详图尺寸

主要标注步骤如图 7-76 所示。

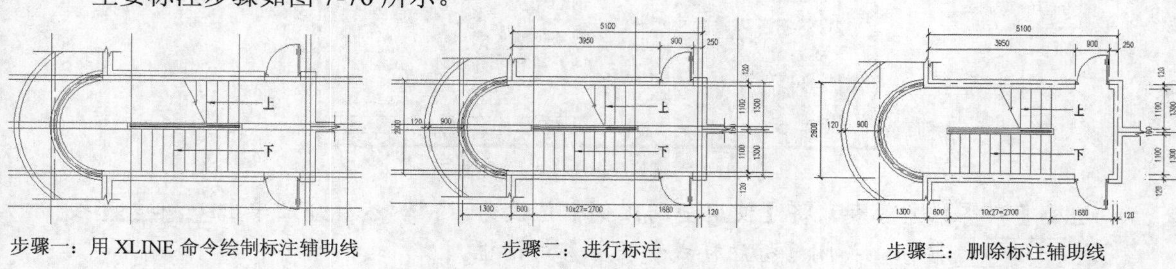

步骤一：用 XLINE 命令绘制标注辅助线　　步骤二：进行标注　　步骤三：删除标注辅助线

图7-76 主要标注步骤

7.6 综合案例——标注别墅首层平面图

【练习7-21】：打开附盘文件“dwg\第 7 章\7-21.dwg”，进行尺寸标注，结果如图 7-77 所示。

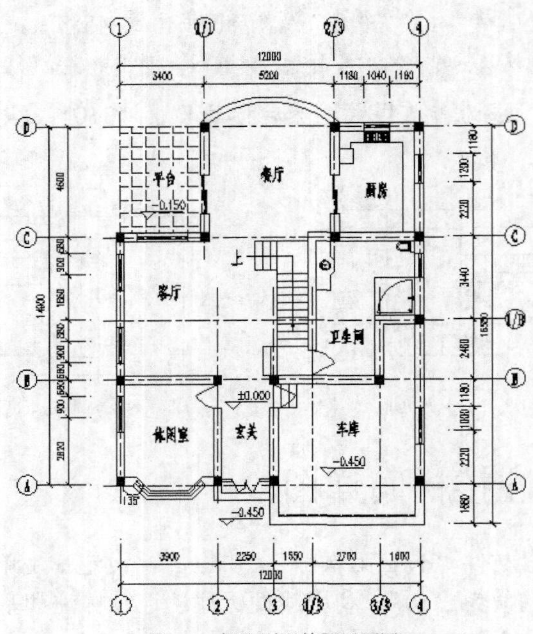

图7-77　标注别墅首层平面图

1. 单击标注样式按钮，打开【标注样式管理器】对话框，单击 修改(M)... 按钮，在【线】选项卡内选取【固定长度的尺寸界线】复选项，将【长度】值设为“5”，如图 7-78 所示。

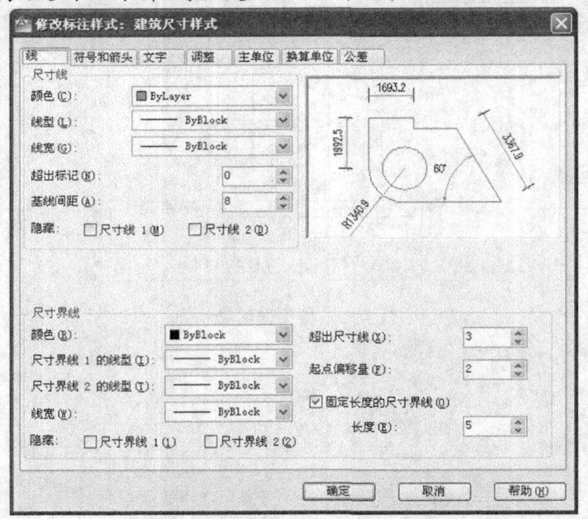

图7-78　【修改标注样式】对话框

2. 进入【调整】选项卡，将【使用全局比例】值设为“1”，然后分别单击 确定 按钮和 关闭 按钮，关闭【标注样式管理器】对话框。
3. 单击线性标注按钮 线性，分别捕捉中心线端点（*A* 点和 *B* 点）测量距离，然后沿 *B* 点向上追踪 1 500，确定尺寸位置，结果如图 7-79 所示。
4. 单击连续标注按钮 连续，捕捉中心线端点和窗端点，绘制连续标注，结果如图 7-80 所示。

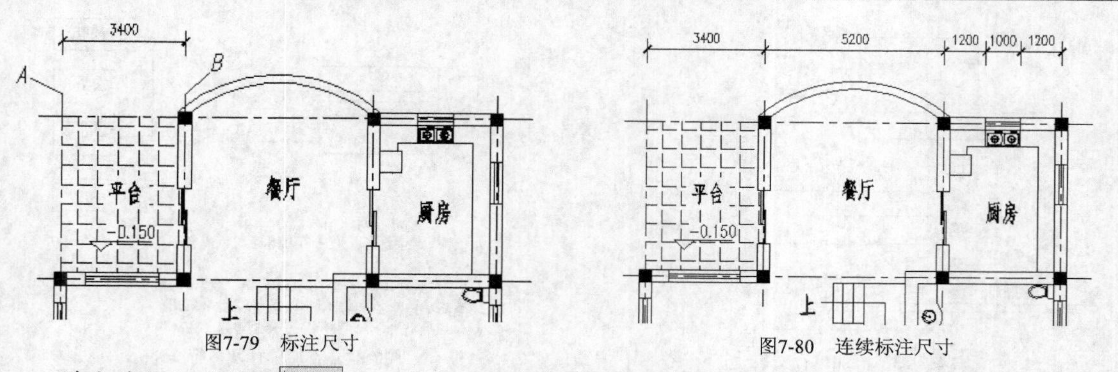

图7-79 标注尺寸

图7-80 连续标注尺寸

5. 单击基线标注按钮 基线，以左端尺寸为基准标注，绘制基线尺寸，结果如图 7-81 所示。
6. 利用相同方法，为其他 3 边标注尺寸，结果如图 7-82 所示。

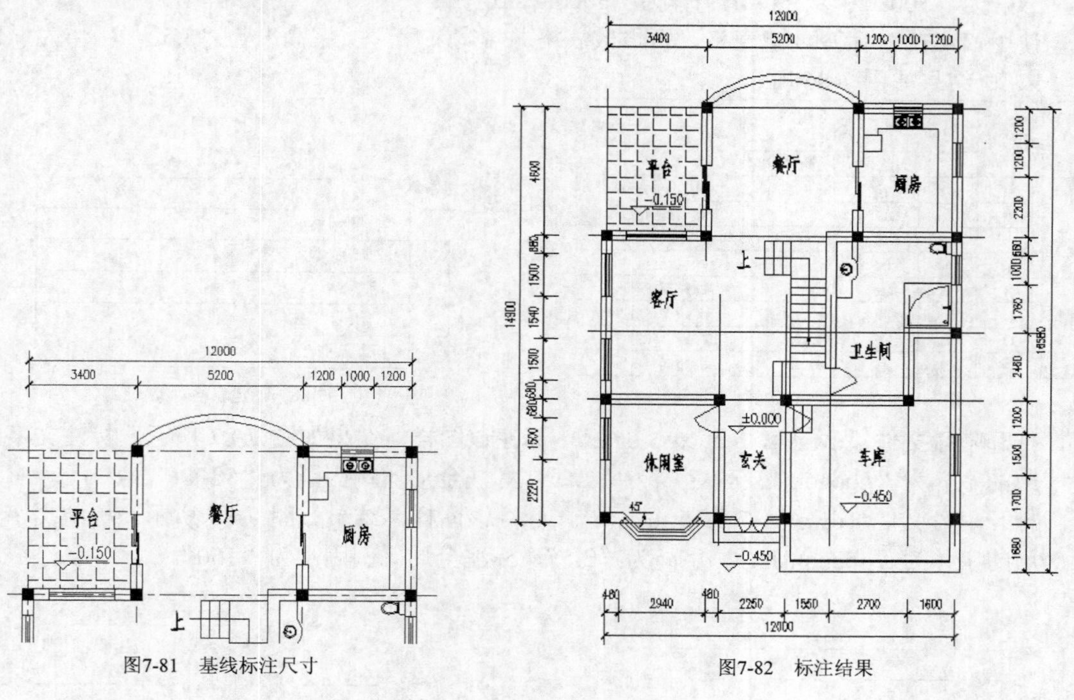

图7-81 基线标注尺寸

图7-82 标注结果

7.7 习题

1. 打开附盘文件“dwg\第 7 章\xt-1.dwg”，如图 7-83 所示，在图中加入单行文字，字高为“3.5”，字体为“楷体-GB2312”。
2. 打开附盘文件“dwg\第 7 章\xt-2.dwg”，在图中添加单行及多行文字，如图 7-84 所示。图中文字的属性如下。

(1) 上部文字为单行文字，字体为“楷体-GB2312”，字高为“80”。

(2) 下部文字为多行文字，文字字高为“80”，“说明”的字体为“黑体”，其余文字采用“楷体-GB2312”。

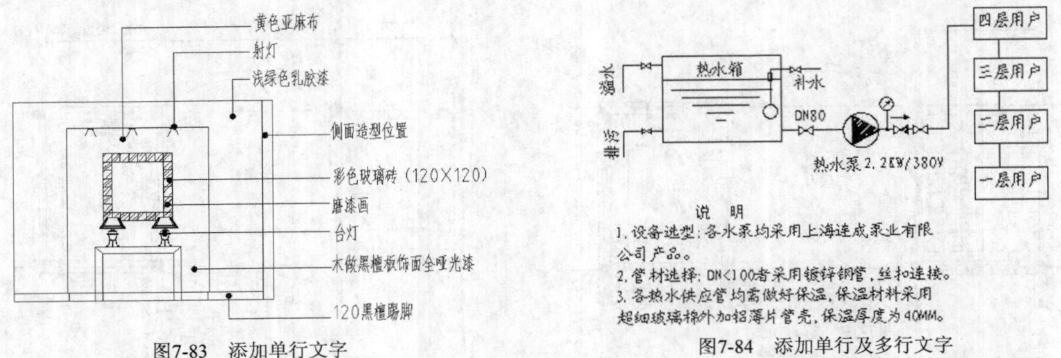

图7-83　添加单行文字　　　　图7-84　添加单行及多行文字

3. 打开附盘文件“dwg\第 7 章\xt-3.dwg”，如图 7-85 所示，在表格中填写单行文字，字高分别为“500”和“350”，字体为“gbcbig.shx”。

4. 使用 TABLE 命令创建表格，再修改表格并填写文字，文字高度为“3.5”，字体为“仿宋”，结果如图 7-86 所示。

类别	设计编号	洞口尺寸（mm）		樘数	采用标准图集及编号		备　注
		宽	高		图集代号	编号	
门	M1	1800	2300	1			不锈钢门（样式由业主自定）
	M2	1500	2200	1			实木门（样式由业主自定）
	M3	1500	2200	1			夹板门（样式由业主自定）
	M4	900	2200	11			夹板门（样式由业主自定）
窗	C1	2350,3500	6400	1	98ZJ721		铝合金窗（详见大样）
	C2	2900,2400	9700	1	98ZJ721		铝合金窗（详见大样）
	C3	1800	2550	1	98ZJ721		铝合金窗（详见大样）
	C4	1800	2250	2	98ZJ721		铝合金窗（详见大样）

图7-85　在表格中填写单行文字

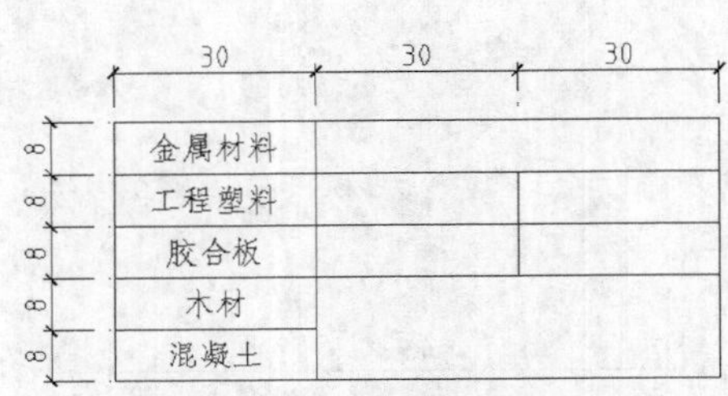

图7-86　创建表格对象

5. 打开附盘文件“dwg\第 7 章\xt-5.dwg”，标注该图样，结果如图 7-87 所示。标注文字采用的字体为“gbenor.shx”，字高为“2.5”，标注全局比例因子为“50”。

6. 打开附盘文件“dwg\第 7 章\xt-6.dwg”，标注该图样，结果如图 7-88 所示。标注文字采用的字体为“gbenor.shx”，字高为“2.5”，标注全局比例因子为“150”。

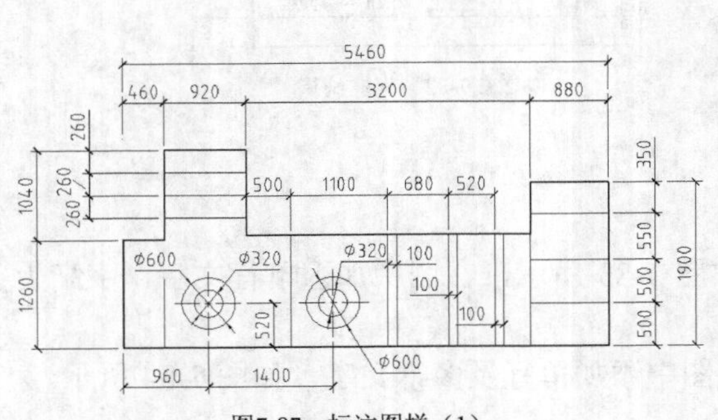

图7-87　标注图样（1）

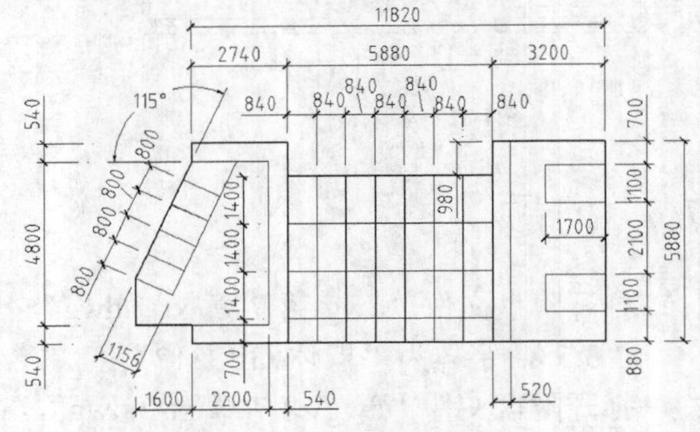

图7-88　标注图样（2）

第8章　建筑施工图

【学习目标】

- 绘制建筑总平面图的步骤。
- 建筑总平面图实例。
- 绘制建筑平面图的步骤。
- 建筑平面图实例。
- 绘制建筑立面图的步骤。
- 建筑立面图实例。
- 绘制建筑剖面图的步骤。
- 建筑剖面图实例。

通过学习本章，读者能够掌握绘制建筑平面图、建筑立面图和剖面图的步骤，并通过典型实例了解如何绘制建筑总平面图、建筑平面图、建筑立面图和剖面图。

8.1　范例解析——绘制建筑总平面图

在设计和建造一幢房屋前，需要一张总平面图说明建筑物的地点、位置、朝向及周围的环境等，总平面图表示了一项工程的整体布局。

8.1.1　用 AutoCAD 绘制总平面图的步骤

绘制总平面图的主要步骤如下。

(1)　将建筑物所在位置的地形图以块的形式插入到当前图形中，然后用 SCALE 命令缩放地形图，使其大小与实际地形尺寸相吻合。例如，若地形图上有一条表示长度为 10m 的线段，则将地形图插入到 AutoCAD 中后，执行 SCALE 命令，利用该命令的“参照(R)”选项将该线段由原始尺寸缩放到 10 000（单位为 mm）个图形单位。

(2)　绘制新建筑物周围的原有建筑、道路系统及绿化设施等。

(3)　在地形图中绘制新建筑物的轮廓。若已有该建筑物的平面图，则可将该平面图复制到总平面图中，删除不必要的线条，仅保留平面图的外形轮廓线即可。

(4)　插入标准图框，并以绘图比例的倒数缩放图框。

(5)　标注新建筑物的定位尺寸、室内地面标高及室外整平地面的标高等。设置标注的全局比例为绘图比例的倒数。

8.1.2 总平面图绘制实例

【练习8-1】：　绘制如图 8-1 所示的建筑总平面图，绘图比例为 1:500，采用 A3 幅面的图框。

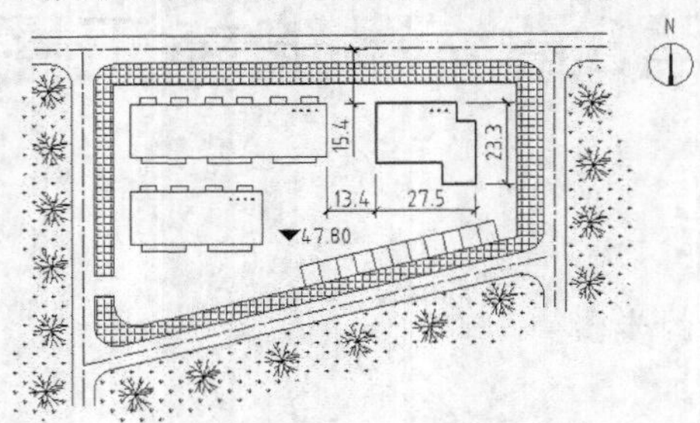

图8-1　绘制总平面图

1. 创建以下图层。

名称	颜色	线型	线宽
总图-新建	白色	Continuous	0.7
总图-原有	白色	Continuous	默认
总图-道路	蓝色	Continuous	默认
总图-绿化	绿色	Continuous	默认
总图-车场	白色	Continuous	默认
总图-标注	白色	Continuous	默认

当创建不同种类的对象时，应切换到相应图层。

2. 设定绘图区域的大小为 200 000 × 200 000，设置线型全局比例因子为 500（绘图比例的倒数）。
3. 激活极轴追踪、对象捕捉及自动追踪功能。设置极轴追踪角度增量为“90”，设定对象捕捉方式为“端点”、“交点”，设置仅沿正交方向进行自动追踪。
4. 使用 XLINE 命令绘制水平和竖直的作图基准线，然后利用 OFFSET、LINE、BREAK、FILLET 及 TRIM 等命令绘制道路及停车场，如图 8-2 所示。图中所有圆角的半径均为 6 000。
5. 使用 OFFSET、TRIM 等命令绘制原有建筑和新建建筑，细节尺寸及结果如图 8-3 所示。使用 DONUT 命令绘制表示建筑物层数的圆点，圆点直径为 1 000。

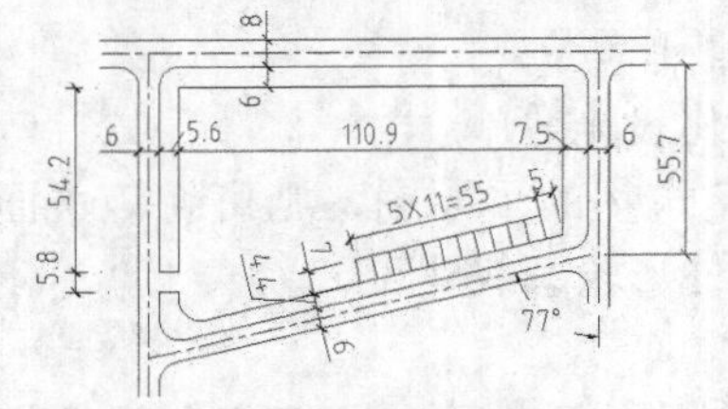

图8-2　绘制道路及停车场

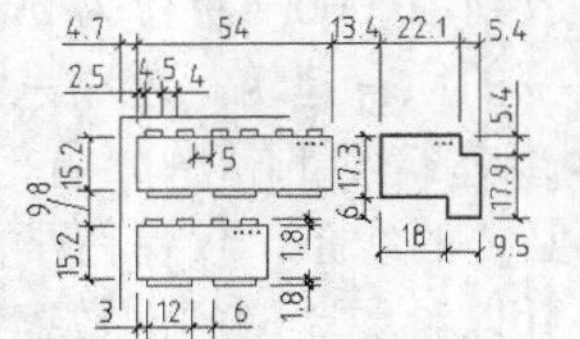

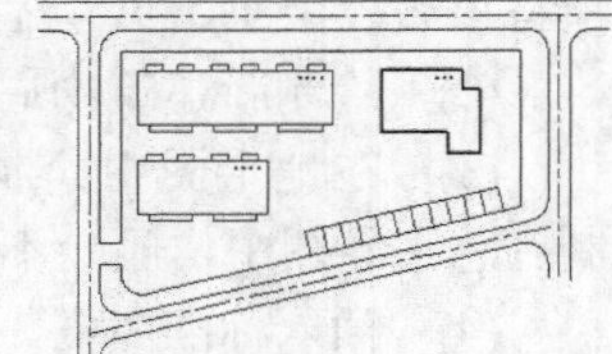

图8-3　绘制原有建筑和新建建筑

6. 利用设计中心插入“图例.dwg”中的图块“树木”，再使用 PLINE 命令绘制辅助线 *A*、*B*、*C*，然后填充剖面图案，图案名称分别为“GRASS”和“ANGLE”，如图 8-4 所示。
7. 删除辅助线，结果如图 8-1 所示。
8. 打开附盘文件“dwg\第 8 章\8-A3.dwg”，该文件包含一个 A3 幅面的图框，利用

Windows 的复制/粘贴功能将 A3 幅面的图纸复制到总平面图中，使用 SCALE 命令缩放图框，缩放比例为 500，然后将总平面图布置在图框中，结果如图 8-5 所示。

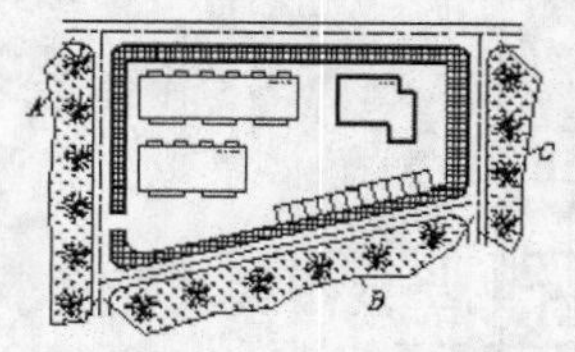

图8-4　插入图块及填充剖面图案

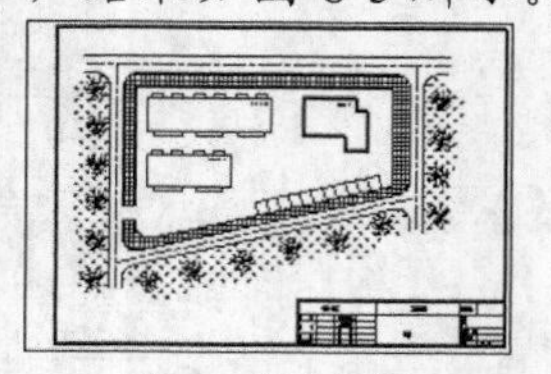
图8-5　插入图框

9. 标注尺寸。尺寸文字的字高为 2.5，全局比例因子为 500，尺寸数值比例因子为 0.001。

当以 1:500 的比例打印图纸时，标注字高为 2.5，标注文本是以“米”为单位的数值。

10. 利用设计中心插入“图例.dwg”中的图块“室外地坪标高”、“标高”及“指北针”，块的缩放比例因子为 500。

8.2　范例解析——绘制建筑平面图

假想用一个剖切平面在门窗洞的位置将房屋水平剖切开，对剖切平面以下的部分进行正投影而形成的图样就是建筑平面图。该图是建筑施工图中最基本的图样之一，主要用于表示建筑物的平面形状以及沿水平方向的布置和组合关系等。

8.2.1　用 AutoCAD 绘制平面图的步骤

用 AutoCAD 绘制平面图的总体思路是先整体、后局部，主要绘制过程如下。

(1) 创建图层，如墙体层、轴线层、柱网层等。

(2) 绘制一个表示作图区域大小的矩形，单击【二维导航】面板上的按钮，将该矩形全部显示在绘图窗口中，再用 EXPLODE 命令分解矩形，形成作图基准线。此外，也可利用 LIMITS 命令设定绘图区域的大小，然后用 LINE 命令绘制水平及竖直的作图基准线。

(3) 用 OFFSET 和 TRIM 命令绘制水平及竖直的定位轴线。

(4) 用 MLINE 命令绘制外墙体，形成平面图的大致形状。

(5) 绘制内墙体。

(6) 用 OFFSET 和 TRIM 命令在墙体上绘制门窗洞口。

(7) 绘制门窗、楼梯及其他局部细节。

(8) 插入标准图框，并以绘图比例的倒数缩放图框。

(9) 标注尺寸，尺寸标注全局比例为绘图比例的倒数。

(10) 书写文字，文字字高为图纸上的实际字高与绘图比例倒数的乘积。

8.2.2　平面图绘制实例

【练习8-2】：　绘制建筑平面图，如图 8-6 所示，绘图比例为 1:100，采用 A2 幅面的图框。为使图形简洁，图中仅标出了总体尺寸、轴线间距尺寸及部分细节尺寸。

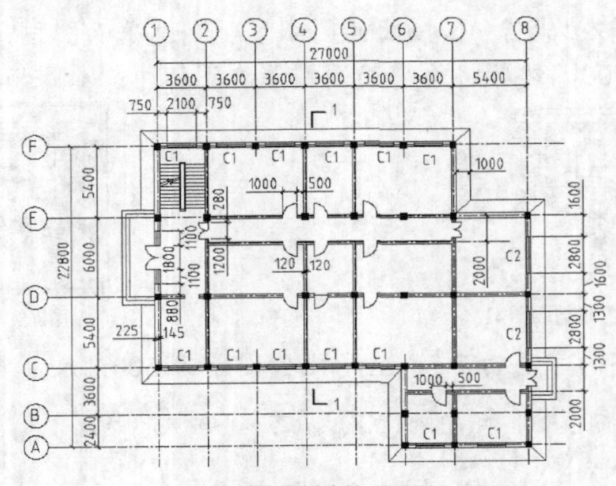

图8-6　绘制建筑平面图

1. 创建以下图层。

名称	颜色	线型	线宽
建筑-轴线	蓝色	Center	默认
建筑-柱网	白色	Continuous	默认
建筑-墙体	白色	Continuous	0.7
建筑-门窗	白色	Continuous	默认
建筑-台阶及散水	红色	Continuous	默认
建筑-楼梯	白色	Continuous	默认
建筑-标注	白色	Continuous	默认

当创建不同种类的对象时，应切换到相应图层。

2. 设定绘图区域的大小为 40 000×40 000，设置线型全局比例因子为 100（绘图比例的倒数）。
3. 激活极轴追踪、对象捕捉及自动追踪功能。设置极轴追踪角度增量为“90”，设定对象捕捉方式为“端点”、“交点”，设置仅沿正交方向进行自动追踪。
4. 使用 LINE 命令绘制水平及竖直的作图基准线，然后利用 OFFSET、BREAK 及 TRIM 等命令绘制轴线，结果如图 8-7 所示。
5. 在屏幕的适当位置绘制柱的横截面，尺寸如图 8-8 左图所示，先画一个正方形，再连接两条对角线，然后用“SOLID”图案填充图形，结果如图 8-8 右图所示。正方形两条对角线的交点可作为柱截面的定位基准点。
6. 使用 COPY 命令形成柱网，结果如图 8-9 所示。

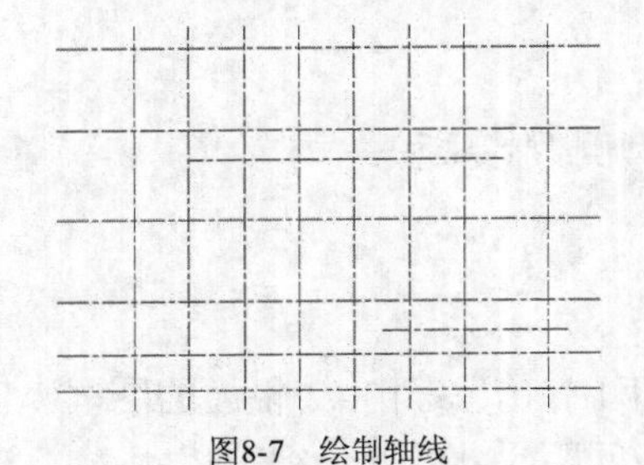
图8-7　绘制轴线

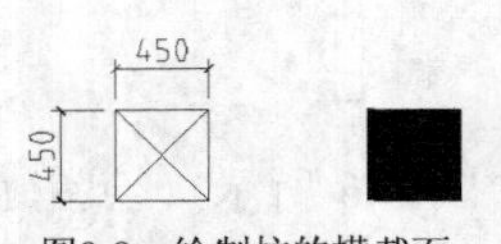

图8-8　绘制柱的横截面

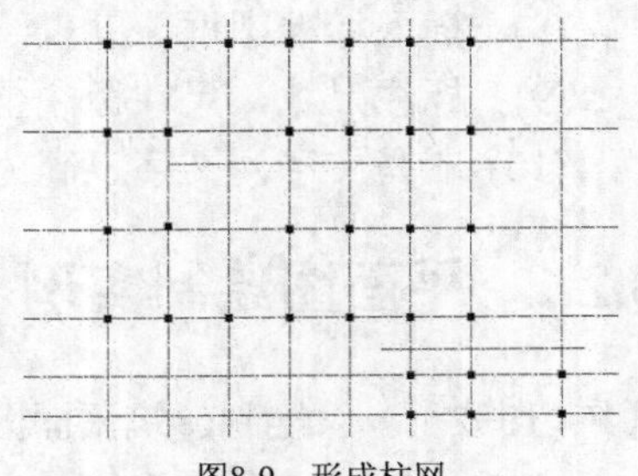
图8-9　形成柱网

7. 创建两个多线样式。

样式名	元素	偏移量
墙体-370	两条直线	145、-225
墙体-240	两条直线	120、-120

8. 关闭“建筑-柱网”层，指定“墙体-370”为当前样式，用 MLINE 命令绘制建筑物外墙体，再设定“墙体-240”为当前样式，绘制建筑物内墙体，结果如图 8-10 所示。
9. 使用 MLEDIT 命令编辑多线相交的形式，再分解多线，修剪多余线条。
10. 使用 OFFSET、TRIM 和 COPY 命令绘制所有的门窗洞口，结果如图 8-11 所示。
11. 利用设计中心插入“图例.dwg”中的门窗图块，这些图块分别是 M1000、M1200、M1800 及 C370×100，再复制这些图块，结果如图 8-12 所示。

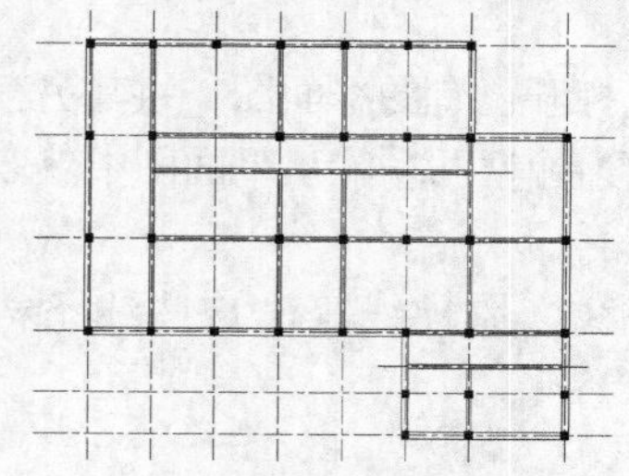

图8-10　绘制外墙体和内墙体

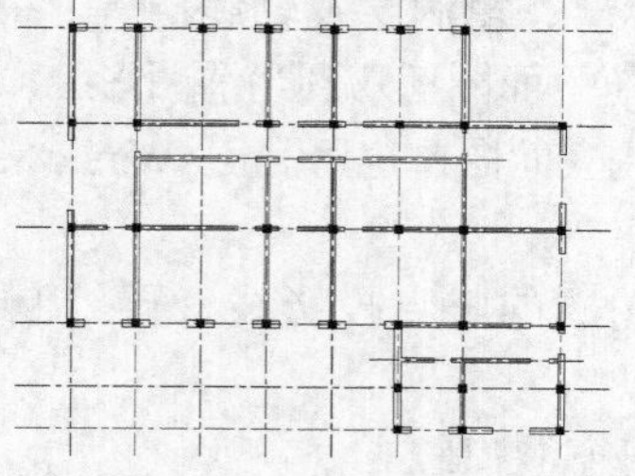

图8-11　形成门窗洞口

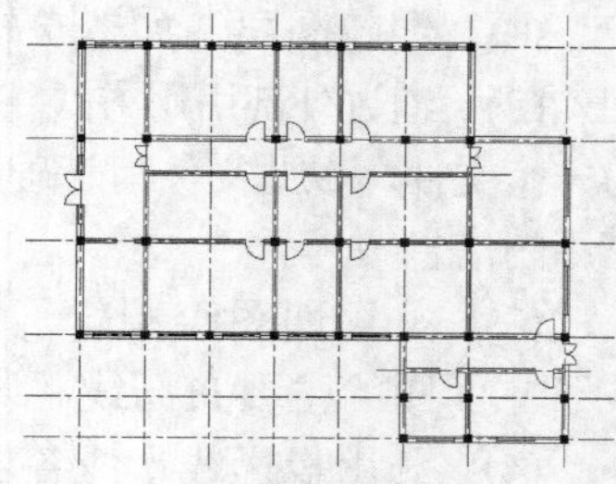

图8-12　插入门窗图块

12. 绘制室外台阶及散水，细节尺寸和结果如图 8-13 所示。

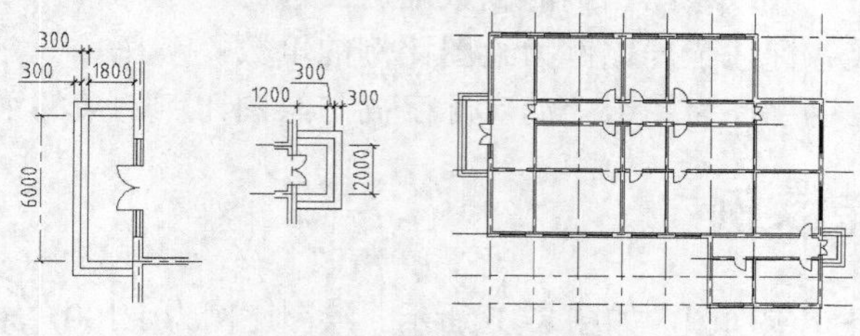

图8-13　绘制室外台阶及散水

13. 绘制楼梯，楼梯尺寸如图 8-14 所示。
14. 打开附盘文件“dwg\第 8 章\8-A2.dwg”，该文件中包含一个 A2 幅面的图框，利用 Windows 的复制/粘贴功能将 A2 幅面的图纸复制到平面图中，使用 SCALE 命令缩放图框，缩放比例为 100，然后把平面图布置在图框中，结果如图 8-15 所示。

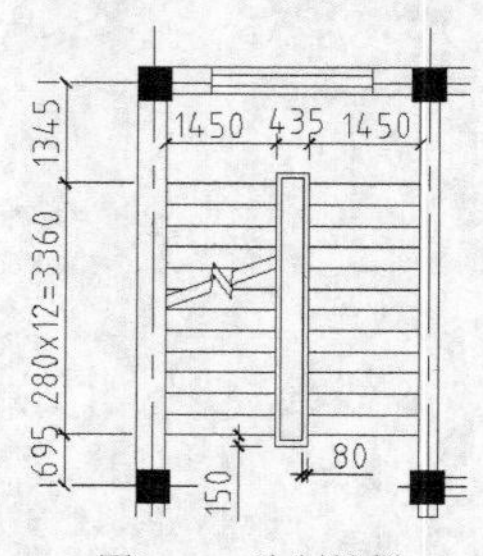

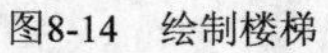

图8-14　绘制楼梯

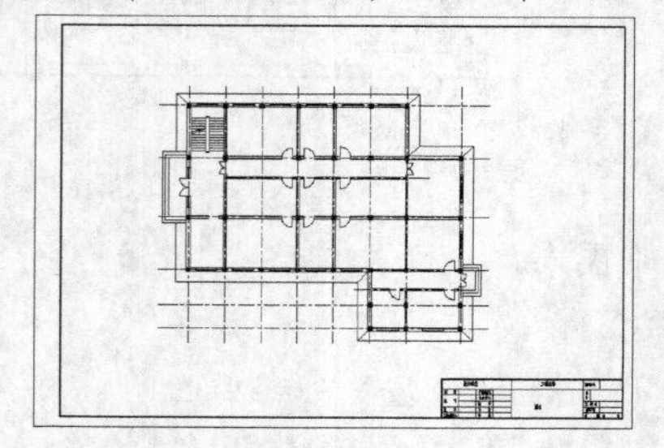

图8-15　插入图框

15. 标注尺寸，尺寸文字的字高为 2.5，全局比例因子为 100。
16. 利用设计中心插入“图例.dwg”中的标高块及轴线编号块，并填写属性文字，块的缩放比例因子为 100。
17. 将文件以名称“平面图.dwg”保存，该文件将用于绘制立面图和剖面图。

8.3 范例解析——绘制建筑立面图

建筑立面图是按不同投影方向绘制的房屋侧面外形图，它主要反映房屋的外貌和立面装饰情况，其中反映主要入口或比较显著地反映房屋外貌特征的立面图称为正立面图，其余立面图称为背立面图、侧立面图。

8.3.1 用 AutoCAD 绘制立面图的步骤

绘制立面图的主要过程如下。

(1) 创建图层，如建筑轮廓层、窗洞层及轴线层等。

(2) 通过外部引用方式将建筑平面图插入到当前图形中，或者打开已有的平面图，将其另存为一个文件，以此文件为基础绘制立面图，也可利用 Windows 的复制/粘贴功能从平面图中获取有用的信息。

(3) 从平面图绘制建筑物轮廓的竖直投影线，再绘制地平线、屋顶线等，这些线条构成了立面图的主要布局线。

(4) 利用投影线形成各层门窗洞口线。

(5) 以布局线为作图基准线，绘制墙面细节，如阳台、窗台及壁柱等。

(6) 插入标准图框，并以绘图比例的倒数缩放图框。

(7) 标注尺寸，尺寸标注全局比例为绘图比例的倒数。

(8) 书写文字，文字字高为图纸上的实际字高与绘图比例倒数的乘积。

8.3.2 立面图绘制实例

【练习8-3】： 绘制建筑立面图，如图 8-16 所示。绘图比例为 1:100，采用 A3 幅面的图框。

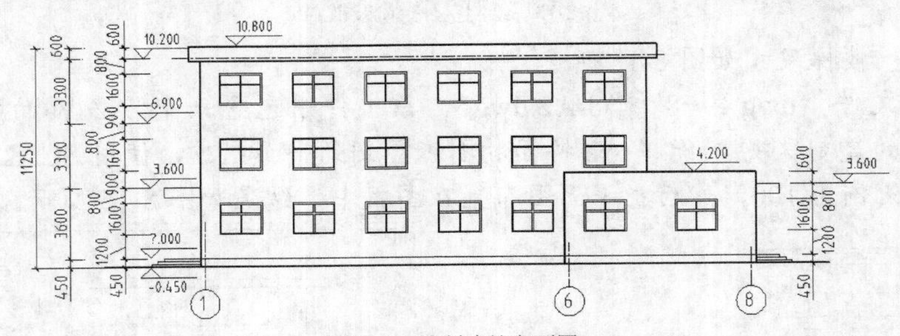

图8-16　绘制建筑立面图

1. 创建以下图层。

名称	颜色	线型	线宽
建筑-轴线	蓝色	Center	默认
建筑-构造	白色	Continuous	默认
建筑-轮廓	白色	Continuous	0.7
建筑-地坪	白色	Continuous	1.0
建筑-窗洞	红色	Continuous	0.35
建筑-标注	白色	Continuous	默认

当创建不同种类的对象时，应切换到相应图层。

2. 设定绘图区域的大小为 40 000×40 000，设置线型全局比例因子为 100（绘图比例的倒数）。
3. 激活极轴追踪、对象捕捉及自动追踪功能。设置极轴追踪角度增量为“90”，设定对象捕捉方式为“端点”、“交点”，设置仅沿正交方向进行自动追踪。
4. 利用外部引用方式将 8.2.2 小节创建的文件“平面图.dwg”插入到当前图形中，再关闭该文件的“建筑-标注”及“建筑-柱网”层。
5. 从平面图绘制竖直投影线，再使用 LINE、OFFSET 及 TRIM 命令绘制屋顶线、室外地坪线和室内地坪线等，细节尺寸和结果如图 8-17 所示。
6. 从平面图绘制竖直投影线，再使用 OFFSET 及 TRIM 命令绘制窗洞线，结果如图 8-18 所示。

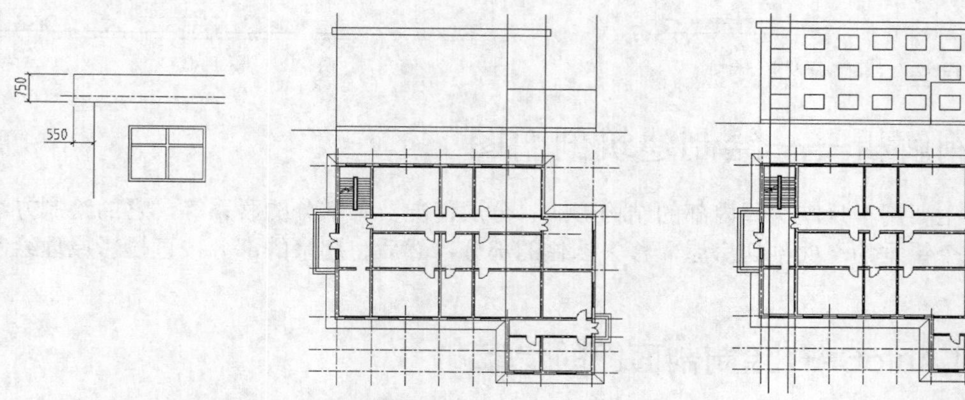

图8-17　绘制投影线和建筑物轮廓线等　　图8-18　绘制窗洞线

7. 绘制窗户，细节尺寸和结果如图 8-19 所示。
8. 从平面图绘制竖直投影线，再使用 OFFSET 及 TRIM 命令绘制雨篷及室外台阶，结果如图 8-20 所示。雨篷厚度为 500，室外台阶分 3 个踏步，每个踏步高 150。

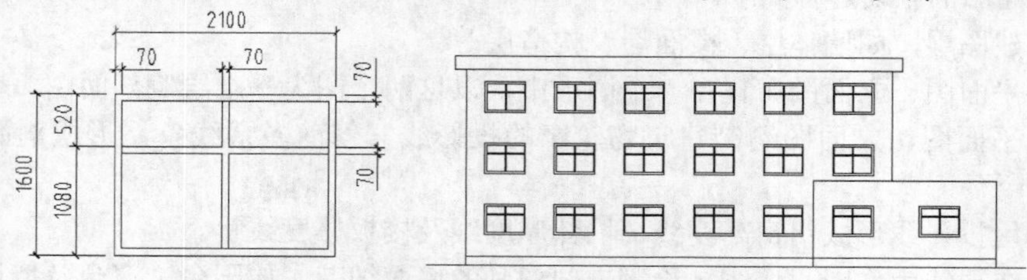

图8-19　绘制窗户

9. 拆离外部引用文件，再打开附盘文件“dwg\第 8 章\8-A3.dwg”，该文件中包含一个 A3 幅面的图框，利用 Windows 的复制/粘贴功能将 A3 幅面的图纸复制到立面图中，使用 SCALE 命令缩放图框，缩放比例为 100，然后把立面图布置在图框中，结果如图 8-21 所示。
10. 标注尺寸，尺寸文字的字高为 2.5，全局比例因子为 100。
11. 利用设计中心插入“图例.dwg”中的标高块及轴线编号块，并填写属性文字，块的缩放比例因子为 100。
12. 将文件以名称“立面图.dwg”保存，该文件将用于绘制剖面图。

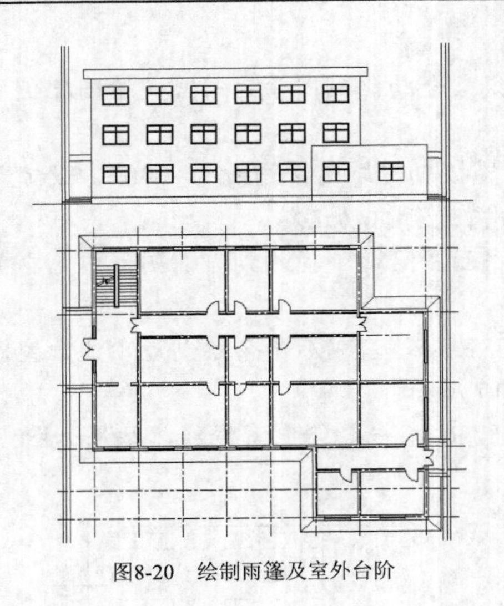

图8-20　绘制雨篷及室外台阶

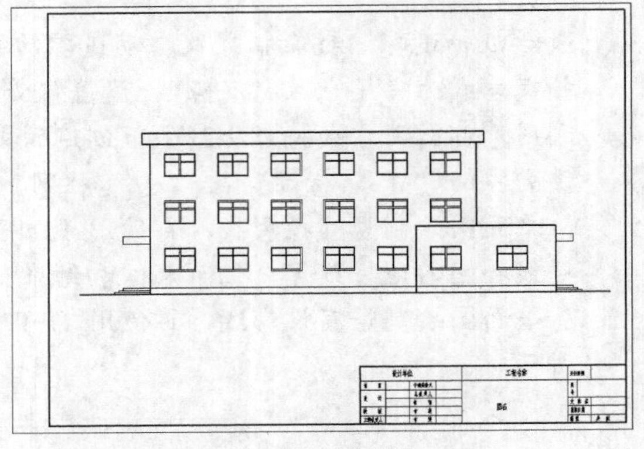

图8-21　插入图框

8.4 范例解析——绘制建筑剖面图

剖面图主要用于反映房屋内部的结构形式、分层情况及各部分的联系等，它的绘制方法是假想用一个铅垂的平面剖切房屋，移去挡住的部分，然后将剩余的部分按正投影原理绘制出来。

8.4.1 用 AutoCAD 绘制剖面图的步骤

可将平面图、立面图作为绘制剖面图的辅助图形。将平面图旋转 90°，并布置在适当的位置，从平面图、立面图绘制竖直及水平的投影线，以形成剖面图的主要特征，然后绘制剖面图各部分的细节。

绘制剖面图的主要过程如下。

(1) 创建图层，如墙体层、楼面层及构造层等。

(2) 将平面图、立面图布置在一个图形中，以这两个图为基准绘制剖面图。

(3) 从平面图、立面图绘制建筑物轮廓的投影线，修剪多余线条，形成剖面图的主要布局线。

(4) 利用投影线形成门窗高度线、墙体厚度线及楼板厚度线等。

(5) 以布局线为作图基准线，绘制未剖切到的墙面细节，如阳台、窗台及墙垛等。

(6) 插入标准图框，并以绘图比例的倒数缩放图框。

(7) 标注尺寸，尺寸标注全局比例为绘图比例的倒数。

(8) 书写文字，文字字高为图纸上的实际字高与绘图比例倒数的乘积。

8.4.2 剖面图绘制实例

【练习8-4】：　绘制建筑剖面图，如图 8-22 所示，绘图比例为 1:100，采用 A3 幅面的图框。

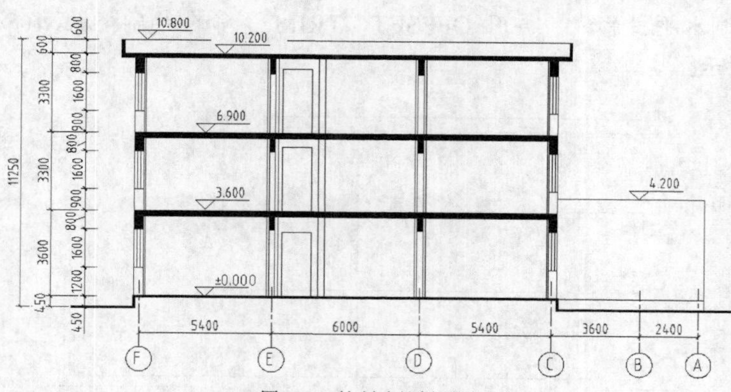

图8-22 绘制建筑剖面图

1. 创建以下图层。

名称	颜色	线型	线宽
建筑-轴线	蓝色	Center	默认
建筑-楼面	白色	Continuous	0.7
建筑-墙体	白色	Continuous	0.7
建筑-地坪	白色	Continuous	1.0
建筑-门窗	红色	Continuous	默认
建筑-构造	红色	Continuous	默认
建筑-标注	白色	Continuous	默认

当创建不同种类的对象时，应切换到相应图层。

2. 设定绘图区域的大小为 30 000×30 000，设置线型全局比例因子为 100（绘图比例的倒数）。
3. 激活极轴追踪、对象捕捉及自动追踪功能。设置极轴追踪角度增量为“90”，设定对象捕捉方式为“端点”、“交点”，设置仅沿正交方向进行自动追踪。
4. 利用外部引用方式将已创建的文件“平面图.dwg”和“立面图.dwg”插入到当前图形中，再关闭两文件中的“建筑-标注”层。
5. 将建筑平面图旋转 90°，并将其布置在适当位置。从立面图和平面图向剖面图绘制投影线，再绘制屋顶的左、右端面线，结果如图 8-23 所示。
6. 从平面图绘制竖直投影线，投影墙体，结果如图 8-24 所示。

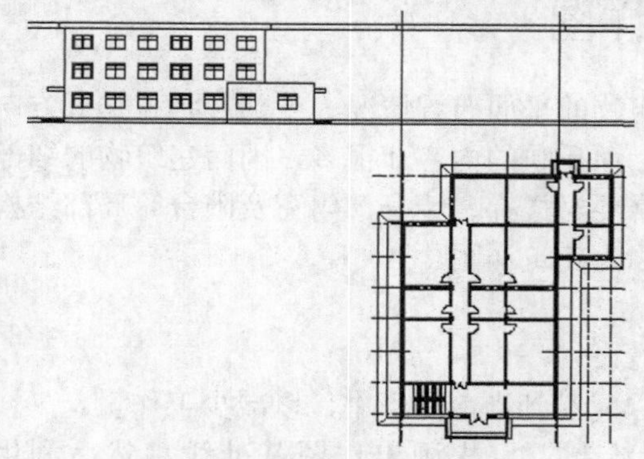

图8-23 绘制投影线及屋顶端面线

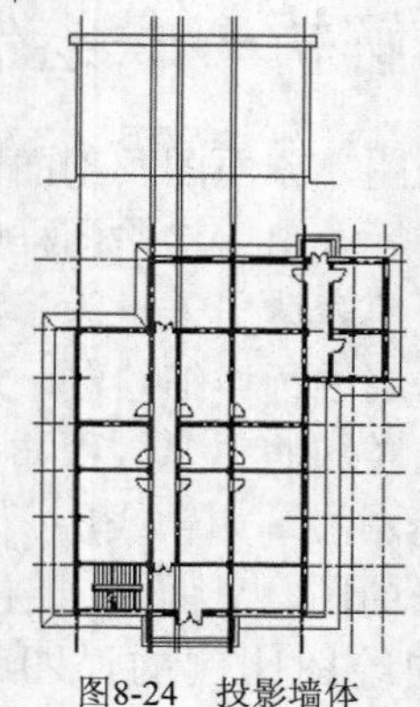

图8-24 投影墙体

7. 从立面图绘制水平投影线，再用 OFFSET、TRIM 等命令绘制楼板、窗洞及檐口，结果如图 8-25 所示。

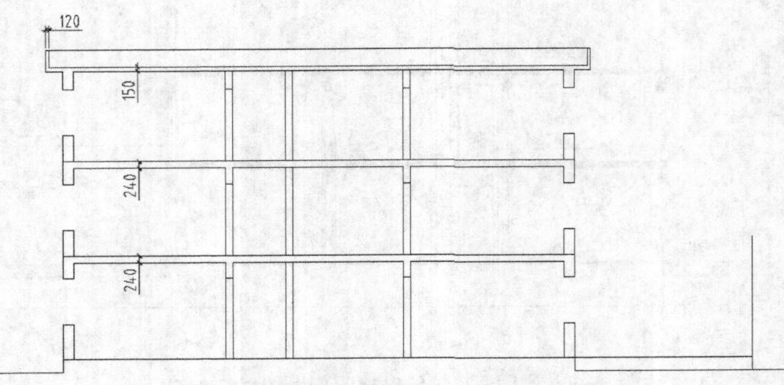

图8-25　绘制楼板、窗洞及檐口

8. 绘制窗户、门、柱及其他细节，结果如图 8-26 所示。
9. 拆离外部引用文件，再打开附盘文件“dwg\第 8 章\8-A3.dwg”，该文件中包含一个 A3 幅面的图框，利用 Windows 的复制/粘贴功能将 A3 幅面的图纸复制到剖面图中，用 SCALE 命令缩放图框，缩放比例为 100，然后把剖面图布置在图框中，结果如图 8-27 所示。

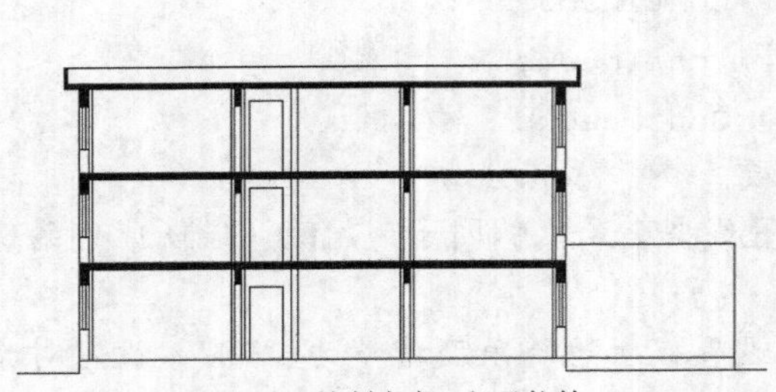

图8-26　绘制窗户、门及柱等

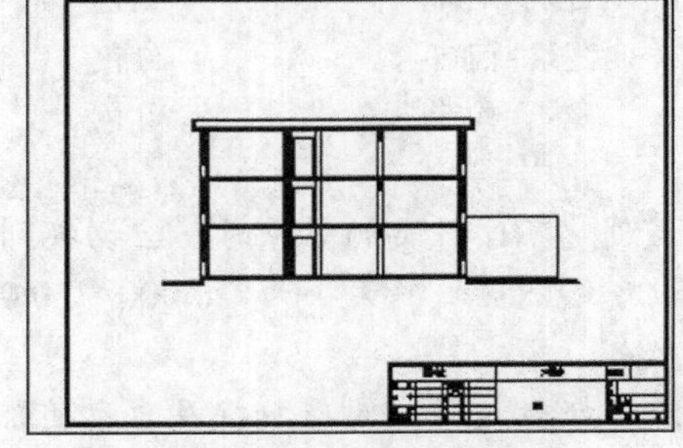

图8-27　插入图框

10. 标注尺寸，尺寸文字的字高为 2.5，全局比例因子为 100。
11. 利用设计中心插入“图例.dwg”中的标高块及轴线编号块，并填写属性文字，块的缩放比例因子为 100。
12. 将文件以名称“剖面图.dwg”保存。

8.5 范例解析——绘制建筑施工详图

建筑平面图、立面图及剖面图主要表达了建筑物的平面布置情况、外部形状和垂直方向上的结构构造等。由于这些图样的绘图比例较小，而反映的内容却很多，因而建筑物的细部结构很难清晰地表达出来。为了满足施工要求，常要对楼梯、墙身、门窗及阳台等局部结构采用较大的比例进行详细绘制，这样画出的图样称为建筑详图。

绘制建筑详图的主要过程如下。

(1) 创建图层，如轴线层、墙体层及装饰层等。

(2) 将平面图、立面图或剖面图中的有用对象复制到当前图形中，以减少工作量。

(3) 不同绘图比例的详图都按 1:1 的比例绘制。可先画出作图基准线，然后利用

OFFSET 及 TRIM 命令绘制图样细节。

(4) 插入标准图框，并以出图比例的倒数缩放图框。

(5) 对绘图比例与出图比例不同的详图进行缩放操作，缩放比例因子等于绘图比例与出图比例的比值，然后再将所有详图布置在图框内。例如，有绘图比例为 1:20 和 1:40 的两张详图，要布置在 A3 幅面的图纸内，出图比例为 1:40，则布图前，应先用 SCALE 命令缩放 1:20 的详图，缩放比例因子为 2。

(6) 标注尺寸，尺寸标注全局比例为出图比例的倒数。

(7) 对于已缩放 n 倍的详图，应采用新样式进行标注。标注全局比例为出图比例的倒数，尺寸数值比例因子为 $1/n$。

(8) 书写文字，文字字高为图纸上的实际字高与绘图比例倒数的乘积。

【练习8-5】： 绘制建筑详图，如图 8-28 所示。两个详图的绘图比例分别为 1:10 和 1:20，图幅采用 A3 幅面，出图比例为 1:10。

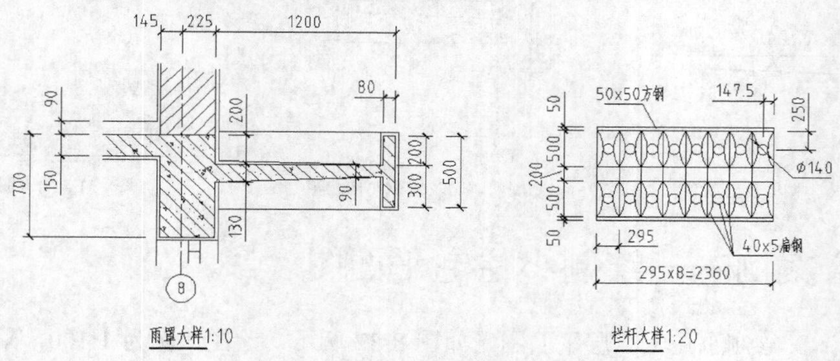

图8-28 绘制详图

1. 创建以下图层。

名称	颜色	线型	线宽
建筑-轴线	蓝色	Center	默认
建筑-楼面	白色	Continuous	0.7
建筑-墙体	白色	Continuous	0.7
建筑-门窗	红色	Continuous	默认
建筑-构造	红色	Continuous	默认
建筑-标注	白色	Continuous	默认

当创建不同种类的对象时，应切换到相应图层。

2. 设定绘图区域的大小为 4 000 × 4 000，设置线型全局比例因子为 10（出图比例的倒数）。
3. 激活极轴追踪、对象捕捉及自动追踪功能。设置极轴追踪角度增量为“90”，设定对象捕捉方式为“端点”、“交点”，设置仅沿正交方向进行自动追踪。
4. 使用 LINE 命令绘制轴线及水平作图基准线，然后使用 OFFSET、TRIM 命令绘制墙体、楼板及雨篷等，结果如图 8-29 所示。
5. 使用 OFFSET、LINE 及 TRIM 命令绘制墙面、门及楼板面构造等，再填充剖面图案，结果如图 8-30 所示。

6. 使用与步骤 4、5 类似的方法绘制栏杆的大样图。
7. 打开附盘文件“dwg\第 8 章\8-A3.dwg”，该文件中包含一个 A3 幅面的图框。利用 Windows 的复制/粘贴功能将 A3 幅面的图纸复制到详图中，使用 SCALE 命令缩放图框，缩放比例为 10。
8. 使用 SCALE 命令缩放栏杆大样图，缩放比例为 0.5，然后把两个详图布置在图框中，结果如图 8-31 所示。
9. 创建尺寸标注样式“详图 1:10”，尺寸文字的字高为 2.5，全局比例因子为 10，再以“详图 1:10”为基础样式创建新样式“详图 1:20”，该样式的尺寸数值比例因子为 2。
10. 标注尺寸及书写文字，文字字高为 35。

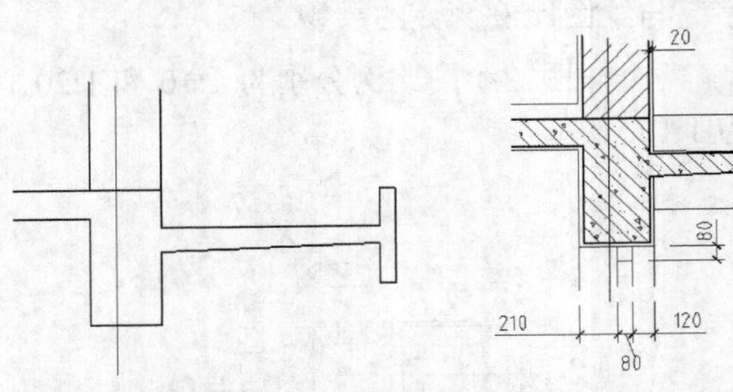

图8-29　绘制墙体、楼板及雨篷等　　图8-30　绘制墙面、门及楼板面构造等

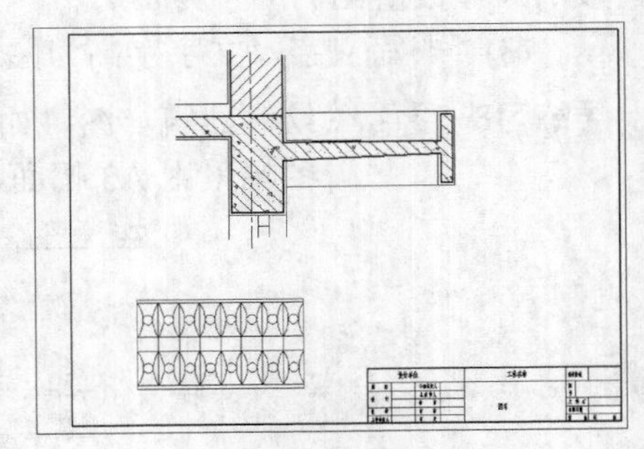

图8-31　插入图框

8.6 综合案例——绘制小住宅平面图

【练习8-6】：绘制小住宅二层平面图，如图 8-32 所示，绘图比例为 1:100，采用 A2 幅面的图框。为使图形简洁，图中仅标出了总体尺寸、轴线间距尺寸及部分细节尺寸。

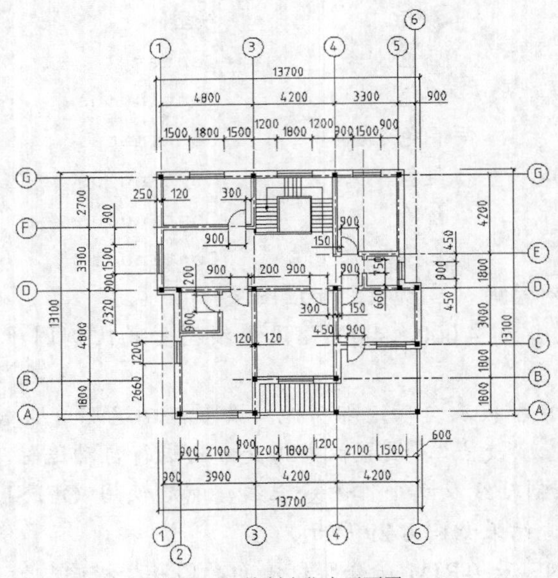

图8-32　绘制小住宅平面图

1. 创建以下图层。

名称	颜色	线型	线宽
建筑-轴线	蓝色	Center	默认
建筑-柱网	白色	Continuous	默认
建筑-墙体	白色	Continuous	0.7
建筑-门窗	白色	Continuous	默认
建筑-露台及雨篷	红色	Continuous	默认
建筑-楼梯	白色	Continuous	默认
建筑-标注	白色	Continuous	默认

当创建不同种类的对象时，应切换到相应图层。

2. 设定绘图区域的大小为 20 000×20 000，双击鼠标滚轮，使该区域充满图形窗口显示。设置线型全局比例因子为 100。
3. 打开极轴追踪、对象捕捉及自动追踪功能。设置极轴追踪角度增量为“90”，设定对象捕捉方式为“端点”、“交点”。
4. 绘制轴线及柱网，结果如图 8-33 左图所示。绘制外墙及内墙，结果如图 8-33 右图所示。
5. 绘制露台及雨篷，形成所有门窗洞口，结果如图 8-34 所示。

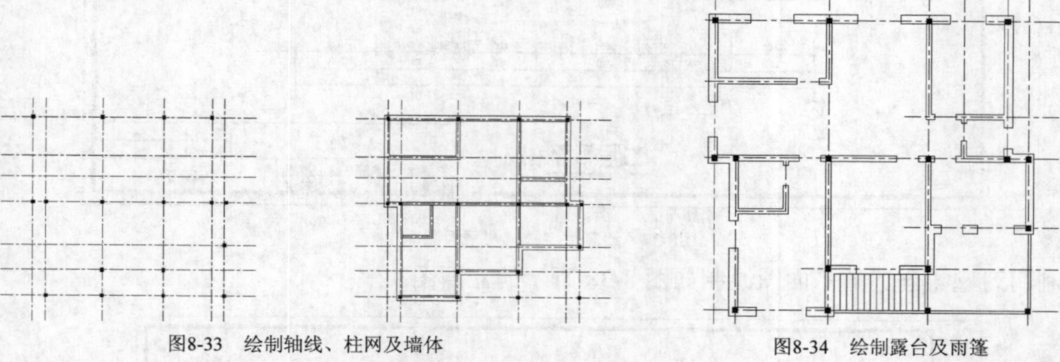

图8-33　绘制轴线、柱网及墙体　　图8-34　绘制露台及雨篷

6. 绘制门、窗的图例符号，如图 8-35 左图所示。使用 COPY、ROTATE 及 STRETCH 等命令布置门、窗符号，结果如图 8-35 右图所示。
7. 绘制楼梯，楼梯细节尺寸自定，结果如图 8-36 所示。

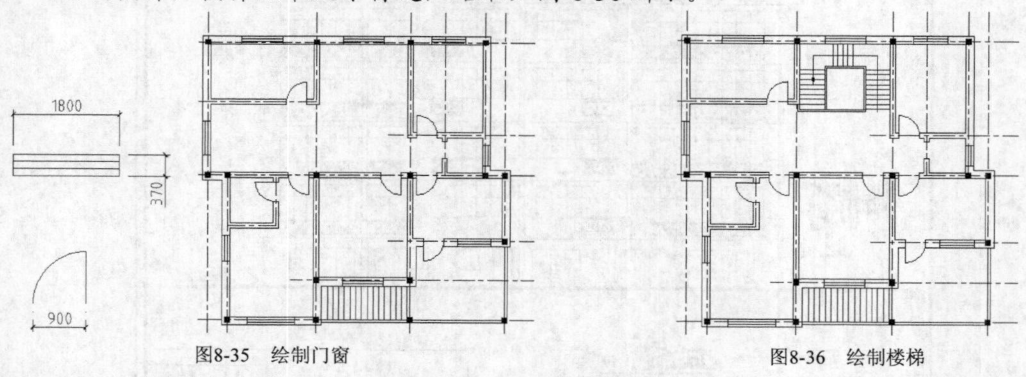

图8-35　绘制门窗　　图8-36　绘制楼梯

8. 插入标准图框，放大 100 倍，将平面图布置在图框中，标注尺寸及书写文字，标注时的全局比例为 100。

8.7 习题

1. 绘制如图 8-37 所示的住宅楼二层平面图。

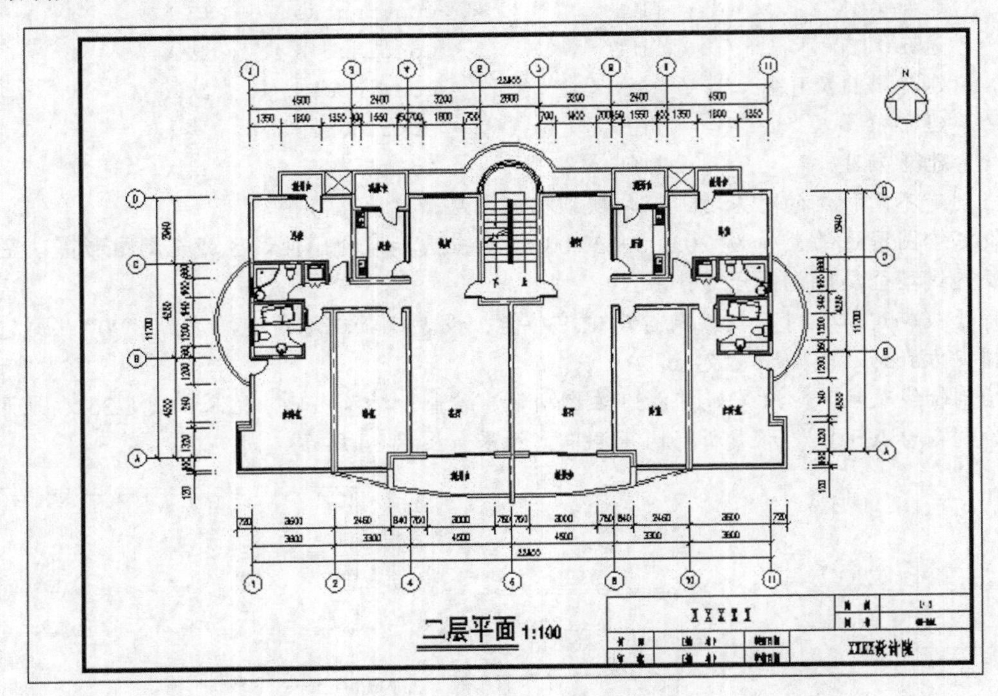

图8-37　绘制住宅楼二层平面图

2. 利用习题 1 创建的平面图绘制如图 8-38 所示的立面图。

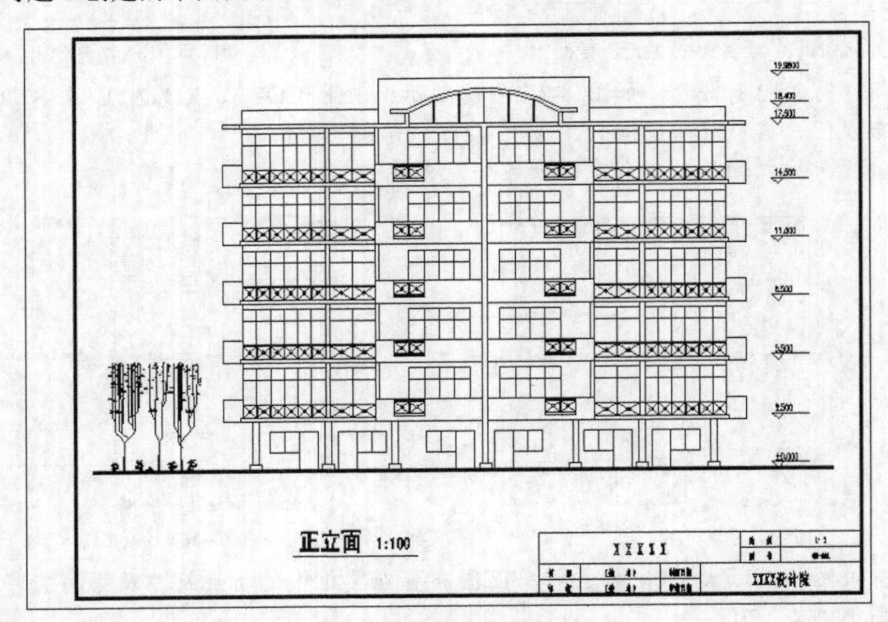

图8-38　绘制住宅楼正立面图

第9章　结构施工图

【学习目标】

- 绘制基础平面图的步骤。
- 基础平面图实例。
- 绘制结构平面图的步骤。
- 结构平面图实例。
- 绘制钢筋混凝土构件图的步骤。
- 钢筋混凝土构件图实例。

通过学习本章，读者能够掌握绘制结构施工图的方法和技巧。

9.1　范例解析——基础平面图

基础平面图用于表达建筑物的平面布局及详细构造，其图示特点是假想用一水平剖切面在相对标高±0.000 处将建筑物剖开，移去上面部分，去除基础周围的回填土后绘制水平投影。

9.1.1　绘制基础平面图的步骤

基础平面图的绘图比例一般与建筑平面图相同，两图的轴线分布情况应一致。绘制基础平面图的步骤如下。

(1)　创建图层，如墙体层、基础层及标注层等。

(2)　绘制轴线、柱网及墙体，或从建筑平面图中复制这些对象。

(3)　使用 XLINE、OFFSET 及 TRIM 等命令绘制基础轮廓线。

(4)　插入标准图框，并以绘图比例的倒数缩放图框。

(5)　标注尺寸，尺寸标注全局比例为绘图比例的倒数。

(6)　书写文字，文字字高为图纸上的实际字高与绘图比例倒数的乘积。

9.1.2　基础平面图绘制实例

【练习9-1】：　绘制建筑物基础平面图，如图 9-1 所示，绘图比例为 1:100，采用 A2 幅面的图框。

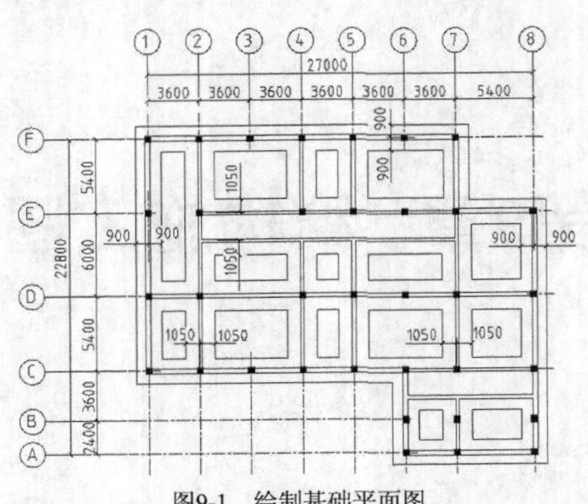

图9-1　绘制基础平面图

1. 打开附盘文件“dwg\第 9 章\建筑平面图.dwg”，关闭“建筑-标注”、“建筑-楼梯”等图层，只保留“建筑-轴线”、“建筑-墙体”、“建筑-柱网”图层。
2. 创建新图形，设定绘图区域的大小为 40 000 × 40 000，设置线型全局比例因子为 100（绘图比例的倒数）。
3. 利用 Windows 的复制/粘贴功能将“建筑平面图.dwg”中的轴线、墙体及柱网复制到新图形中，再利用 ERASE、EXTEND 及 STRETCH 命令使断开的墙体连接起来，结果如图 9-2 所示。
4. 将新图形中的“建筑-轴线”、“建筑-墙体”、“建筑-柱网”层改名为“结构-轴线”、“结构-基础墙体”、“结构-柱网”，然后创建以下图层。

名称	颜色	线型	线宽
结构-基础	白色	Continuous	0.35
结构-标注	红色	Continuous	默认

当创建不同种类的对象时，应切换到相应图层。

5. 利用 XLINE、OFFSET 及 TRIM 命令生成基础墙两侧的基础外形轮廓，如图 9-3 所示。

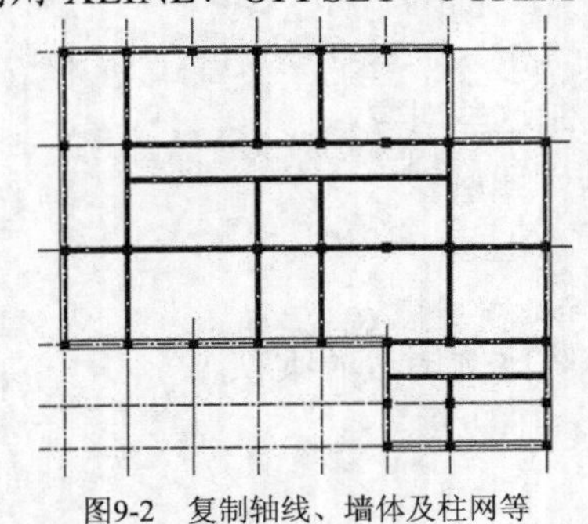

图9-2　复制轴线、墙体及柱网等

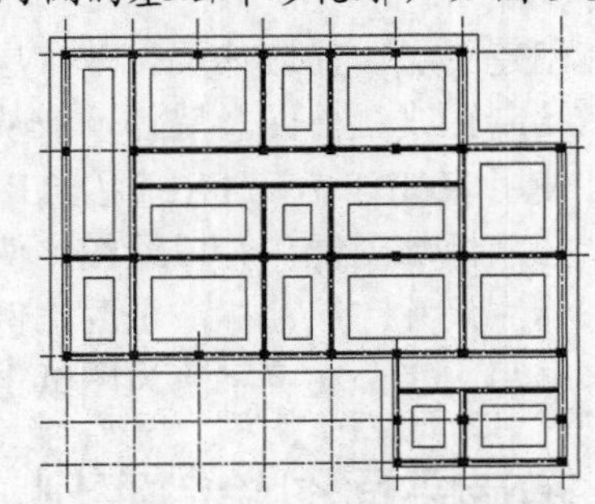

图9-3　生成基础外形轮廓

6. 接下来插入标准图框、标注尺寸及书写文字，请读者自己完成。

9.2　范例解析——结构平面图

结构平面图是表示室外地坪以上建筑物各层梁、板、柱和墙等构件平面布置情况的图样，其图示特点是假想沿着楼板上表面将建筑物剖开，移去上面部分，然后从上往下进行投影。

9.2.1 绘制结构平面图的步骤

绘制结构平面图时，一般应选用与建筑平面图相同的绘图比例，绘制出与建筑平面图完全一致的轴线。

绘制结构平面图的步骤如下。

(1) 创建图层，如墙体层、钢筋层及标注层等。

(2) 绘制轴线、柱网及墙体，或从建筑平面图中复制这些对象。

(3) 绘制板、梁等构件的轮廓线。

(4) 使用 PLINE 或 LINE 命令在屏幕的适当位置绘制钢筋线，然后用 COPY、ROTATE 及 MOVE 命令在板内布置钢筋。

(5) 插入标准图框，并以绘图比例的倒数缩放图框。

(6) 标注尺寸，尺寸标注全局比例为绘图比例的倒数。

(7) 书写文字，文字字高为图纸上的实际字高与绘图比例倒数的乘积。

9.2.2 结构平面图绘制实例

【练习9-2】： 绘制楼层结构平面图，如图 9-4 所示，绘图比例为 1:100，采用 A2 幅面的图框。此练习题的目的是为读者演示绘制结构平面图的步骤，因此仅画出了楼板的部分配筋。

1. 打开附盘文件“dwg\第 9 章\建筑平面图.dwg”，关闭“建筑-标注”、“建筑-楼梯”等图层，只保留“建筑-轴线”、“建筑-墙体”和“建筑-柱网”图层。
2. 创建新图形，设定绘图区域的大小为 40 000 × 40 000，设置线型全局比例因子为 100（绘图比例的倒数）。
3. 利用 Windows 的复制/粘贴功能将“建筑平面图.dwg”中的轴线、墙体及柱网复制到新图形中，利用 ERASE、EXTEND 及 STRETCH 命令使断开的墙体连接起来，结果如图 9-5 所示。

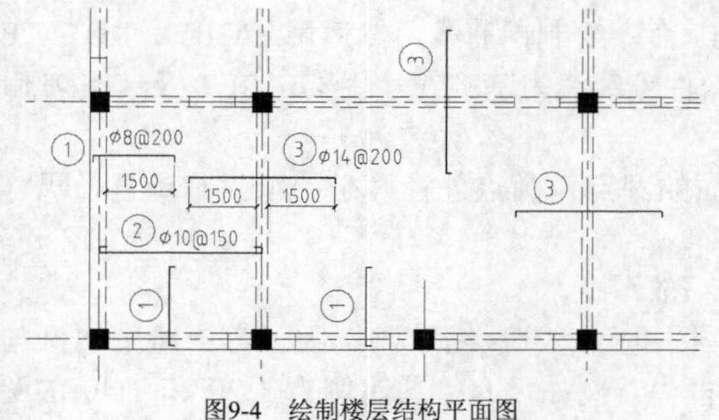

图9-4 绘制楼层结构平面图

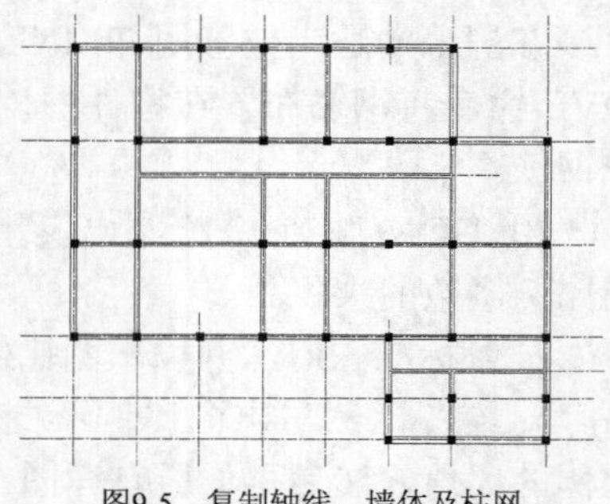

图9-5 复制轴线、墙体及柱网

4. 将新图形中的“建筑-轴线”、“建筑-墙体”、“建筑-柱网”图层改名为“结构-轴线”、“结构-墙体”、“结构-柱网”，然后创建以下图层。

名称	颜色	线型	线宽
结构-钢筋	白色	Continuous	0.70
结构-标注	红色	Continuous	默认

当创建不同种类的对象时，应切换到相应图层。

5. 使用 PLINE 或 LINE 命令在屏幕的适当位置绘制钢筋，如图 9-6 所示。
6. 使用 COPY、ROTATE 及 MOVE 等命令在楼板内布置钢筋，结果如图 9-7 所示。

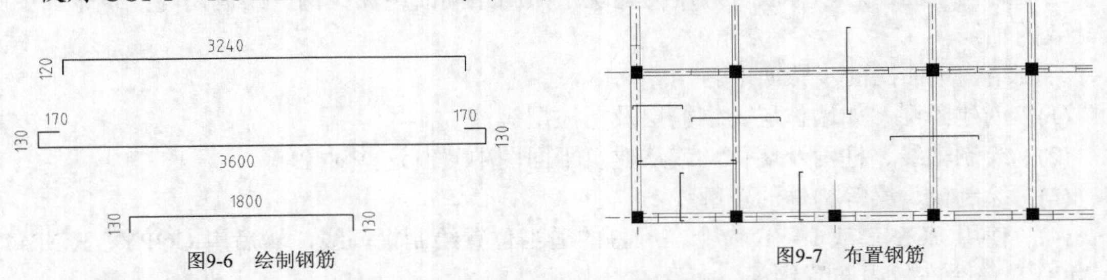

图9-6　绘制钢筋　　图9-7　布置钢筋

7. 在楼梯间绘制交叉对角线，再将楼板下的不可见构件修改为虚线。
8. 读者自己绘制楼板内的其余配筋，然后插入图框、标注尺寸及书写文字。

9.3　范例解析——钢筋混凝土构件图

钢筋混凝土构件图表达了构件的形状大小、钢筋本身及其在混凝土中的布置情况。该图的图示特点是假定混凝土是透明的，然后将构件进行投影，这样构件内的钢筋就可以是可见的，其分布情况即可一目了然。必要时，用户还可将钢筋抽出来绘制钢筋详图并列出钢筋表。

9.3.1　绘制钢筋混凝土构件图的步骤

绘制钢筋混凝土构件图时，一般先画出构件的外形轮廓，然后绘制构件内的钢筋。绘制此类图的步骤如下。

(1) 创建图层，如钢筋层、梁层及标注层等。

(2) 可将已有施工图中的有用对象复制到当前图形中，以减少工作量。

(3) 不同绘图比例的构件详图都按 1:1 的比例绘制。一般先画出轴线、重要轮廓边线等，再以这些线为作图基准线，用 OFFSET 及 TRIM 命令绘制构件外形轮廓。

(4) 在屏幕的适当位置用 PLINE 或 LINE 命令绘制钢筋线，然后用 COPY、ROTATE 及 MOVE 命令将钢筋布置在构件中，也可以构件轮廓线为基准线，用 OFFSET 及 TRIM 命令生成钢筋。

(5) 用 DONUT 命令绘制出表示钢筋断面的圆点，圆点外径等于图纸上圆点直径尺寸与出图比例倒数的乘积。

(6) 插入标准图框，并以出图比例的倒数缩放图框。

(7) 对绘图比例与出图比例不同的构件详图进行缩放，缩放比例因子等于绘图比例与出图比例的比值，然后再将所有详图布置在图框内。例如，有绘图比例为 1:20 和 1:40 的两张详图要布置在 A3 幅面的图纸内，出图比例为 1:40，布图前应先用 SCALE 命令缩放 1:20 的详图，缩放比例因子为 2。

(8) 标注尺寸，尺寸标注全局比例为出图比例的倒数。

(9) 对于已缩放 n 倍的详图，应采用新样式进行标注，标注全局比例为出图比例的倒数，尺寸数值比例因子为 $1/n$。

(10) 书写文字，文字字高为图纸上的实际字高与绘图比例倒数的乘积。

9.3.2 钢筋混凝土构件图绘制实例

【练习9-3】：绘制钢筋混凝土梁结构详图，如图 9-8 所示，绘图比例分别为 1:25 和 1:10，图幅采用 A2 幅面，出图比例为 1:25。

1. 创建以下图层。

名称	颜色	线型	线宽
结构-轴线	蓝色	Center	默认
结构-梁	白色	Continuous	默认
结构-钢筋	白色	Continuous	0.7
结构-标注	红色	Continuous	默认

   当创建不同种类的对象时，应切换到相应图层。

2. 设定绘图区域的大小为 10 000 × 10 000，设置线型全局比例因子为 25（出图比例的倒数）。
3. 激活极轴追踪、对象捕捉及自动追踪功能。设置极轴追踪角度增量为“90”，设定对象捕捉方式为“端点”、“交点”，设置仅沿正交方向进行自动追踪。
4. 用 LINE 命令绘制轴线及水平作图基准线，然后使用 OFFSET、TRIM 命令绘制墙体及梁的轮廓线，结果如图 9-9 所示。

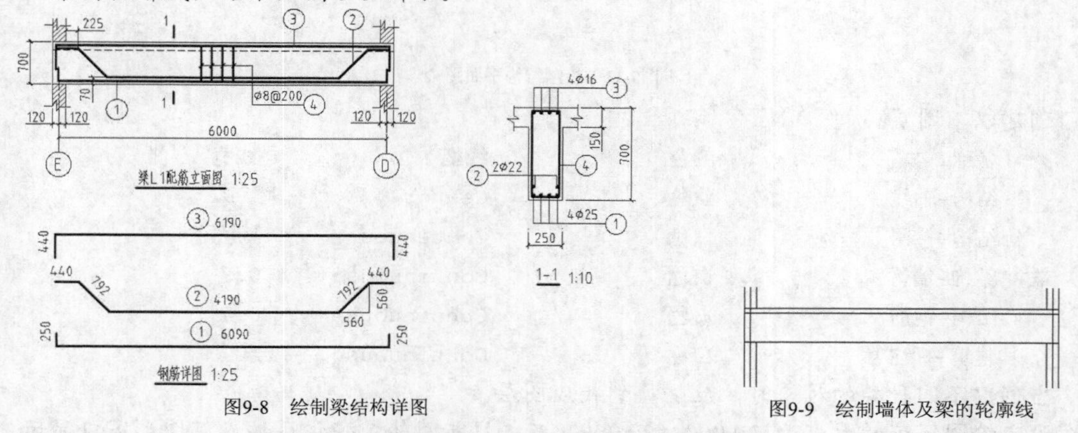

图9-8 绘制梁结构详图

图9-9 绘制墙体及梁的轮廓线

5. 使用 PLINE 或 LINE 命令在屏幕的适当位置绘制钢筋，然后用 COPY、MOVE 等命令在梁内布置钢筋，结果如图 9-10 所示。钢筋保护层的厚度为 25。
6. 使用 LINE、OFFSET 及 DONUT 命令绘制梁的断面图，结果如图 9-11 所示。图中圆点的直径为 20。

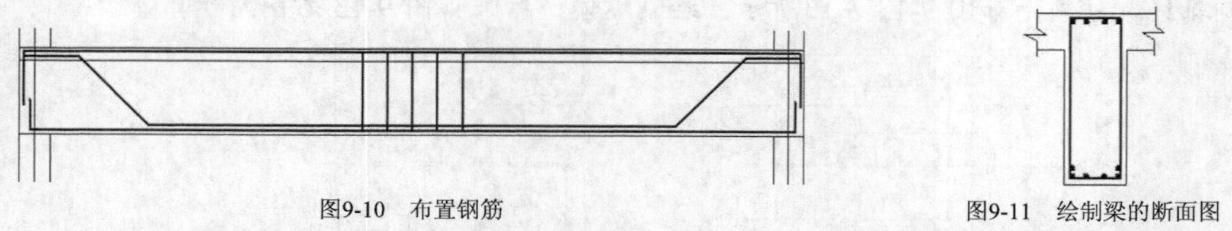

图9-10 布置钢筋

图9-11 绘制梁的断面图

7. 使用 SCALE 命令缩放断面图，缩放比例为 2.5，该值等于断面图的绘图比例与出图比例的比值。
8. 接下来插入标准图框、标注尺寸及书写文字，请读者自己完成。

9.4 综合案例——绘制小住宅结构平面图

【练习9-4】：　绘制小住宅二层结构平面图，如图 9-12 所示，绘图比例为 1:100，采用 A2 幅面的图框。为使图形简洁，图中省略了部分细节尺寸及标注文字。

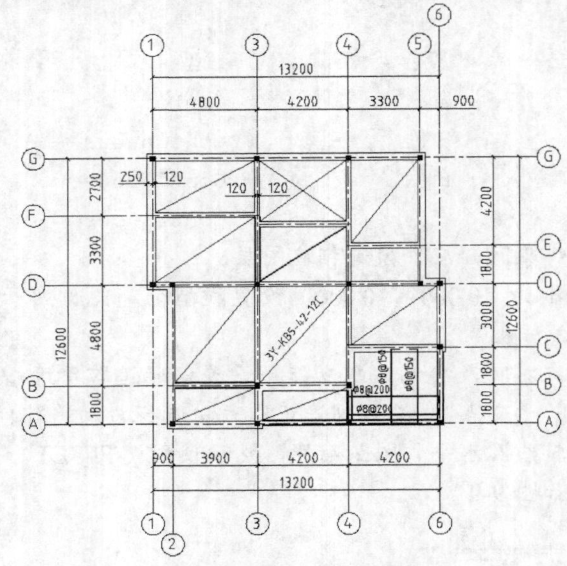

图9-12　绘制结构平面图

1. 创建以下图层。

名称	颜色	线型	线宽
结构-轴线	蓝色	Center	默认
结构-柱网	白色	Continuous	默认
结构-墙体	白色	Continuous	0.7
结构-钢筋	白色	Continuous	0.7
建筑-标注	白色	Continuous	默认

当创建不同种类的对象时，应切换到相应图层。

2. 设定绘图区域的大小为 20 000×20 000，双击鼠标滚轮，使该区域充满图形窗口显示。设置线型全局比例因子为 100。
3. 打开极轴追踪、对象捕捉及自动追踪功能。设置极轴追踪角度增量为“90”，设定对象捕捉方式为“端点”、“交点”。
4. 绘制轴线及柱网，如图 9-13 左图所示。绘制墙体，结果如图 9-13 右图所示。

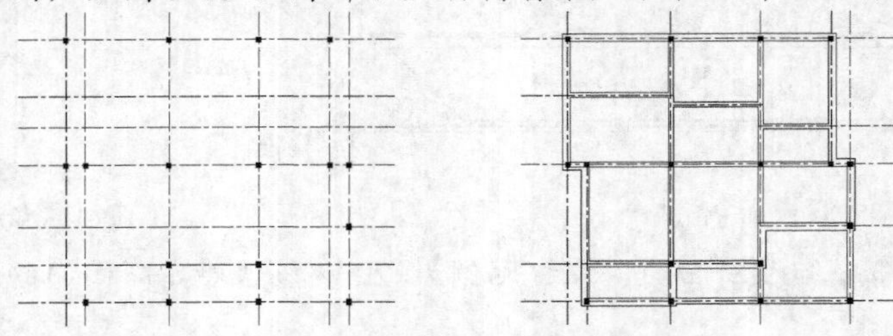

图9-13　绘制轴线、柱网及墙体

5. 绘制预制板布置情况，如图 9-14 左图所示。绘制现浇板配筋情况，结果如图 9-14 右图所示。

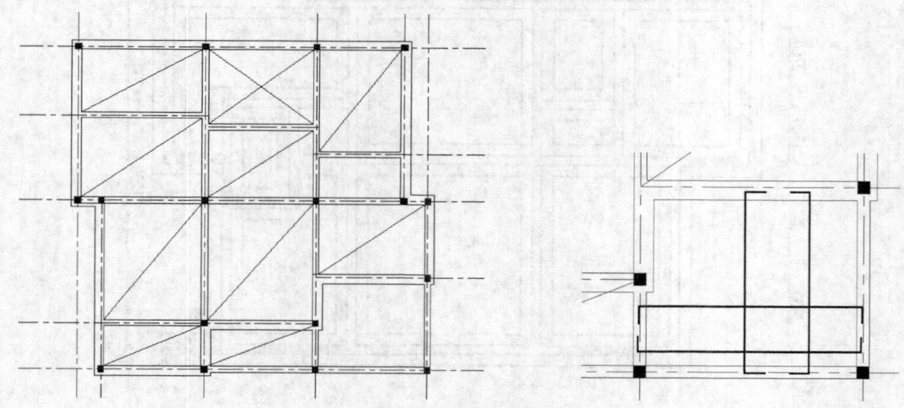

图9-14 绘制板布置及板配筋

6. 插入标准图框，放大 100 倍。将结构平面图布置在图框中，标注尺寸及书写文字，标注时的全局比例为 100。

9.5 习题

1. 打开附盘文件“dwg\第 9 章\xt-1.dwg”，绘制如图 9-15 所示的楼层结构平面布置图。

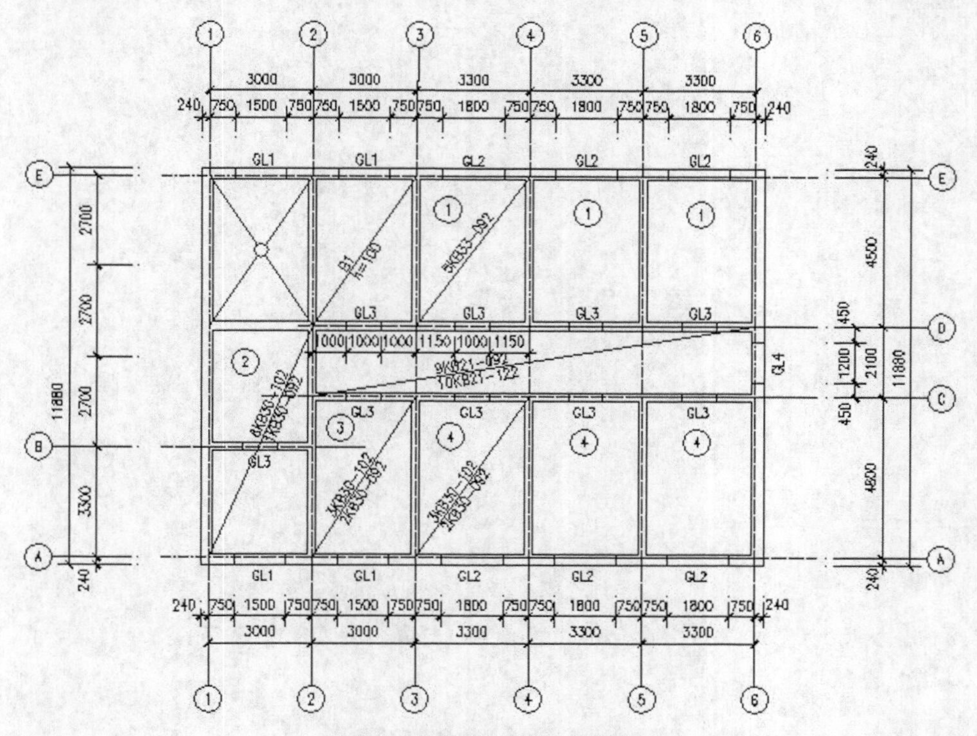

图9-15 绘制楼层结构平面布置图

2. 按 1:100 的比例绘制如图 9-16 所示的住宅基础平面图。

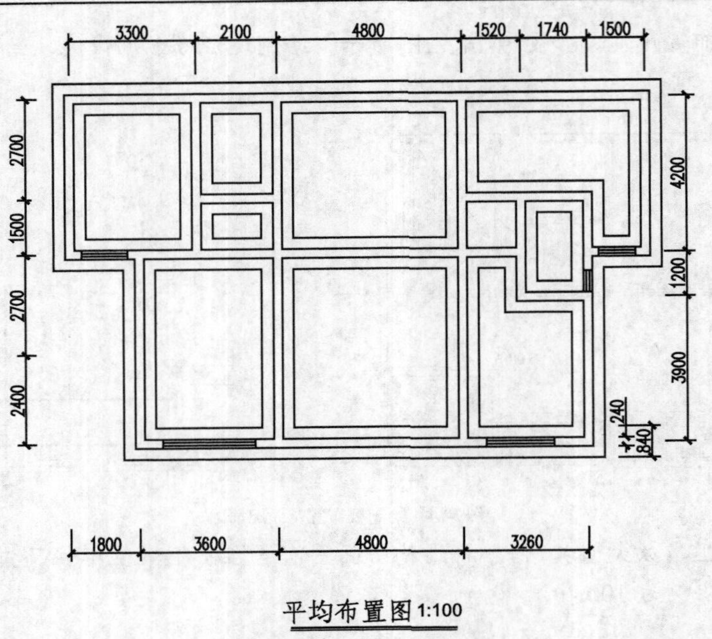

图9-16　绘制住宅基础平面图

第10章　轴测图

【学习目标】

- 在轴测模式下绘制直线。
- 在轴测面内绘制平行线。
- 轴测模式下角的绘制方法。
- 绘制圆的轴测投影。
- 在轴测图中添加文字和标注尺寸。

通过学习本章，读者能够掌握绘制轴测图的轴测模式及一些基本的作图方法。

10.1　功能讲解——在轴测投影模式下作图

进入轴测模式后，用户仍然是利用基本的二维绘图命令来创建直线、椭圆等图形对象，但要注意这些图形对象轴测投影的特点，如水平直线的轴测投影将变为斜线，而圆的轴测投影将变为椭圆。

10.1.1　在轴测模式下画直线

在轴测模式下画直线常采用以下 3 种方法。

(1)　通过输入点的极坐标来绘制直线。当所绘直线与不同的轴测轴平行时，输入的极坐标角度值将不同，有以下几种情况。

- 所画直线与 x 轴平行时，极坐标角度应输入 30° 或 -150°。
- 所画直线与 y 轴平行时，极坐标角度应输入 150° 或 -30°。
- 所画直线与 z 轴平行时，极坐标角度应输入 90° 或 -90°。
- 如果所画直线与任何轴测轴都不平行，则必须先找出直线上的两点，然后连线。

(2)　激活正交模式辅助画线，此时所绘直线将自动与当前轴测面内的某一轴测轴方向一致。例如，若处于右轴测面且激活正交模式，那么所画直线的方向为 30° 或 90°。

(3)　利用极轴追踪、自动追踪功能画线。激活极轴追踪、自动捕捉和自动追踪功能，并设定自动追踪的角度增量为 30°，这样就能很方便地画出 30°、90° 或 150° 方向的直线了。

【练习10-1】：在轴测模式下画线。

1. 在按钮上单击鼠标右键，弹出快捷菜单，选取【设置】命令，打开【草图设置】对话框，在该对话框【捕捉和栅格】选项卡的【捕捉类型】分组框中选取【等轴测捕捉】单选项，激活轴测投影模式。
2. 输入点的极坐标画线。

```
命令：<等轴测平面 右视>                          //按两次 F5 键切换到右轴测面
命令：_line 指定第一点：                         //单击 A 点，如图 10-1 所示
指定下一点或 [放弃(U)]：@100<30                  //输入 B 点的相对坐标
指定下一点或 [放弃(U)]：@150<90                  //输入 C 点的相对坐标
指定下一点或 [闭合(C)/放弃(U)]：@40<-150         //输入 D 点的相对坐标
指定下一点或 [闭合(C)/放弃(U)]：@95<-90          //输入 E 点的相对坐标
指定下一点或 [闭合(C)/放弃(U)]：@60<-150         //输入 F 点的相对坐标
指定下一点或 [闭合(C)/放弃(U)]：c                //使线框闭合
```

结果如图 10-1 所示。

3. 激活正交状态画线。

```
命令：<等轴测平面 左视>                          //按 F5 键切换到左轴测面
命令：<正交 开>                                  //打开正交
命令：_line 指定第一点：int 于                   //捕捉 A 点，如图 10-2 所示
指定下一点或 [放弃(U)]：100                      //输入线段 AG 的长度
指定下一点或 [放弃(U)]：150                      //输入线段 GH 的长度
指定下一点或 [闭合(C)/放弃(U)]：40               //输入线段 HI 的长度
指定下一点或 [闭合(C)/放弃(U)]：95               //输入线段 IJ 的长度
指定下一点或 [闭合(C)/放弃(U)]：end 于           //捕捉 F 点
指定下一点或 [闭合(C)/放弃(U)]：                 //按 Enter 键结束命令
```

结果如图 10-2 所示。

4. 激活极轴追踪、对象捕捉及自动追踪功能。指定极轴追踪角度增量为“30”，设定对象捕捉方式为“端点”、“交点”，设置沿所有极轴角进行自动追踪。

```
命令：<等轴测平面 俯视>                          //按 F5 键切换到顶轴测面
命令：<等轴测平面 右视>                          //按 F5 键切换到右轴测面
命令：_line 指定第一点：20                       //从 A 点沿 30° 方向追踪并输入追踪距离
指定下一点或 [放弃(U)]：30                       //从 K 点沿 90° 方向追踪并输入追踪距离
指定下一点或 [放弃(U)]：50                       //从 L 点沿 30° 方向追踪并输入追踪距离
指定下一点或 [闭合(C)/放弃(U)]：                 //从 M 点沿 -90° 方向追踪并捕捉交点 N
指定下一点或 [闭合(C)/放弃(U)]：                 //按 Enter 键结束命令
```

结果如图 10-3 所示。

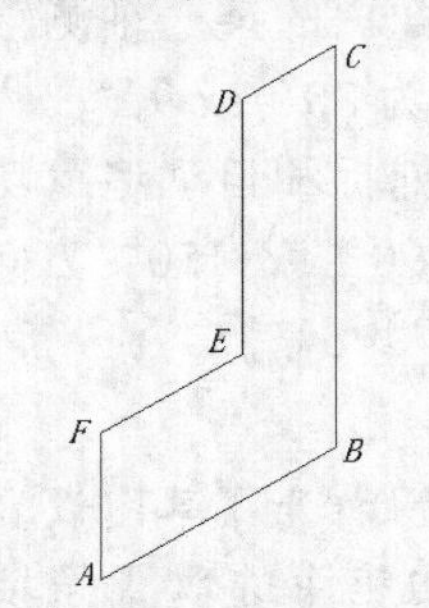

图10-1　在右轴测面内画线（1）

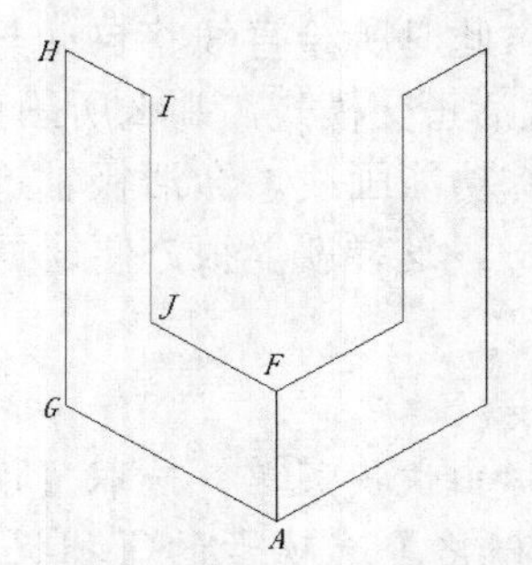

图10-2　在左轴测面内画线

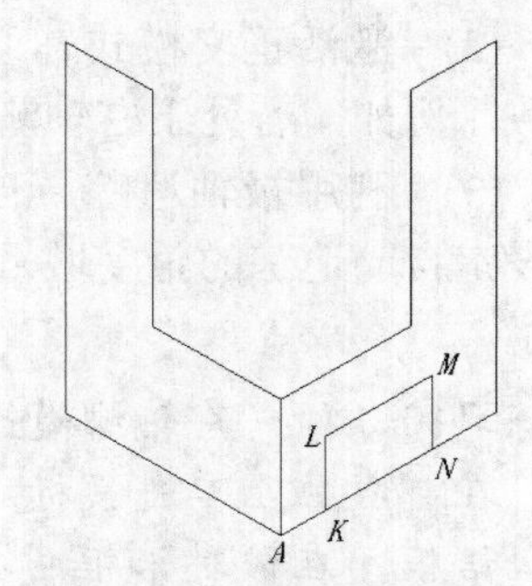

图10-3　在右轴测面内画线（2）

10.1.2 在轴测面内画平行线

通常情况下是用 OFFSET 命令绘制平行线，但在轴测面内画平行线与在标准模式下画平行线的方法有所不同。如图 10-4 所示，在顶轴测面内作直线 *A* 的平行线 *B*，要求它们之间沿 30° 方向的间距是 30，如果使用 OFFSET 命令，并直接输入偏移距离 30，则平移后两线间的垂直距离等于 30，而沿 30° 方向的间距并不是 30。为避免上述情况发生，常使用 COPY 命令或者 OFFSET 命令的“通过(T)”选项来绘制平行线。

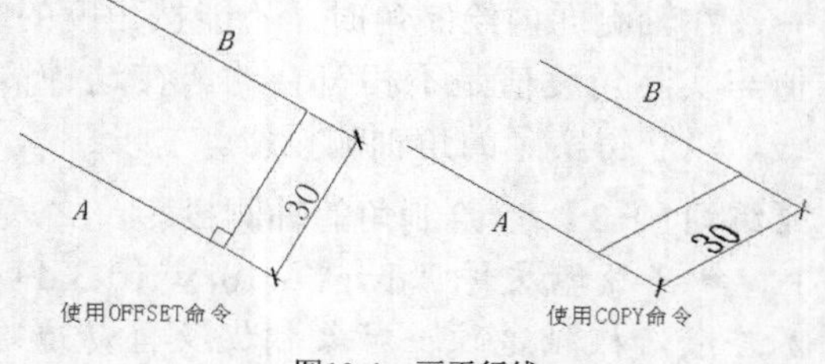

图10-4 画平行线

COPY 命令可以在二维和三维空间中对对象进行复制。使用此命令时，系统提示输入两个点或一个位移值。如果指定两点，则从第一点到第二点间的距离和方向就表示了新对象相对于原对象的位移。如果在“指定基点或 [位移(D)]:”提示下直接输入一个坐标值（直角坐标或极坐标），然后在第二个“指定第二个点”的提示下按 Enter 键，那么输入的值就会被认为是新对象相对于原对象的移动值。

【练习10-2】：在轴测面内作平行线。

1. 打开附盘文件“dwg\第 10 章\10-2.dwg”。
2. 激活极轴追踪、对象捕捉及自动追踪功能。指定极轴追踪角度增量为“30”，设定对象捕捉方式为“端点”、“交点”，设置沿所有极轴角进行自动追踪。
3. 使用 COPY 命令绘制平行线。

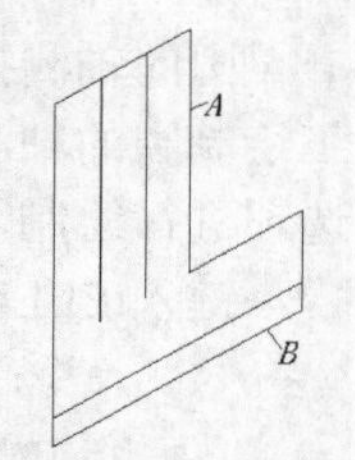

图10-5 画平行线

```
命令: _copy
选择对象: 找到 1 个                        //选择线段 A，如图 10-5 所示
选择对象:                                        //按 Enter 键
指定基点或 [位移(D)/模式(O)] <位移>:             //单击一点
指定第二个点或 [阵列(A)]<使用第一个点作为位移>: 26
                                                 //沿 -150° 方向追踪并输入追踪距离
指定第二个点或[阵列(A)/退出(E)/放弃(U)]  <退出>:52
                                                 //沿 -150° 方向追踪并输入追踪距离
指定第二个点或[阵列(A)/退出(E)/放弃(U)]  <退出>: //按 Enter 键结束命令
命令:COPY                                                //重复命令
选择对象: 找到 1 个                                      //选择线段 B
选择对象:                                                //按 Enter 键
指定基点或 [位移(D)/模式(O)] <位移>: 15<90               //输入复制的距离和方向
指定第二个点或 [阵列(A)]<使用第一个点作为位移>:           //按 Enter 键结束命令
```

结果如图 10-5 所示。

10.1.3　轴测模式下绘制角的方法

在轴测面内绘制角时，不能按角度的实际值进行绘制，因为在轴测投影图中，投影角度值与实际角度值是不相符合的。在这种情况下，应先确定角边上点的轴测投影，并将点连线，以获得实际的角轴测投影。

【练习10-3】：绘制角的轴测投影。

1. 打开附盘文件"dwg\第 10 章\10-3.dwg"。
2. 激活极轴追踪、对象捕捉及自动追踪功能。指定极轴追踪角度增量为"30"，设定对象捕捉方式为"端点"、"交点"，设置沿所有极轴角进行自动追踪。
3. 绘制线段 *B*、*C*、*D* 等，如图 10-6 左图所示。

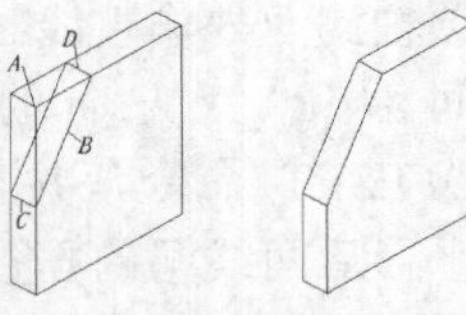

图10-6　绘制角的轴测投影

```
命令: _line 指定第一点: 50              //从 A 点沿 30° 方向追踪并输入追踪距离
指定下一点或 [放弃(U)]: 80              //从 A 点沿 - 90° 方向追踪并输入追踪距离
指定下一点或 [放弃(U)]:                 //按 Enter 键结束命令
```

复制线段 *B*，再连线 *C*、*D*，然后修剪多余的线条，结果如图 10-6 右图所示。

10.1.4　绘制圆的轴测投影

圆的轴测投影是椭圆，当圆位于不同轴测面内时，椭圆的长轴、短轴位置也将不同。手工绘制圆的轴测投影比较麻烦，在 AutoCAD 中可直接使用 ELLIPSE 命令的"等轴测圆(I)"选项进行绘制，该选项仅在轴测模式被激活的情况下才出现。

键入 ELLIPSE 命令，AutoCAD 提示如下。

```
命令: _ellipse
指定椭圆轴的端点或 [圆弧(A)/中心点(C)/等轴测圆(I)]: I        //输入"I"
指定等轴测圆的圆心:                                          //指定圆心
指定等轴测圆的半径或 [直径(D)]:                              //输入圆半径
```

选取"等轴测圆(I)"选项，再根据提示指定椭圆中心并输入圆的半径值，AutoCAD 会自动在当前轴测面中绘制出相应圆的轴测投影。

绘制圆的轴测投影时，首先要利用 F5 键切换到合适的轴测面，使之与圆所在的平面对应起来，这样才能使椭圆看起来是在轴测面内，如图 10-7 左图所示；否则，所画椭圆的形状是不正确的，如图 10-7 右图所示，圆的实际位置在正方体的顶面，而所绘轴测投影却位于右轴测面内，结果轴测圆与正方体的投影就显得不匹配了。

绘制轴测图时经常要画线与线之间的圆滑过渡，此时过渡圆弧变为椭圆弧。绘制这个椭圆弧的方法是在相应的位置画一个完整的椭圆，然后使用 TRIM 命令修剪多余的线条，如图 10-8 所示。

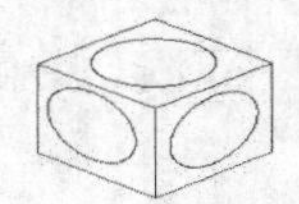
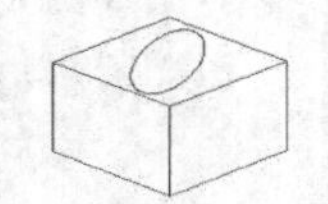
图10-7　绘制轴测圆

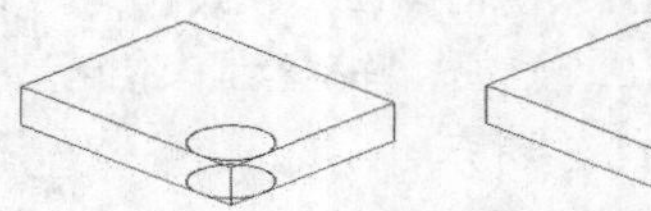
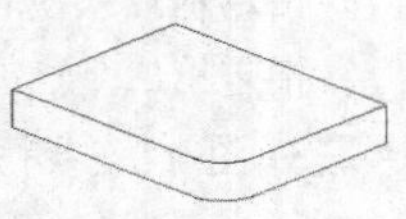
图10-8　绘制过渡的椭圆弧

【练习10-4】：在轴测图中绘制圆及过渡圆弧。

1. 打开附盘文件“dwg\第 10 章\10-4.dwg”。
2. 用鼠标右键单击按钮，选取【设置】命令，打开【草图设置】对话框，在该对话框【捕捉和栅格】选项卡的【捕捉类型】分组框中选取【等轴测捕捉】单选项，激活轴测投影模式。
3. 激活极轴追踪、对象捕捉及自动追踪功能。指定极轴追踪角度增量为“30”，设定对象捕捉方式为“端点”、“交点”，设置沿所有极轴角进行自动追踪。
4. 切换到顶轴测面，执行 ELLIPSE 命令，AutoCAD 提示：

```
命令: _ellipse
指定椭圆轴的端点或 [圆弧(A)/中心点(C)/等轴测圆(I)]: I //使用“等轴测圆(I)”选项
指定等轴测圆的圆心: tt                    //建立临时参考点
指定临时对象追踪点: 20                    //从 A 点沿 30° 方向追踪并输入 B 点到 A 点的
                                          距离，如图 10-9 左图所示
指定等轴测圆的圆心: 20                    //从 B 点沿 150° 方向追踪并输入追踪距离
指定等轴测圆的半径或 [直径(D)]: 20        //输入圆半径
命令:ELLIPSE                              //重复命令
指定椭圆轴的端点或 [圆弧(A)/中心点(C)/等轴测圆(I)]: i
                                          //使用“等轴测圆(I)”选项
指定等轴测圆的圆心: tt                    //建立临时参考点
指定临时对象追踪点: 50                    //从 A 点沿 30° 方向追踪并输入 C 点到 A 点的距离
指定等轴测圆的圆心: 60                    //从 C 点沿 150° 方向追踪并输入追踪距离
指定等轴测圆的半径或 [直径(D)]: 15        //输入圆半径
```

结果如图 10-9 左图所示。修剪多余线条，结果如图 10-9 右图所示。

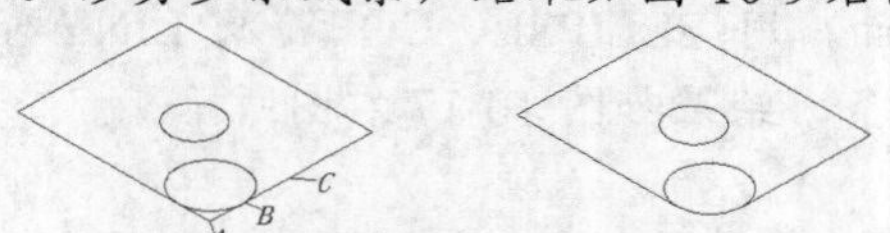

图10-9 在轴测图中绘制圆及过渡圆弧

10.2 范例解析——绘制组合体轴测图

【练习10-5】：根据平面视图绘制正等轴测图，如图 10-10 所示。

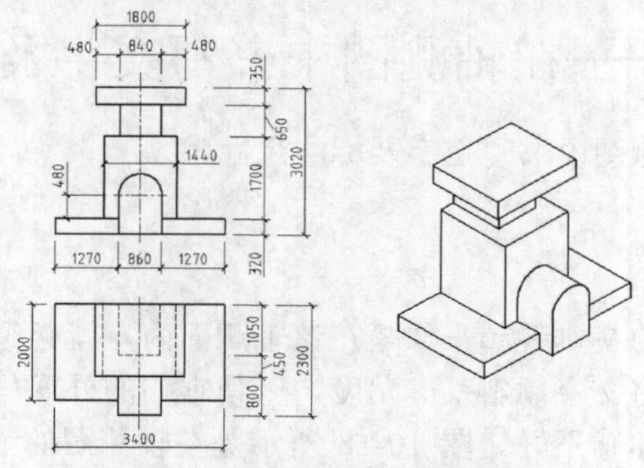

图10-10 绘制组合体轴测图

1. 设定绘图区域的大小为 10 000 × 10 000。
2. 激活轴测投影模式，激活极轴追踪、对象捕捉及自动追踪功能。指定极轴追踪角度增量为“30”，设定对象捕捉方式为“端点”、“中点”、“交点”，设置沿所有极轴角进行自动追踪。
3. 按 F5 键切换到顶轴测面，使用 LINE 命令绘制线框 *A*，结果如图 10-11 所示。
4. 将线框 *A* 复制到 *B* 处，再连线 *C*、*D*、*E*，如图 10-12 左图所示。删除多余线条，结果如图 10-12 右图所示。
5. 使用 LINE 命令绘制线框 *F*，再将此线框复制到 *G* 处，结果如图 10-13 所示。

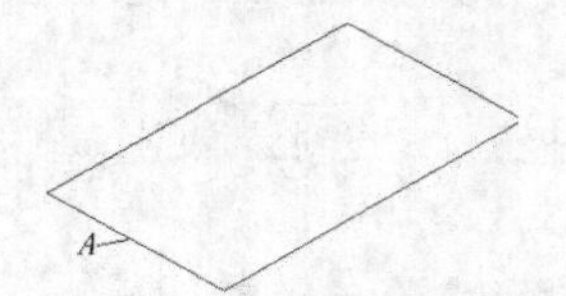

图10-11　绘制线框 *A*

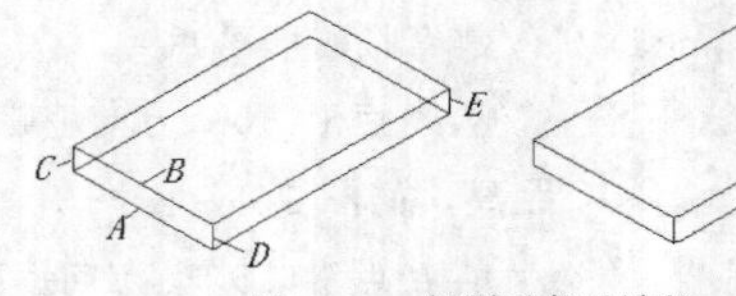

图10-12　复制对象及连线

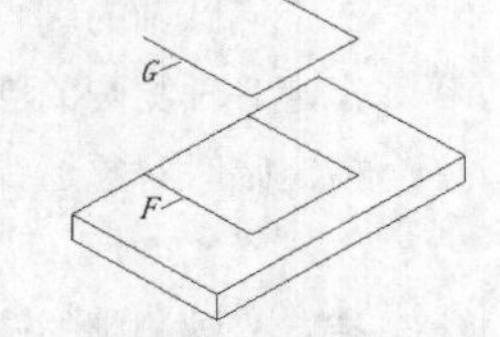

图10-13　绘制线框 *F* 并将其复制

6. 连线 *H*、*I* 等，如图 10-14 左图所示。删除多余的线条，结果如图 10-14 右图所示。
7. 用与步骤 5、6 相同的方法绘制对象 *J*，结果如图 10-15 所示。

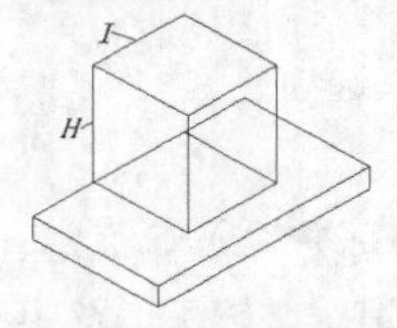

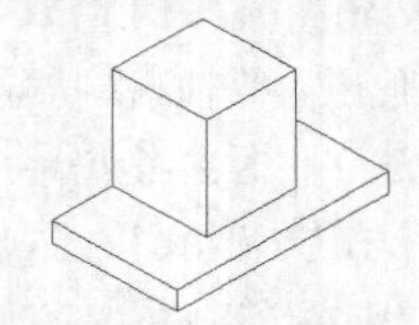

图10-14　连线及删除多余的线条

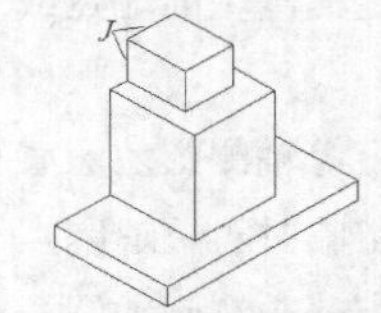

图10-15　绘制对象 *J*

8. 用与步骤 5、6 相同的方法绘制对象 *K*，结果如图 10-16 所示。
9. 按 F5 键切换到右轴测面，用 ELLIPSE、COPY 及 LINE 命令生成对象 *L*，如图 10-17 左图所示。删除多余线条，结果如图 10-17 右图所示。

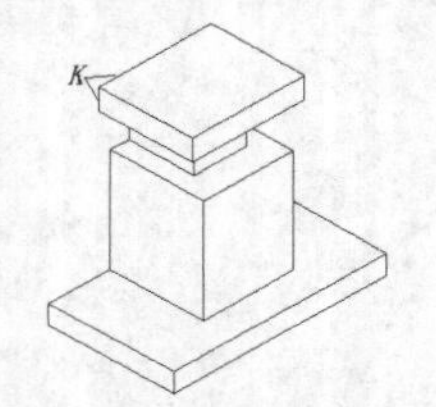

图10-16　绘制对象 *K*

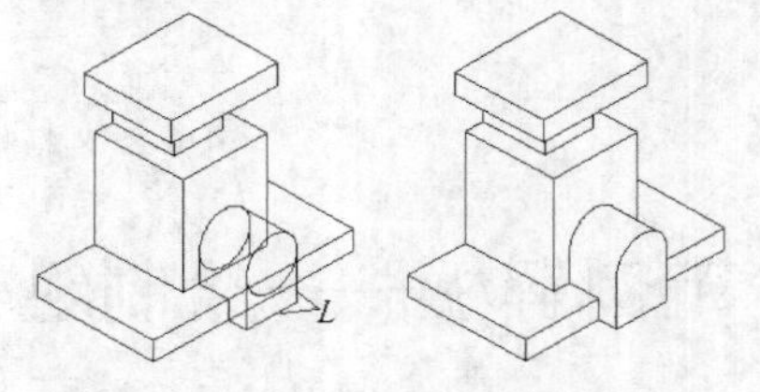

图10-17　生成对象 *L*

10.3　功能讲解——在轴测图中书写文字及标注尺寸

本节将介绍如何在轴测图中书写文字及标注尺寸。

10.3.1　添加文字

为了使某个轴测面中的文本看起来像是在该轴测面内，就必须根据各轴测面的位置特点将文字倾斜某一角度，以使它们的外观与轴测图协调起来，否则立体感不好。图 10-18 所示是在轴测图的 3 个轴测面上采用适当倾角书写文本后的效果。

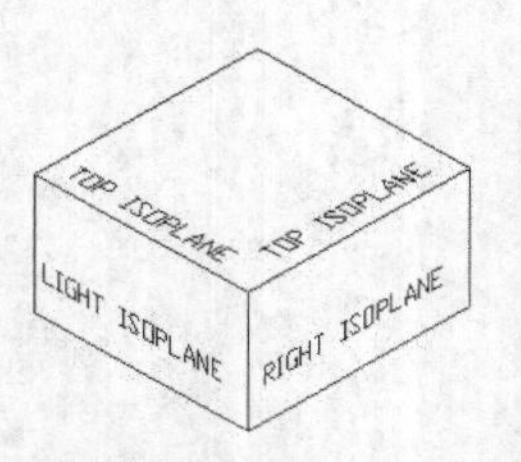

图10-18　轴测面上的文本

轴测面上各文本的倾斜规律如下。

- 在左轴测面上，文本需采用 - 30° 的倾斜角。
- 在右轴测面上，文本需采用 30° 的倾斜角。
- 在顶轴测面上，当文本平行于 *x* 轴时，需采用 - 30° 的倾斜角。
- 在顶轴测面上，当文本平行于 *y* 轴时，需采用 30° 的倾斜角。

由以上规律可以看出，各轴测面内的文本或是倾斜 30° 或是倾斜 - 30° ，因此在轴测图中书写文字时，应事先建立倾角分别为 30° 和 - 30° 的两种文本样式，只要利用合适的文本样式控制文本的倾斜角度，就能够保证文字外观看起来是正确的。

【练习10-6】： 创建倾角分别为 30° 和 - 30° 的两种文字样式，然后在各轴测面内书写文字。

1. 打开附盘文件“dwg\第 10 章\10-6.dwg”。
2. 选取菜单命令【格式】/【文字样式】，打开【文字样式】对话框，如图 10-19 所示。
3. 单击 新建(N)... 按钮，建立名为“样式-1”的文本样式。在【字体名】下拉列表中将文本样式所关联的字体设定为“楷体-GB2312”，在【效果】分组框的【倾斜角度】文本框中输入数值“30”，如图 10-19 所示。
4. 用同样的方法建立倾角为 - 30° 的文字样式“样式-2”。

下面在轴测面上书写文字。

5. 激活轴测模式，并切换至右轴测面。

```
命令: dtexted
输入 DTEXTED 的新值 <0>: 1                    //设置系统变量 DTEXTED 为 1
命令: dt                                      //利用 DTEXT 命令书写单行文本
TEXT
指定文字的起点或 [对正(J)/样式(S)]: s          //使用“S”选项指定文字的样式
输入样式名或 [?] <样式-2>: 样式-1              //选择文字样式“样式-1”
指定文字的起点或 [对正(J)/样式(S)]:            //选取适当的起始点 A，如图 10-20 所示
指定高度 <22.6472>: 16                        //输入文本的高度
指定文字的旋转角度 <0>: 30                     //指定单行文本的书写方向
输入文字: 使用 STYLE1                          //输入单行文字
输入文字:                                     //按 Enter 键结束命令
```

6. 按 F5 键切换至左轴测面。

```
命令: dt                                      //重复前面的命令
TEXT
指定文字的起点或 [对正(J)/样式(S)]: s          //使用“S”选项指定文字的样式
输入样式名或 [?] <样式-1>: 样式-2              //选择文字样式“样式-2”
指定文字的起点或 [对正(J)/样式(S)]:            //选取适当的起始点 B
指定高度 <22.6472>: 16                        //输入文本的高度
指定文字的旋转角度 <0>: - 30                   //指定单行文本的书写方向
输入文字: 使用 STYLE2                          //输入单行文字
输入文字:                                     //按 Enter 键结束命令
```

7. 按 F5 键切换至顶轴测面。

```
命令: dt                                      //沿 x 轴方向（30° ）书写单行文本
```

```
TEXT
指定文字的起点或 [对正(J)/样式(S)]: s          //使用“S”选项指定文字的样式
输入样式名或 [?] <样式-2>:                     //按Enter键采用“样式-2”
指定文字的起点或 [对正(J)/样式(S)]:            //选取适当的起始点D
指定高度 <16>: 16                              //输入文本的高度
指定文字的旋转角度 <330>: 30                   //指定单行文本的书写方向
输入文字：使用 STYLE2                          //输入单行文字
输入文字：                                     //按Enter键结束命令
命令:                                          //重复上一次的命令
TEXT                                           //沿y轴方向（-30°）书写单行文本
指定文字的起点或 [对正(J)/样式(S)]: s          //使用“S”选项指定文字的样式
输入样式名或 [?] <样式-2>: 样式-1              //选择文字样式“样式-1”
指定文字的起点或 [对正(J)/样式(S)]:            //选取适当的起始点C
指定高度 <16>:                                 //按Enter键指定文本高度
指定文字的旋转角度 <30>: -30                   //指定单行文本的书写方向
输入文字：使用 STYLE1                          //输入单行文字
输入文字：                                     //按Enter键结束命令
```

结果如图 10-20 所示。

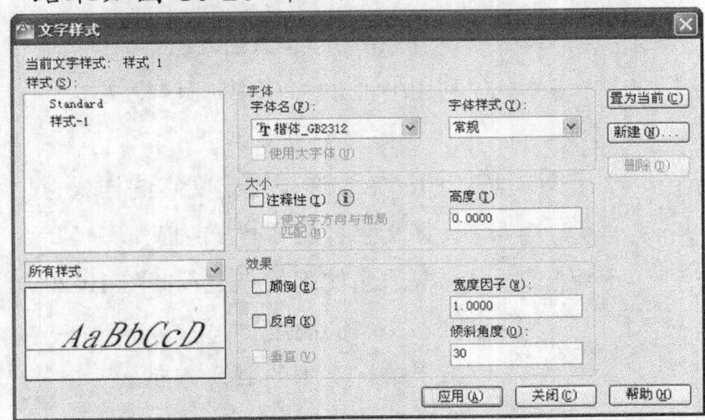

图10-19　【文字样式】对话框

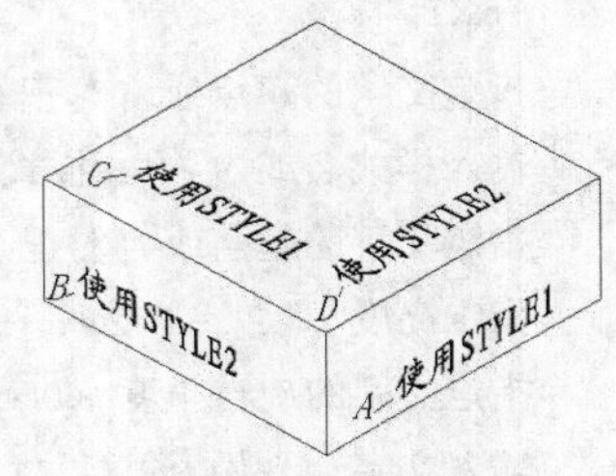

图10-20　书写文本

10.3.2　标注尺寸

当用标注命令在轴测图中创建尺寸后，其外观看起来与轴测图本身不协调。为了让某个轴测面内的尺寸标注看起来就像是在这个轴测面内，就需要将尺寸线、尺寸界线倾斜某一角度，以使它们与相应的轴测轴平行。此外，标注文本也必须设置成倾斜某一角度的形式，才能使文本的外观也具有立体感。图 10-21 所示是标注的初始状态与调整外观后结果的比较。

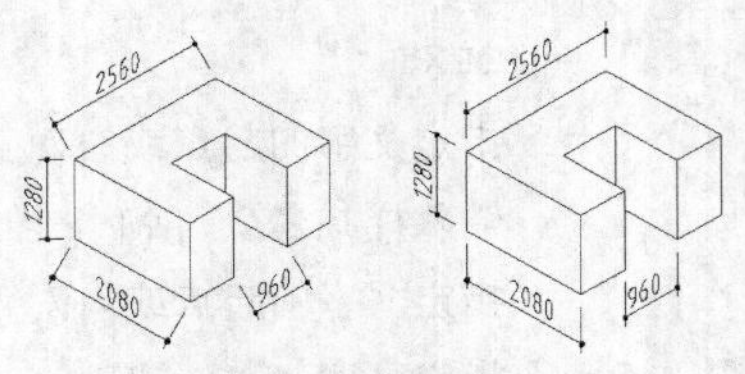

图10-21　标注的外观

在轴测图中标注尺寸时，一般采取以下步骤。

(1)　创建两种尺寸样式，这两种样式所控制的标注文本的倾斜角度分别是 30° 和 -30°。

(2) 由于在等轴测图中只有沿与轴测轴平行的方向进行测量才能得到真实的距离值，因此创建轴测图的尺寸标注时应使用 DIMALIGNED 命令（对齐尺寸）。

(3) 标注完成后，利用 DIMEDIT 命令的“倾斜(O)”选项修改尺寸界线的倾斜角度，使尺寸界线的方向与轴测轴的方向一致，这样才能使标注的外观具有立体感。

【练习10-7】：打开附盘文件“dwg\第 10 章\10-7.dwg”，标注此轴测图，如图 10-22 所示。

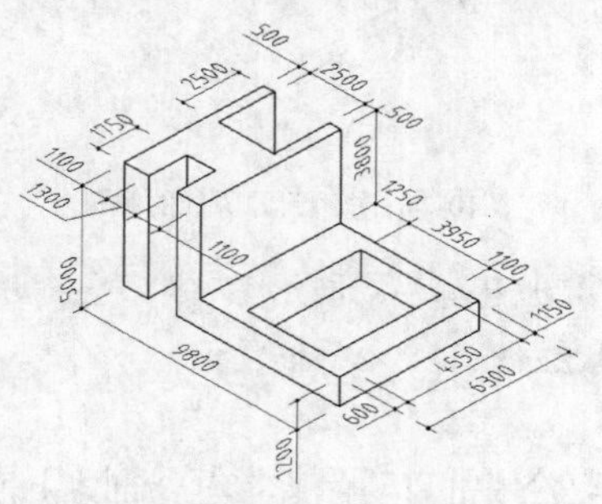

图10-22 标注尺寸

1. 建立倾斜角分别为 30° 和 - 30° 的两种文本样式，样式名分别为“样式-1”和“样式-2”，这两个样式所关联的字体文件是“gbenor.shx”。
2. 创建两种标注样式，样式名分别为“DIM-1”和“DIM-2”，其中“DIM-1”关联文本样式“样式-1”，“DIM-2”关联文本样式“样式-2”。
3. 激活极轴追踪、对象捕捉及自动追踪功能。指定极轴追踪角度增量为“30”，设定对象捕捉方式为“端点”、“交点”，设置沿所有极轴角进行自动追踪。
4. 指定尺寸样式“DIM-1”为当前样式，然后使用 DIMALIGNED 和 DIMCONTINUE 命令标注尺寸“500”、“2500”等，如图 10-23 所示。
5. 使用【注释】选项卡中【标注】面板上的按钮将尺寸界线倾斜到 30° 或 - 30° 的方向，再利用关键点编辑方式调整标注文字及尺寸线的位置，结果如图 10-24 所示。

```
命令: _dimedit
输入标注编辑类型 [默认(H)/新建(N)/旋转(R)/倾斜(O)] <默认>: o
                                //单击【注释】选项卡中【标注】面板上的按钮
选择对象:总计 3 个              //选择尺寸“500”、“2500” 、“500”
选择对象:                       //按 Enter 键
输入倾斜角度 (按 ENTER 表示无): 30      //输入尺寸界线的倾斜角度
命令:DIMEDIT
输入标注编辑类型 [默认(H)/新建(N)/旋转(R)/倾斜(O)] <默认>: o
                                //单击【注释】选项卡中【标注】面板上的按钮
选择对象:总计 3 个              //选择尺寸“600”、“4550”和“1150”
选择对象:                       //按 Enter 键
输入倾斜角度 (按 ENTER 表示无): - 30    //输入尺寸界线的倾斜角度
```

6. 指定尺寸样式“DIM-2”为当前样式，单击【注释】选项卡中【标注】面板上的按钮，选择尺寸“600”、“4550”和“1150”进行更新，结果如图 10-25 所示。
7. 用类似的方法标注其余尺寸，结果如图 10-22 所示。

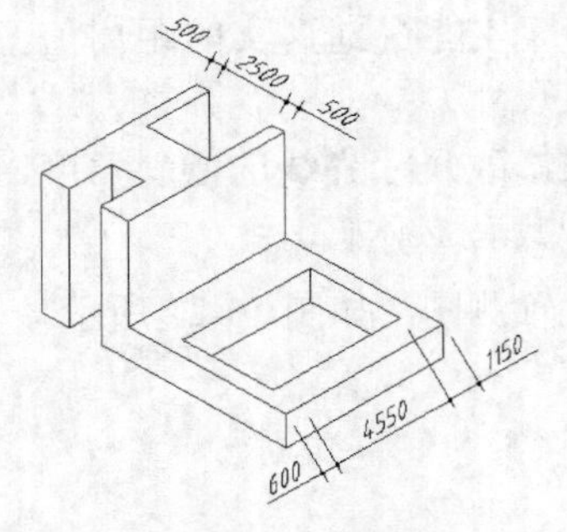

图10-23　标注对齐尺寸

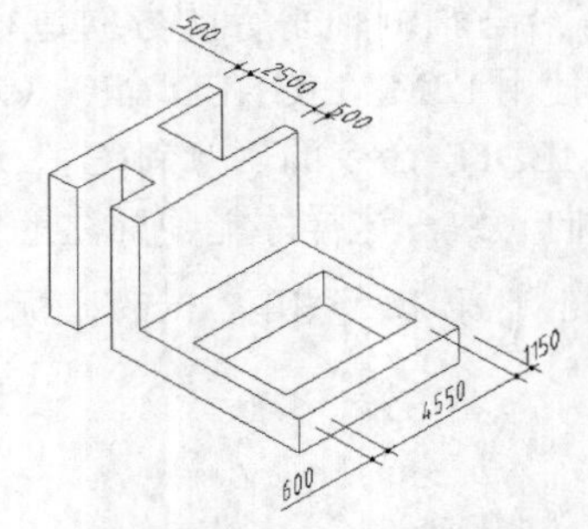

图10-24　修改尺寸界线的倾角

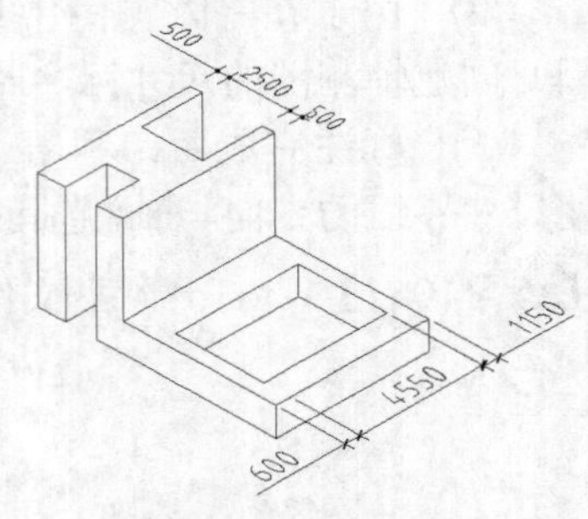

图10-25　更新尺寸标注

有时也使用引线在轴测图中进行标注，但外观一般不会满足要求，此时可用 EXPLODE 命令将标注分解，然后分别调整引线和文本的位置。

10.4　功能讲解——绘制正面斜等测投影图

前面介绍了正等轴测图的画法。在建筑图中，管网系统立体图及通风系统立体图常采用正面斜等测投影图，这种图的特点是平行于屏幕，其斜等测投影图反映实形。斜等测图的画法与正等测图类似，这两种图沿 3 个轴测轴的轴测比例都为 1，只是轴测轴方向不同，如图 10-26 所示。

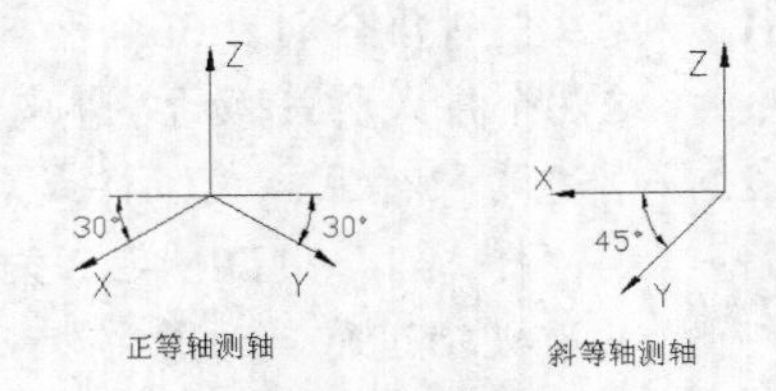

图10-26　轴测轴

系统没有提供斜等测投影模式，但用户只要在作图时激活极轴追踪、对象捕捉及自动追踪功能，并设定极轴追踪角度增量为 45°，就能很方便地绘制斜等测图。

【练习10-8】：根据平面视图绘制斜等测图，如图 10-27 所示。

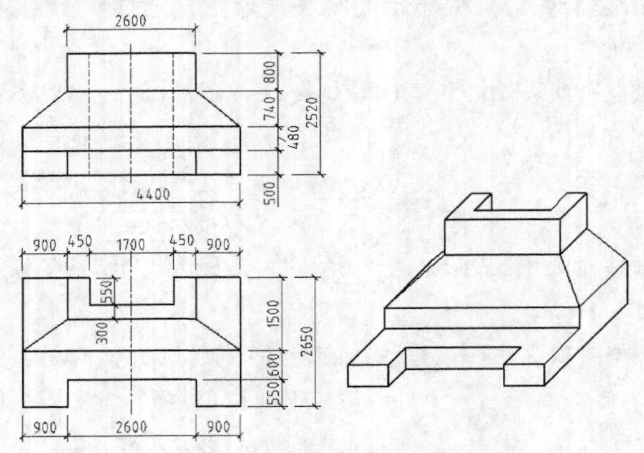

图10-27　绘制组合体斜等测图

1. 设定绘图区域的大小为 10 000 × 10 000。
2. 激活轴测投影模式，激活极轴追踪、对象捕捉及自动追踪功能。指定极轴追踪角度增量为“45”，设定对象捕捉方式为“端点”、“交点”，设置沿所有极轴角进行自动追踪。
3. 使用 LINE 命令绘制线框 *A*，然后将线框 *A* 向上复制到 *B* 处，再连线 *C*、*D* 和 *E*，如图 10-28 左图所示。删除多余线条，结果如图 10-28 右图所示。

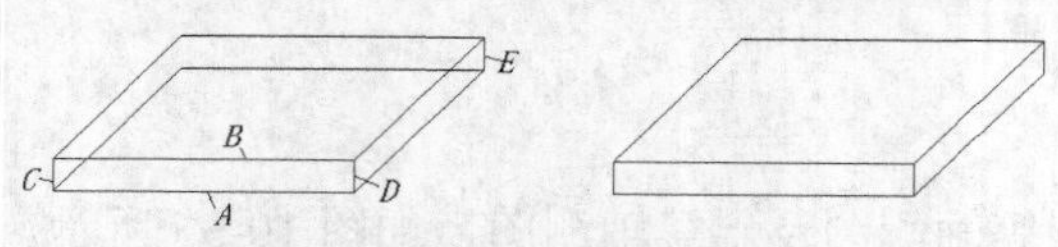

图10-28　绘制线框 *A*、*B* 等

4. 使用 LINE 及 COPY 命令生成对象 *F*、*G*，如图 10-29 左图所示。删除多余线条，结果如图 10-29 右图所示。
5. 使用 LINE、MOVE 和 COPY 命令生成对象 *H*，如图 10-30 左图所示。删除多余线条，结果如图 10-30 右图所示。

图10-29　生成对象 *F*、*G* 并删除多余线条

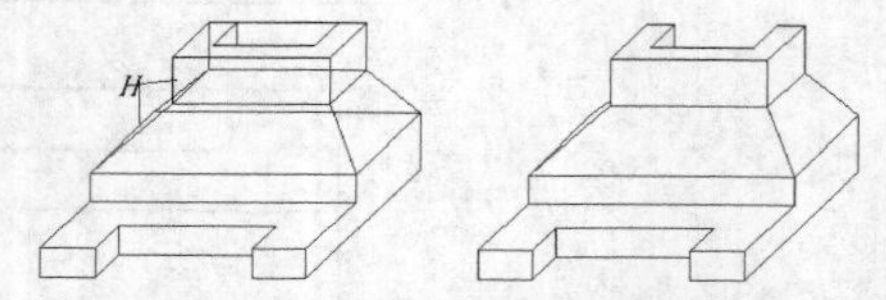

图10-30　生成对象 *H* 并删除多余线条

10.5　范例解析——绘制送风管道斜等测图

【练习10-9】：绘制送风管道正面斜等测图，如图 10-31 所示。

1. 设定绘图区域的大小为 16 000 × 16 000。
2. 激活轴测投影模式，激活极轴追踪、对象捕捉及自动追踪功能。指定极轴追踪角度增量为“45”，设定对象捕捉方式为“端点”、“中点”和“交点”，设置沿所有极轴角进行自动追踪。
3. 使用 LINE 命令绘制一个 630 × 400 的矩形 *A*，再复制矩形并连线，如图 10-32 左图所示。删除多余线条，结果如图 10-32 右图所示。

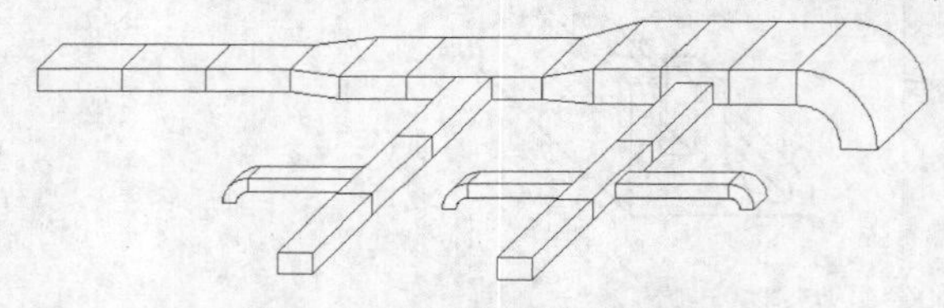

图10-31　绘制送风管道斜等测图

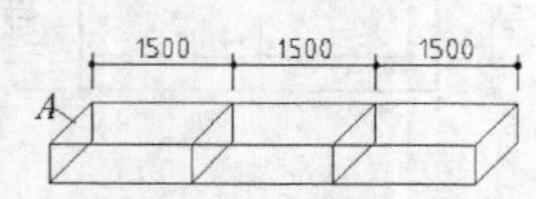

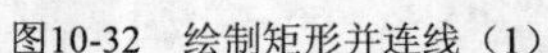

图10-32　绘制矩形并连线（1）

4. 绘制一个 1 000 × 400 的矩形 *B*，再复制矩形并连线，如图 10-33 上图所示。删除多余线条，结果如图 10-33 下图所示。
5. 用类似的方法绘制轴测图其余部分，请读者自己完成。作图所需的主要细节尺寸如图 10-34 所示，其他尺寸读者自定。

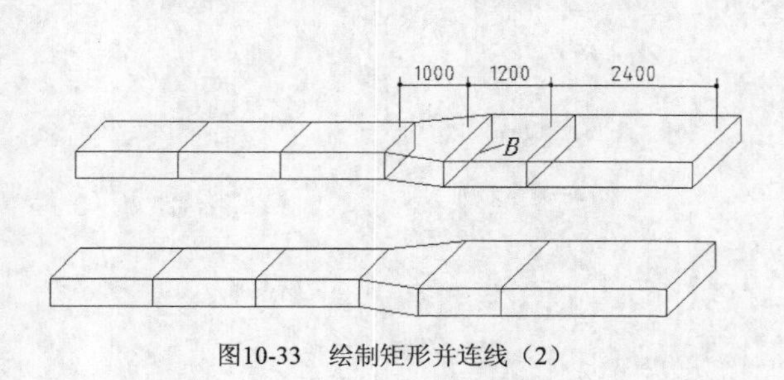

图10-33　绘制矩形并连线（2）

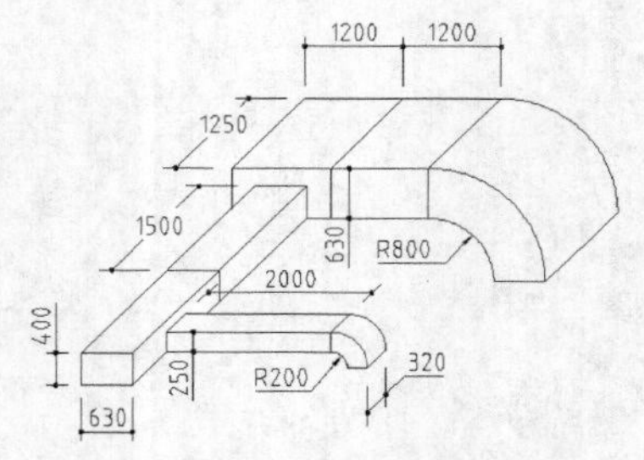

图10-34　主要细节尺寸

10.6　习题

1.　根据平面视图绘制正等轴测图及斜等轴测图，如图 10-35 所示。

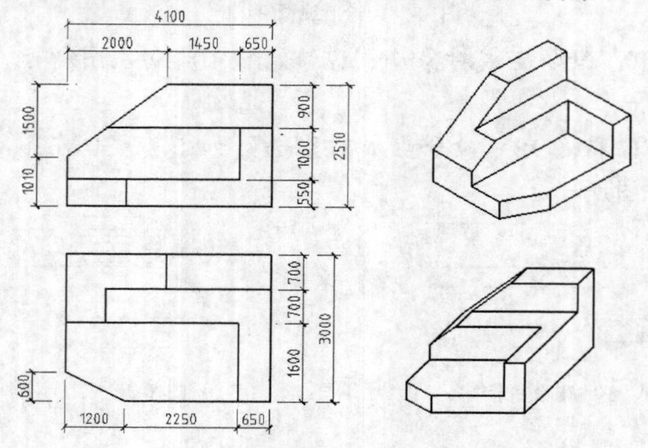

图10-35　综合练习（1）

2.　根据平面视图绘制正等轴测图及斜等轴测图，如图 10-36 所示。

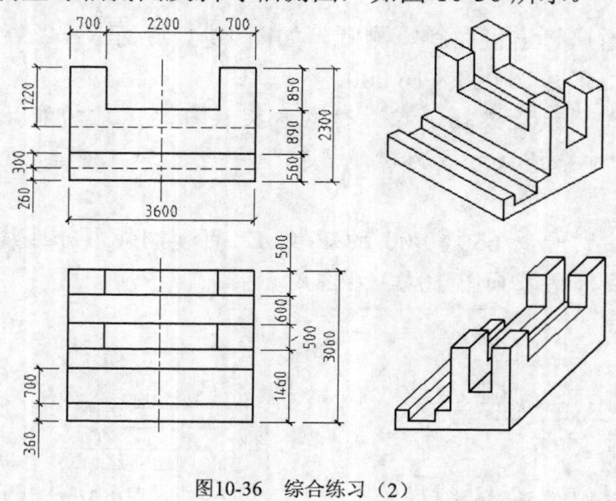

图10-36　综合练习（2）

第11章　打印图形及创建虚拟图纸

【学习目标】

- 设置打印参数并打印图形。
- 从图纸空间出图。

通过学习本章，读者能够掌握如何从模型空间出图，了解从图纸空间出图的相关知识。

11.1　功能讲解——设置打印参数

在 AutoCAD 中，用户可使用内部打印机或 Windows 系统打印机输出图形，并能方便地修改打印机设置及其他打印参数。单击【输出】选项卡中【打印】面板上的按钮，打开【打印】对话框，如图 11-1 所示。在该对话框中可配置打印设备及选择打印样式，还能设定图纸幅面、打印比例及打印区域等参数。

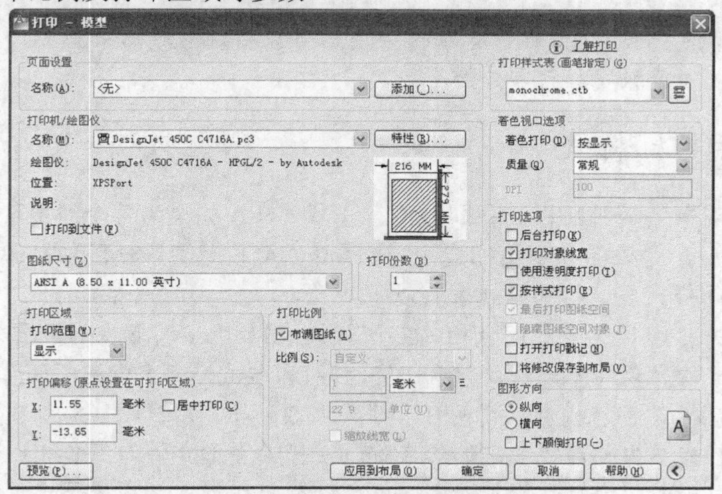

图11-1　【打印】对话框

下面介绍该对话框中的主要功能。

11.1.1　选择打印设备

用户可在【打印机/绘图仪】分组框的【名称】下拉列表中选择 Windows 系统打印机或 AutoCAD 内部打印机（".pc3"文件）作为输出设备。请注意，这两种打印机名称前的图标是不一样的。当用户选定某种打印机后，【名称】下拉列表下面将显示被选中设备的名称、连接端口以及其他有关打印机的注释信息。

若要将图形输出到文件中，则应在【打印机/绘图仪】分组框中选取【打印到文件】复选

项。此后，当单击【打印】对话框中的 确定 按钮时，系统将自动弹出【浏览打印文件】对话框，通过此对话框可指定输出文件的名称及地址。

如果想修改当前打印机的设置，可单击 特性(R)... 按钮，打开【绘图仪配置编辑器】对话框，如图 11-2 所示。在该对话框中用户可以重新设定打印机端口及其他输出设置，如打印介质、图形特性、物理笔配置、自定义特性、校准及自定义图纸尺寸等。

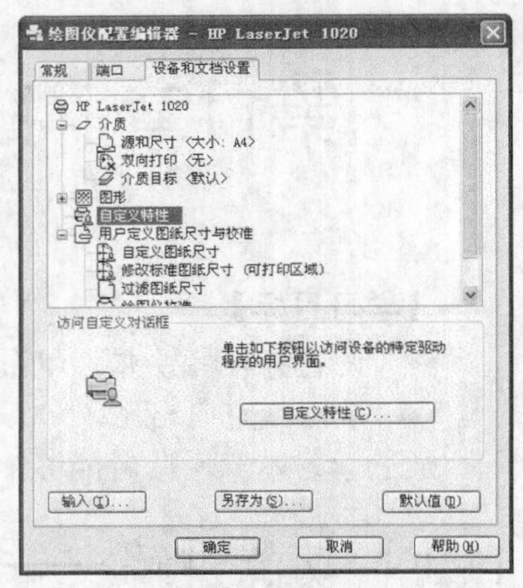

图11-2　【绘图仪配置编辑器】对话框

【绘图仪配置编辑器】对话框中包含【常规】、【端口】、【设备和文档设置】这 3 个选项卡，各选项卡的功能如下。

- 【常规】：该选项卡包含了打印机配置文件（".pc3" 文件）的基本信息，如配置文件的名称、驱动程序信息及打印机端口等，用户可在此选项卡的【说明】列表框中加入其他注释信息。
- 【端口】：通过此选项卡用户可修改打印机与计算机的连接设置，如选定打印端口、指定打印到文件及后台打印等。

要点提示　若使用后台打印，则允许用户在打印的同时运行其他应用程序。

- 【设备和文档设置】：在该选项卡中用户可以指定图纸的来源、尺寸和类型，并能修改颜色深度和打印分辨率等。

11.1.2　使用打印样式

打印样式是对象的一种特性，如同颜色、线型一样，如果为某个对象选择了一种打印样式，则输出图形后，对象的外观由样式决定。AutoCAD 提供了几百种打印样式，并将其组合成一系列的打印样式表，打印样式表有以下两类。

- 颜色相关打印样式表：颜色相关打印样式表以".ctb"为文件扩展名保存，该表以对象的颜色为基础，共包含 255 种打印样式，每种 ACI 颜色对应一个打印样式，样式名分别为"颜色 1"、"颜色 2"等。用户不能添加或删除颜色相关打印样式，也不能改变它们的名称。若当前图形文件与颜色相关打印样式表相关联，则系统会自动根据对象的颜色分配打印样式。用户不能选择其他打印样式，但可以对已分配的样式进行修改。
- 命名相关打印样式表：命名相关打印样式表以".stb"为文件扩展名保存，该表包括一系列已命名的打印样式，用户可修改打印样式的设置及其名称，还可添加新的样式。若当前图形文件与命名相关打印样式表相关联，则用户可以给对象指定样式表中的任意一种打印样式，而不管对象的颜色是什么。

AutoCAD 新建的图形不是处于"颜色相关"模式下就是处于"命名相关"模式下，这和创建图形时选择的样板文件有关。若是采用无样板方式新建图形，则可事先设定新图形的打印样式模式。执行 OPTIONS 命令后，系统将会弹出【选项】对话框，进入【打印和发布】选项卡，再单击 打印样式表设置(S)... 按钮，打开【打印样式表设置】对话框，如图 11-3 所示，通过该对话框设置新图形的默认打印样式模式。当选取【使用命名打印样式】单选项并指定打印样式表后，用户还可从样式表中选取对象或图层 0 所采用的默认打印样式。

在【打印】对话框【打印样式表】分组框的【名称】下拉列表中包含了当前图形中的所有打印样式表，如图 11-4 所示，用户可选择其中之一或不做任何选择。若不指定打印样式表，则系统将按对象的原有属性进行打印。

当要修改打印样式时，可单击【名称】下拉列表右边的按钮，打开【打印样式表编辑器】对话框，利用该对话框可查看或改变当前打印样式表中的参数。

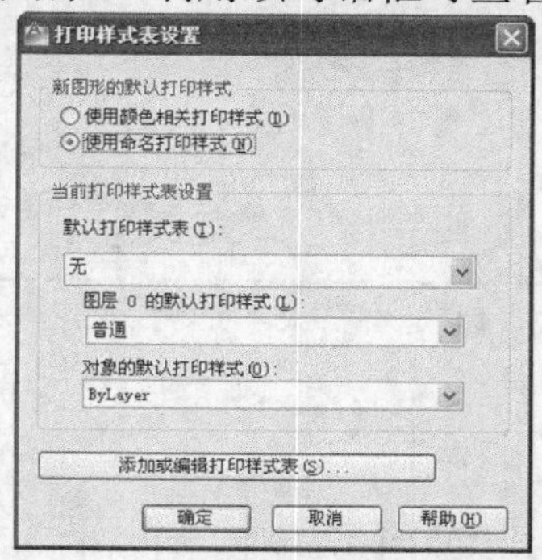

图11-3 【打印样式表设置】对话框

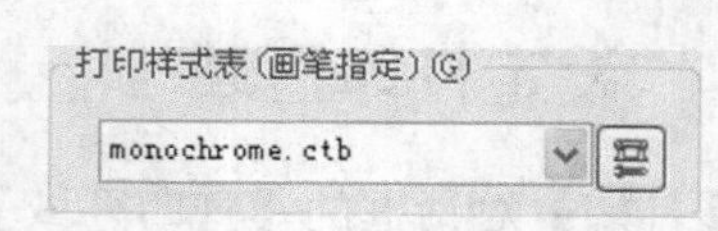

图11-4 使用打印样式

要点提示 选取菜单命令【文件】/【打印样式管理器】，打开“Plot Styles”文件夹，该文件夹中包含打印样式表文件及添加打印样式表向导快捷方式，双击此快捷方式就能创建新的打印样式表。

11.1.3 选择图纸幅面

在【打印】对话框的【图纸尺寸】下拉列表中指定图纸大小，如图 11-5 所示，【图纸尺寸】下拉列表中包含了已选打印设备可用的标准图纸尺寸。当选择某种幅面的图纸时，该列表右上角会出现所选图纸及实际打印范围的预览图像（打印范围用阴影表示出来，可在【打印区域】分组框中设定）。将鼠标光标移动到图像上面后，在鼠标光标位置处就会显示出精确的图纸尺寸及图纸上可打印区域的尺寸。

图11-5 【图纸尺寸】下拉列表

除了从【图纸尺寸】下拉列表中选择标准图纸外，用户也可以创建自定义的图纸尺寸。此时，用户需要修改所选打印设备的配置，方法如下。

【练习11-1】：修改所选打印设备的配置。

1. 在【打印】对话框的【打印机/绘图仪】分组框中单击 特性(R)... 按钮，打开【绘图仪配置编辑器】对话框，在【设备和文档设置】选项卡中选取【自定义图纸尺寸】选项，如图 11-6 所示。
2. 单击 添加(A)... 按钮，弹出【自定义图纸尺寸-开始】对话框，如图 11-7 所示。
3. 连续单击 下一步(N) > 按钮，并根据提示设置图纸参数，最后单击 完成(F) 按钮完成设置。
4. 返回【打印】对话框，系统将在【图纸尺寸】下拉列表中显示自定义的图纸尺寸。

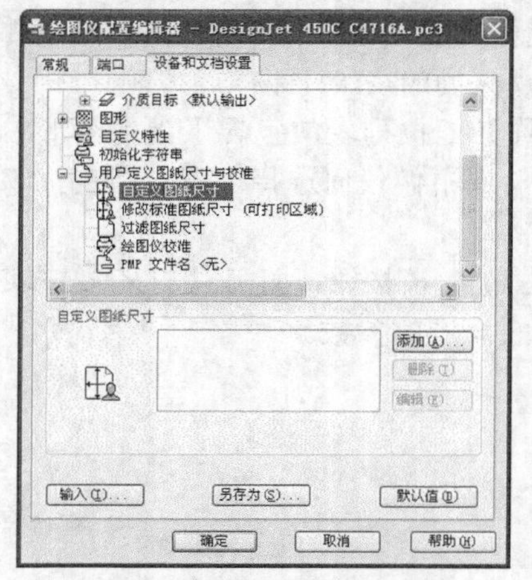

图11-6　【设备和文档设置】选项卡

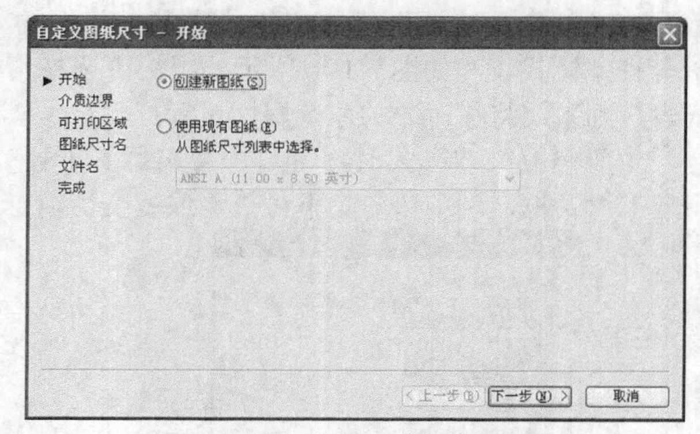

图11-7　【自定义图纸尺寸-开始】对话框

11.1.4　设定打印区域

在【打印】对话框的【打印区域】分组框中设置要输出的图形范围，如图 11-8 所示。

【打印范围】下拉列表中包含 4 个选项，下面利用如图 11-9 所示的图样说明这些选项的功能。

打印区域
打印范围(W):
范围

图11-8　【打印区域】分组框

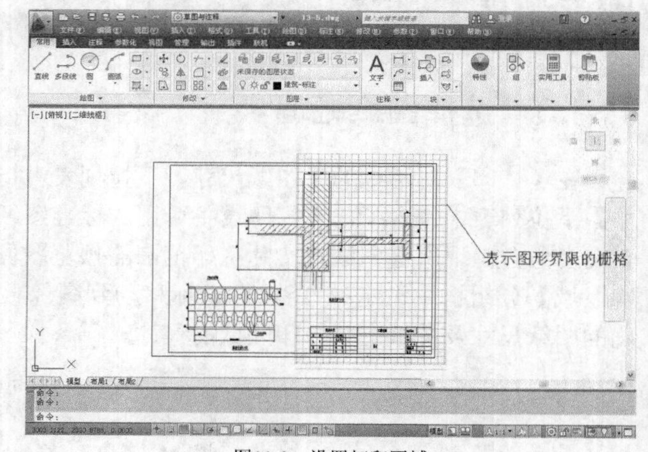

图11-9　设置打印区域

- 【图形界限】：从模型空间打印时，【打印范围】下拉列表中将显示出【图形界限】选项。选取该选项，系统将把设定的图形界限范围（用 LIMITS 命令设置图形界限）打印在图纸上，结果如图 11-10 所示。

  从图纸空间打印时，【打印范围】下拉列表中将显示出【布局】选项。选取该选项，系统将打印虚拟图纸上可打印区域内的所有内容。
- 【范围】：打印图样中的所有图形对象，结果如图 11-11 所示。
- 【显示】：打印整个图形窗口，结果如图 11-12 所示。
- 【窗口】：打印用户自己设定的区域。选取此选项后，系统提示指定打印区域的两个角点，同时在【打印】对话框中显示 窗口(O)< 按钮，单击此按钮，可重新设定打印区域。

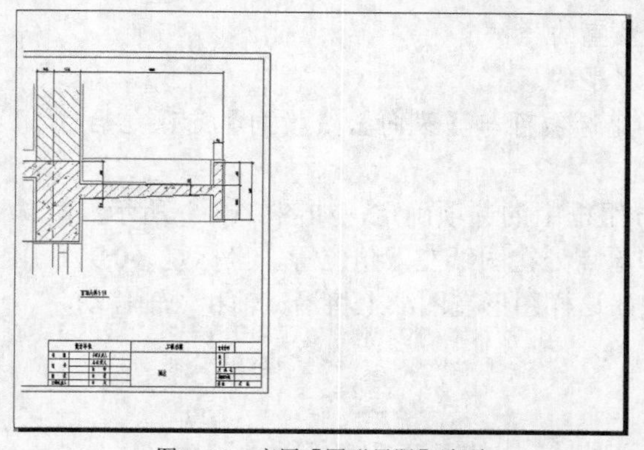
图11-10　应用【图形界限】选项

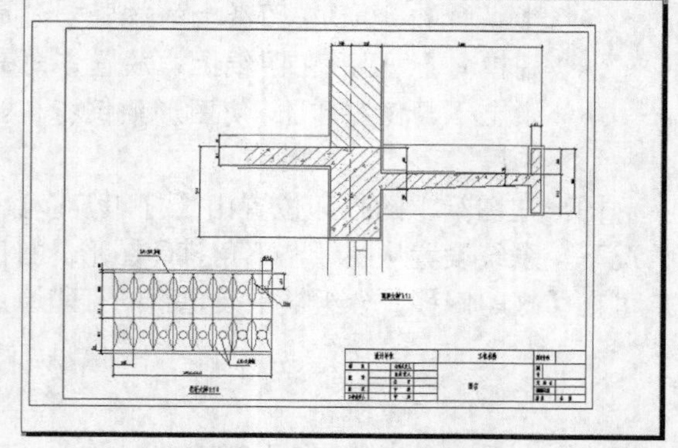
图11-11　应用【范围】选项

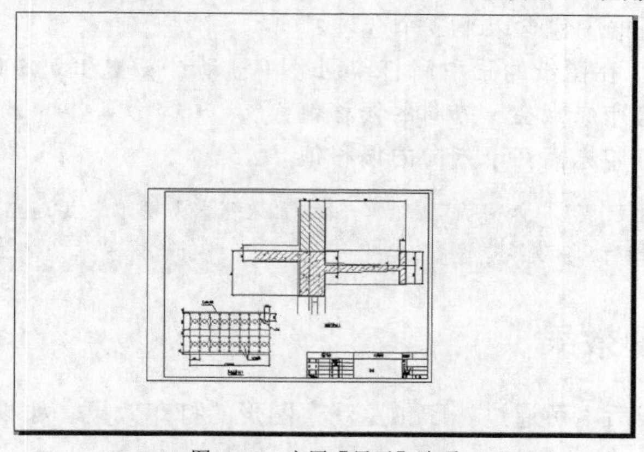
图11-12　应用【显示】选项

11.1.5　设定打印比例

在【打印】对话框的【打印比例】分组框中设置出图比例，如图 11-13 所示。绘制阶段用户根据实物按 1:1 的比例绘图，出图阶段需依据图纸尺寸确定打印比例，该比例是图纸尺寸单位与图形单位的比值。当测量单位是毫米，打印比例设定为 1:2 时，表示图纸上的 1mm 代表两个图形单位。

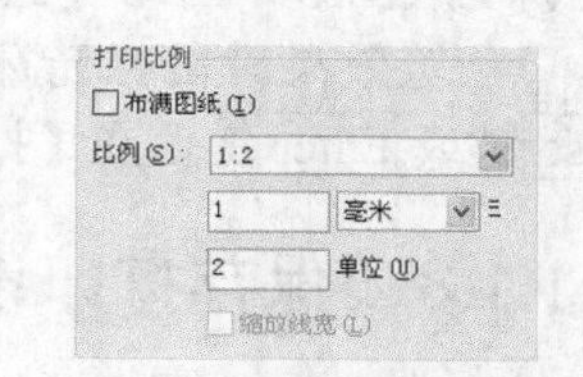

图11-13　【打印比例】分组框

【比例】下拉列表中包含一系列的标准缩放比例值，此外，还有【自定义】选项，该选项使用户可以自己指定打印比例。

从模型空间打印时，【打印比例】的默认设置是【布满图纸】，此时，系统将缩放图形以充满所选定的图纸。

11.1.6　调整图形打印方向和位置

图形在图纸上的打印方向可通过【图形方向】分组框中的选项进行调整，如图 11-14 所示。该分组框包含一个图标，此图标表明图纸的放置方向，图标中的字母代表图形在图纸上的打印方向。

【图形方向】分组框中包含以下 3 个选项。

- 【纵向】: 图形在图纸上的放置方向是竖直的。
- 【横向】: 图形在图纸上的放置方向是水平的。
- 【上下颠倒打印】: 使图形颠倒打印，此选项可与【纵向】、【横向】选项结合使用。

图形在图纸上的打印位置由【打印偏移】分组框中的选项确定，如图 11-15 所示。默认情况下，系统设置从图纸左下角打印图形。打印原点处在图纸左下角位置，坐标是（0,0），用户可在【打印偏移】分组框中设定新的打印原点，这样图形在图纸上将沿 x 轴和 y 轴移动。

图11-14 【图形方向】分组框

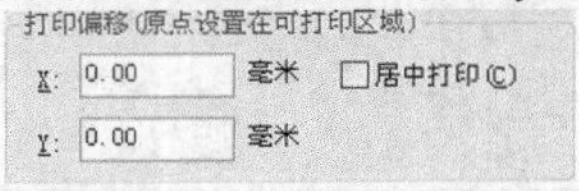

打印偏移(原点设置在可打印区域)
X: 0.00 毫米 □居中打印(C)
Y: 0.00 毫米

图11-15 【打印偏移】分组框

【打印偏移】分组框中包含以下 3 个选项。

- 【居中打印】: 在图纸的正中间打印图形（自动计算 x 和 y 方向的偏移值）。
- 【X】: 指定打印原点在 x 方向的偏移值。
- 【Y】: 指定打印原点在 y 方向的偏移值。

要点提示 如果用户不能确定打印机如何确定原点，可试着改变一下打印原点的位置并预览打印结果，然后根据图形的移动距离推测原点位置。

11.1.7 预览打印效果

打印参数设置完成后，可通过打印预览观察图形的打印效果。如果不合适，可重新进行调整，以免浪费图纸。

单击【打印】对话框下面的 预览(P)... 按钮，系统将显示出实际的打印效果。由于系统要重新生成图形，因此对于复杂图形来说需要耗费较多的时间。

预览效果时鼠标光标会变成 形状，此时可以进行实时缩放操作，预览完毕后，按 Esc 键或 Enter 键返回【打印】对话框。

11.1.8 保存打印设置

用户选择好打印设备并设置完打印参数（如图纸幅面、比例及方向等）后，可以将所有这些参数保存在页面设置中，以便以后使用。

在【打印】对话框【页面设置】分组框的【名称】下拉列表中列出了所有已命名的页面设置，若要保存当前的页面设置，就要单击该列表右边的 添加(.)... 按钮，打开【添加页面设置】对话框，如图 11-16 所示。在该对话框的【新页面设置名】文本框中输入页面名称，然后单击 确定(O) 按钮，存储页面设置。

用户也可以从其他图形中输入已定义的页面设置。在【页面设置】分组框的【名称】下拉列表中选取【输入】选项，打开【从文件选择页面设置】对话框，选择并打开所需的图形文件，弹出【输入页面设置】对话框，如图 11-17 所示。该对话框显示了图形文件中所包含的页面设置，选择其中一种设置，单击 确定(O) 按钮完成操作。

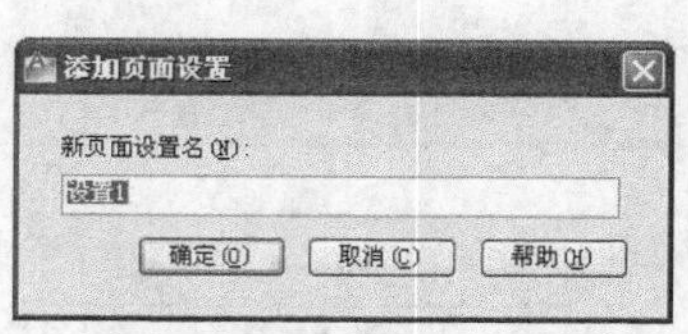

图11-16 【添加页面设置】对话框

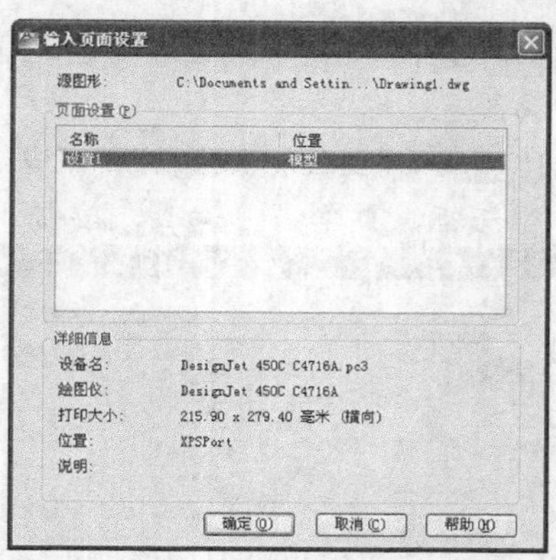

图11-17 【输入页面设置】对话框

11.2 范例解析

本节主要通过实例讲述如何进行单张图纸的打印及将多张图纸布置在一起打印。

11.2.1 打印单张图纸

在模型空间中将工程图样布置在标准幅面的图框内，在标注尺寸及书写文字后，就可以输出图形了。输出图形的主要过程如下。

(1) 指定打印设备。设备可以是 Windows 系统打印机或在 AutoCAD 中安装的打印机。

(2) 选择图纸幅面及打印份数。

(3) 设定要输出的内容。例如可指定将某一矩形区域中的内容输出，或将包围所有图形的最大矩形区域输出。

(4) 调整图形在图纸上的位置及方向。

(5) 选择打印样式。若不指定打印样式，则按对象原有属性进行打印。

(6) 设定打印比例。

(7) 预览打印效果。

【练习11-2】：从模型空间打印图形。

1. 打开附盘文件“dwg\第 11 章\11-2.dwg”。
2. 通过 AutoCAD 的添加绘图仪向导配置一台绘图仪“DesignJet 450C C4716A”。
3. 选取菜单命令【文件】/【打印】，打开【打印】对话框，如图 11-18 所示，在该对话框中完成以下设置。

(1) 在【打印机/绘图仪】分组框的【名称】下拉列表中选择打印设备【DesignJet 450C C4716A.pc3】。

(2) 在【图纸尺寸】下拉列表中选择 A2 幅面的图纸。

(3) 在【打印份数】文本框中输入打印份数“1”。

(4) 在【打印范围】下拉列表中选取【范围】选项。

(5) 在【打印比例】分组框中设置打印比例为【1:100】。

(6) 在【打印偏移】分组框中指定打印原点为（100,60）。

(7) 在【图形方向】分组框中设定打印方向为“横向”。

(8) 在【打印样式表】分组框的下拉列表中选择打印样式【monochrome.ctb】(将所有颜色打印为黑色)。

4. 单击 预览(P)... 按钮，预览打印效果，如图 11-19 所示。若满意，按 Esc 键返回【打印】对话框，再单击 确定 按钮开始打印。

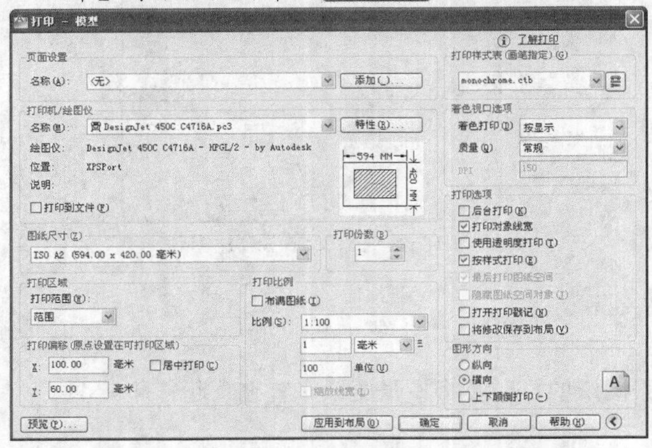

图11-18　【打印】对话框

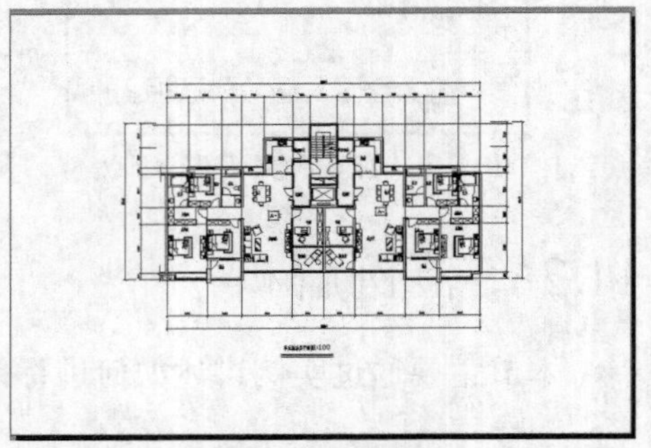

图11-19　预览打印效果

11.2.2　将多张图纸布置在一起打印

为了节省图纸，常常需要将几个图样布置在一起打印，具体方法如下。

【练习11-3】：附盘文件“dwg\第 11 章\11-3-A.dwg”和“11-3-B.dwg”都采用 A2 幅面的图纸，绘图比例均为 1:100，现将它们布置在一起输出到 A1 幅面的图纸上。

1. 选取菜单命令【文件】/【新建】，建立一个新文件。
2. 单击【块】面板上的按钮，打开【插入】对话框，再单击 浏览(B)... 按钮，打开【选择图形文件】对话框，通过该对话框找到要插入的图形文件“11-3-A.dwg”。
3. 设定插入文件时的缩放比例为 1:1。插入图样后，用 SCALE 命令缩放图形，缩放比例为 1:100(图样的绘图比例)。
4. 用与步骤 2 相同的方法插入文件“11-3-B.dwg”，插入时的缩放比例为 1:1。插入图样后，用 SCALE 命令缩放图形，缩放比例为 1:100。
5. 使用 MOVE 命令调整图样的位置，使其组成 A1 幅面的图纸，结果如图 11-20 所示。
6. 单击【输出】选项卡中【打印】面板上的按钮，打开【打印】对话框，如图 11-21 所示。
7. 在该对话框中进行以下设置。

(1) 在【打印机/绘图仪】分组框的【名称】下拉列表中选择打印设备【DesignJet 450C C4716A.pc3】。

(2) 在【图纸尺寸】下拉列表中选择 A1 幅面的图纸。

(3) 在【打印样式表】分组框的下拉列表中选择打印样式【monochrome.ctb】(将所有颜色打印为黑色)。

(4) 在【打印范围】下拉列表中选取【范围】选项。

(5) 在【打印比例】分组框中选取【布满图纸】复选项。

(6) 在【图形方向】分组框中选取【纵向】单选项。

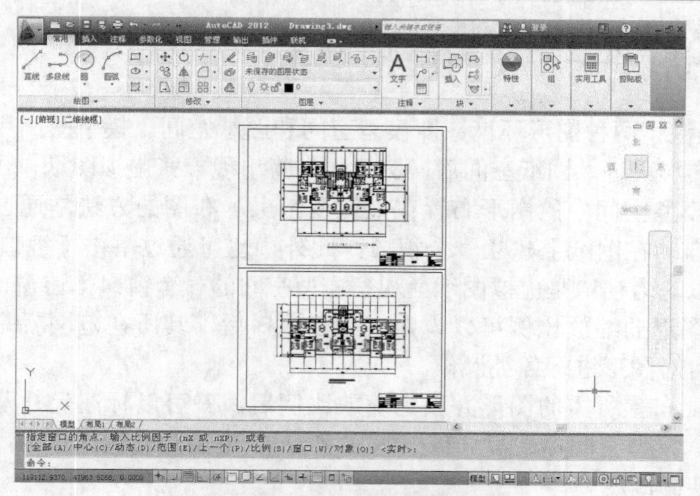

图11-20 使图形组成A1幅面的图纸

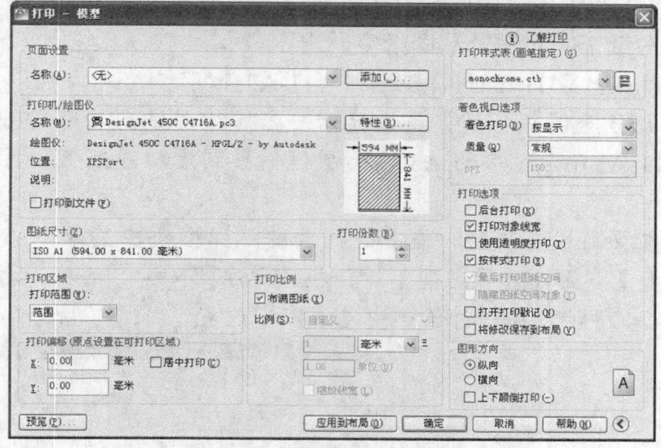

图11-21 【打印】对话框

8. 单击 预览(P)... 按钮，预览打印效果，如图11-22所示。若满意，单击按钮开始打印。

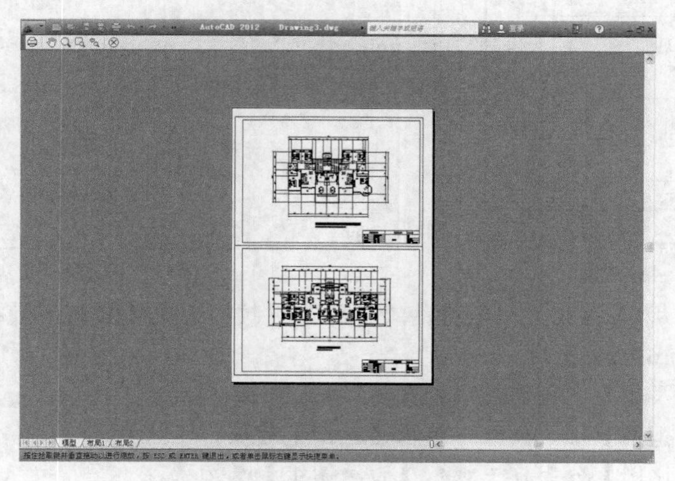

图11-22 预览打印效果

11.3　功能讲解——使用虚拟图纸

AutoCAD 提供了两种图形环境，即模型空间和图纸空间。模型空间用于绘制图形，图纸空间用于布置图形。进入图纸空间后，图形区中将出现一张虚拟图纸，用户可设定该图纸的幅面，并能将模型空间中的图形布置在虚拟图纸上。布图的方法是通过浮动视口显示图形，系统一般会自动在图纸上建立一个视口，此外，也可通过单击【视口】面板上的按钮创建视口。可以认为视口是虚拟图纸上观察模型空间的一个窗口，该窗口的位置和大小可以调整，窗口内图形的缩放比例可以设定。激活视口后，其所在范围就是一个小的模型空间，在其中用户可对图形进行各类操作。

在虚拟图纸上布置所需的图形并设定缩放比例后，就可以标注尺寸及书写文字了（注意，一般不要进入模型空间标注尺寸或书写文字），设定全局比例因子为 1，文字高度等于打印在图纸上的实际高度。

下面介绍在图纸空间布图及出图的方法。

【练习11-4】：在图纸空间布图及从图纸空间出图。

1. 打开附盘文件“dwg\第 11 章\11-4.dwg”、“11-A3.dwg”。
2. 单击模型按钮，切换至图纸空间，系统显示一张虚拟图纸，利用 Windows 的复制/粘贴功能将文件“11-A3.dwg”中的 A3 幅面图框拷贝到虚拟图纸上，再调整其位置，如图 11-23 所示。
3. 将鼠标光标放在布局1按钮上，单击鼠标右键，弹出快捷菜单，选取【页面设置管理器】命令，打开【页面设置管理器】对话框，单击修改(M)...按钮，打开【页面设置】对话框，如图 11-24 所示。在该对话框中完成以下设置。

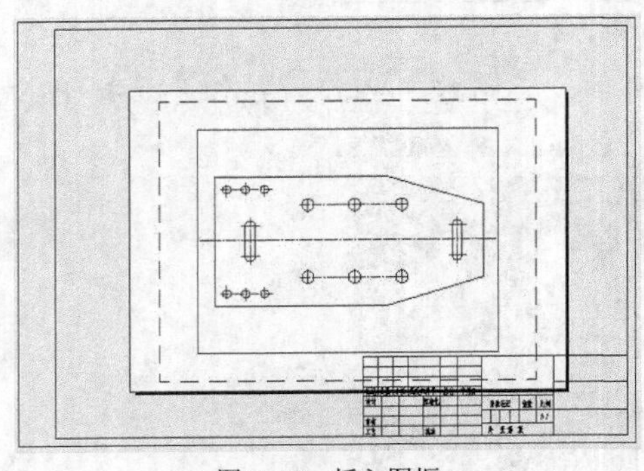

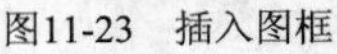

图11-23　插入图框

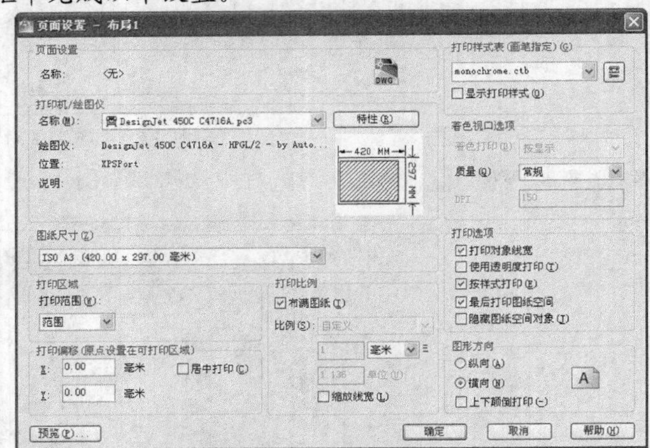

图11-24　【页面设置】对话框

- 在【打印机/绘图仪】分组框的【名称】下拉列表中选择打印设备【DesignJet 450C C4716A.pc3】。
- 在【图纸尺寸】下拉列表中选择 A3 幅面图纸。
- 在【打印范围】下拉列表中选取【范围】选项。
- 在【打印比例】分组框中选取【布满图纸】复选项。
- 在【打印偏移】分组框中指定打印原点为（0,0）。

- 在【图形方向】分组框中设定图形打印方向为“横向”。
- 在【打印样式表】分组框的下拉列表中选择打印样式【monochrome.ctb】(将所有颜色打印为黑色)。

4. 单击 确定 按钮，再关闭【页面设置管理器】对话框，在屏幕上出现一张 A3 幅面的图纸，图纸上的虚线代表可打印区域，A3 图框被布置在此区域中，如图 11-25 所示。图框内部的小矩形是系统自动创建的浮动视口，通过这个视口显示模型空间中的图形。用户可复制或移动视口，还可利用编辑命令调整其大小。
5. 创建“视口”层，将矩形视口修改到该层上，然后利用关键点编辑方式调整视口大小。选中视口，在【视口】工具栏上的【视口缩放比例】下拉列表中设定视口缩放比例为 1:1.5，如图 11-26 所示。视口缩放比例值就是图形布置在图纸上的缩放比例，即绘图比例。

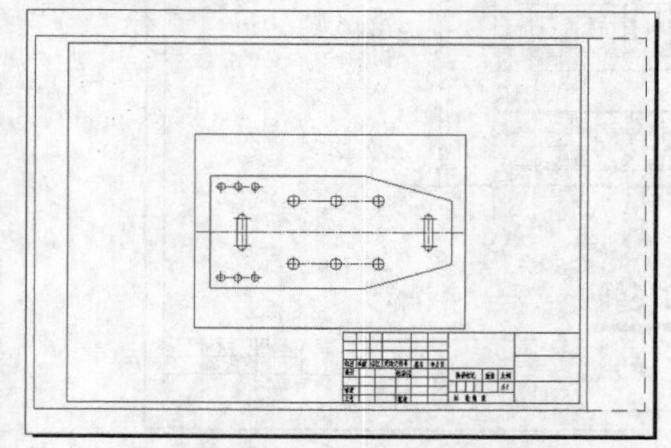
图11-25 指定 A3 幅面图纸

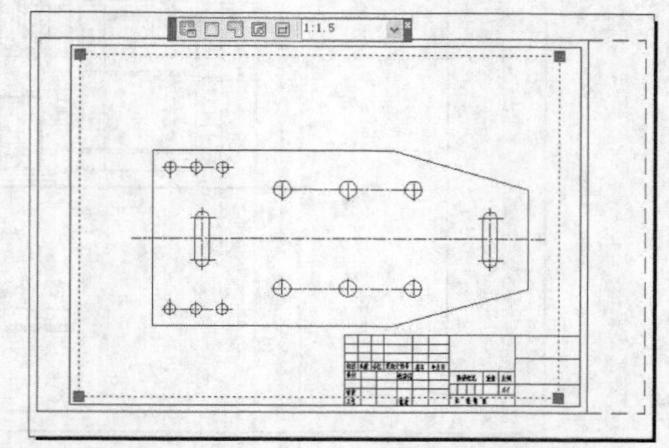

图11-26 调整视口大小及设定视口缩放比例

6. 锁定视口的缩放比例。选中视口，单击鼠标右键，弹出快捷菜单，通过此菜单将【显示锁定】设置为“是”。
7. 单击图纸按钮，激活浮动视口，用 MOVE 命令调整图形的位置，结果如图 11-27 所示。
8. 单击模型按钮，返回图纸空间，冻结视口层。使“国标标注”成为当前样式，再设定标注全局比例因子为 1，然后标注尺寸，结果如图 11-28 所示。

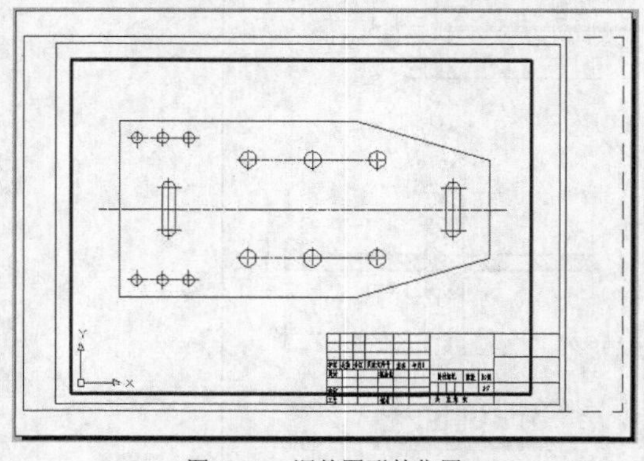
图11-27 调整图形的位置

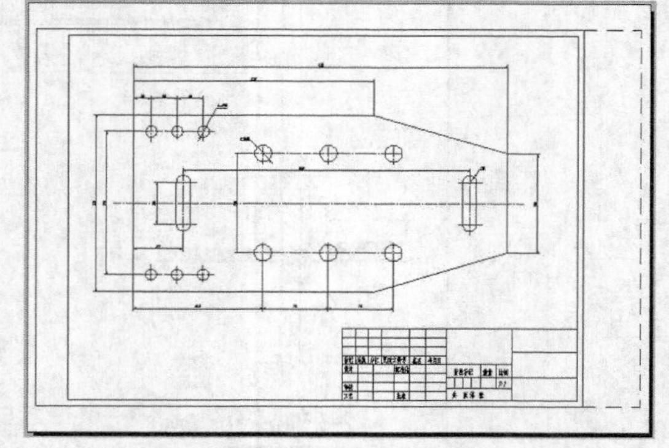
图11-28 在图纸上标注尺寸

9. 至此，用户已经创建了一张完整的虚拟图纸，接下来就可以从图纸空间打印出图了。打印的效果与虚拟图纸显示的效果是一样的。单击【输出】选项卡中【打印】面板上的按钮，打开【打印】对话框，该对话框列出了新建图纸时已设定的打印参数，单击 确定 按钮开始打印。

11.4 习题

1. 打开附盘文件“dwg\第 11 章\xt-1.dwg”，打印此图形，打印预览效果如图 11-29 所示。

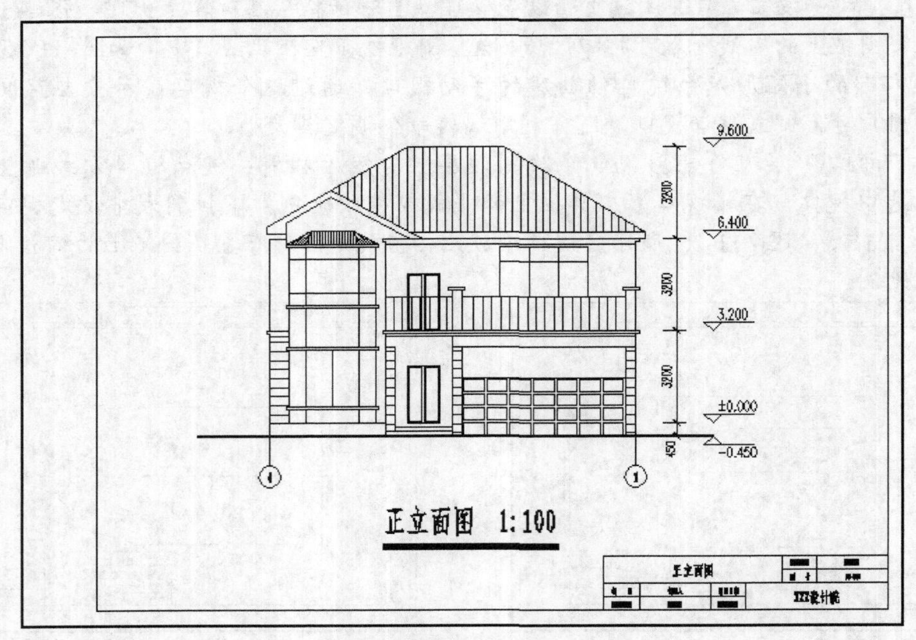

图11-29 打印预览效果（1）

2. 打开附盘文件“dwg\第 11 章\xt-2.dwg”，打印此图形，打印预览效果如图 11-30 所示。

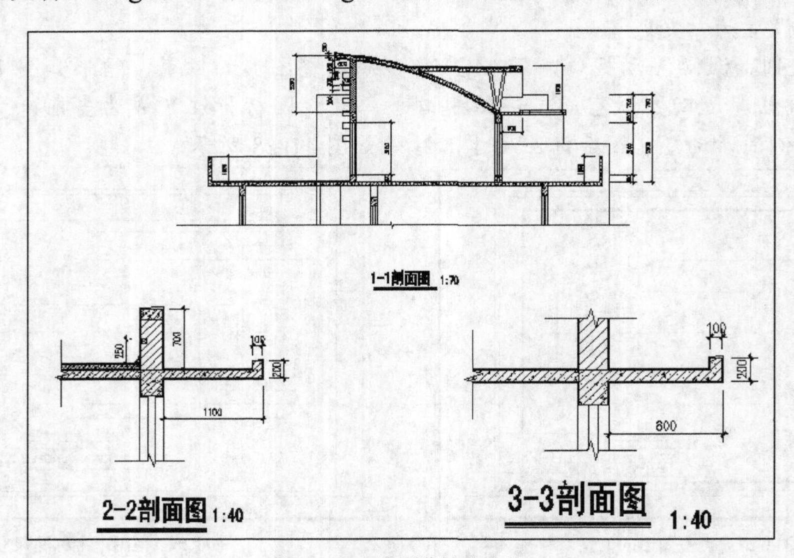

图11-30 打印预览效果（2）

第12章　三维绘图

【学习目标】

- 三维建模空间及观察 3D 模型。
- 视觉样式。
- 快速建立平面视图。
- 平行投影模式及透视投影模式。
- 用户坐标系及动态用户坐标系。
- 三维基本立体及多段体的建立。
- 二维对象形成实体或曲面。
- 通过扫掠、放样创建实体或曲面。
- 加厚曲面形成实体。
- 利用平面或曲面切割实体。

通过学习本章，读者能够掌握创建简单立体曲面及实体模型的方法。

12.1　功能讲解——三维绘图基础

本节主要介绍三维建模空间、观察三维模型的方法、快速建立平面视图、平行投影模式及透视投影模式、用户坐标系及动态用户坐标系等。

12.1.1　三维建模空间

创建三维模型时，用户可切换至 AutoCAD 三维工作空间，单击快速访问工具栏上的按钮，弹出快捷菜单，选择【三维建模】命令，就切换至该空间。默认情况下，三维建模空间包含【建模】面板、【实体编辑】面板、【坐标】面板、【视图】面板等，如图 12-1 所示。

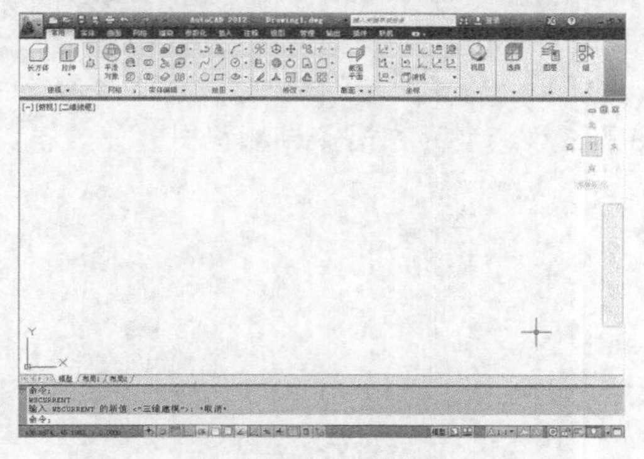

图12-1　三维建模空间

12.1.2　用标准视点观察 3D 模型

任何三维模型都可以从任意一个方向观察，进入三维建模空间，该空间【常用】选项卡中【视图】面板上的【三维导航】下拉列表提供了 10 种标准视点，如图 12-2 所示。通过这些视点就能获得 3D 对象的 10 种视图，如前视图、后视图、左视图及东南轴测图等。

用户可在【视图管理器】对话框中指定基准坐标系，选取【三维导航】下拉列表中的【视图管理器】，打开【视图管理器】对话框，该对话框左边的列表框中列出了预设的标准正交视图名称，这些视图所采用的基准坐标系可在【设定相对于】下拉列表中选定，如图 12-3 所示。

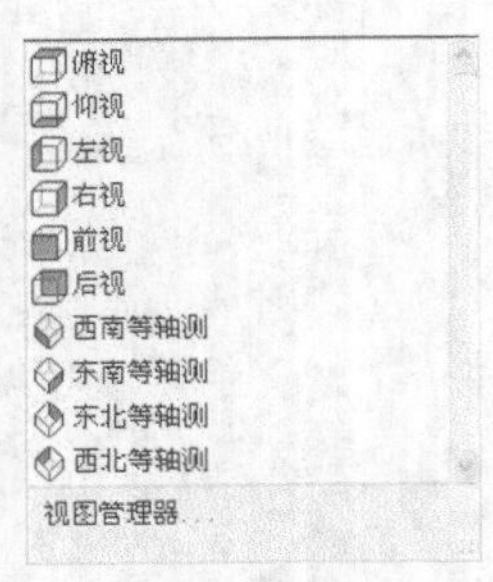

图12-2　标准视点

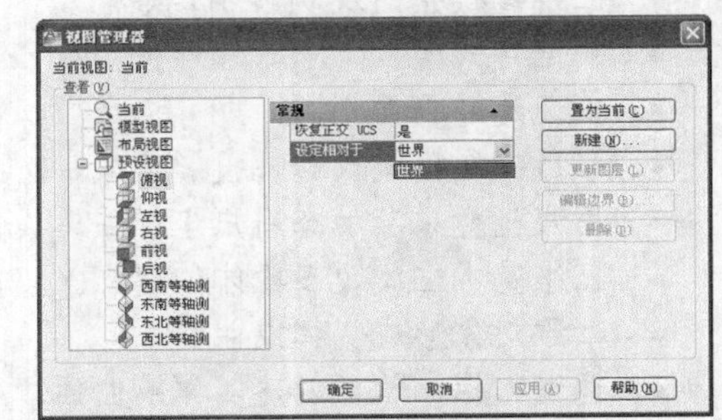

图12-3　【视图管理器】对话框

【练习12-1】：通过如图 12-4 所示的三维模型来演示标准视点生成的视图。

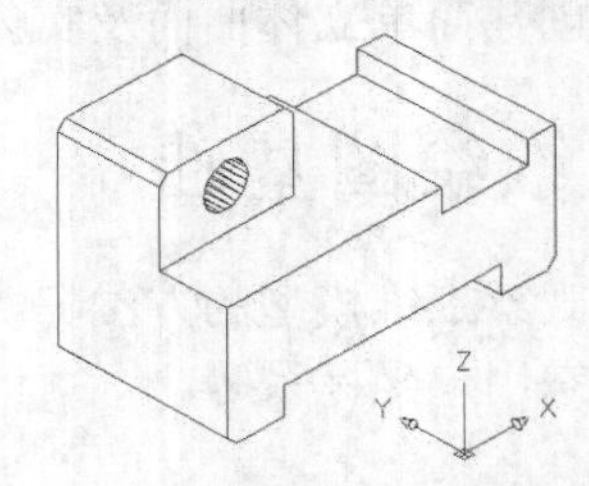

图12-4　用标准视点观察模型

1. 打开附盘文件"dwg\第 12 章\12-1.dwg"。
2. 选取【三维导航】下拉列表中的【前视】选项，结果如图 12-5 所示，此图是三维模型的前视图。
3. 选取【三维导航】下拉列表中的【左视】选项，再执行消隐命令 HIDE，结果如图 12-6 所示，此图是三维模型的左视图。
4. 选取【三维导航】下拉列表中的【东南等轴测】选项，然后执行消隐命令 HIDE，结果如图 12-7 所示，此图是三维模型的东南等轴测视图。

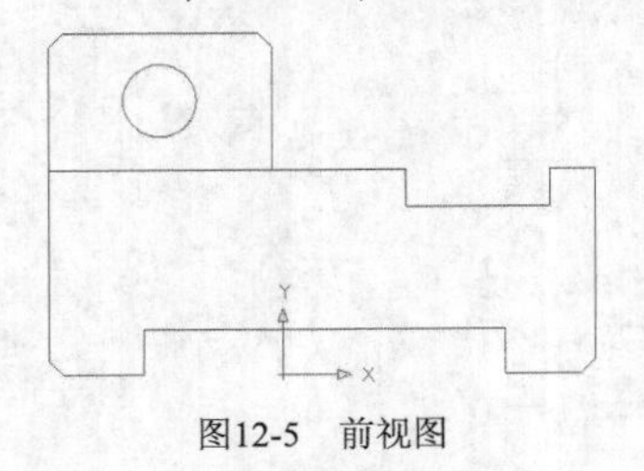

图12-5　前视图

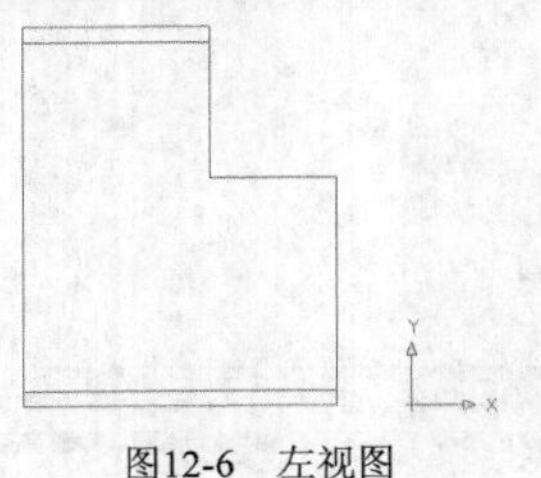

图12-6　左视图

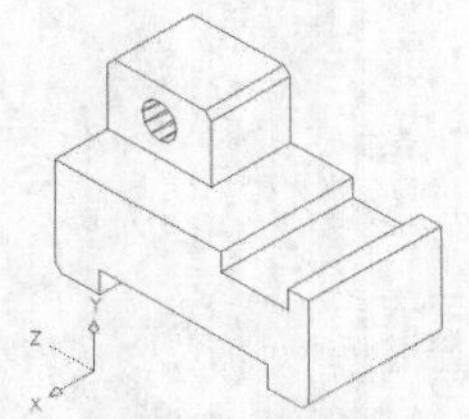

图12-7　东南等轴测视图

12.1.3 三维动态观察

3DFORBIT 命令将激活交互式的动态视图，用户通过单击并拖动鼠标的方法来改变观察方向，从而能够非常方便地获得不同方向的 3D 视图。使用此命令时，用户可以选择观察全部的或模型中的一部分对象，AutoCAD 围绕待观察的对象形成一个辅助圆，该圆被 4 个小圆分成 4 等份，如图 12-8 所示。辅助圆的圆心是观察目标点，当用户按住鼠标左键拖动鼠标光标时，待观察的对象（即目标点）静止不动，而视点绕着 3D 对象旋转，显示结果是视图在不断地转动。

当用户想观察整个模型的部分对象时，应先选择这些对象，然后执行 3DFORBIT 命令，此时，仅所选对象显示在屏幕上。若其没有处在动态观察器的大圆内，就单击鼠标右键，选取【范围缩放】命令。

命令启动方法如下。

- 菜单命令:【视图】/【动态观察】/【自由动态观察】。
- 面板:【导航】面板上的自由动态观察按钮。
- 命令行: 3DFORBIT。

执行 3DFORBIT 命令，AutoCAD 窗口中就出现一个大圆和 4 个均布的小圆，如图 12-8 所示。当鼠标光标移至圆的不同位置时，其形状将发生变化，不同形状的鼠标光标表明了当前视图的旋转方向。

主要有以下几种鼠标光标形状。

一、 球形光标

鼠标光标位于辅助圆内时变为球形形状，可假想一个球体将目标对象包裹起来，此时按住鼠标左键拖动鼠标光标，就使球体沿鼠标光标拖动的方向旋转，模型视图也随之旋转。

二、 圆形光标

移动鼠标光标到辅助圆外时变为圆形形状，按住鼠标左键将鼠标光标沿辅助圆拖动，就使 3D 视图旋转，旋转轴垂直于屏幕并通过辅助圆心。

三、 水平椭圆形光标

当把鼠标光标移动到左、右小圆的位置时变为水平椭圆形状，此时按住鼠标左键拖动鼠标光标，就使视图绕着一个铅垂轴线转动，此旋转轴线经过辅助圆心。

四、 竖直椭圆形光标

将鼠标光标移动到上、下两个小圆的位置时变为竖直椭圆形状，此时按住鼠标左键拖动鼠标光标，将使视图绕着一个水平轴线转动，此旋转轴线经过辅助圆心。

当 3DFORBIT 命令激活时，单击鼠标右键，弹出如图 12-9 所示的快捷菜单。

此菜单中常用命令的功能如下。

(1) 【其他导航模式】: 对三维视图执行平移、缩放操作。
(2) 【缩放窗口】: 单击两点指定缩放窗口，AutoCAD 将放大此窗口区域。
(3) 【范围缩放】: 将图形对象充满整个图形窗口显示出来。
(4) 【缩放上一个】: 返回上一个视图。
(5) 【平行模式】: 激活平行投影模式。

(6)　【透视模式】：激活透视投影模式，透视图与眼睛观察到的图像极为接近。

(7)　【重置视图】：将当前的视图恢复到激活 3DORBIT 命令时的视图。

(8)　【预设视图】：指定要使用的预定义视图，如左视图、俯视图等。

(9)　【命名视图】：选择要使用的命名视图。

(10)【视觉样式】：提供以下着色方式。

- 【概念】：着色对象，效果缺乏真实感，但可以清晰地显示模型细节。
- 【隐藏】：用三维线框表示模型并隐藏不可见线条。
- 【真实】：对模型表面进行着色，显示已附着于对象的材质。
- 【着色】：将对象平面着色，着色的表面较光滑。
- 【带边框着色】：用平滑着色和可见边显示对象。
- 【灰度】：用平滑着色和单色灰度显示对象。
- 【勾画】：用线延伸和抖动边修改器显示手绘效果的对象。
- 【线框】：用直线和曲线表示模型。
- 【X 射线】：以局部透明度显示对象。

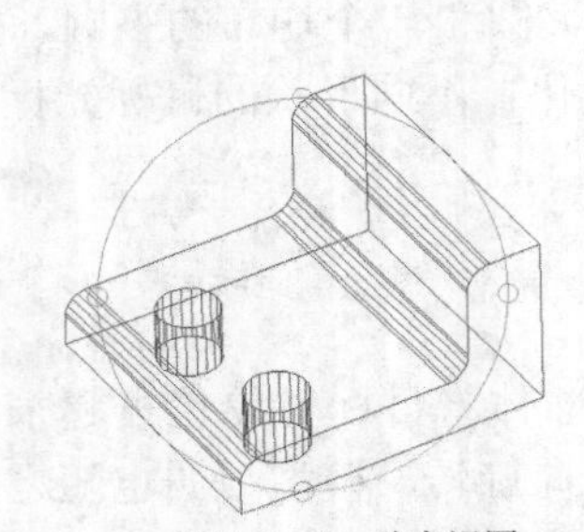

图12-8　3D 动态视图

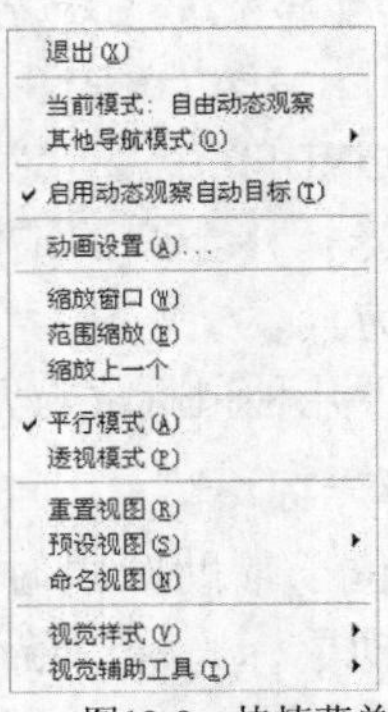

图12-9　快捷菜单

12.1.4　视觉样式

AutoCAD 提供了以下 10 种默认视觉样式，用户可在【视图】面板的【视觉样式】下拉列表中进行选择，或通过菜单命令【视图】/【视觉样式】指定。

- 【二维线框】：通过使用直线和曲线表示边界的方式显示对象，如图 12-10 所示。
- 【概念】：着色对象，效果缺乏真实感，但可以清晰地显示模型细节，如图 12-10 所示。
- 【消隐】：用三维线框表示模型并隐藏不可见线条，如图 12-10 所示。
- 【真实】：对模型表面进行着色，显示已附着于对象的材质，如图 12-10 所示。
- 【着色】：将对象平面着色，着色的表面较光滑，如图 12-10 所示。
- 【带边缘着色】：用平滑着色和可见边显示对象，如图 12-10 所示。
- 【灰度】：用平滑着色和单色灰度显示对象，如图 12-10 所示。
- 【勾画】：用线延伸和抖动边修改器显示手绘效果的对象，如图 12-10 所示。
- 【线框】：用直线和曲线表示模型，如图 12-10 所示。
- 【X 射线】：以局部透明度显示对象，如图 12-10 所示。

用户可以对已有视觉样式进行修改或是创建新的视觉样式，单击【视觉样式】面板上

【视觉样式】下拉列表中的【视觉样式管理器】选项，打开【视觉样式管理器】对话框，如图 12-11 所示，通过该对话框可以更改视觉样式的设置或新建视觉样式。该对话框上部列出了所有视觉样式的效果图片，选择其中之一，对话框下部就列出所选样式的面设置、环境设置及边设置等参数，用户可对这些参数进行修改。

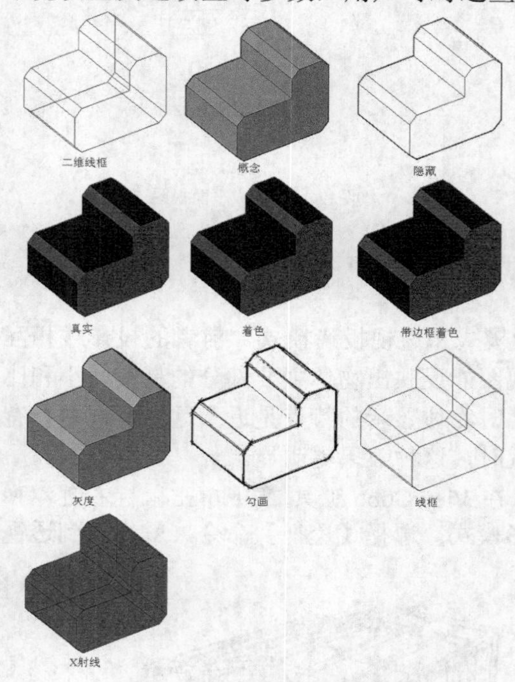

图12-10　各种视觉样式的效果

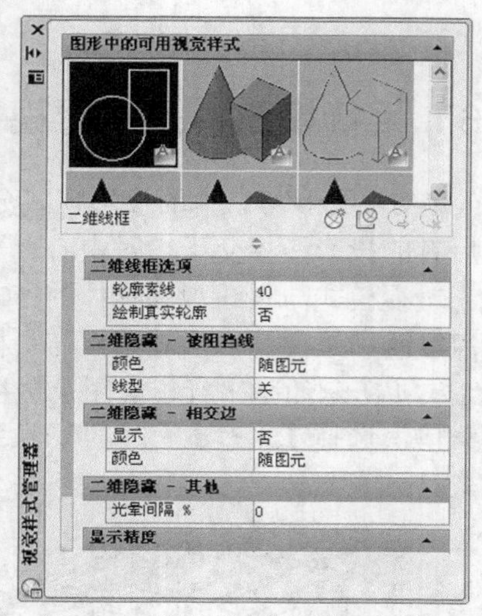

图12-11　【视觉样式管理器】对话框

12.1.5　快速建立平面视图

PLAN 命令可以生成坐标系的 *xy* 平面视图，即视点位于坐标系的 *z* 轴上。该命令在三维建模过程中非常有用。

【练习12-2】：练习用 PLAN 命令建立 3D 对象的平面视图。

1. 打开附盘文件“dwg\第 12 章\12-2.dwg”。
2. 利用 UCS 命令建立用户坐标系，关于此命令的用法详见 12.1.7 小节。键入 UCS 命令，AutoCAD 提示如下。

```
命令: ucs
指定 UCS 的原点或 [面(F)/命名(NA)/对象(OB)/上一个(P)/视图(V)/世界(W)/X/Y/Z/Z
轴(ZA)] <世界>:                              //捕捉端点 A，如图 12-12 所示
指定 X 轴上的点或 <接受>:                      //捕捉端点 B
指定 XY 平面上的点或 <接受>:                   //捕捉端点 C
```

结果如图 12-12 所示。

3. 创建平面视图。

```
命令: plan
输入选项 [当前 UCS(C)/UCS(U)/世界(W)] <当前 UCS>:   //按 Enter 键
```

结果如图 12-13 所示。

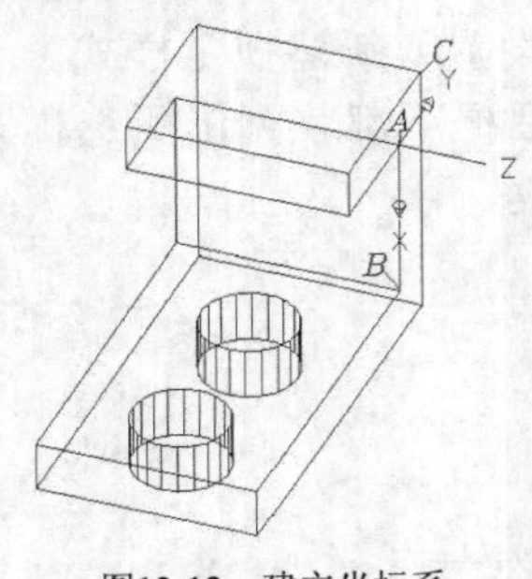

图12-12　建立坐标系

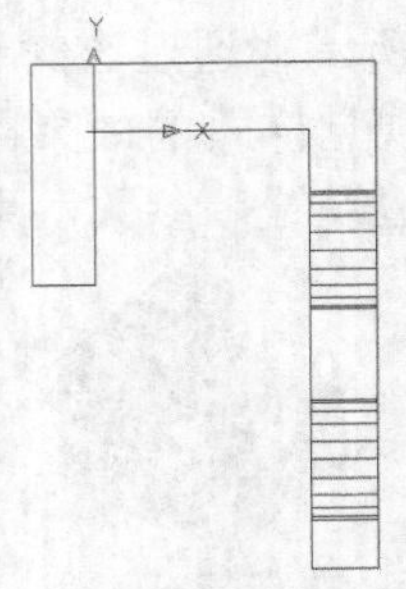

图12-13　生成平面视图

12.1.6　平行投影模式及透视投影模式

AutoCAD 图形窗口中的投影模式分平行投影模式和透视投影模式，前者的投影线相互平行，后者的投影线相交于投射中心。平行投影视图能反映出物体主要部分的真实大小和比例关系。透视模式与眼睛观察物体的方式类似，此时物体显示的特点是近大远小，视图具有较强的深度感和距离感，当观察点与目标距离接近时，这种效果更明显。

图 12-14 所示的是平行投影图及透视投影图。在 ViewCube 工具上单击鼠标右键，弹出快捷菜单，选择【平行】命令，切换到平行投影模式；选择【透视】命令，就切换到透视投影模式。

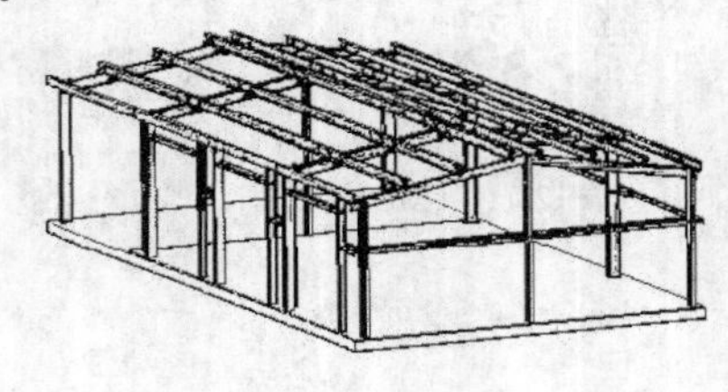

平行投影图

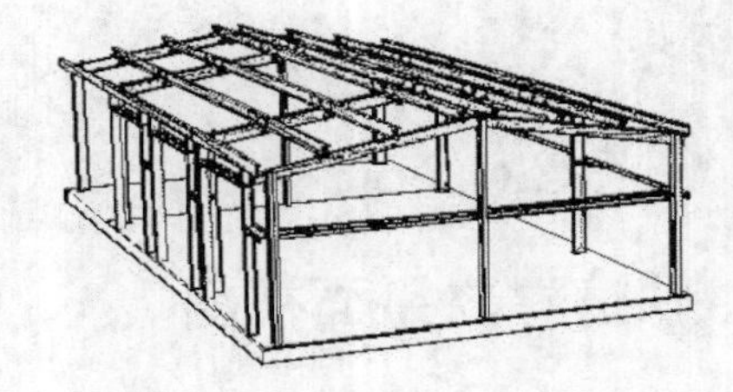

透视投影图

图12-14　平行投影图及透视投影图

12.1.7　用户坐标系及动态用户坐标系

默认情况下，AutoCAD 坐标系是世界坐标系，该坐标系是一个固定坐标系。用户也可在三维空间中建立自己的坐标系（UCS），该坐标系是一个可变动的坐标系，坐标轴正向按右手螺旋法则确定。三维绘图时，UCS 坐标系特别有用，因为用户可以在任意位置、沿任何方向建立 UCS，从而使得三维作图变得更加容易。

除用 UCS 命令改变坐标系外，用户也可打开动态 UCS 功能，使 UCS 坐标系的 *xy* 平面在绘图过程中自动与某一平面对齐。按 F6 键或按下状态栏上的按钮，就打开动态 UCS 功能。执行二维或三维绘图命令，将鼠标光标移动到要绘图的实体面，该实体面高亮显示，表明坐标系的 *xy* 平面临时与实体面对齐，绘制的对象将处于此面内，绘图完成后，UCS 坐标系又返回原来状态。

AutoCAD 多数 2D 命令只能在当前坐标系的 *xy* 平面或与 *xy* 平面平行的平面内执行，若用户想在空间的某一平面内使用 2D 命令，则应沿此平面位置创建新的 UCS。

【练习12-3】：在三维空间中创建坐标系。

1. 打开附盘文件“dwg\第 12 章\12-3.dwg”。
2. 改变坐标原点。键入 UCS 命令，AutoCAD 提示如下。

```
命令: ucs
指定 UCS 的原点或 [面(F)/命名(NA)/对象(OB)/上一个(P)/视图(V)/世界(W)/X/Y/Z/Z
轴(ZA)] <世界>:                                    //捕捉 A 点，如图 12-15 所示
指定 X 轴上的点或 <接受>:                          //按 Enter 键
```

结果如图 12-15 所示。

3. 将 UCS 坐标系绕 x 轴旋转 90°。

```
命令: ucs
指定 UCS 的原点或 [面(F)/X/Y/Z/Z 轴(ZA)] <世界>: x  //使用“x”选项
指定绕 X 轴的旋转角度 <90>: 90                        //输入旋转角度
```

结果如图 12-16 所示。

4. 利用 3 点定义新坐标系。

```
命令: ucs
指定 UCS 的原点或 <世界>:                            //捕捉 B 点
指定 X 轴上的点或 <接受>:                            //捕捉 C 点
指定 XY 平面上的点或 <接受>:                         //捕捉 D 点
```

结果如图 12-17 所示。

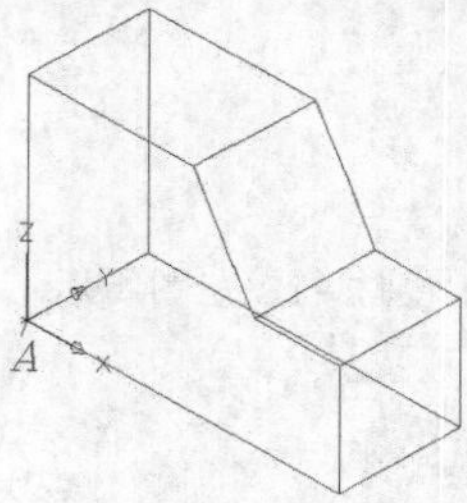

图12-15 改变坐标原点

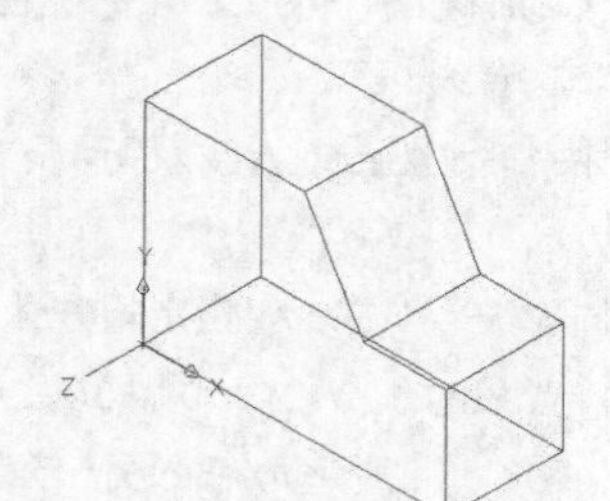

图12-16 旋转坐标系

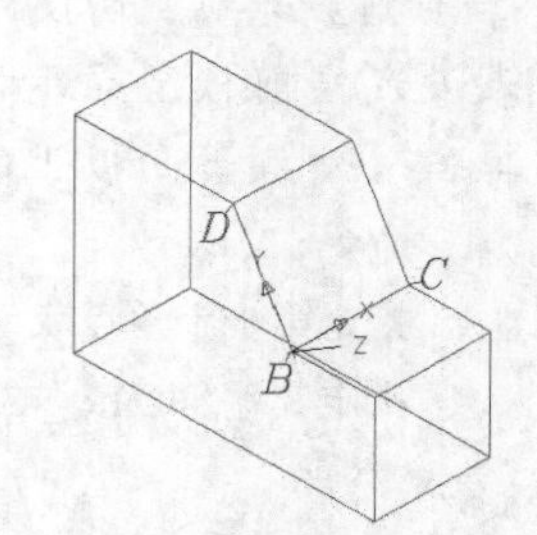

图12-17 用 3 点定义新坐标系

12.2 功能讲解——基本立体、由二维对象形成实体或曲面

创建三维实体和曲面的主要工具都包含在三维制作控制台上，用户利用此控制台可以创建圆柱体、球体及锥体等基本立体，此外，还可通过拉伸、旋转 2D 对象形成三维实体或曲面。

12.2.1 三维基本立体

AutoCAD 能生成长方体、球体、圆柱体、圆锥体、楔形体以及圆环体等基本立体，【建模】面板中包含了创建这些立体的命令按钮，表 12-1 列出了这些按钮的功能及操作时要输入的主要参数。

表 12-1 创建基本立体的命令按钮

按钮	功能	输入参数
长方体	创建长方体	指定长方体的一个角点，再输入另一角点的相对坐标
球体	创建球体	指定球心，输入球半径
圆柱体	创建圆柱体	指定圆柱体底面的中心点，输入圆柱体半径及高度
圆锥体	创建圆锥体及圆锥台	指定圆锥体底面的中心点，输入锥体底面半径及锥体高度 指定圆锥台底面的中心点，输入锥台底面半径、顶面半径及锥台高度
楔体	创建楔形体	指定楔形体的一个角点，再输入另一对角点的相对坐标
圆环体	创建圆环	指定圆环中心点，输入圆环体半径及圆管半径
棱锥体	创建棱锥体及棱锥台	指定棱锥体底面边数及中心点，输入锥体底面半径及锥体高度 指定棱锥台底面边数及中心点，输入棱锥台底面半径、顶面半径及棱锥台高度

创建长方体或其他基本立体时，用户也可通过单击一点设定参数的方式进行绘制。当AutoCAD 提示输入相关数据时，用户移动鼠标光标到适当位置，然后单击一点，在此过程中立体的外观将显示出来，便于用户初步确定立体形状。绘制完成后，可用 PROPERTIES 命令显示立体尺寸，并对其修改。

【练习12-4】：创建长方体及圆柱体。

1. 进入三维建模工作空间。打开【视图】面板上的【三维导航】下拉列表，选择【东南等轴测】选项，切换到东南等轴测视图。再通过【视图】面板中的【视觉样式】下拉列表设定当前模型显示方式为“二维线框”。
2. 单击【建模】面板上的 长方体 按钮，AutoCAD 提示如下。

```
命令: _box
指定第一个角点或 [中心(C)]:                 //指定长方体角点 A，如图 12-18 左图所示
指定其他角点或 [立方体(C)/长度(L)]: @100,200,300
                                            //输入另一角点 B 的相对坐标
```

单击【建模】面板上的 圆柱体 按钮，AutoCAD 提示如下。

```
命令: _cylinder
指定底面的中心点或 [三点(3P)/两点(2P)/切点、切点、半径(T)/椭圆(E)]:
                                            //指定圆柱体底圆中心，如图 12-18 右图所示
指定底面半径或 [直径(D)] <80.0000>: 80                //输入圆柱体半径
指定高度或 [两点(2P)/轴端点(A)] <300.0000>: 300      //输入圆柱体高度
```

结果如图 12-18 所示。

3. 改变实体表面网格线的密度。

```
命令: isolines
输入 ISOLINES 的新值 <4>: 40          //设置实体表面网格线的数量，详见 12.3.6 小节
```

选取菜单命令【视图】/【重生成】，重新生成模型，实体表面网格线变得更加密集。

4. 控制实体消隐后表面网格线的密度。

```
命令: facetres
```

输入 FACETRES 的新值 <0.5000>: 5 //设置实体消隐后的网格线密度，详见 12.3.6 小节

执行 HIDE 命令，结果如图 12-18 所示。

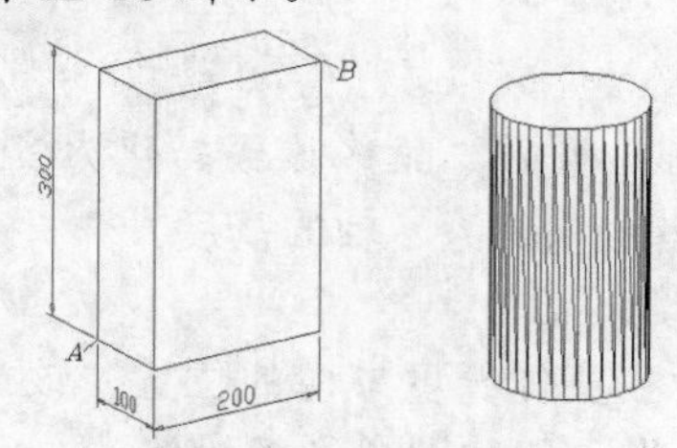

图12-18 创建长方体及圆柱体

12.2.2 多段体

使用 POLYSOLID 命令可以像绘制连续折线或画多段线一样创建实体，该实体称为多段体，它看起来是由矩形薄板及圆弧形薄板组成的，板的高度和厚度可以设定。此外，用户还可利用该命令将已有的直线、圆弧及二维多段线等对象创建成多段体。

一、 命令启动方法

- 菜单命令:【绘图】/【建模】/【多段体】。
- 面板:【建模】面板上的按钮。
- 命令行: POLYSOLID 或简写 PSOLID。

【练习12-5】: 练习使用 POLYSOLID 命令。

1. 打开附盘文件 "dwg\第 12 章\12-5.dwg"。
2. 将坐标系绕 x 轴旋转 90° ，激活极轴追踪、对象捕捉及自动追踪功能，用 POLYSOLID 命令创建实体。

```
命令: _Polysolid 指定起点或 [对象(O)/高度(H)/宽度(W)/对正(J)] <对象>: h
                                              //使用“高度(H)”选项
指定高度 <260.0000>: 260                        //输入多段体的高度
指定起点或 [对象(O)/高度(H)/宽度(W)/对正(J)] <对象>: w   //使用“宽度(W)”选项
指定宽度 <30.0000>: 30                            //输入多段体的宽度
指定起点或 [对象(O)/高度(H)/宽度(W)/对正(J)] <对象>: j   //使用“对正(J)”选项
输入对正方式 [左对正(L)/居中(C)/右对正(R)] <居中>: c      //使用“居中(C)”选项
指定起点或 [对象(O)/高度(H)/宽度(W)/对正(J)] <对象>: mid 于
                                       //捕捉中点 A，如图 12-19 所示
指定下一个点或 [圆弧(A)/放弃(U)]: 100              //向下追踪并输入追踪距离
指定下一个点或 [圆弧(A)/放弃(U)]: a                //切换到圆弧模式
指定圆弧的端点或 [闭合(C)/方向(D)/直线(L)/第二个点(S)/放弃(U)]: 220
                                       //沿 x 轴方向追踪并输入追踪距离
指定圆弧的端点或 [闭合(C)/方向(D)/直线(L)/第二个点(S)/放弃(U)]: l
                                              //切换到直线模式
指定下一个点或 [圆弧(A)/闭合(C)/放弃(U)]: 150
                                              //向上追踪并输入追踪距离
```

指定下一个点或 [圆弧(A)/闭合(C)/放弃(U)]:　　　　　　　　　　//按 Enter 键结束

结果如图 12-19 所示。

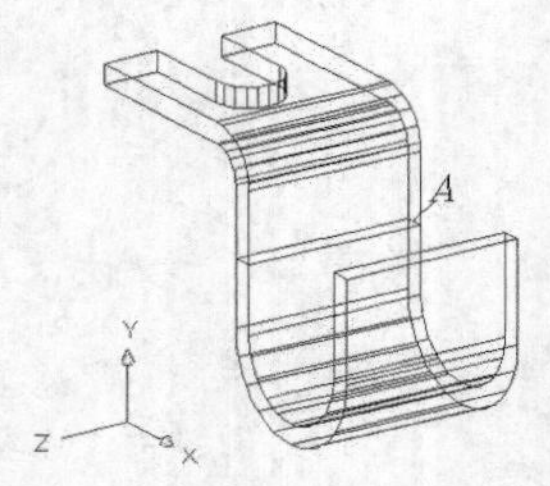

图12-19　创建多段体

二、 命令选项

- 对象(O): 将直线、圆弧、圆及二维多段线转化为实体。
- 高度(H): 设定实体沿当前坐标系 z 轴的高度。
- 宽度(W): 指定实体宽度。
- 对正(J): 设定鼠标光标在实体宽度方向的位置。该选项包含“圆弧”子选项，可用于创建圆弧形多段体。

12.2.3　将二维对象拉伸成实体或曲面

EXTRUDE 命令可以拉伸二维对象生成 3D 实体或曲面，若拉伸闭合对象，则生成实体，否则生成曲面。操作时，用户可指定拉伸高度值及拉伸对象的锥角，还可沿某一直线或曲线路径进行拉伸。

EXTRUDE 命令能拉伸的对象及路径参见表 12-2。

表 12-2　　　　拉伸对象及路径

拉伸对象	拉伸路径
直线、圆弧、椭圆弧	直线、圆弧、椭圆弧
二维多段线	二维及三维多段线
二维样条曲线	二维及三维样条曲线
面域	螺旋线
实体上的平面	实体及曲面的边

一、 命令启动方法

- 菜单命令:【绘图】/【建模】/【拉伸】。
- 面板:【建模】面板上的 拉伸 按钮。
- 命令行: EXTRUDE 或简写 EXT。

【练习12-6】: 练习使用 EXTRUDE 命令。

1. 打开附盘文件“dwg\第 12 章\12-6.dwg”，用 EXTRUDE 命令创建实体。
2. 将图形 A 创建成面域，再将连续线 B 编辑成一条多段线，如图 12-20 所示。
3. 用 EXTRUDE 命令垃伸面域及多段线，形成实体和曲面。

```
命令: _extrude
选择要拉伸的对象或[模式(MO)]: 找到 1 个          //选择面域 A，如图 12-20 左图所示
选择要拉伸的对象或[模式(MO)]:                    //按 Enter 键
指定拉伸的高度或 [方向(D)/路径(P)/倾斜角(T)/表达式(E)] <262.2213>: 260
                                                 //输入拉伸高度
命令:EXTRUDE                                     //重复命令
选择要拉伸的对象或[模式(MO)]: 找到 1 个          //选择多段线 B
选择要拉伸的对象或[模式(MO)]:                    //按 Enter 键
```

指定拉伸的高度或 [方向(D)/路径(P)/倾斜角(T)/表达式(E)] <260.0000>: p

//使用“路径(P)”选项

选择拉伸路径或 [倾斜角]:　　　　//选择样条曲线 *C*

结果如图 12-20 右图所示。

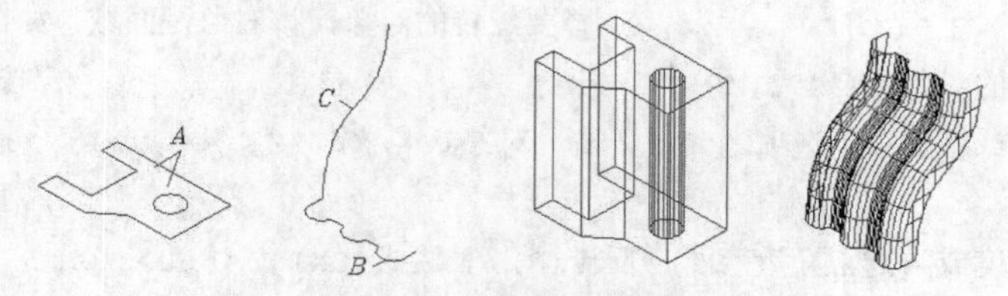

图12-20　拉伸面域及多段线

二、 命令选项

- 模式(MO)：控制拉伸对象是实体还是曲面。
- 指定拉伸的高度：输入正的拉伸高度，则使对象沿 *z* 轴正向拉伸。输入负值，则 AutoCAD 使对象沿 *z* 轴负向拉伸。当对象不在坐标系 *xy* 平面内时，将沿该对象所在平面的法线方向拉伸对象。
- 方向(D)：指定两点，两点的连线表明了拉伸方向和距离。
- 路径(P)：沿指定路径拉伸对象，形成实体或曲面。拉伸时，路径被移动到轮廓的形心位置。路径不能与拉伸对象在同一个平面内，也不能具有较大曲率的区域，否则有可能在拉伸过程中产生自相交情况。
- 倾斜角(T)：当 AutoCAD 提示“指定拉伸的倾斜角度<0>:”时，输入正的拉伸倾角表示从基准对象逐渐变细地拉伸，而负角度值则表示从基准对象逐渐变粗的拉伸，如图 12-21 所示。用户要注意拉伸斜角不能太大，若拉伸实体截面在到达拉伸高度前已经变成一个点，那么 AutoCAD 将提示不能进行拉伸。
- 表达式(E)：输入公式或方程式，以指定拉伸高度。

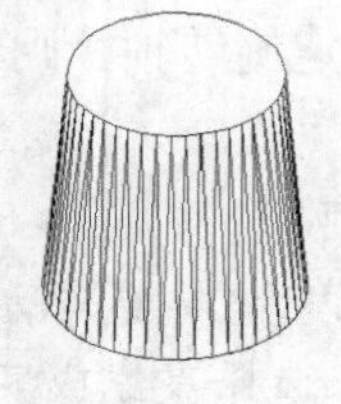

拉伸斜角为5°　　拉伸斜角为-5°

图12-21　指定拉伸倾斜角

12.2.4 旋转二维对象形成实体或曲面

REVOLVE 命令可以旋转二维对象生成 3D 实体，若二维对象是闭合的，则生成实体，否则生成曲面。用户通过选择直线、指定两点或 *x*、*y* 轴来确定旋转轴。

REVOLVE 命令可以旋转以下二维对象。

- 直线、圆弧、椭圆弧。
- 二维多段线、二维样条曲线。
- 面域、实体上的平面。

一、 命令启动方法

- 菜单命令：【绘图】/【建模】/【旋转】。
- 面板：【建模】面板上的旋转按钮。
- 命令行：REVOLVE 或简写 REV。

【练习12-7】：练习使用 REVOLVE 命令。

打开附盘文件“dwg\第 12 章\12-7.dwg”，用 REVOLVE 命令创建实体。

```
命令: _revolve
选择要旋转的对象或[模式(MO)]: 找到 1 个
                                    //选择要旋转的对象，该对象是面域，如图 12-22 左图所示
选择要旋转的对象或[模式(MO)]:                                      //按 Enter 键
指定轴起点或根据以下选项之一定义轴 [对象(O)/X/Y/Z] <对象>: //捕捉端点 A
指定轴端点:                                                  //捕捉端点 B
指定旋转角度或 [起点角度(ST)/反转(R)/表达式(EX)] <360>: st
                                                       //使用“起点角度(ST)”选项
指定起点角度 <0.0>: -30                                     //输入回转起始角度
指定旋转角度或[起点角度(ST)/表达式(EX)] <360>: 210          //输入回转角度
```

执行 HIDE 命令，结果如图 12-22 右图所示。

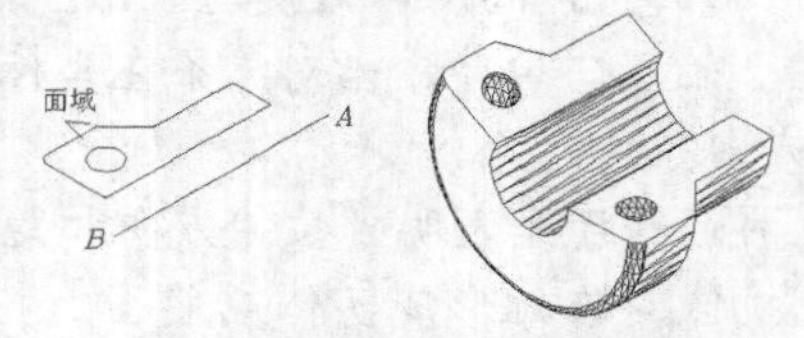

图12-22　将二维对象旋转成 3D 实体

若拾取两点指定旋转轴，则轴的正向是从第一点指向第二点，旋转角的正方向按右手螺旋法则确定。

二、命令选项

- 模式(MO)：控制旋转动作是创建实体还是曲面。
- 对象(O)：选择直线或实体的线性边作为旋转轴，轴的正方向是从拾取点指向最远端点。
- X、Y、Z：使用当前坐标系的 x、y、z 轴作为旋转轴。
- 起点角度(ST)：指定旋转起始位置与旋转对象所在平面的夹角，角度的正向以右手螺旋法则确定。
- 反转(R)：更改旋转方向，类似于输入 -（负）角度值。
- 表达式(EX)：输入公式或方程式，以指定旋转角度。

12.3　功能讲解——扫掠、放样及切割实体

本节主要介绍通过扫掠及放样 2D 对象形成三维实体或曲面，加厚曲面形成实体，利用平面或曲面切割实体。

12.3.1　通过扫掠创建实体或曲面

SWEEP 命令可以将平面轮廓沿二维或三维路径进行扫掠，形成实体或曲面，若二维轮廓是闭合的，则生成实体，否则生成曲面。扫掠时，轮廓一般会被移动并被调整到与路径垂直的方向。默认情况下，轮廓形心与路径起始点对齐，但也可指定轮廓的其他点作为扫掠对齐点。

扫掠时可选择的轮廓对象及路径参见表12-3。

表12-3　　扫掠轮廓及路径

轮廓对象	扫掠路径
直线、圆弧、椭圆弧	直线、圆弧、椭圆弧
二维多段线	二维及三维多段线
二维样条曲线	二维及三维样条曲线
面域	螺旋线
实体上的平面	实体及曲面的边

一、 命令启动方法

- 菜单命令:【绘图】/【建模】/【扫掠】。
- 面板:【建模】面板上的扫掠按钮。
- 命令行: SWEEP。

【练习12-8】: 练习使用SWEEP命令。

1. 打开附盘文件"dwg\第12章\12-8.dwg"。
2. 利用PEDIT命令将路径曲线*A*编辑成一条多段线。
3. 用SWEEP命令将面域沿路径扫掠。

```
命令: _sweep
选择要扫掠的对象或[模式(MO)]: 找到 1 个          //选择轮廓面域，如图 12-23 左图所示
选择要扫掠的对象或[模式(MO)]:                      //按 Enter 键
选择扫掠路径或 [对齐(A)/基点(B)/比例(S)/扭曲(T)]: b  //使用"基点(B)"选项
指定基点: end 于                                   //捕捉 B 点
选择扫掠路径或 [对齐(A)/基点(B)/比例(S)/扭曲(T)]:    //选择路径曲线 A
```

执行HIDE命令，结果如图12-23右图所示。

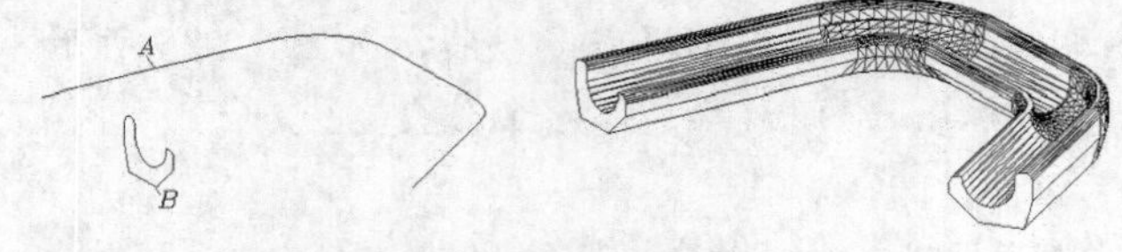

图12-23　扫掠

二、 命令选项

- 模式(MO): 控制扫掠动作是创建实体还是曲面。
- 对齐(A): 指定是否将轮廓调整到与路径垂直的方向或保持原有方向。默认情况下，AutoCAD将使轮廓与路径垂直。
- 基点(B): 指定扫掠时的基点，该点将与路径起始点对齐。
- 比例(S): 路径起始点处轮廓缩放比例为1，路径结束处缩放比例为输入值，中间轮廓沿路径连续变化。与选择点靠近的路径端点是路径的起始点。
- 扭曲(T): 设定轮廓沿路径扫掠时的扭转角度，角度值小于360°。该选项包含"倾斜"子选项，可使轮廓随三维路径自然倾斜。

12.3.2　通过放样创建实体或曲面

LOFT 命令可对一组平面轮廓曲线进行放样，以形成实体或曲面。若所有轮廓是闭合的，则生成实体，否则生成曲面，如图 12-24 所示。

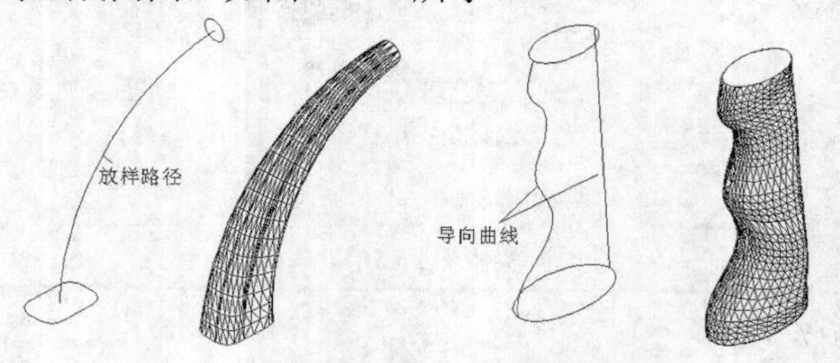

图12-24　通过放样创建三维对象

放样时可选择的轮廓对象、路径及导向曲线参见表 12-4。

表 12-4　**放样轮廓、路径及导向曲线**

轮廓对象	路径及导向曲线
直线、圆弧、椭圆弧	直线、圆弧、椭圆弧
二维多段线，二维样条曲线	二维及三维多段线
点对象，仅第一或最后一个放样截面可以是点	二维及三维样条曲线

一、 命令启动方法

- 菜单命令：【绘图】/【建模】/【放样】。
- 面板：【建模】面板上的放样按钮。
- 命令行：LOFT。

【练习12-9】：练习使用 LOFT 命令。

1. 打开附盘文件“dwg\第 12 章\12-9.dwg”。
2. 利用 PEDIT 命令将线条 *A*、*D*、*E* 编辑成多段线，如图 12-25 所示。
3. 使用 LOFT 命令在轮廓 *B*、*C* 间放样，路径曲线是 *A*。

```
命令: _loft
按放样次序选择横截面或[点(PO)/合并多条边(J)/模式(MO)]:总计 2 个
                                        //选择轮廓 B、C，如图 12-25 (a) 所示
按放样次序选择横截面或[点(PO)/合并多条边(J)/模式(MO)]:          //按 Enter 键
输入选项 [导向(G)/路径(P)/仅横截面(C)/设置(S)] <仅横截面>: P
                                        //使用“路径(P)”选项
选择路径轮廓:                              //选择路径曲线 A
```

结果如图 12-25（c）所示。

4. 使用 LOFT 命令在轮廓 *F*、*G*、*H*、*I* 和 *J* 间放样，导向曲线是 *D*、*E*。

```
命令: _loft
按放样次序选择横截面或[点(PO)/合并多条边(J)/模式(MO)]:总计 5 个
                              //选择轮廓 F、G、H、I、J，如图 12-25 (c) 所示
按放样次序选择横截面或[点(PO)/合并多条边(J)/模式(MO)]:          //按 Enter 键
```

输入选项 [导向(G)/路径(P)/仅横截面(C)/设置(S)] <仅横截面>: G

//使用“导向(G)”选项

选择导向轮廓或[合并多条边(J)]:总计 2 个　　　　//导向曲线是 *D*、*E*

结果如图 12-25（d）所示。

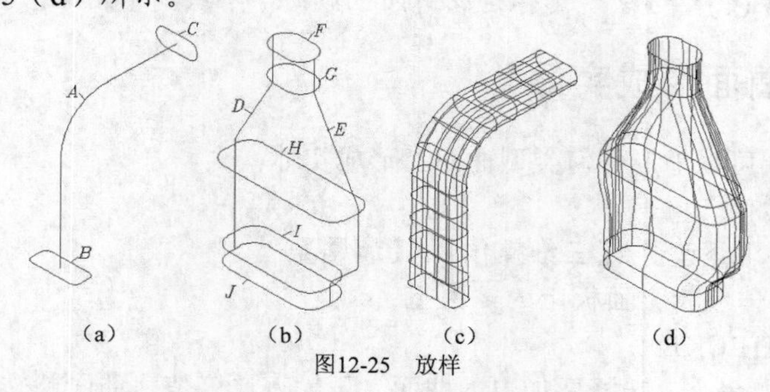

图12-25　放样

二、 命令选项

- 点(PO): 如果选择“点”选项，就必须选择闭合曲线。
- 合并多条边(J): 将多个端点相交曲线合并为一个横截面。
- 模式(MO): 控制放样对象是实体还是曲面。
- 导向(G): 利用连接各个轮廓的导向曲线控制放样实体或曲面的截面形状。
- 路径(P): 指定放样实体或曲面的路径，路径要与各个轮廓截面相交。
- 仅横截面(C): 选取此选项，打开【放样设置】对话框，如图 12-26 所示，通过该对话框控制放样对象表面的变化。

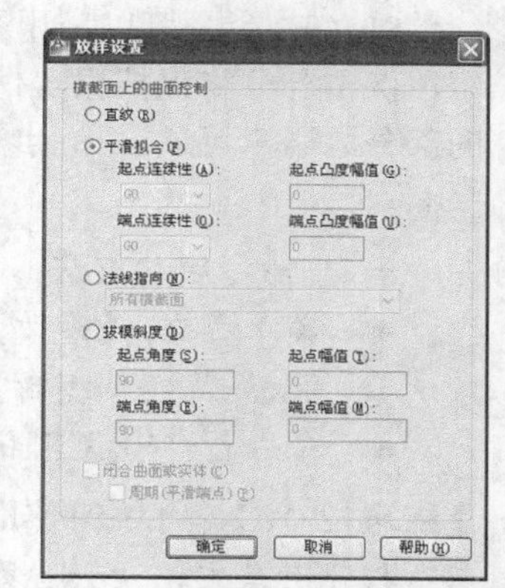

图12-26　【放样设置】对话框

【放样设置】对话框中各选项的功能如下。

- 【直纹】: 各轮廓线间是直纹面。
- 【平滑拟合】: 用平滑曲面连接各轮廓线。
- 【法线指向】: 下拉列表中的选项用于设定放样对象表面与各轮廓截面是否垂直。

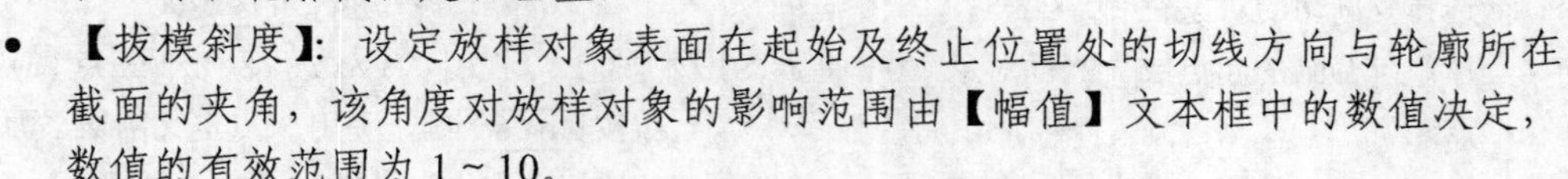

- 【拔模斜度】: 设定放样对象表面在起始及终止位置处的切线方向与轮廓所在截面的夹角，该角度对放样对象的影响范围由【幅值】文本框中的数值决定，数值的有效范围为 1～10。

12.3.3　创建平面

用户使用 PLANESURF 命令可以创建矩形平面或将闭合线框、面域等对象转化为平面，操作时，可一次选取多个对象。

命令启动方法如下。

- 菜单命令:【绘图】/【建模】/【曲面】/【平面】。
- 面板:【曲面】选项卡中【创建】面板上的按钮。
- 命令行: PLANESURF。

执行 PLANESURF 命令，当 AutoCAD 提示“指定第一个角点或 [对象(O)] <对象>:”时，采取以下方式响应提示。

- 指定矩形的对角点创建矩形平面。
- 使用“对象(O)”选项，选择构成封闭区域的一个或多个对象，生成平面。

12.3.4　加厚曲面形成实体

THICKEN 命令可以加厚任何类型曲面，形成实体。

命令启动方法如下。

- 菜单命令:【修改】/【三维操作】/【加厚】。
- 面板:【实体编辑】面板上的按钮。
- 命令行: THICKEN。

执行 THICKEN 命令，选择要加厚的曲面，再输入厚度值，曲面就转化为实体。

12.3.5　利用平面或曲面切割实体

SLICE 命令可以利用平面或曲面切开实体模型，被剖切的实体可保留一半或两半都保留，保留部分将保持原实体的图层和颜色特性。剖切方法是先定义切割平面，然后选定需要的部分。用户可通过 3 点来定义切割平面，也可指定当前坐标系 *xy*、*yz*、*zx* 平面作为切割平面。

一、　命令启动方法

- 菜单命令:【修改】/【三维操作】/【剖切】。
- 面板:【实体编辑】面板上的按钮。
- 命令行: SLICE 或简写 SL。

【练习12-10】： 练习使用 SLICE 命令。

打开附盘文件“dwg\第 12 章\12-10.dwg”，用 SLICE 命令切割实体。

```
命令: _slice
选择要剖切的对象: 找到 1 个                                      //选择实体
选择要剖切的对象:                                                //按Enter键
指定 切面 的起点或 [平面对象(O)/曲面(S)/Z 轴(Z)/视图(V)/XY/YZ/ZX/三点(3)] <三
点>:                                          //按Enter键，利用 3 点定义剖切平面
指定平面上的第一个点: end 于                  //捕捉端点 A，如图 12-27 左图所示
指定平面上的第二个点: mid 于                                     //捕捉中点 B
指定平面上的第三个点: mid 于                                     //捕捉中点 C
在所需的侧面上指定点或 [保留两个侧面(B)] <保留两个侧面>:  //在要保留的那边单击一点
命令:SLICE                                                       //重复命令
选择要剖切的对象: 找到 1 个                                      //选择实体
选择要剖切的对象:                                                //按Enter键
指定 切面 的起点或 [平面对象(O)/曲面(S)/Z 轴(Z)/视图(V)/XY/YZ/ZX/三点(3)] <三
点>: s                                                           //使用“曲面(S)”选项
```

选择曲面: //选择曲面

选择要保留的实体或 [保留两个侧面(B)] <保留两个侧面>: //在要保留的那边单击一点

结果如图 12-27 右图所示。

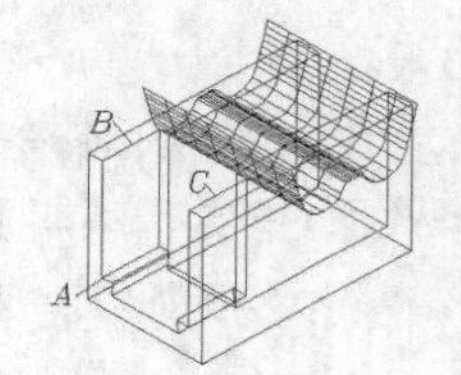

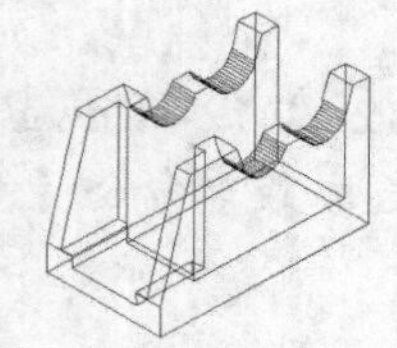

图12-27 切割实体

二、 命令选项

- 平面对象(O): 用圆、椭圆、圆弧或椭圆弧及二维样条曲线或二维多段线等对象所在的平面作为剖切平面。
- 曲面(S): 指定曲面作为剖切面。
- Z 轴(Z): 通过指定剖切平面的法线方向来确定剖切平面。
- 视图(V): 剖切平面与当前视图平面平行。
- XY、YZ、ZX: 用坐标平面 *xoy*、*yoz*、*zox* 剖切实体。

12.3.6 与实体显示有关的系统变量

与实体显示有关的系统变量有 ISOLINES、FACETRES、DISPSILH 这 3 个，以下分别对其进行介绍。

- 系统变量 ISOLINES: 此变量用于设定实体表面网格线的数量，如图 12-28 所示。
- 系统变量 FACETRES: 用于设置实体消隐或渲染后的表面网格密度，此变量值的范围为 0.01 ~ 10.0，值越大表明网格越密，消隐或渲染后表面越光滑，如图 12-29 所示。
- 系统变量 DISPSILH: 用于控制消隐时是否显示出实体表面网格线，若此变量值为 0，则显示网格线；为 1，则不显示网格线，如图 12-30 所示。

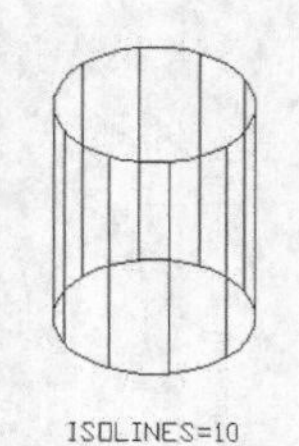

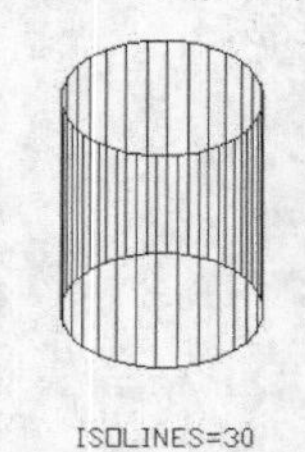

图12-28 ISOLINES 变量

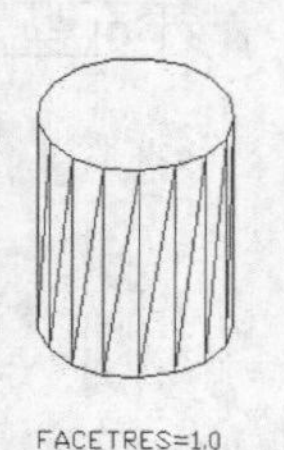

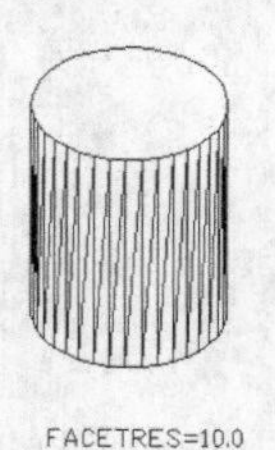

图12-29 FACETRES 变量

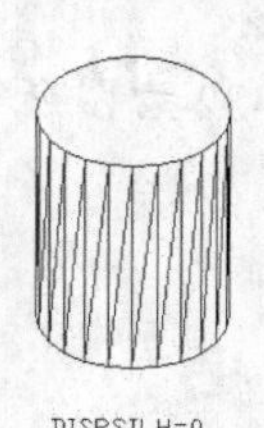

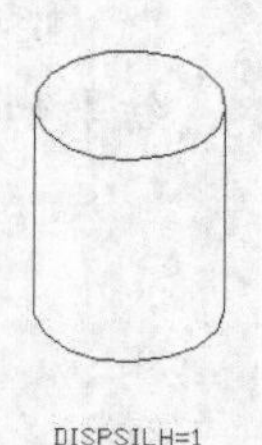

图12-30 DISPSILH 变量

12.4 范例解析——利用布尔运算构建实体模型

前面已经介绍了如何生成基本三维实体及由二维对象转换得到三维实体，若将这些简单实体放在一起，然后进行布尔运算就能构建复杂的三维模型。

布尔运算包括并集、差集、交集。

一、 并集操作

UNION 命令将两个或多个实体合并在一起，形成新的单一实体，操作对象既可以是相交的，也可以是分离开的。

【练习12-11】： 并集操作。

打开附盘文件"dwg\第 12 章\12-11.dwg"，用 UNION 命令进行并运算。单击【实体编辑】面板上的按钮或选取菜单命令【修改】/【实体编辑】/【并集】，AutoCAD 提示如下。

```
命令: _union
选择对象: 找到 2 个                //选择圆柱体及长方体，如图 12-31 左图所示
选择对象:                          //按 Enter 键结束
```

结果如图 12-31 右图所示。

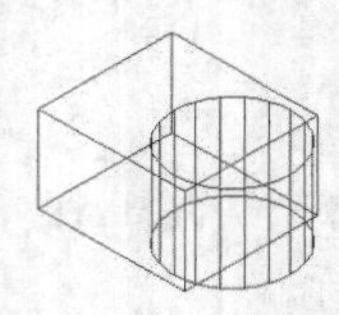
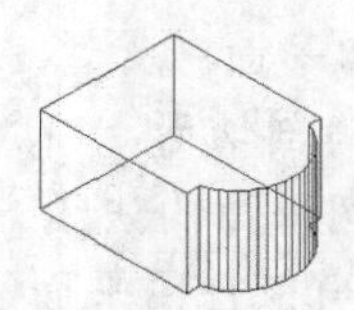

图12-31　并集操作

二、 差集操作

SUBTRACT 命令将实体构成的一个选择集从另一选择集中减去。

【练习12-12】： 差集操作。

打开附盘文件"dwg\第 12 章\12-12.dwg"，用 SUBTRACT 命令进行差运算。单击【实体编辑】面板上的按钮或选取菜单命令【修改】/【实体编辑】/【差集】，AutoCAD 提示如下。

```
命令: _subtract 选择要从中减去的实体、曲面和面域...
选择对象: 找到 1 个                     //选择长方体，如图 12-32 左图所示
选择对象:                               //按 Enter 键
选择要减去的实体、曲面和面域 ...
选择对象: 找到 1 个                     //选择圆柱体
选择对象:                               //按 Enter 键结束
```

结果如图 12-32 右图所示。

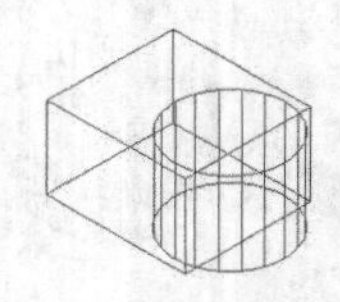
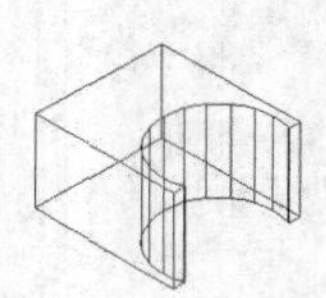

图12-32　差集操作

三、 交集操作

INTERSECT 命令可创建由两个或多个实体重叠部分构成的新实体。

【练习12-13】： 交集操作。

打开附盘文件"dwg\第 12 章\12-13.dwg"，用 INTERSECT 命令进行交运算。单击【实体编辑】面板上的按钮或选取菜单命令【修改】/【实体编辑】/【交集】，AutoCAD

提示如下。

```
命令: _intersect
选择对象:                          //选择圆柱体和长方体，如图 12-33 左图所示
选择对象:                          //按 Enter 键
```

结果如图 12-33 右图所示。

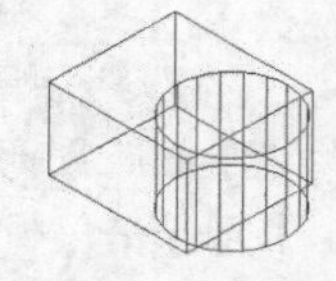
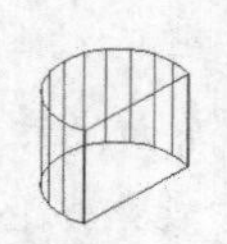

图12-33　交集操作

【练习12-14】：绘制如图 12-34 所示组合体的实体模型。通过本练习题向读者演示三维建模的过程。

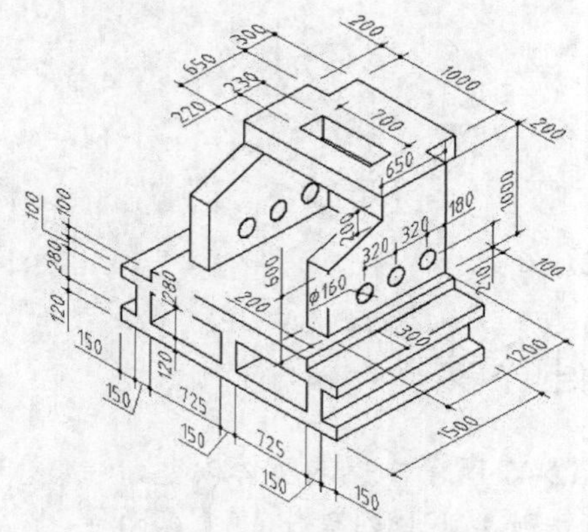

图12-34　创建实体模型

1. 创建一个新图形文件。
2. 选取菜单命令【视图】/【三维视图】/【东南等轴测】，切换到东南轴测视图。将坐标系绕 x 轴旋转 90°，在 xy 平面画二维图形，再把此图形创建成面域，如图 12-35 左图所示，拉伸面域形成立体，结果如图 12-35 右图所示。
3. 将坐标系绕 y 轴旋转 90°，在 xy 平面画二维图形，再把此图形创建成面域，如图 12-36 左图所示，拉伸面域形成立体，结果如图 12-36 中图所示。

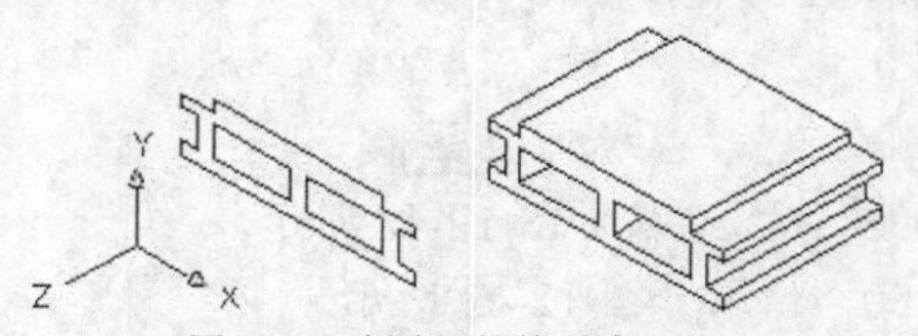

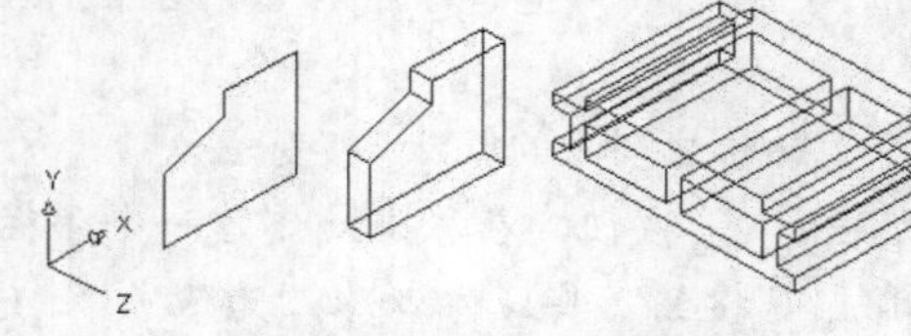

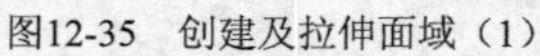

图12-35　创建及拉伸面域（1）　　图12-36　创建及拉伸面域（2）

4. 用 MOVE 命令将新建立体移动到正确位置，再复制它，然后对所有立体执行“并”运算，结果如图 12-37 所示。
5. 创建 3 个圆柱体，圆柱体高度为 1600，如图 12-38 左图所示，利用“差”运算将圆柱体从模型中去除，结果如图 12-38 右图所示。

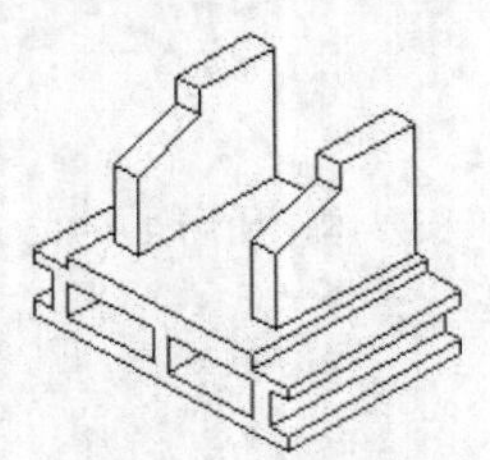

图12-37　执行“并”运算

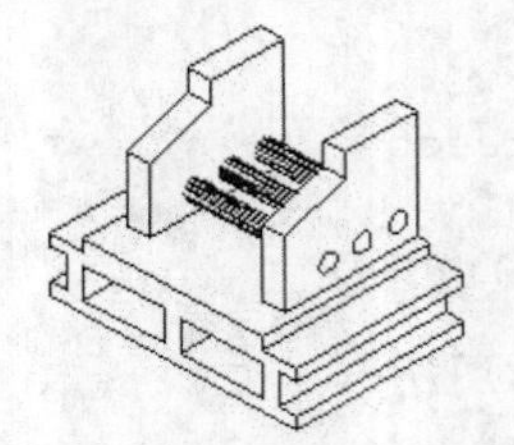

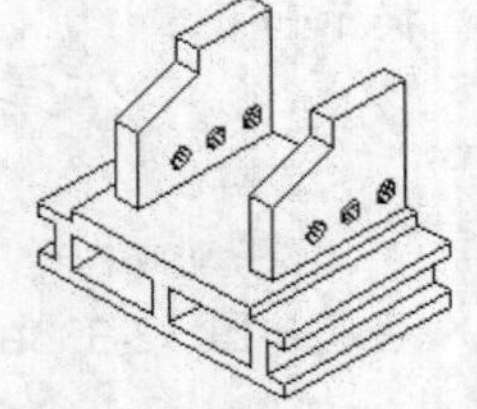

图12-38　创建圆柱体及执行“差”运算

6. 返回世界坐标系，在 *xy* 平面内画二维图形，再把此图形创建成面域，如图 12-39 左图所示，拉伸面域形成立体，结果如图 12-39 中图所示。
7. 用 MOVE 命令将新建立体移动到正确的位置，再对所有立体执行“并”运算，结果如图 12-40 所示。

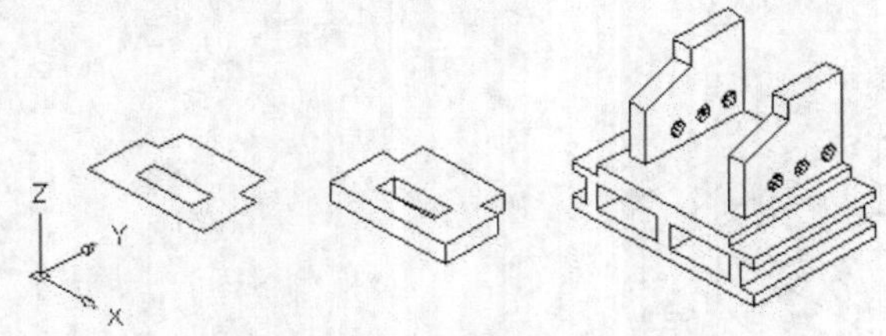

图12-39　创建及拉伸面域

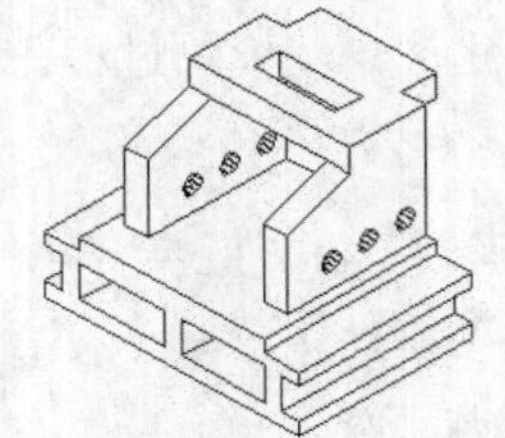

图12-40　移动立体及执行“并”运算

12.5　实训——创建木桌

【练习12-15】：　绘制如图 12-41 所示木桌的实体模型。

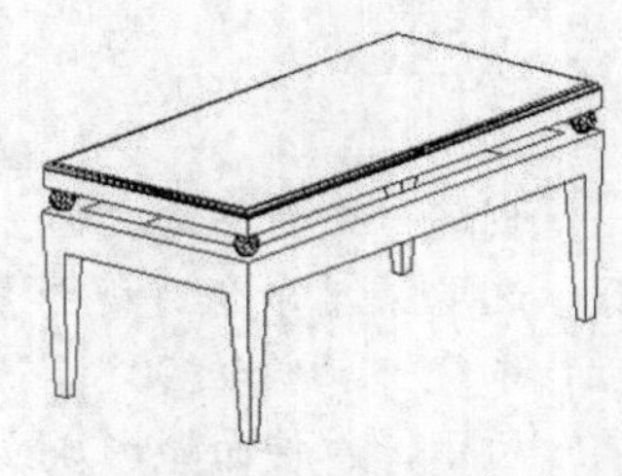

图12-41　绘制木桌实体模型

1. 新建文件，选取【三维导航】下拉列表中的【东南等轴测】选项，将视图转换为东南视点。
2. 单击[长方体]按钮，在原点处创建一个长为 2 000、宽为 1 000、高为 100 的长方体。
3. 在命令行输入“ucs”命令，旋转 UCS 坐标。

命令：ucs

指定 UCS 的原点或 [面(F)/命名(NA)/对象(OB)/上一个(P)/视图(V)/世界(W)/X/Y/Z/Z 轴(ZA)] <世界>:50，50，100

//输入原点的绝对坐标值

指定 X 轴上的点或 <接受>:　　//按 Enter 键

4. 单击[球体]按钮，在原点处创建一个半径为 50 的球体，结果如图 12-42 所示。
5. 单击[移动]按钮，将球体以球心为基点，向上移动 50，结果如图 12-43 所示。

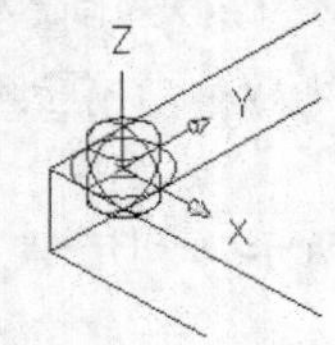

图12-42　绘制球体

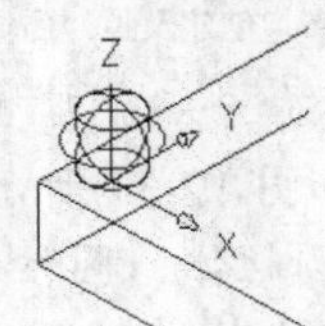

图12-43　移动球体

选择菜单命令【修改】/【三维操作】/【三维阵列】，将球体进行三维矩形阵列，结果如图 12-44 所示。

6. 单击【实体编辑】面板上的按钮，选择长方体上端面的 4 个边进行原地复制，范围如图 12-45 所示。
7. 选择菜单命令【修改】/【对象】/【多段线】，将复制出的边转换为多段线。
8. 单击按钮，将多段线向内偏移 100，结果如图 12-46 所示。

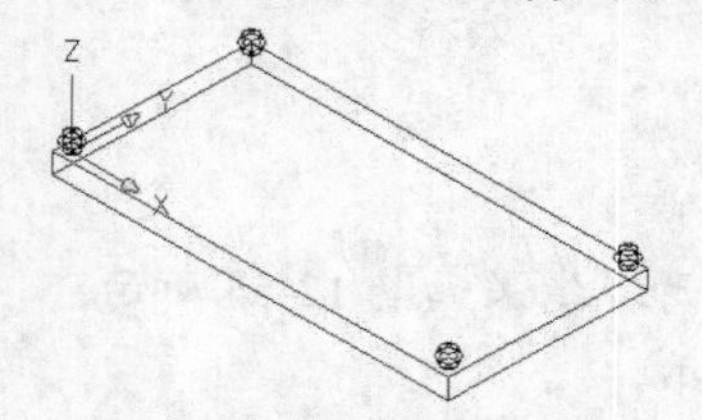

图12-44　球形阵列结果

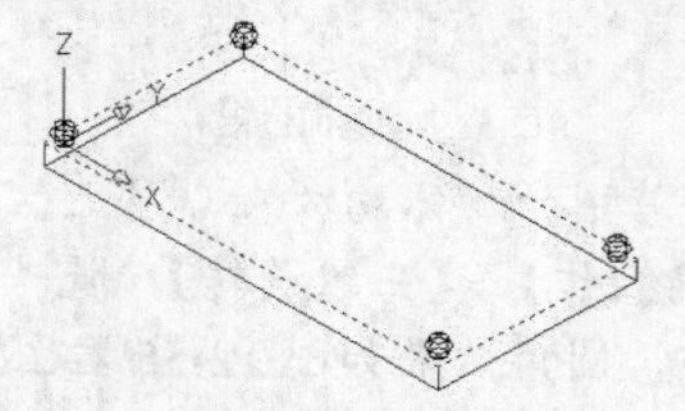

图12-45　需要复制的边

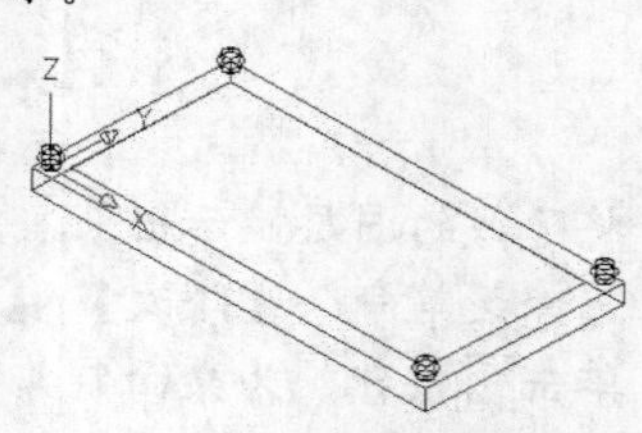

图12-46　向内偏移边

9. 单击按钮，将两个闭合多边形创建成面域。
10. 单击【实体编辑】面板上的按钮，用面域 A 减去面域 B，结果如图 12-47 所示。
11. 单击按钮，选择差集运算后的面域，以 C 点为基点，将其沿 z 轴向上移动 100，位置如图 12-48 所示。

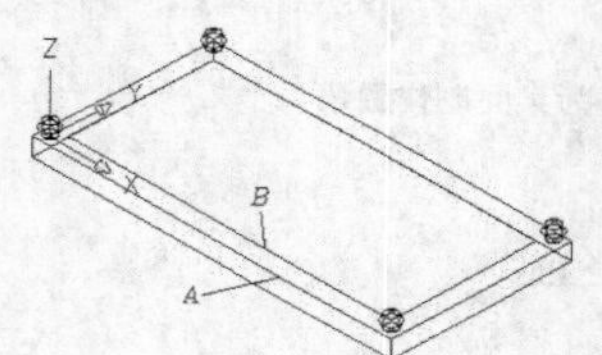

图12-47　面域的差集运算

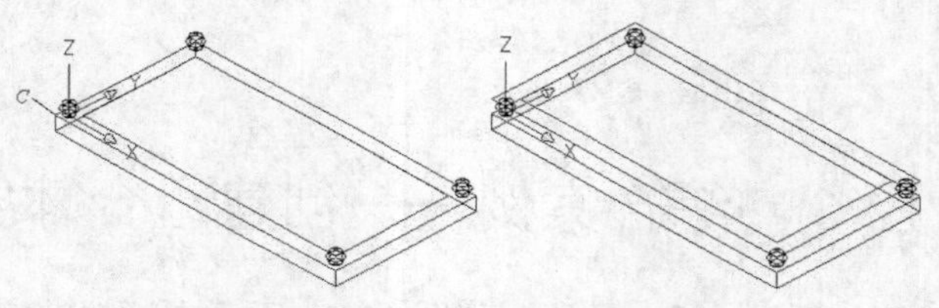

图12-48　向上移动面域

12. 单击【建模】面板上的按钮，将面域向上拉伸 150，结果如图 12-49 所示。
13. 在命令行输入“ucs”命令，建立新的 UCS，位置如图 12-50 所示。
14. 单击按钮，分别捕捉拉伸实体上端面的角点，绘制矩形，位置如图 12-51 所示。

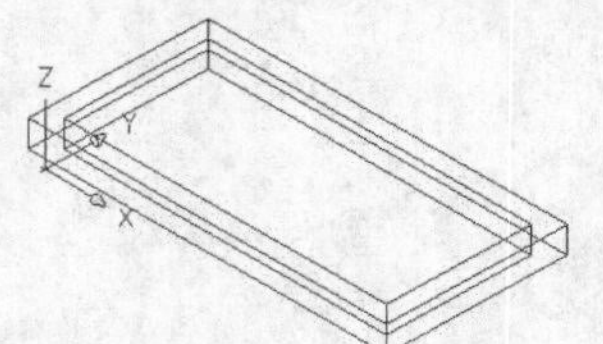

图12-49　拉伸面域

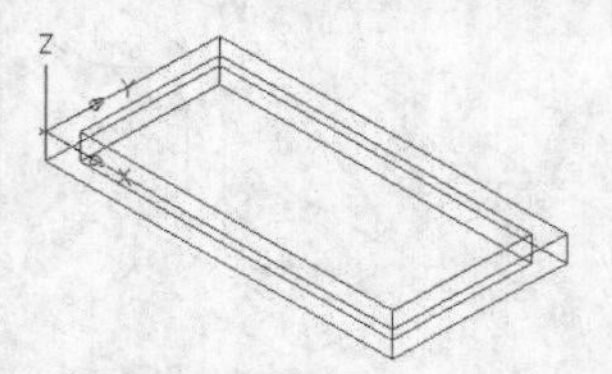

图12-50　新原点的位置

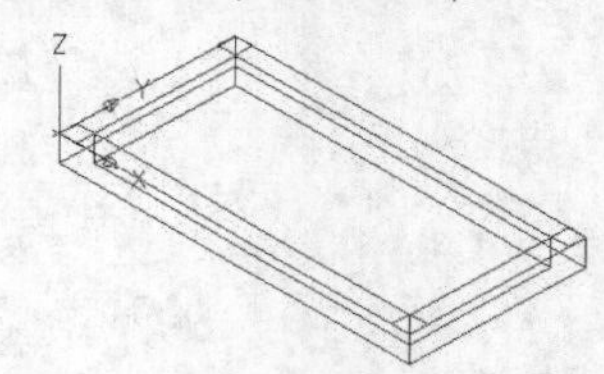

图12-51　矩形位置

15. 单击【实体编辑】面板上的按钮，将矩形轮廓压印到实体上。
16. 单击【实体编辑】面板上的按钮，选择如图 12-52 左图所示的压印区域，向上拉伸 600，结果如图 12-52 右图所示。

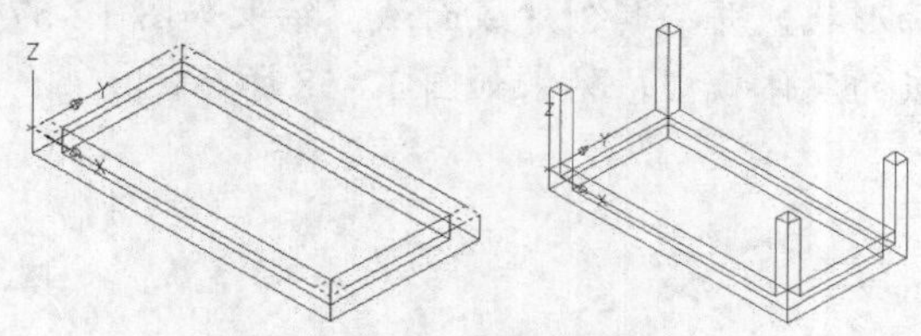

图12-52　拉伸区域及效果

17. 单击【实体编辑】面板上的按钮，倾斜桌子腿处的面，结果如图 12-53 右图所示。

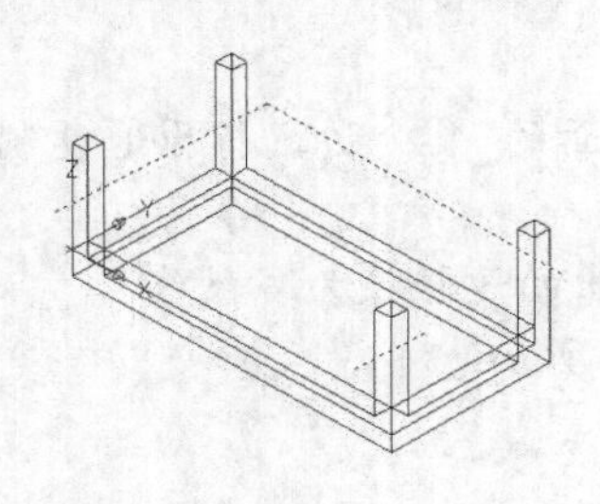
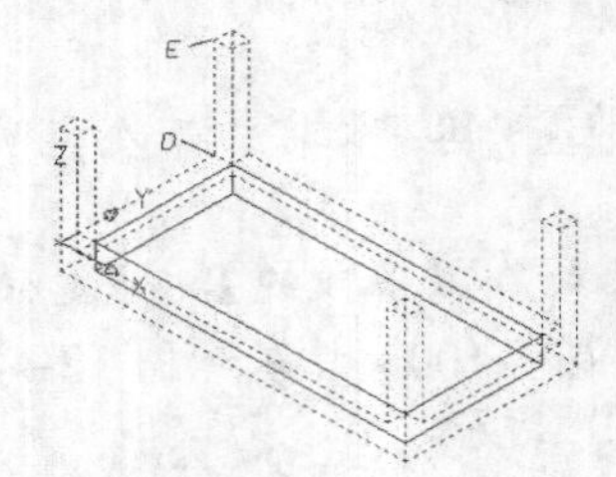

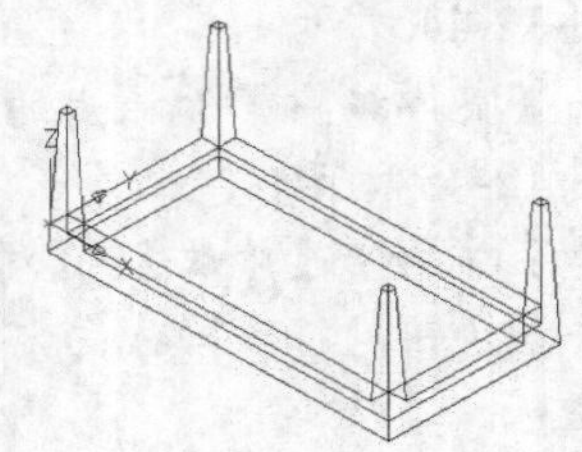

图12-53　倾斜面过程

18. 将隐藏的图层显示出来，并将其中的物体均放在 0 层上。
19. 选择菜单命令【修改】/【三维操作】/【三维旋转】，旋转图形，结果如图 12-54 所示。
20. 单击□按钮，为桌面制作圆角，圆角效果如图 12-55 右图所示。

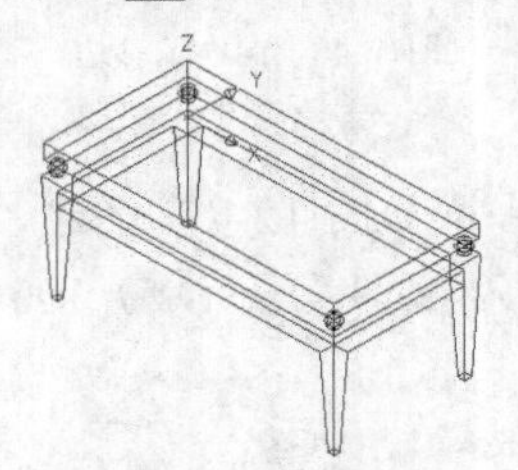

图12-54　旋转结果

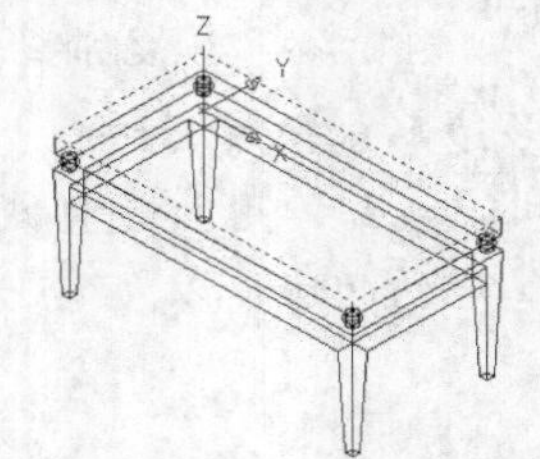
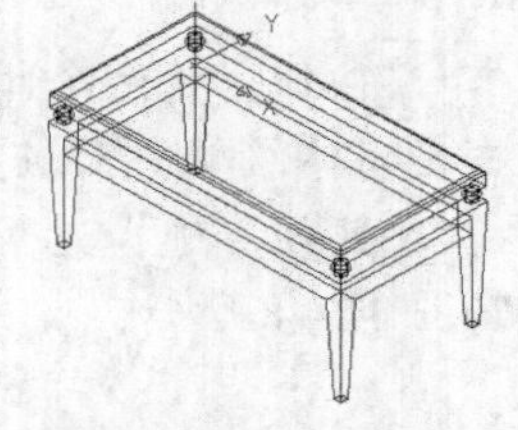

图12-55　为桌面制作圆角

12.6　综合案例——创建组合体实体模型

【练习12-16】：　绘制如图 12-56 所示支撑架的实体模型。

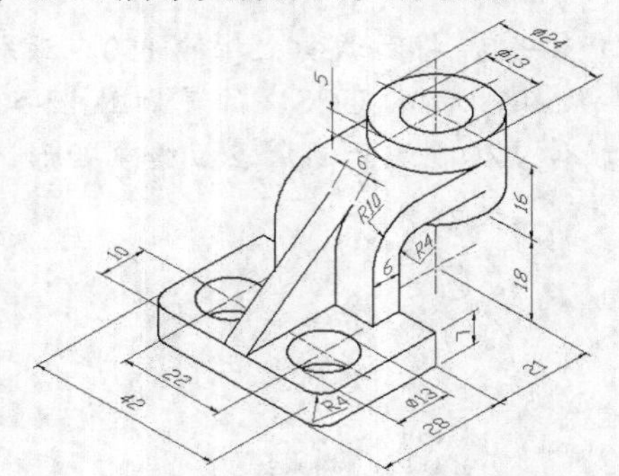

图12-56　绘制支撑架实体模型

1. 创建一个新图形。
2. 选择菜单命令【视图】/【三维视图】/【东南等轴测】，切换到东南轴测视图。在 *xy* 平面内绘制底板的轮廓形状，并将其创建成面域，结果如图 12-57 所示。
3. 拉伸面域，形成底板的实体模型，结果如图 12-58 所示。

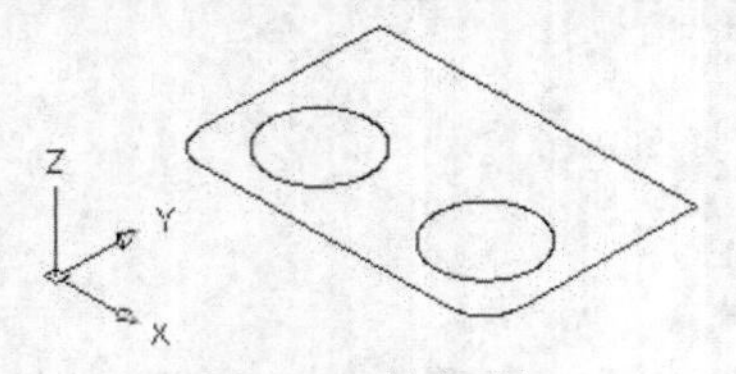

图12-57　创建面域

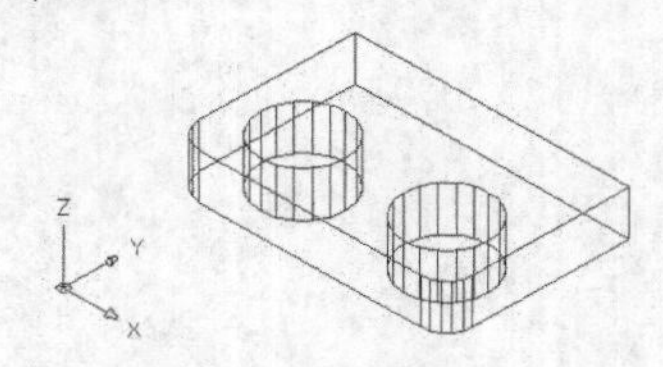

图12-58　拉伸面域（1）

4. 建立新的用户坐标系，在 *xy* 平面内绘制弯板及三角形筋板的二维轮廓，并将其创建成面域，结果如图 12-59 所示。
5. 拉伸面域 *A*、*B*，形成弯板及筋板的实体模型，结果如图 12-60 所示。

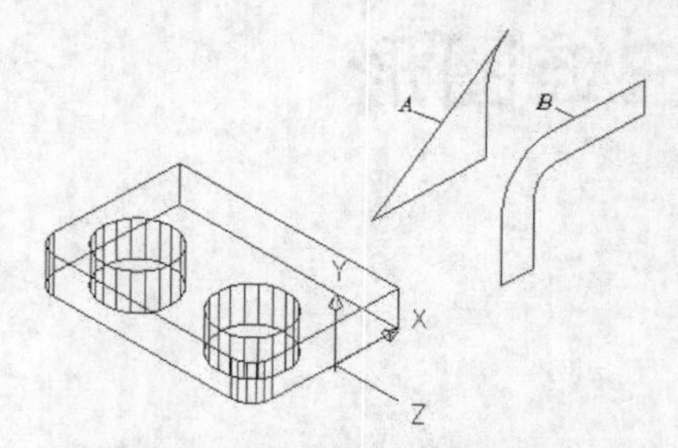

图12-59　新建坐标系及创建面域

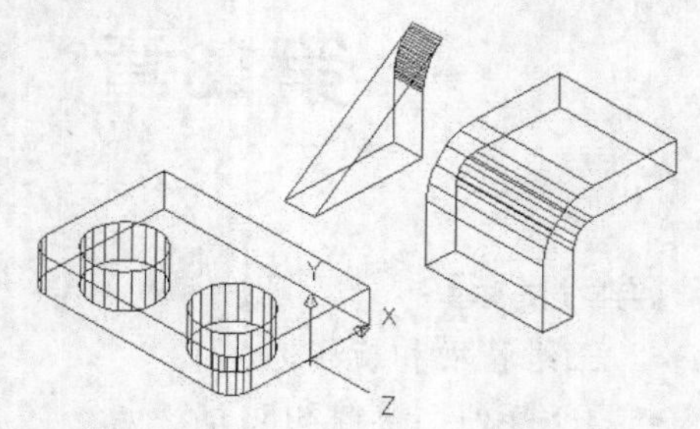

图12-60　拉伸面域（2）

6. 使用 MOVE 命令将弯板及筋板移动到正确的位置，结果如图 12-61 所示。
7. 建立新的用户坐标系，如图 12-62 左图所示。再绘制两个圆柱体，结果如图 12-62 右图所示。
8. 合并底板、弯板、筋板及大圆柱体，使其成为单一实体，然后从该实体中去除小圆柱体，结果如图 12-63 所示。

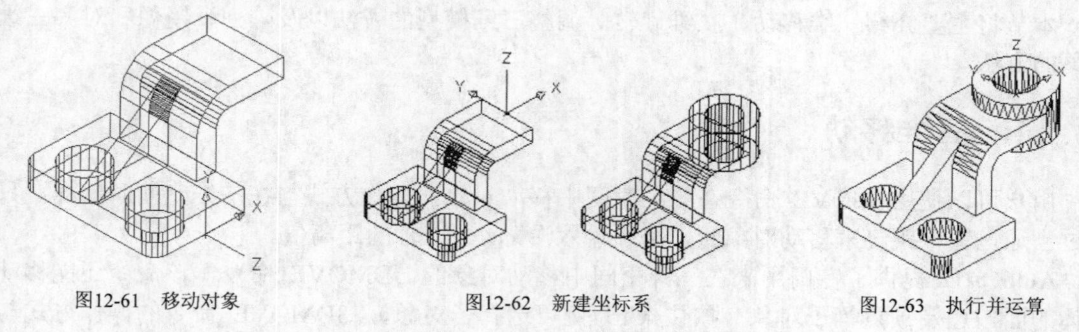

图12-61　移动对象　　图12-62　新建坐标系　　图12-63　执行并运算

12.7　习题

1. 绘制如图 12-64 所示的实心体模型。
2. 绘制如图 12-65 所示的实心体模型。

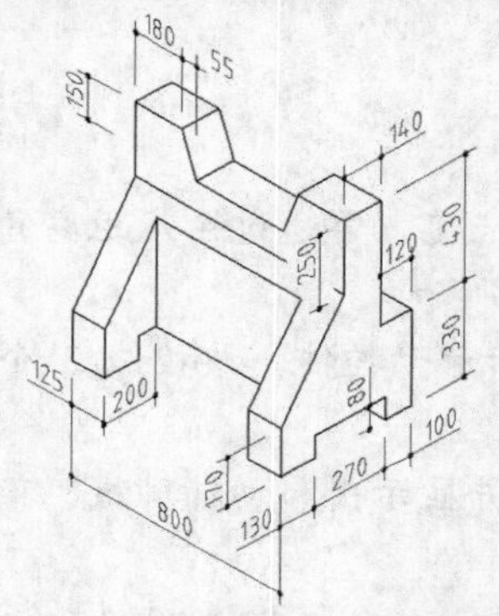

图12-64　创建实心体模型（1）

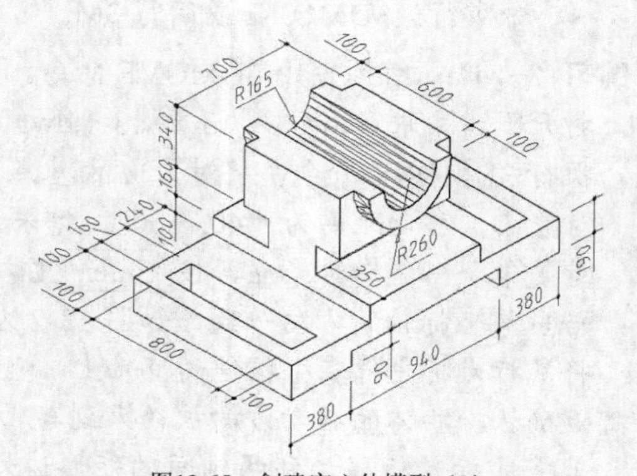

图12-65　创建实心体模型（2）

第13章　编辑三维图形

【学习目标】

- 三维移动和旋转。
- 3D 阵列、镜像和对齐。
- 拉伸面和旋转面。
- 压印、抽壳、倒圆角及倒角。

通过学习本章，读者能够掌握编辑实心体模型的方法。

13.1　功能讲解——调整三维模型位置及阵列、镜像三维对象

本节将主要介绍三维移动、三维旋转等调整三维模型的方法以及阵列、镜像和对齐三维对象的方法。

13.1.1　三维移动

用户可以使用 MOVE 命令在三维空间中移动对象，操作方式与在二维空间时一样，只不过当通过输入距离来移动对象时，必须输入沿 *x*、*y*、*z* 轴的距离值。

AutoCAD 提供了专门用来在三维空间中移动对象的 3DMOVE 命令，该命令还能移动实体的面、边及顶点等子对象（按住 Ctrl 键可选择子对象）。3DMOVE 命令的操作方式与 MOVE 命令类似，但前者使用起来更形象、直观。

命令启动方法如下。

- 菜单命令:【修改】/【三维操作】/【三维移动】。
- 面板:【修改】模板上的按钮。
- 命令行：3DMOVE 或简写 3M。

【练习13-1】：练习使用 3DMOVE 命令。

1. 打开附盘文件“dwg\第 13 章\13-1.dwg”。
2. 执行 3DMOVE 命令，将对象 *A* 由基点 *B* 移动到第二点 *C*，再通过输入距离的方式移动对象 *D*，移动距离为“40, - 50”，结果如图 13-1 右图所示。
3. 重复命令，选择对象 *E*，按 Enter 键，AutoCAD 显示移动控件，该控件 3 个轴的方向与当前坐标轴的方向一致，如图 13-2 左图所示。
4. 将鼠标光标悬停在小控件的 *y* 轴上，直至其变为黄色并显示出移动辅助线，单击鼠标左键确认，物体的移动方向被约束到与轴的方向一致。
5. 若将鼠标光标移动到两轴间的矩形边处，直至矩形变成黄色，则表明移动被限制在矩形所在的平面内。

6. 向左下方移动鼠标光标，物体随之移动，输入移动距离 50，结果如图 13-2 右图所示。也可通过单击一点来移动对象。

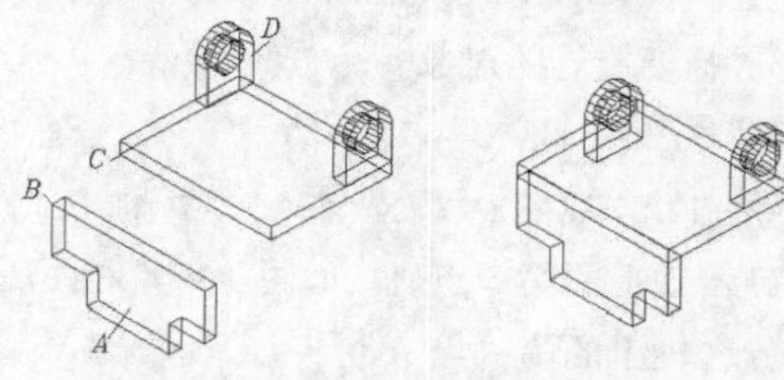

图13-1 指定两点或距离移动对象

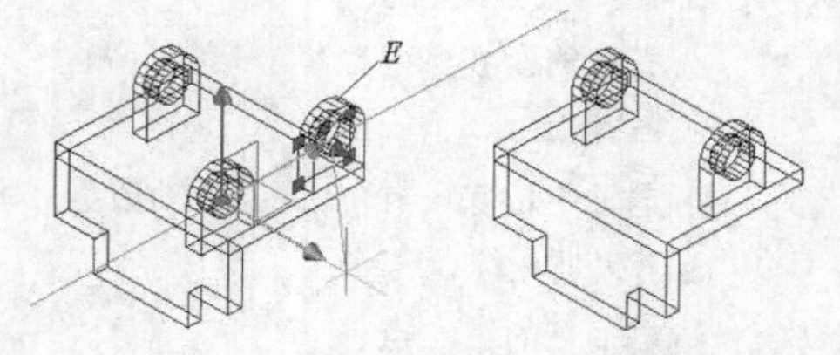

图13-2 利用移动控件移动对象

13.1.2 三维旋转

使用 ROTATE 命令仅能使对象在 *xy* 平面内旋转，即旋转轴只能是 *z* 轴。ROTATE3D 及 3DROTATE 命令是 ROTATE 的 3D 版本，这两个命令能使对象绕 3D 空间中的任意轴旋转。此外，ROTATE3D 命令还能旋转实体的表面（按住 Ctrl 键选择实体表面）。下面分别介绍这两个命令的用法。

一、 命令启动方法

- 菜单命令:【修改】/【三维操作】/【三维旋转】。
- 面板:【修改】面板上的按钮。
- 命令行: 3DROTATE 或简写 3R。

【练习13-2】： 练习使用 3DROTATE 命令。

1. 打开附盘文件“dwg\第 13 章\13-2.dwg”。
2. 启动 3DROTATE 命令，选择要旋转的对象，按 Enter 键，AutoCAD 显示附着在鼠标光标上的旋转控件，如图 13-3 左图所示，该控件包含表示旋转方向的 3 个辅助圆。
3. 移动鼠标光标到 *A* 点处，并捕捉该点，旋转控件就被放置在此点，如图 13-3 左图所示。
4. 将鼠标光标移动到圆 *B* 处，停住鼠标光标直至圆变为黄色，同时出现以圆为回转方向的回转轴，单击鼠标左键确认。回转轴与当前坐标系的坐标轴是平行的，且轴的正方向与坐标轴正向一致。
5. 输入回转角度值－90°，结果如图 13-3 右图所示。角度正方向按右手螺旋法则确定，也可单击一点指定回转起点，然后再单击一点指定回转终点。

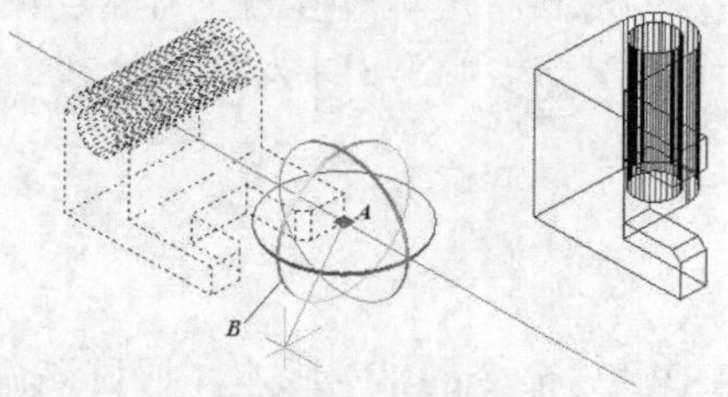

图13-3 旋转对象

ROTATE3D 命令没有提供指示回转方向的辅助工具，但使用此命令时，用户可通过拾取两点来设置回转轴。在这一点上，3DROTATE 命令没有此便利，它只能沿与当前坐标轴平行的方向来设置回转轴。

【练习13-3】： 练习使用 ROTATE3D 命令。

打开附盘文件 “dwg\第 13 章\13-3.dwg”，使用 ROTATE3D 命令旋转 3D 对象。

```
命令: _rotate3d
选择对象: 找到 1 个                          //选择要旋转的对象
选择对象:                                    //按 Enter 键
指定轴上的第一个点或定义轴依据 [对象(O)/最近的(L)/视图(V)/X 轴(X)/Y 轴(Y)/Z 轴
(Z)/两点(2)]:                               //指定旋转轴上的第一点 A，如图 13-4 右图所示
指定轴上的第二点:                            //指定旋转轴上的第二点 B
指定旋转角度或 [参照(R)]: 60                 //输入旋转的角度值
```

结果如图 13-4 右图所示。

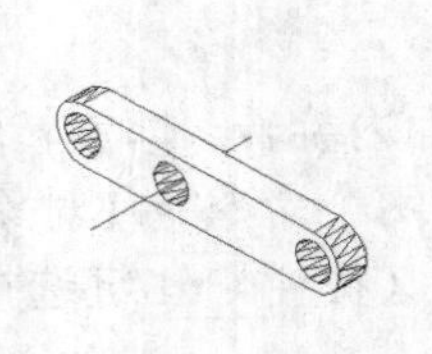
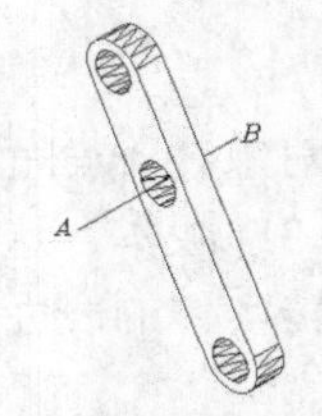

图13-4　旋转对象

二、　命令选项

- 对象(O): AutoCAD 根据选择的对象来设置旋转轴。如果用户选择直线，则该直线就是旋转轴，而且旋转轴的正方向是从选择点开始指向远离选择点的那一端。若选择了圆或圆弧，则旋转轴通过圆心并与圆或圆弧所在的平面垂直。
- 最近的(L): 该选项将上一次使用 ROTATE3D 命令时定义的轴作为当前旋转轴。
- 视图(V): 旋转轴垂直于当前视区，并通过用户的选取点。
- X 轴(X): 旋转轴平行于 *x* 轴，并通过用户的选取点。
- Y 轴(Y): 旋转轴平行于 *y* 轴，并通过用户的选取点。
- Z 轴(Z): 旋转轴平行于 *z* 轴，并通过用户的选取点。
- 两点(2): 通过指定两点来设置旋转轴。
- 指定旋转角度: 输入正的或负的旋转角，角度正方向由右手螺旋法则确定。
- 参照(R): 选取该选项，AutoCAD 将提示 “指定参照角 <0>:”，输入参考角度值或拾取两点指定参考角度，当 AutoCAD 继续提示 “指定新角度:” 时，再输入新的角度值或拾取另外两点指定新参考角，新角度减去初始参考角就是实际旋转角度。常用 “参照(R)” 选项将 3D 对象从最初位置旋转到与某一方向对齐的另一位置。

13.1.3　3D 阵列

3DARRAY 命令是二维 ARRAY 命令的 3D 版本。通过该命令，用户可以在三维空间中创建对象的矩形或环形阵列。

命令启动方法如下。

- 菜单命令:【修改】/【三维操作】/【三维阵列】。
- 命令行: 3DARRAY。

【练习13-4】： 练习使用 3DARRAY 命令。

打开附盘文件“dwg\第 13 章\13-4.dwg”，使用 3DARRAY 命令创建矩形及环形阵列。

```
命令: _3darray
选择对象: 找到 1 个                                   //选择要阵列的对象，如图 13-5 所示
选择对象:                                            //按 Enter 键
输入阵列类型 [矩形(R)/环形(P)] <矩形>:                 //按 Enter 键指定矩形阵列
输入行数 (---) <1>: 2                                 //输入行数，行的方向平行于 x 轴
输入列数 (|||) <1>: 3                                 //输入列数，列的方向平行于 y 轴
输入层数 (...) <1>: 2                    //指定层数，层数表示沿 z 轴方向的分布数目
指定行间距 (---): 300                     //输入行间距，如果输入负值，阵列方向将沿 x 轴反方向
指定列间距 (|||): 400                     //输入列间距，如果输入负值，阵列方向将沿 y 轴反方向
指定层间距 (...): 800                     //输入层间距，如果输入负值，阵列方向将沿 z 轴反方向
命令:_3DARRAY                                         //重复命令
选择对象: 找到 1 个                                   //选择要阵列的对象
选择对象:                                            //按 Enter 键
输入阵列类型 [矩形(R)/环形(P)] <矩形>: p               //指定环形阵列
输入阵列中的项目数目: 6                                //输入环形阵列的数目
指定要填充的角度 (+=逆时针, -=顺时针) <360>:
        //输入环行阵列的角度值，可以输入正值或负值，角度正方向由右手螺旋法则确定
旋转阵列对象? [是(Y)/否(N)]<是>:                  //按 Enter 键，则阵列的同时还将旋转对象
指定阵列的中心点: end 于                          //指定阵列轴的第一点 A
指定旋转轴上的第二点: end 于                      //指定阵列轴的第二点 B
```

再执行 HIDE 命令，结果如图 13-5 所示。

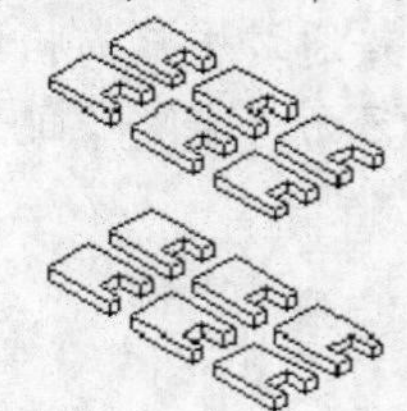

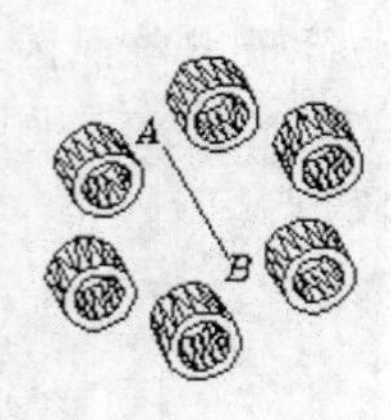

图13-5 三维阵列

旋转轴的正方向是从第一个指定点指向第二个指定点，沿该方向伸出大拇指，则其他 4 个手指的弯曲方向就是旋转角的正方向。

13.1.4 3D 镜像

如果镜像线是当前 UCS 平面内的直线，则使用常见的 MIRROR 命令就可进行 3D 对象的镜像复制。但若想以某个平面作为镜像平面来创建 3D 对象的镜像复制，就必须使用 MIRROR3D 命令。如图 13-6 所示，把 *A*、*B*、*C* 点定义的平面作为镜像平面，对实体进行镜像。

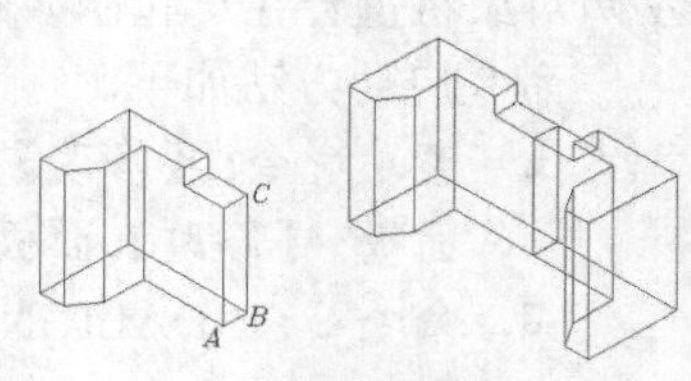

图13-6 镜像

一、 命令启动方法

- 菜单命令：【修改】/【三维操作】/【三维镜像】。
- 面板：【修改】面板上的%按钮。
- 命令行：MIRROR3D。

【练习13-5】：练习使用 MIRROR3D 命令。

打开附盘文件"dwg\第 13 章\13-5.dwg"，使用 MIRROR3D 命令创建对象的三维镜像。

```
命令：_mirror3d
选择对象：找到 1 个                                  //选择要镜像的对象
选择对象：                                           //按 Enter 键
指定镜像平面 (三点) 的第一个点或[对象(O)/最近的(L)/Z 轴(Z)/视图(V)/XY 平面
(XY)/YZ 平面(YZ)/ZX 平面(ZX)/三点(3)]<三点>:
                          //利用 3 点指定镜像平面，捕捉第一点 A，如图 13-6 左图所示
在镜像平面上指定第二点：                             //捕捉第二点 B
在镜像平面上指定第三点：                             //捕捉第三点 C
是否删除源对象？[是(Y)/否(N)] <否>：                 //按 Enter 键不删除源对象
```

结果如图 13-6 右图所示。

二、 命令选项

- 对象(O)：以圆、圆弧、椭圆和 2D 多段线等二维对象所在的平面作为镜像平面。
- 最近的(L)：该选项指定上一次 MIRROR3D 命令使用的镜像平面作为当前镜像面。
- Z 轴(Z)：用户在三维空间中指定两个点，镜像平面将垂直于两点的连线，并通过第一个选取点。
- 视图(V)：镜像平面平行于当前视区，并通过用户的拾取点。
- XY 平面(XY)/YZ 平面(YZ)/ZX 平面(ZX)：镜像平面平行于 *xy*、*yz* 或 *zx* 平面，并通过用户的拾取点。

13.1.5　3D 对齐

3DALIGN 命令在 3D 建模中非常有用，通过该命令，用户可以指定源对象与目标对象的对齐点，从而使源对象的位置与目标对象的位置对齐。例如，用户利用 3DALIGN 命令让对象 *M*（源对象）的某一平面上的 3 点与对象 *N*（目标对象）的某一平面上的 3 点对齐，操作完成后，*M*、*N* 两对象将重合在一起，如图 13-7 所示。

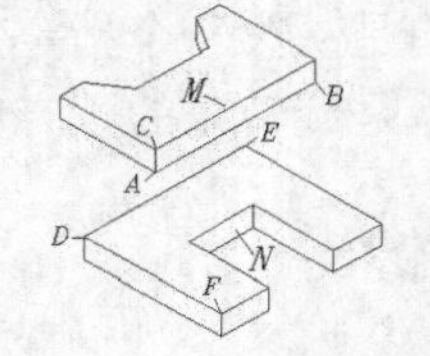

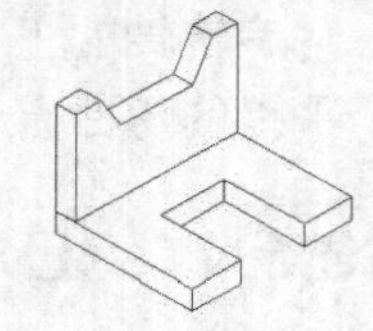

图13-7　3D 对齐

命令启动方法如下。

- 菜单命令：【修改】/【三维操作】/【三维对齐】。
- 面板：【修改】面板上的按钮。
- 命令行：3DALIGN 或简写 3AL。

【练习13-6】：在 3D 空间应用 ALIGN 命令。

打开附盘文件“dwg\第 13 章\13-6.dwg”，使用 ALIGN 命令对齐 3D 对象。

```
命令: _3dalign
选择对象: 找到 1 个                          //选择要对齐的对象
选择对象:                                    //按Enter键
指定基点或 [复制(C)]:                        //捕捉源对象上的第一点A，如图 13-7 左图所示
指定第二个点或 [继续(C)] <C>:                //捕捉源对象上的第二点B
指定第三个点或 [继续(C)] <C>:                //捕捉源对象上的第三点C
指定第一个目标点:                            //捕捉目标对象上的第一点D
指定第二个目标点或 [退出(X)] <X>:            //捕捉目标对象上的第二点E
指定第三个目标点或 [退出(X)] <X>:            //捕捉目标对象上的第三点F
```

结果如图 13-7 右图所示。

13.2 功能讲解——编辑实体的面、体

本节主要介绍拉伸及旋转面、压印、抽壳、倒圆角及倒角等的操作方法。

13.2.1 拉伸面

AutoCAD 可以根据指定的距离拉伸面或将面沿某条路径进行拉伸。拉伸时，如果是输入拉伸距离值，那么还可输入锥角，这样将使拉伸所形成的实体锥化。图 13-8 所示的是将实体面按指定的距离、锥角及沿路径进行拉伸的结果。

【练习13-7】：拉伸面。

打开附盘文件“dwg\第 13 章\13-7.dwg”，利用 SOLIDEDIT 命令拉伸实体表面。

单击【实体编辑】面板上的按钮，AutoCAD 主要提示如下。

```
命令: _solidedit
选择面或 [放弃(U)/删除(R)]: 找到一个面。 //选择实体表面A，如图 13-8 左上图所示
选择面或 [放弃(U)/删除(R)/全部(ALL)]:          //按Enter键
指定拉伸高度或 [路径(P)]: 50                   //输入拉伸的距离
指定拉伸的倾斜角度 <0>: 5                      //指定拉伸的锥角
```

结果如图 13-8 右上图所示。

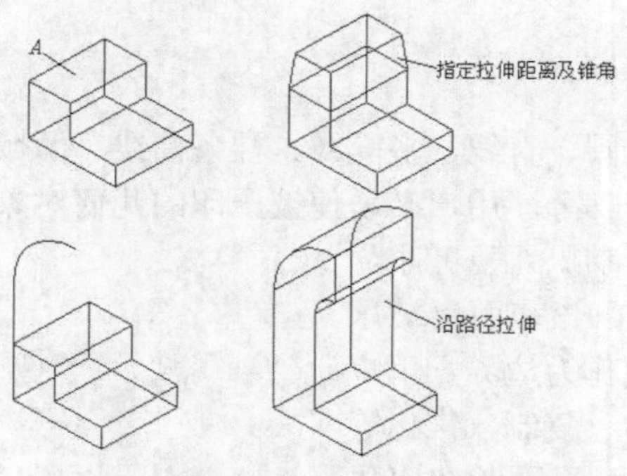

图13-8 拉伸实体表面

选择要拉伸的实体表面后，AutoCAD 提示“指定拉伸高度或 [路径(P)]:”，各选项的功

能如下。

- 指定拉伸高度：输入拉伸距离及锥角来拉伸面。对于每个面规定其外法线方向是正方向，当输入的拉伸距离是正值时，面将沿其外法线方向移动；否则，将向相反方向移动。在指定拉伸距离后，AutoCAD 会提示输入锥角。若输入正的锥角值，则将使面向实体内部锥化；否则，将使面向实体外部锥化，如图 13-9 所示。

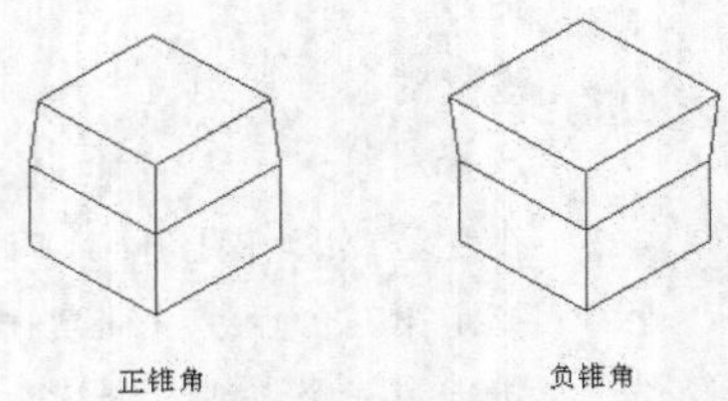

图13-9　拉伸并锥化面

- 路径(P)：沿着一条指定的路径拉伸实体表面。拉伸路径可以是直线、圆弧、多段线及 2D 样条线等。作为路径的对象不能与要拉伸的表面共面，也应避免路径曲线的某些局部区域有较高的曲率；否则，可能使新形成的实体在路径曲率较高处出现自相交的情况，从而导致拉伸失败。

13.2.2　旋转面

通过旋转实体的表面就可改变面的倾斜角度，或将一些结构特征（如孔、槽等）旋转到新的方位。如图 13-10 所示，将面 *A* 的倾斜角修改为 120°，并把槽旋转 90°。

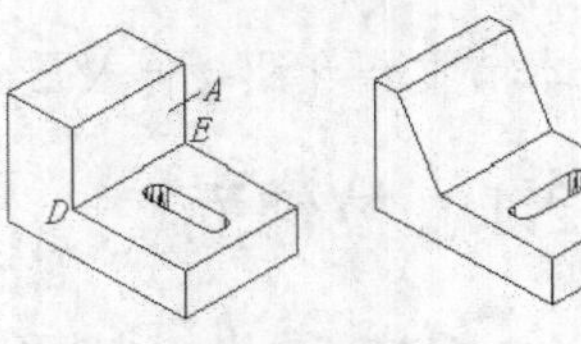

图13-10　旋转面

【练习13-8】：　旋转面。

打开附盘文件 "dwg\第 13 章\13-8.dwg"，利用 SOLIDEDIT 命令旋转实体表面。

单击【实体编辑】面板上的按钮，AutoCAD 主要提示如下。

```
命令: _solidedit
选择面或 [放弃(U)/删除(R)]: 找到一个面。          //选择表面 A，如图 13-10 左图所示
选择面或 [放弃(U)/删除(R)/全部(ALL)]:             //按 Enter 键
指定轴点或 [经过对象的轴(A)/视图(V)/X 轴(X)/Y 轴(Y)/Z 轴(Z)] <两点>:
                                                  //捕捉旋转轴上的第一点 D
在旋转轴上指定第二个点:                           //捕捉旋转轴上的第二点 E
指定旋转角度或 [参照(R)]: -30                     //输入旋转角度
```

结果如图 13-10 右图所示。

13.2.3　压印

压印（Imprint）可以把圆、直线、多段线、样条曲线、面域和实心体等对象压印到三维实体上，使其成为实体的一部分。用户必须使被压印的几何对象在实体表面内或与实体表面相交，压印操作才能成功。压印时，AutoCAD 将创建新的表面，该表面以被压印的几何图形及实体的棱边作为边界，用户可以对生成的新面进行拉伸、复制、锥化等操作。如图 13-11 所示，将圆压印在实体上，并将新生成的面向上拉伸。

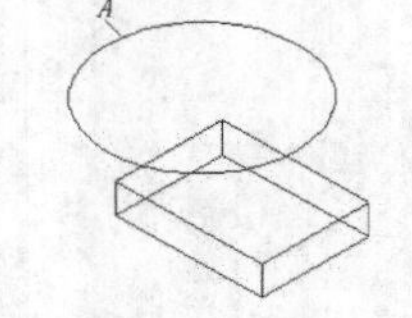

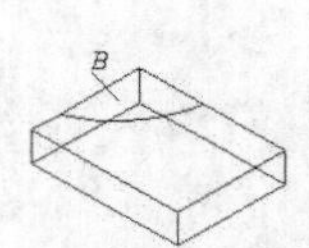

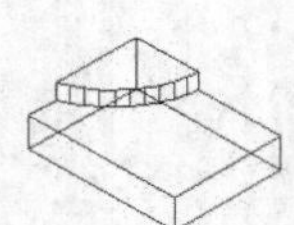

图13-11　压印

【练习13-9】：压印。

1. 打开附盘文件“dwg\第 13 章\13-9.dwg”。
2. 单击【实体编辑】面板上的按钮，AutoCAD 主要提示如下。

```
选择三维实体:                                    //选择实体模型
选择要压印的对象:                                //选择圆 A，如图 13-11 左图所示
是否删除源对象 [是(Y)/否(N)] <N>: y              //删除圆 A
选择要压印的对象:                                //按 Enter 键结束
```

结果如图 13-11 中图所示。

3. 再单击按钮，AutoCAD 主要提示如下：

```
选择面或 [放弃(U)/删除(R)]: 找到一个面。         //选择表面 B
选择面或 [放弃(U)/删除(R)/全部(ALL)]:            //按 Enter 键
指定拉伸高度或 [路径(P)]: 10                     //输入拉伸高度
指定拉伸的倾斜角度 <0>:                          //按 Enter 键结束
```

结果如图 13-11 右图所示。

13.2.4 抽壳

用户可以利用抽壳的方法将一个实心体模型创建成一个空心的薄壳体。

【练习13-10】：抽壳。

打开附盘文件“dwg\第 13 章\13-10.dwg”，利用 SOLIDEDIT 命令创建一个薄壳体。

单击【实体编辑】面板上的按钮，AutoCAD 主要提示如下。

```
选择三维实体:                                    //选择要抽壳的对象
删除面或 [放弃(U)/添加(A)/全部(ALL)]: 找到一个面，已删除 1 个
                                                 //选择要删除的表面 A，如图 13-12 左图所示
删除面或 [放弃(U)/添加(A)/全部(ALL)]:            //按 Enter 键
输入抽壳偏移距离: 10                             //输入壳体厚度
```

结果如图 13-12 右图所示。

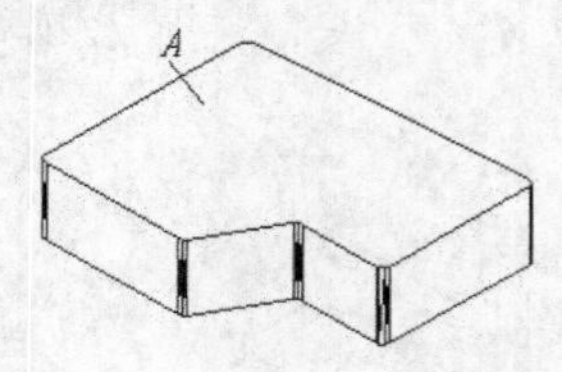

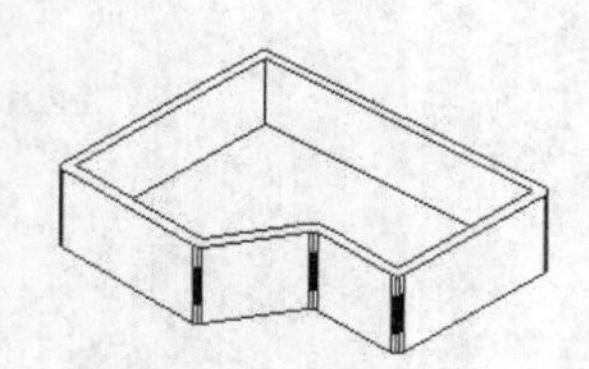

图13-12 抽壳

13.2.5 倒圆角及倒角

对于三维实体，同样可用这两个命令创建圆角和斜角，但此时的操作方式与二维绘图时略有不同。

FILLET 命令启动方法如下。

- 菜单命令：【修改】/【圆角】。
- 面板：【修改】面板上的按钮。

- 命令行：FILLET 或简写 F。

CHAMFER 命令启动方法如下。

- 菜单命令：【修改】/【倒角】。
- 工具栏：【修改】面板上的按钮。
- 命令行：CHAMFER 或简写 CHA。

【练习13-11】： 在 3D 空间应用 FILLET、CHAMFER 命令。

打开附盘文件“dwg\第 13 章\13-11.dwg”，使用 FILLET、CHAMFER 命令给 3D 对象倒圆角及倒角。

```
命令: _fillet
选择第一个对象或 [放弃(U)/多段线(P)/半径(R)/修剪(T)/多个(M)]:
                                                //选择棱边 A，如图 13-13 左图所示
输入圆角半径或[表达式(E)] <10.0000>: 15                //输入圆角半径
选择边或 [链(C)/环(L)/半径(R)]:                        //选择棱边 B
选择边或 [链(C)/环(L)/半径(R)]:                        //选择棱边 C
选择边或 [链(C)/环(L)/半径(R)]:                        //按 Enter 键结束
命令: _chamfer
选择第一条直线或 [放弃(U)/多段线(P)/距离(D)/角度(A)/修剪(T)/方式(E)/多个(M)]:
                                                       //选择棱边 E
基面选择...                                      //平面 D 高亮显示，该面是倒角基面
输入曲面选择选项 [下一个(N)/当前(OK)] <当前>:            //按 Enter 键
指定基面的倒角距离 <15.0000>: 10                       //输入基面内的倒角距离
指定其他曲面的倒角距离 <10.0000>: 30                   //输入另一平面内的倒角距离
选择边或[环(L)]:                                      //选择棱边 E
选择边或[环(L)]:                                      //选择棱边 F
选择边或[环(L)]:                                      //选择棱边 G
选择边或[环(L)]:                                      //选择棱边 H
选择边或[环(L)]:                                      //按 Enter 键结束
```

结果如图 13-13 右图所示。

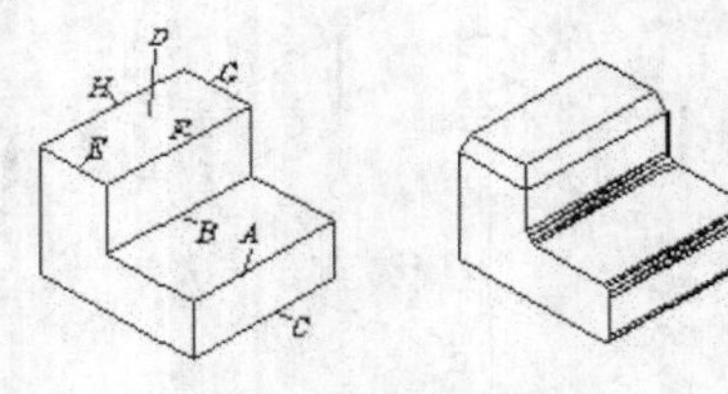

图13-13 3D 倒角

13.3 范例解析——编辑实体表面形成新特征

【练习13-12】： 绘制如图 13-14 所示的三维实体模型。

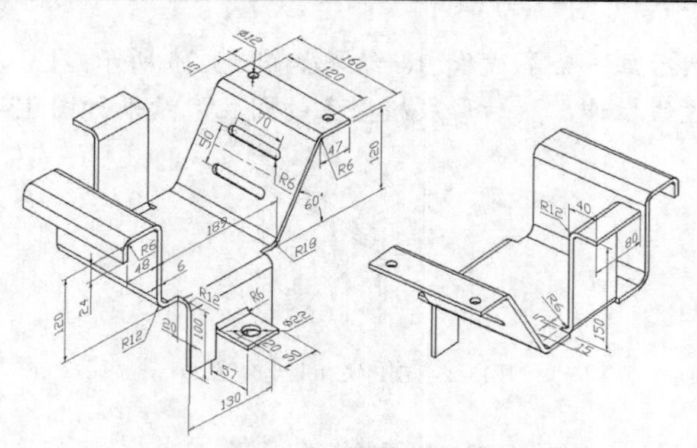

图13-14　绘制实体模型

1. 选取菜单命令【视图】/【三维视图】/【东南等轴测】，切换到东南轴测视图。
2. 创建新坐标系，在 *xy* 平面内绘制平面图形，并将此图形创建成面域，结果如图 13-15 所示。
3. 拉伸已创建的面域，形成立体，结果如图 13-16 所示。
4. 创建新坐标系，在 *xy* 平面内绘制两个圆，然后将圆压印在实体上，结果如图 13-17 所示。

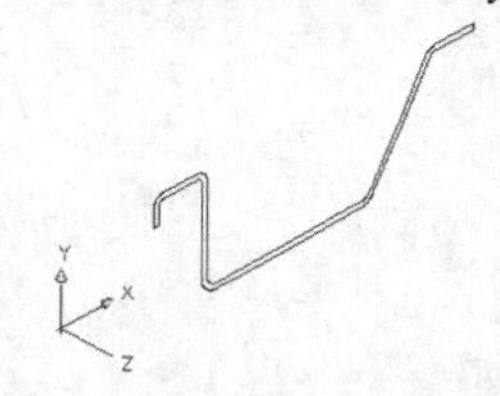

图13-15　绘制图形并创建面域

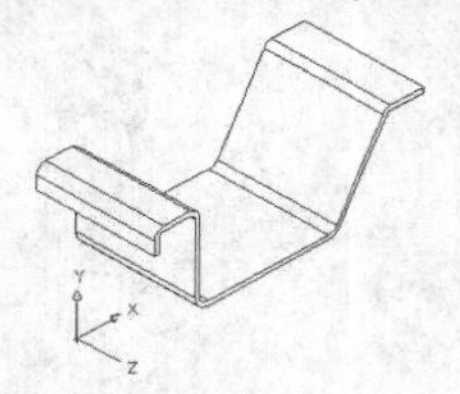

图13-16　形成立体

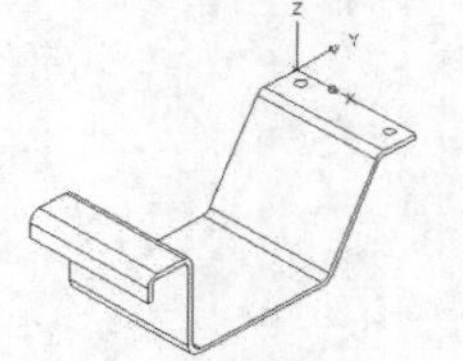

图13-17　压印对象

5. 利用拉伸实体表面的方法形成两个孔，结果如图 13-18 所示。
6. 用上述相同的方法形成两个长槽，结果如图 13-19 所示。
7. 创建新坐标系，在 *xy* 平面内绘制平面图形并将此图形创建成面域，结果如图 13-20 所示。

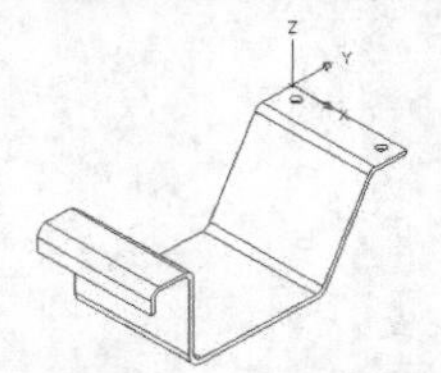

图13-18　形成两个孔

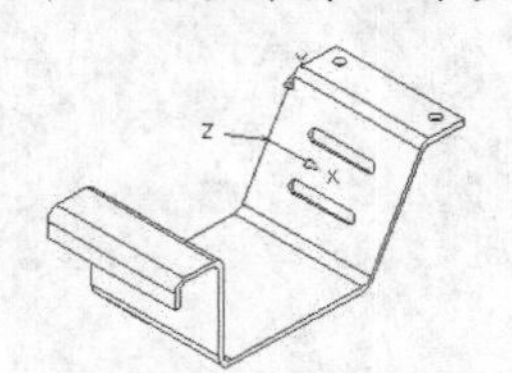

图13-19　形成两个长槽

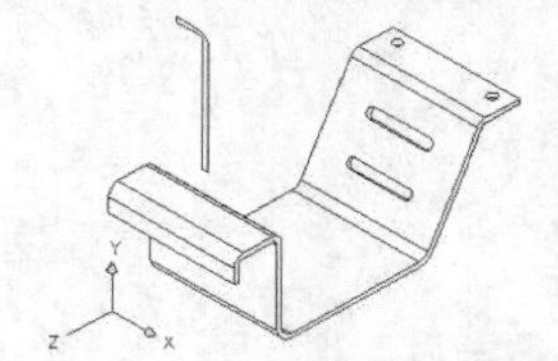

图13-20　绘制图形并创建面域

8. 拉伸创建的面域形成立体，再将其移动到正确位置，然后对所有对象执行“并”运算，结果如图 13-21 所示。
9. 创建两个缺口，并倒圆角，结果如图 13-22 所示。
10. 在实体上压印两条直线，再绘制多段线 *A*，结果如图 13-23 所示。

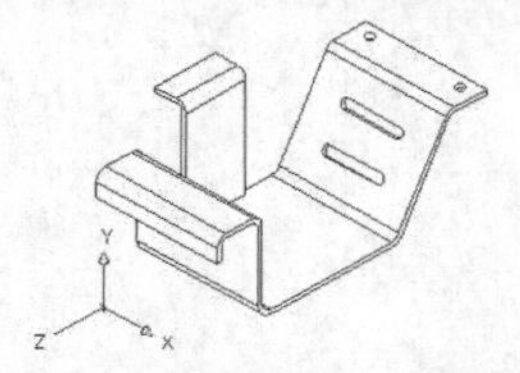

图13-21　形成并移动立体等

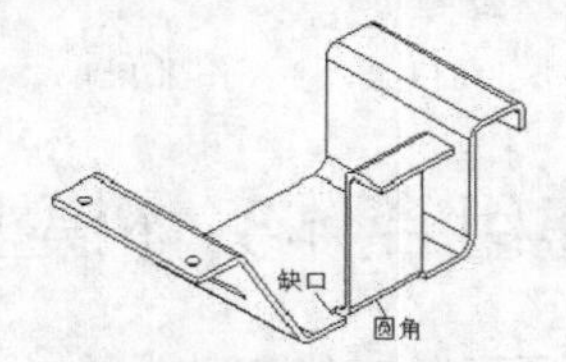

图13-22　创建缺口并倒圆角

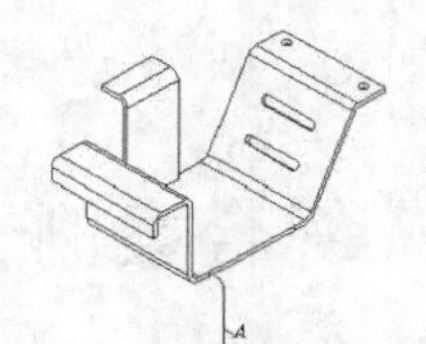

图13-23　压印直线及绘制多段线

11. 将实体表面沿多段线拉伸，结果如图 13-24 所示。

12. 创建一个缺口，然后画一条多段线 *B*，结果如图 13-25 所示。
13. 将实体表面沿多段线拉伸，然后形成模型上的圆孔，结果如图 13-26 所示。

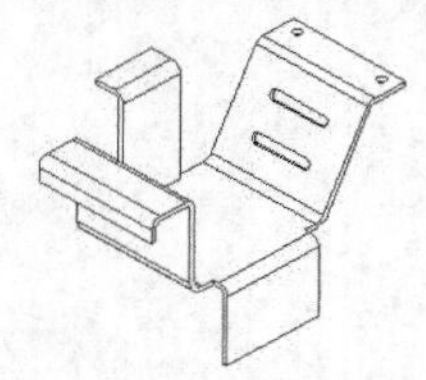

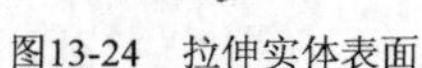

图13-24　拉伸实体表面

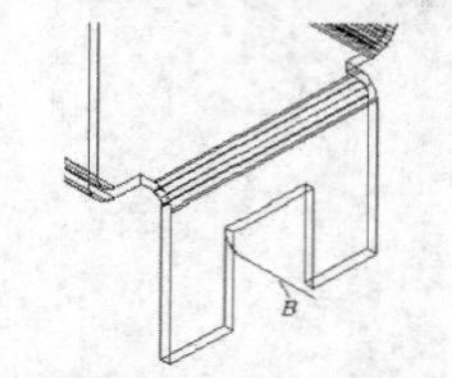

图13-25　创建缺口并画多段线 *B*

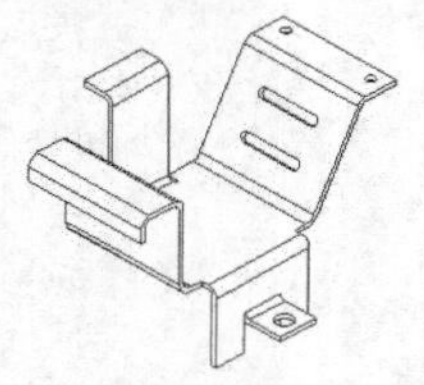

图13-26　形成圆孔

13.4 实训——创建弯管实体模型

【练习13-13】： 绘制如图 13-27 所示弯管的实体模型。

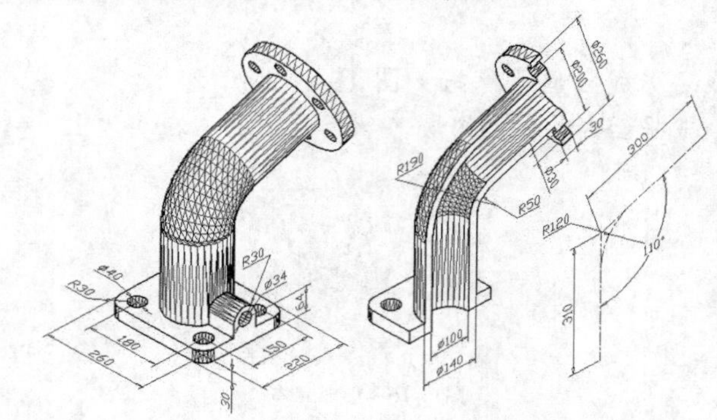

图13-27　创建弯管实体模型

主要作图步骤如图 13-28 所示。

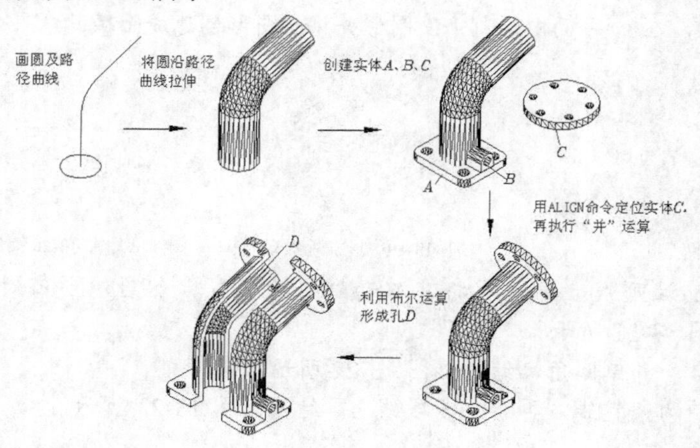

图13-28　主要作图步骤

13.5 综合案例——创建组合体实体模型

【练习13-14】： 绘制如图 13-29 所示的三维实体模型。

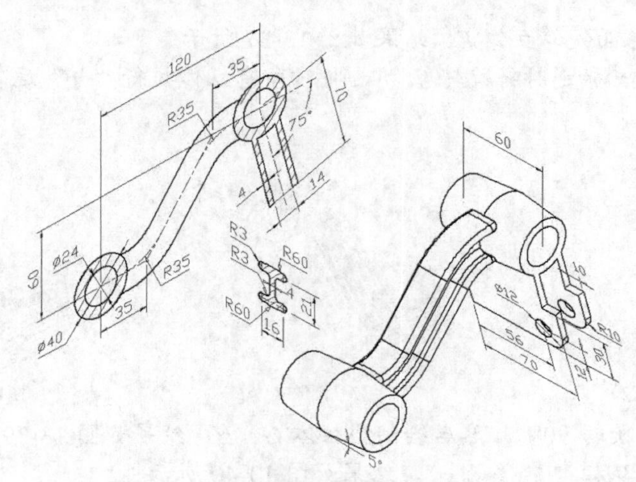

图13-29　创建组合体

1. 选取菜单命令【视图】/【三维视图】/【东南等轴测】，切换到东南轴测视图。
2. 创建新坐标系，在 *xy* 平面内绘制平面图形，其中连接两圆心的线条为多段线，结果如图 13-30 所示。
3. 拉伸两个圆，形成立体 *A*、*B*，结果如图 13-31 所示。
4. 对立体 *A*、*B* 进行镜像操作，结果如图 13-32 所示。

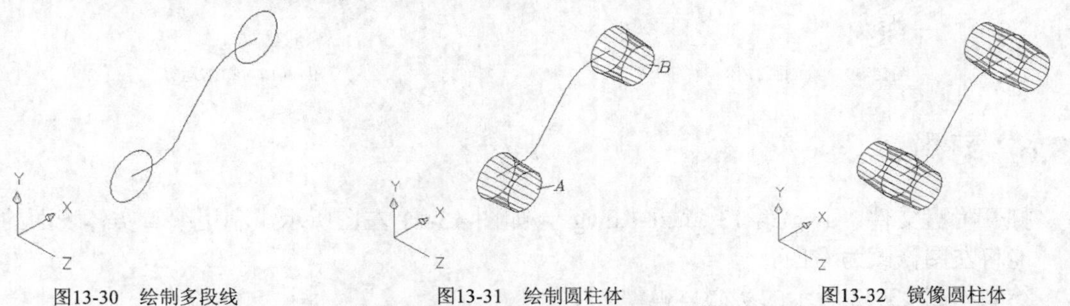

图13-30　绘制多段线　　图13-31　绘制圆柱体　　图13-32　镜像圆柱体

5. 创建新坐标系，在 *xy* 平面内绘制平面图形，并将该图形创建成面域，结果如图 13-33 所示。
6. 沿多段线路径拉伸面域，创建立体，结果如图 13-34 所示。
7. 创建新坐标系，在 *xy* 平面内绘制平面图形，并将该图形创建成面域，结果如图 13-35 所示。

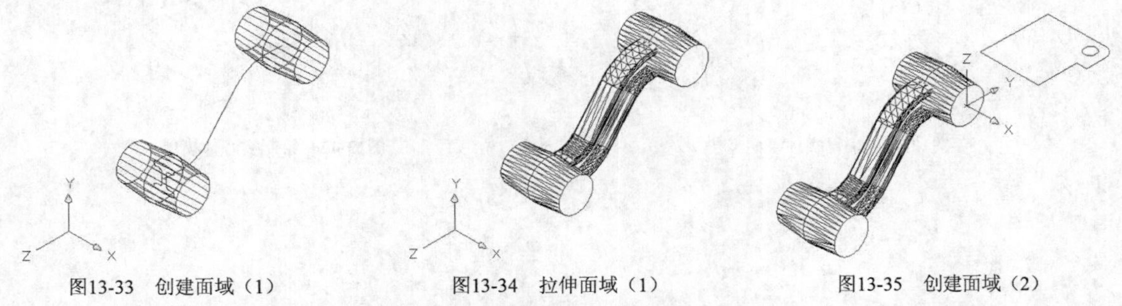

图13-33　创建面域（1）　　图13-34　拉伸面域（1）　　图13-35　创建面域（2）

8. 拉伸面域，形成立体，并将该立体移动到正确的位置，结果如图 13-36 所示。

9. 以 xy 平面为镜像面镜像立体 E，结果如图 13-37 所示。
10. 将立体 E、F 绕 x 轴逆时针旋转 75°，再对所有立体执行“并”运算，结果如图 13-38 所示。

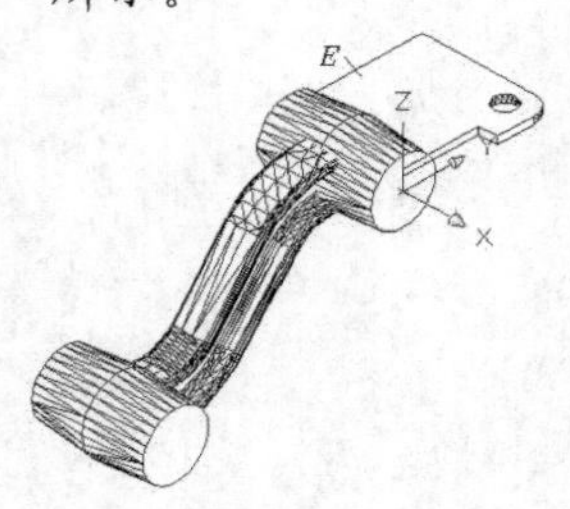

图13-36　拉伸面域（2）

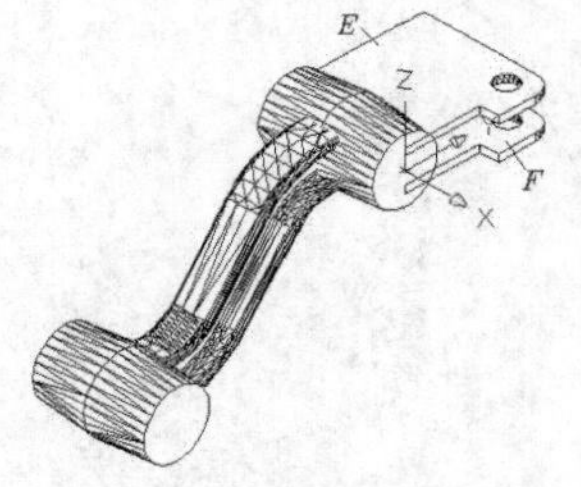

图13-37　镜像立体 E

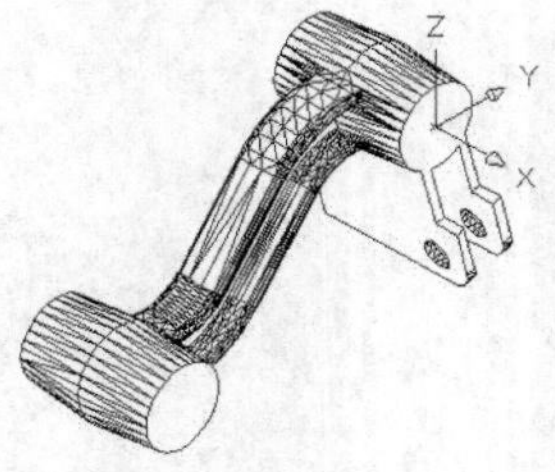

图13-38　旋转立体

11. 将坐标系绕 y 轴旋转 90°，然后绘制圆柱体 G、H，结果如图 13-39 所示。
12. 将圆柱体 G、H 从模型中“减去”，结果如图 13-40 所示。

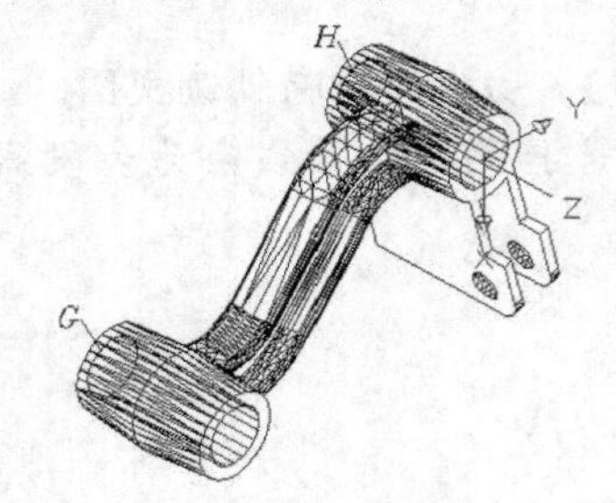

图13-39　绘制圆柱体

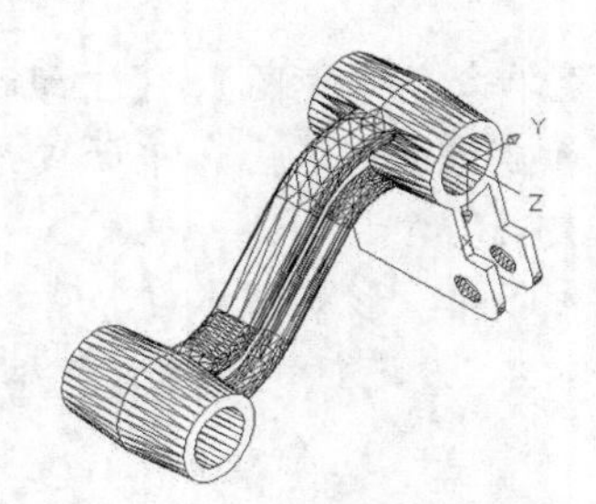

图13-40　布尔运算

13.6 习题

1. 打开附盘文件“dwg\第 13 章\xt-1.dwg”，如图 13-41 左图所示，利用编辑实体表面的功能将左图修改为右图。
2. 绘制如图 13-42 所示的实心体模型。

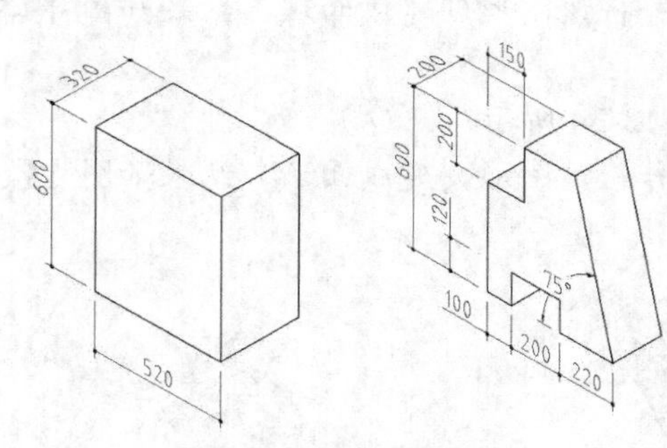

图13-41　编辑实体表面

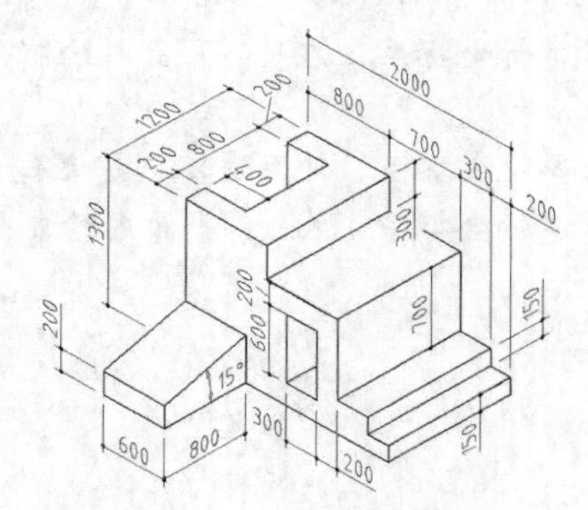

图13-42　绘制实心体模型